检疫性真菌 DNA 条形码鉴定技术

Detection of Quarantine Fungi
using DNA Barcording

章桂明　主编

中国农业出版社
农村读物出版社
北　京

编 写 人 员

主　编：章桂明

副主编：高瑞芳　赵　鹏　刘　芳

参　编：（按照姓氏笔画排序）

王　颖　深圳海关动植物检验检疫技术中心

朱崧琪　深圳海关动植物检验检疫技术中心

向才玉　深圳海关动植物检验检疫技术中心

刘　芳　中国科学院微生物研究所

李　娜　武汉友芝友医疗科技股份有限公司

杨琛涛　深圳华大生命科学研究院

汪　莹　深圳海关动植物检验检疫技术中心

赵　鹏　中国科学院微生物研究所

高瑞芳　深圳海关动植物检验检疫技术中心

黄河清　深圳海关动植物检验检疫技术中心

章桂明　深圳海关动植物检验检疫技术中心

程　乐　深圳华大基因股份有限公司

程颖慧　深圳市中国科学院仙湖植物园

熊贝贝　深圳海关食品检验检疫技术中心

　　生物安全是我国国家安全体系的重要组成部分。当前我国面临的生物安全形势较为严峻，生物安全治理体系和治理能力亟待加强。随着我国农林产品贸易规模的不断扩大，由植物病原真菌入侵引发的危害日益凸显，尤其给粮食安全、生态安全等带来严峻挑战。近年来，我国也相继报道了一些危害性很大的外来有害真菌，如棉花黄萎病菌、落叶松枯梢病菌、松疱锈病菌等，成为威胁农、林、牧生产以及生物多样性与生态环境的重要因素。因此，依托高效精准的外来有害真菌检测监测技术开展检验检疫是维护我国国门生物安全和支撑农林产品安全贸易的关键一环。

　　检疫性有害生物名录是海关检疫工作的重要执法依据和工作指南，依据《中华人民共和国进境植物检疫性有害生物名录》，我国进境植物检疫性真菌有 130 种。但是，由于这些真菌分属多个不同门类，表型特征复杂多样，且大多数物种不具有可以直接用于参比的标准样本或标准物质，一直以来检疫性真菌的检测和识别都是一个难点。目前，真菌检疫工作在很大程度上仍离不开传统的分离培养及形态学鉴定方法，但有许多真菌在培养状态下只产生菌丝体而不容易产生孢子，无法根据形态特征进行准确的物种鉴定，且分离培养耗时很长，表型特征经常因培养条件不同而发生变化。此外，还有很多营专性寄生的真菌是无法获得离体培养物的。以上因素是目前真菌检疫工作中存在特定物种"检不到、检不准"问题的主要原因。因此，尽管检疫性真菌在名录中所占比例很高，但是其截获次数却远低于检疫性杂草和昆虫。

　　近年来，分子生物学检测技术逐步应用于海关的外来有害真菌检测，但这些技术的实施仍然大大受限于标准 DNA 条形码（DNA barcode）及其技术体系的缺失。DNA 条形码是指生物体内能够代表该物种的标准、有足够变异、容易扩增且相对较短的 DNA 片段。通过标准化的 DNA 短片段序列鉴定物种不仅是对传统物种鉴定手段的有力补充，而且易于实现鉴定过程的自动化和标准化，避免对经验的过度依赖。基于可靠的 DNA 条形码数据，可以在较短时间内开发出各种技术路径的便利的分子检测手段。因此，获得检疫性有害真菌准确且权威的 DNA 条形码信息不仅可以满足我国现阶段检疫性真菌快速、准确检测的需求，也是开发宏条形码检测和微流控芯片技术等高通量、智能化的新一代检测方法的基础和关键。

然而，获得标准可靠的 DNA 条形码并非易事。例如，GenBank 中保存的很多序列的来源菌株在分类学上属于错误鉴定，这需要序列使用者具备较强的甄别能力或者扎实的知识背景。分类学上要确保鉴定可靠，简单说就是要确定待检样品与被鉴定的目标物种的模式标本或菌株是为同一物种。然而，检疫名录上的大部分物种在我国没有分布或仅有零星分布，这意味着模式标本、模式菌株或能够代表该物种的标准样品的获得十分困难。迄今为止，我国检疫性真菌名录中约半数物种还缺乏模式标本、模式菌株及可靠的参比序列，极大阻碍了先进检测方法的研发。

令人欣慰的是，章桂明研究员近年牵头组织了海关一线检疫人员并联合国内科研院所从事植物病原真菌系统学研究的优势团队编写了《检疫性真菌 DNA 条形码鉴定技术》一书。该书不仅追踪了目前国内外检疫性真菌 DNA 条形码研究的发展动态及趋势，提供了基于基因组、转录组等水平的检疫性真菌条形码筛选技术方法以及检疫性物种标准分子构建方法，满足了检疫性真菌日常检测中的质量控制问题，解决了我国海关检疫中一些真菌对象长期缺乏阳性对照的问题。除此之外，该书还提供了检疫性真菌名录中一些重要、高频截获的物种可靠的 DNA 条形码及其凭证样本信息，其中相当一部分来源于模式，并提供了部分条形码技术在海关标准化应用的范例。该书是一部具有重要应用价值的工具书，相信它的出版能够为破解我国当前检疫性真菌检测和监测中面临的一些技术难题，更加有效地防范植物检疫性真菌的入侵，保障我国农林业安全贸易及生态安全，进而为提升我国国门安全的治理水平、建设智慧海关做出积极而有影响的重要贡献。

中国科学院微生物研究所研究员

国 家 重 点 实 验 室 主 任

亚 洲 菌 物 学 会 副 主 席

中 国 菌 物 学 会 副 秘 书 长

检疫性真菌是一类对粮食、水果、蔬菜、种苗、花卉、烟草、牧草、林木等植物及植物产品危害特别大，在我国尚未分布或虽有分布但进行了官方控制的危险性有害生物。迄今为止，在我国公布的进境植物检疫性有害生物名录中检疫性真菌就有130种，占整个名录的1/4以上。对这些检疫性真菌的检测鉴定，目前国内外主要采用形态学方法与分子生物学方法。在这两类方法中，近年来发展最快的还属分子生物学方法，其中研究较为热门的又当属DNA条形码。

DNA条形码鉴定技术是一种被国内外均认可的快速、准确、通用的技术。它通过获取每个物种唯一的DNA片段，并进行标准化，给每个物种打上"条形码"，人们通过仪器检测，就能够快速准确鉴定它是何物种。因此，建立一个基于DNA条形码的标准化识别系统，对于防控检疫性有害生物入侵，保护我国农林生产安全与生态安全有特别重要的意义。

本书分上篇和下篇。其中上篇共6章，分别介绍了DNA条形码概况及国内外对检疫性真菌DNA条形码研究概况，基因、基因组和转录组DNA条形码筛选方法以及DNA条形码鉴定技术流程和标准分子构建等；下篇共25章，分别介绍检疫性链格孢属、葡萄座腔菌属、长喙壳属、金锈菌属、小杯盘菌属、枝孢属、柱锈菌属、间座壳属、*Gremmeniella*属、长蠕孢属、栅锈菌属、链核盘菌属、孢囊菌属、明孢盘菌属、蛇口壳属、*Phymatotrichopsis*属、疫霉属、蛇孢霉属、红皮孔菌属、球壳孢属、亚隔孢壳属、集壶菌属、腥黑粉菌属、轮枝菌属、叶点霉属等有关物种的DNA条形码，文后附录了我们制定的多种检疫性真菌DNA条形码筛选方法行业标准。

本书承蒙亚洲菌物学会副主席、中国科学院微生物研究所蔡磊研究员长期以来的大力帮助并题序，在此特以致谢！

本书的有关研究得到了"十四五"国家重点研发计划项目"入境大宗原粮与林木防疫检测质量提升关键技术集成应用示范"（2022YFF0608800）和"十二五"国家科技支撑项目课题"疑难检疫有害生物全基因测序及条形码基因筛选"（2012BAK11B06）的支持。其中，后一个课题的一个子课题"疑难检疫性有害生物及其近似种高通量测序及数据分析"由深圳华大基因研究院承担完成，在此特以致谢！

　　本书较系统地反映了近年来在检疫性真菌 DNA 条形码分子鉴定领域研究所取得的最新研究成果，可供植物保护、植物检疫、植物病理、农业研究等相关领域工作人员、老师、学生参考使用。

　　限于作者的水平，书中难免存在缺点和错误，恳请读者批评指正！

编　者

2023 年 6 月

目录

序
前言

上篇 总 论

下篇 重要检疫性真菌 DNA 条形码

上篇　总论

1 绪论

1.1 DNA 条形码研究概况

1.1.1 DNA 条形码

DNA 条形码（DNA barcode）是指生物体内能够代表该物种标准、有足够变异、容易扩增且相对较短的 DNA 片段。它是一种新型的生物学技术，旨在通过较短的 DNA 序列，在物种水平上对现存生物类群和未知生物类群进行识别和鉴定。DNA 条形码分子鉴定法是利用基因组中一段公认的、相对较短的 DNA 序列来进行物种鉴定的一种分子生物学技术。DNA 序列是由腺嘌呤（A）、鸟嘌呤（G）、胞嘧啶（C）、胸腺嘧啶（T）4 种碱基以不同顺序排列组成，因此，一定长度的 DNA 序列能够区分不同物种，理想的 DNA 条形码是"一物种一条码"。DNA 条形码的产生有其理论基础。从进化论的角度来说，所有的生物均来源于共同的祖先，由于受到自然漫长、渐进性的变化或者跃变而不断进化，适者生存，不适者被淘汰。生物通过遗传、变异和自然选择，新物种不断产生，旧物种不断被淘汰，生物也就不断地从低级发展到高级，种类由少数发展到多数，逐渐形成了生物的多样性。生物的这种进化从根本上来说是由于控制生物性状基因的进化而导致的，不同的基因进化的速度不一致，有的基因比较保守而进化慢，有的基因比较活跃而进化快，从而为生物按照界门纲目科属种进行分子分类鉴定奠定了遗传学基础。鉴于 DNA 是生物的遗传信息载体，且每个生物存在唯一的物种特征，这就给 DNA 条形码提供了物质基础。

1.1.2 DNA 条形码的优势

DNA 条形码的核心问题是标准片段的确定。理想的 DNA 条形码系统应满足如下标准（Taberlet et al.，2007）。

（1）基因区序列在种内的不同个体之间变异小，但不同种之间存在足够大的差异，以便于区分不同的物种。

（2）对于不同的分类群可以用相同的 DNA 区域进行标准化操作。

（3）目标 DNA 片段应包括足够多的系统进化信息，便于不同分类等级生物物种的鉴别。

（4）引物通用性强、扩增成功率高。

（5）目标 DNA 片段大小合适，便于部分受损 DNA 样本的扩增和序列分析。

与传统形态学鉴定技术相比，DNA 条形码具有以下明显优势。

（1）不受物种发育期影响。只要获得物种的任何一种发育形态均可立即开展 DNA 条形码检测，而不必经过漫长的成熟期，直到物种鉴定特征充分呈现才能开展检测。

（2）不受物种完整性影响。只要获得物种的任何部分结构，甚至一个细胞或一个孢子，由于细胞拥有遗传物质的全能性，即可开展 DNA 条形码检测，而不受物种由于进行了人为加工或机械损伤从而导致物种不完整的影响。

（3）不受鉴定者经验影响。即便是没有形态学鉴定经验的工作者，只要经过一般的分子生物学训练，按照规定的程序或标准也可开展 DNA 条形码检测。

与现代分子生物学检测技术相比，DNA 条形码具有以下优势。

（1）统一物种分子检测标准。因每一物种拥有独一无二的 DNA 条形码，便于国际统一物种检测标准。解决不同国家或不同地区因分子生物检测方法不同，或者同一国家不同部门对同一物种分子检测方法各异导致检测结果有差异的弊端。

（2）提高物种鉴定的准确性。因其大多数物种开展 DNA 条形码检测只用一套通用引物，少数物种采用多套通用引物，大幅度削减了每个物种分子检测采用的引物数量，避免由此带来的检测灵敏性、特异性不一致问题，便于实验室结果的互认以及检测结果争端的解决。

1.1.3 DNA 条形码发展简史

1.1.3.1 国外 DNA 条形码发展简史

DNA 条形码的首次研究起源于动物 DNA 条形码。2003 年，加拿大科学家 Paul Hebert 等发表了第一批有关生物 DNA 条形码的研究结果，并首先提出使用线粒体基因细胞色素 C 氧化酶（COI）基因片段（一段长约 650 bp 的 DNA 序列）作为动物的 DNA 条形码（Hebert et al.，2003）。随后的一系列研究表明，COI 条形码片段应用于动物时表现良好，如鸟类（Hebert et al.，2004）、鱼类（Ward et al.，2005）、昆虫、节肢动物（Hajibabaei et al.，2006）、软体动物（Puillandre et al.，2009）等。该片段包含了足够丰富的变异序列信息，可区分不同的物种，同时该基因片段又易于被通用引物扩增，可以作为通用 DNA 条形码来实现快速、准确和自动化的物种鉴定，它不仅可在物种水平上对绝大多数动物类群进行鉴定，还能较准确地区分近缘类群，并快速地构建不同分类阶元类群的系统发育关系。同年 9 月，为更深入地讨论 DNA 条形码，在美国冷泉港召开会议，提出了国际生命条形码计划（International Barcode of Life Project）。2004 年，DNA 条形码研讨会在美国华盛顿特区召开，会议成立了"生命条形码联盟"（the Consortium for the Barcode of Life，CBOL），旨在促进全球物种 DNA 条形码的探索和开发，至今已拥有来自 50 多个国家的 150 多个成员组织，包括许多国家的自然历史博物馆和标本馆。2005 年，由 CBOL 和英国自然历史博物馆主办的生命条形码协会第一次国际会议在伦敦召开。2007 年，第二届生命条形码大会在中国台北召开，这两届会议确立了 COI 作为通用的动物条形码序列。2007 年，世界上第一个 DNA 条形码鉴定中心在加拿大圭尔夫大学的带领下组建，鸟类（ABBI）、鱼类（FISH-BOL）、入侵生物（NBIPSDNA）条形码计划以及生物（www.barcodinglife.org）、鱼类（www.fishbol.org）、鳞翅目（www.lepbarcoding.org）数据库也随之相继建立。2013 年，第五届国际生命条形码大会在昆明召开，大会通过了《关于促进 DNA 条形码和生物多样性科学的昆明宣言》，强调生命条形码正在改变我们研究和记录生物多样性的方式。2015 年，第六届国际生命条形码大会在加拿大圭尔夫大学召开。2017 年，第七届国际生命条形码大会在南非克鲁格国家公园召开，促进了国际范围内专家学者对 DNA 条形码的研究应用。

植物 DNA 条形码的研究大约始于 2005 年前后。由于植物的线粒体基因组进化速率慢、遗传分化小，因此 COI 不适用于植物。研究者对各种 DNA 条形码片段进行了广泛筛选，涉及的候选片段主要有分布在叶绿体基因编码区（$rbcL$、$matK$、$trnL$、$accD$、$rpoC1$、$rpoB$、$ndhJ$ 等）和间隔区（$trnH$-$psbA$、$trnK$-$rps16$、$rpl36$-$rps8$、$atpB$-$rbcL$、$ycf6$-$psbM$、$trnV$-$atpE$、$trnC$-$ycf6$、$psbM$-$trnD$、$trnL$-F、$psbK$-$psbI$、$atpF$-$atpH$ 等）。2009 年，国际生命条形码联盟植物工作组（CBOL Plant Working Group）初步确定并推荐使用的 DNA 条形码片段是叶绿体基因片段的 $rbcL$ 和 $matK$（CBOL Plant Working Group，2009），同年 11 月，第三届国际生命条形码大会在墨西哥城召开，会上这两个基因片段被确定为植物核心条形码。

微生物 DNA 条形码研究工作主要集中在真菌类群上。由于真菌形态简单，传统的形态鉴定难度大；而且许多真菌的培养物只有菌丝体，不产生任何有性或无性孢子，无法根据形态特征进行菌种鉴定；另外在自然环境中只有<10％的物种可通过分离培养方法获得。因此，以分子生物学为基础的 DNA 条形码技术对真菌物种的检测与鉴定将具有更大的意义和应用潜力。国际真菌条形码专业委员会（International Subcommission on Fungal Barcoding）负责组织和协调国际生命条形码（iBOL）计划，设立了一个独立工作组（WG 1.3 Fungi），负责组织协调 iBOL 计划中与真菌有关的研究工作。工作组组织了来自 10 多个国家的 140 多位科学家，对主要真菌类群进行了多个基因序列评价，发现

ITS（internal transcribed spacer）可使真菌物种的分辨率达到 72%。*ITS* 是目前真菌物种分辨率最高的单一 DNA 片段，其主要优势在于片段长度合适（约 500 bp）、引物通用性强、扩增成功率高，便于高通量测序与分析（Seifert，2009），而且在 GenBank 和 BOLD 等生命条形码数据库中存有较多的 DNA 片段序列、凭证标本和菌种，便于分析。2011 年在澳大利亚阿德莱德举办的第四届国际生命条形码大会上，*ITS* 正式被推荐为真菌的首选 DNA 条形码，这对推动真菌 DNA 条形码研究与应用具有里程碑意义。

1.1.3.2 我国 DNA 条形码发展简史

早在 2006 年，中国医学科学院药用植物研究所开始了 DNA 条形码的探索研究，建立了以 *ITS2* 为主体条形码序列鉴定中药材的方法体系。其中，植物类中药材选用 *ITS2* 为主体序列，*psbA-trnH* 为辅助序列，动物类中药材采用 *COI* 为主体序列，*ITS2* 为辅助序列，符合中药材鉴定简单、精确的特点，有明确的判断标准，能够实现对中药材及其基原物种的准确鉴定（Chen et al.，2010）。此外，在实际应用当中，叶绿体基因间隔区 *trnH-psbA* 及核基因 *ITS* 也受到较多的关注。通过汇集已有物种的 DNA 条形码序列，就可以根据要求进行快速的物种鉴定，构建特定生物类群或群落的系统发育关系、评估多样性指数以及解释和预测生物多样性格局。2008 年，我国正式加盟国际生命条形码（iBOL）计划，在国家科技支撑计划、重点研发计划等大型专项课题的资助下，在动物、植物、微生物等多个领域取得了突出的成果。同年 6 月，中国科学院成立了国际生命条形码中国委员会。同年 9 月，中国科学院和科学技术部分别启动"国际生命条形码——中国项目预研"和"重要生物 DNA 条形码系统构建"项目。2009 年，中国科学院昆明植物研究所发起和实施了中国维管植物 DNA 条形码计划。2013 年，中国水产科学研究院承担了我国渔业生物 DNA 条形码信息采集及其数据库构建项目。2014 年，中国科学院海洋研究所承担了近海海洋生物 DNA 条形码研究项目。2015 年，中国科学院动物研究所建立了中国两栖类信息系统。通过多年努力，DNA 条形码工作者已建立了一整套较为完善的研究体系，发展出一系列相对成熟的分析方法（Kress & Erickson，2012）。生物 DNA 条形码已进入新的发展阶段。

在检验检疫 DNA 条形码研究中，值得一提的是在 2012 年至 2015 年由中国检验检疫科学研究院牵头，深圳、江苏、广东、上海、山东和天津等多个检验检疫机构参与的国家科技支撑项目"检疫性有害生物 DNA 条形码检测数据库建设及应用"研究。该项目下设几个课题，其中"植物检疫性病菌 DNA 条形码检测技术研究与示范应用"是针对进境植物检疫性真菌、细菌、病毒及其近似种，开展 DNA 条形码基因研究，探索不同种属 DNA 条形码阈值范围，获得可用于病原菌鉴定的条形码基因；"疑难检疫生物全基因组测序及条形码基因筛选"课题是针对当前分子分类与鉴定难于区分或有争议的检疫性真菌、细菌和昆虫开展全基因组测序，结合生物信息学方法开发新的 DNA 条形码，建立条形码检测技术，制定一批 DNA 条形码检测技术标准，在检验检疫领域进行推广应用，该课题研究已经制订了基因条形码筛查方法 检疫性疫霉菌（SN/T 4877.10—2017）、检疫性轮枝菌（SN/T 4877.7—2017）、检疫性腥黑粉菌（SN/T 4877.9—2017）、检疫性炭疽菌（SN/T 4877.8—2017）、检疫性茎点霉（SN/T 4877.4—2017）和检疫性拟茎点霉（SN/T 4877.5—2017）等行业标准。

1.2 真菌 DNA 条形码研究进展

1.2.1 DNA 条形码概述

真菌作为真核生物中一个独立的界，是物种数量仅次于昆虫的第二大真核生物类群，估计总种数为 220 万～380 万种，目前已报道的种类约 14 万种（Kirk et al.，2008；王科等，2020）。据 Agrios（2005）等人统计，植物病害绝大多数是由真菌引起的。基于 DNA 序列对植物病原真菌进行鉴定的方法已比较成熟。DNA 条形码是一种基于分子生物学和生物信息学对物种进行鉴定的方法，该方法旨在利用 500～800 bp 的一段核酸来鉴定物种，所有的生物用通用的引物扩增，最大范围内对物种进行分类。真菌 DNA 条形码检测技术其具有鉴定效率高、准确率高、通量高、易标准化等优点，对于植物病原真菌的检测，也有十分诱人的发展前景。

1.2.2 真菌 DNA 条形码候选基因

真菌生命之树（Assembling the Fungal Tree of Life）选择了一些可以作为候选真菌 DNA 条形码的片段，其相关的研究文献报道有 ITS（internal transcribed spacer，内部转录间隔区）、线粒体细胞色素 C 氧化酶亚基 I（COI）、核糖体大亚基（nrDNA-LSU）、核糖体小亚基（nrDNA-SSU）、RNA 酶亚基II、翻译延长因子（EF1-α）、线粒体小亚基操纵子、β-维管束蛋白（β-tubulin）、肌动蛋白（Actin）、几丁质合成酶基因（CS）、钙调蛋白（CAL）、RNA 聚合酶II第二大亚基（RPB2）、超氧化物歧化酶 2（SOD2）基因和热激蛋白 90（Hsp90）等，尽管这些候选真菌 DNA 条形码在基因片段长度、足够的种内种间差异、内含子干扰以及明显的条形码间隙方面存在一定争论（Krüger et al.，2009；Begerow et al.，2010），但 ITS 片段被公认为是核心 DNA 条形码（Seifert，2009）。

1.2.2.1 核糖体内转录间隔区（rDNA-ITS）

通常情况下我们将 ITS1、5.8S 和 ITS2 这 3 个区段合称为 ITS 序列，真菌 ITS 的片段长度一般在 650～750 bp。研究发现，ITS 中含有许多高度可变的无义序列，这就造成其功能片段和识别序列与 ITS 的总长相比是很少的。也正是因为这些无义序列的存在，使得 ITS 在进化过程中承受的自然选择压力非常小，也就可以出现更多的变异，在绝大多数真核生物中表现出极为广泛的序列多态性，即使是亲缘关系非常接近的 2 个种，在 ITS 序列上都表现出差异。nrDNA 序列中的 ITS1 和 ITS2 是中度保守区域，其保守性基本上表现为种内相对一致，种间差异较为明显。这种特点使得 ITS 序列更适合用于真菌物种的分子鉴定以及属内物种间或种内差异较明显的菌群间的系统发育关系分析。rDNA 的 ITS 序列被广泛应用于真菌的物种鉴定和低分类等级的系统演化关系分析。此外，ITS 作为真菌 DNA 条形码的主要优势在于其大小合适（约 500bp）、引物通用性强、扩增成功率高、便于高通量测序与分析（Seifert，2009），而且在 GenBank 等数据库中存有最多的 DNA 片段序列，同时在 CBOL 的生命条形码数据库（The Barcode of Life Data Systems，BOLD）中收集有大量凭证标本（菌种）标识的真菌 ITS 等 DNA 条形码序列。

在子囊菌中，Druzhinina 等（2005）在比较了 88 种 979 条 ITS 序列的基础上，建立了肉座菌属 Hypocrea 与无性型木霉属 Trichoderma Pers. 物种的 DNA 条形码快速鉴定体系，并成功地将分自土壤的 51 个木霉属菌株鉴定到已知菌种，而且发现有 2 株菌可能是新种。在地衣型子囊菌中，通过对 28 个科、55 个属、107 个种的 351 份地衣标本的 ITS 序列分析表明，92.1% 的物种存在 DNA 条形码间隔区（barcoding gap），96.3% 的标本可以鉴定到种（Kelly et al.，2011）。

在担子菌中，ITS 可有效区分欧洲的丝膜菌 Cortinarius ser. Callochroi Bidaud，Moënne-Locc. & Reumaux 组的 79 个种（Frøslev et al.，2007）和鹅膏属 Amanita Dill. ex Boehm. 的 36 个种（Zhang et al.，2004，2010）；在植物病原锈菌中，ITS 可将 Chrysomyxa Unger 属（10 种）的 90% 和 Melampsora Castagne 属（5 种）的 80% 种类区分开（Vialle et al.，2009）。Long 等（2011）使用 ITS1、5.8S、ITS2 和 COI 鉴定发现腐霉属 2 个新种〔百色腐霉（P. baisense）、短枝腐霉（P. breve）〕；蔡箐等（2012）选用的 3 个 DNA 候选片段 nrLSU、ITS 和 EF-1α，鉴定鹅膏属 10 个种 28 份样本材料，确定 ITS 作为鹅膏属分类的核心条形码，配合 EF-1α 和 nrLSU 辅助条形码进行鹅膏属样品鉴定。

在接合菌中，Schwarz 等（2006）分析了毛霉目 Mucorales 中 16 个种 54 株菌的 ITS 序列的种内和种间变异率，结果表明除近缘种外，ITS 可以将其他种类区分开。ITS 作为 DNA 条形码成功地应用于水生丝孢菌（aquatic hyphomycete）的鉴定中，克服了传统形态鉴定的局限性（Seena et al.，2010）。外生菌根是由土壤真菌与植物根系形成的互惠共生体，在森林生态系统的演替过程中发挥着重要的生态功能。外生菌根真菌类群主要是由担子菌与部分子囊菌和接合菌组成。Kõljalg 等（2005）

建立了外生菌根真菌的分子鉴定数据库 UNITE (http：//unite. ut. ee/index. php)，该数据库明确了 *ITS* 作为外生菌根真菌的 DNA 条形码，并且只收集经过分类专家可靠形态鉴定子实体标本的 *ITS* 序列，建立了有实物标本标识的 *ITS* 条形码序列数据库。*ITS* 作为外生菌根真菌 DNA 条形码，通过传统和高通量的 DNA 测序技术，广泛应用于森林生态系统中外生菌根真菌物种多样性的检测与鉴定 (Horton & Bruns, 2001；Tedersoo et al., 2008, 2010；Wang & Guo, 2010；Wang et al., 2011a, b)。

内生真菌是指在其生活史的全部或某一段时期生活在植物组织内，对宿主没有引起明显病害症状的真菌。在常规的内生真菌多样性研究中，主要采用传统分离培养方法，由于大量的内生真菌在人工培养基上不产生有性或无性孢子，无法利用形态特征进行物种鉴定 (郭良栋, 2001)。目前，主要利用 *ITS* 序列进行不产孢内生真菌的鉴定，并且经过真菌 *ITS* 序列种间变异率分析，普遍接受种间序列阈值为 97％ 的相似性 (Guo et al., 2000, 2003；Wang et al., 2005；Crozier et al., 2006；Higgins et al., 2007)。利用 *ITS* 条形码通过 DNA 克隆和高通量测序技术可直接检测与鉴定植物体内生真菌的物种多样性 (Guo et al., 2001；Wirsel et al., 2001；Götz et al., 2006；Arnold et al., 2007；Lucero et al., 2011)。Vu 等人 (2019) 预测了最优鉴别丝状真菌种类的鉴别阈值 *ITS* 高达 99.6％；确定了担子菌酵母的鉴别阈值 (Urbina et al., 2018)。然而，在植物致病性黑穗病属 *Ceraceosorus ITS* 百分比鉴定 (Kijpornyongpan et al., 2016)，并在一项关于 fragiforme 的基因组研究中，共有 19 个 *ITS* 片段中发现了 <97％ 的身份基因组 (Stadler et al., 2020)。

为了筛选出适合真菌物种鉴定的 DNA 条形码，国际真菌 DNA 条形码工作组组织了来自 10 多个国家的 140 多位科学家，对全部主要真菌类群进行了 6 个基因序列评价，结果表明 *ITS* 可使真菌物种的分辨率达到 72％，是目前真菌物种分辨率最高的单一 DNA 片段。因此，在第四届国际生命条形码大会上正式推荐了 *ITS* 作为真菌的首选 DNA 条形码，这对推动真菌 DNA 条形码研究与应用具有里程碑意义。

1.2.2.2 翻译延长因子（*EF1-α*）

尽管 *ITS* 位点具有强大的 PCR 扩增和较高的分类学覆盖率等优势，但它只能精确识别约 75％ 的真菌种，序列识别准确率为 98.5％ (Irinyi et al., 2015)。也有研究表明，*ITS* 在较高分类学水平上的分辨能力低于许多蛋白质编码基因 (Nilsson et al., 2008)。为了提高真菌 DNA 条形码的选择性，并能够正确识别所有真菌物种，最佳解决方案是建立一个次选真菌条形码，2011 年 Robert 等人提出可以采用第二个普遍通用的基因作为条形码 (Stielow et al., 2015)。多年来，许多基因位点被测试为 *ITS* 区域的替代品，但真菌学家之间没有达成共识，主要是因为缺乏标准化和通用引物的不可得性 (Frisvad et al., 2004；McLaughlin et al., 2009；O´Donnell et al., 2010)。全基因组测序 (WGS) 使得对进化程度不同的真菌进行全基因组比较成为可能，以识别潜在的次选条形码标记，并为普通 PCR 扩增设计通用引物 (Robert et al., 2011)。该研究的目的是寻找种间序列差异大、种内序列差异小的遗传标记，以准确反映更高层次的分类学关系。在最近的一项研究中，14 个通用引物对针对 8 个遗传标记在超过 1 500 个物种 (1 931 株或标本) 中进行了测试，以选择最优的次选条形码标记 (Stielow et al., 2015)。结果表明，*TEF-1α* 基因是最有希望的候选基因，基于其通用分类单元的适用性和通用引物的可用性，如 *EF1-1018F* (*Al33F*)/*EF1-1620R* (*Al33R*) 或 *EF1-1002F* (*Al34F*)/*EF1-1688R* (*Al34R*)，该基因被提出为通用的真菌次选 DNA 条形码。*ITS+TEF* 数据库合并形成一个人和动物病原真菌新的条形码数据库 ISHAM，包含 4 200 条 *ITS* 和 908 条 *TEF* 序列，网址 http：//its. mycologylab. org/或者 http：//isham. org。

1.2.2.3 蛋白质功能基因

Seifert 等 (2007) 以 545 bp 的 *COI* 基因为条形码对青霉属的 58 个物种和 12 个同系物种进行了鉴定，并与 *ITS* 和 *β-tubulin* 做了对比，结果发现 *COI* 片段的种内平均变异率为 0.06％，小于 *ITS* 和 *β-tubulin* 基因序列，而种间平均变异率为 5.6％，与 *ITS* 相当。*COI* 片段可使青霉亚属的物种分辨率达到 66％，优于 *ITS*，但小于 *β-tubulin*，虽然后两者在其他物种分析中的分辨率更高，但是由

于青霉属真菌的 *COI* 基因中并不含有内含子，以其为条形码进行鉴定时，DNA 的扩增和校对更为容易。Chen 等（2009）利用青霉亚属的 60 个种和 12 个近缘种的 358 条序列，建立了以 *COI* 为标准片段的条形码微阵列技术，并成功对 70 份环境样品（奶酪和植物）中青霉属物种进行鉴定。Min 等（2007）对子囊菌门、担子菌门和壶菌门中 31 种真菌的 *COI* 基因进行了研究，证明了长度大约 600 bp 的基因片段能够对真菌进行准确鉴定。但 Seifert 等（2007）通过对 56 种真菌和卵菌的 *COI* 基因分析，发现在真菌界的接合菌门 Zygomycota、壶菌门 Chytridiomycota、子囊菌门 Ascomycota 和担子菌门 Basidiomycota 的绝大多数类群中都含有长度（134～3 100 bp）和数量（1～7）不等的内含子，由于内含子不仅会干扰 PCR 扩增，同时也会使得已有的序列中由于缺少保守区而影响引物的设计，出现引物的通用性差以及序列比对困难等问题，因此 *COI* 基因不适合作为真菌条形码标准片段（Geiser et al.，2007；Gilmore et al.，2009；Vialle et al.，2009）。在卵菌纲 Oomycetes 中，*COI* 基因没有内含子，引物通用性强，扩增成功率高，可有效鉴别不同物种，而且效率等同于或高于 *ITS*，另外 *ITS* 在有的卵菌中存在多拷贝现象，不仅影响了 PCR 产物的直接测序，而且不同拷贝之间 DNA 序列的变异率大于种间（Senda et al.，2009），因此 *COI* 基因是理想的卵菌 DNA 条形码（Martin，2000；Martin et al.，2003；Long et al.，2011；Robideau et al.，2011；高瑞芳等，2016）。卵菌纲有 2 个线粒体细胞色素氧化酶 c 亚基基因，*COX1* 和 *COX2*，经常被使用，用于区分不同种类，*COX2* 还可对陈旧植物标本进行扩增检测（Choi et al.，2015）。

1.2.2.4 核糖体 *18S* 和 *28S* 基因

rDNA 的 *18S* 和 *28S* 基因既含有较高的可变区，也有较多的保守区，同时引物的通用性强、PCR 成功率高。因此，广泛应用于真菌分子系统学研究，特别是在高分类等级的系统演化关系分析中。由于 *18S* 和 *28S* 基因比 *ITS* 等基因的变异率低，不适合大多数真菌类群的物种鉴定。然而在球囊菌门 Glomeromycota，由于其无性孢子含有大量的异源细胞核，*ITS* 序列变异过大，不适合近缘种的区分，同时存在引物通用性差、PCR 成功率低的缺陷，因此 *ITS* 作为球囊菌门 DNA 条形码具有一定的局限性。目前在球囊菌门的系统演化分析和物种鉴定上主要利用 *18S* 基因（Schüßler et al.，2001；Schüßler & Walker，2010），主要原因是在 *18S* 基因上有较多的专性引物，PCR 成功率高，数据库中存有大量的参考序列，便于进行 DNA 序列比对与物种鉴定。然而由于 *18S* 基因的变异率较低，无法区分某些近缘种（Krüger et al.，2009），因此更多的研究者开始利用 *28S* 基因进行球囊菌门真菌多样性检测与物种鉴定（Da Silva et al.，2006）。Stockinger 等（2010）总结分析了 *18S*、*28S*、*ITS* 在球囊菌门物种间的分辨率，指出由引物 SSUmCf-LSUmBr 扩增的 *18S-ITS-28S* 的 DNA 片段（约 1 500bp），可以将所有测试物种区分开，而单独的 *ITS*（400～526 bp）或 *28S*（776～852 bp）只能鉴别绝大多数物种，但不能区分近缘种。因此，SSUmCf-LSUmBr 扩增的 DNA 片段可作为球囊菌门的 DNA 条形码。特别是最近以 *18S* 和 *28S* 基因片段为条形码的高通量 DNA 测序技术的应用，可更加全面、准确、快速监测环境中球囊菌门真菌的物种多样性与群落组成结构，为深入揭示菌根真菌的多样性及其生态功能提供技术支撑，并将极大地促进菌根生态学研究的发展（Lumini et al.，2010；Dumbrell et al.，2011；Lekberg et al.，2011）。

1.2.2.5 *β-tubulin* 基因

β-tubulin 基因既有保守的外显子又有许多可变的内含子，因此常被作为标识片段用于真菌的物种鉴定。如 Zhao 等（2011）在丛赤壳类真菌中，选取 *ITS*、*28S* rDNA、*β-tubulin* 和 *EF-1α* 基因进行分类，*β-tubulin* 种间距离为 3.45%，种内距离为 2.77%，而且，*β-tubulin* 基因具有高的 PCR 和测序成功率，能够很好地对所选 28 种菌种进行分类，没有种间和种内的交叠，显示出比 *ITS* 更好的鉴定效果。Samson 等（2004）通过对青霉亚属的 180 株代表性菌株的序列分析，证实 *β-tubulin* 基因是一种理想的物种标记。对曲霉属 *Aspergillus* P. Micheli ex Link 重要分支类群的多个基因片段分析结果表明，*β-tubulin* 和 *CaM* 基因是曲霉属的理想 DNA 条形码（Geiser et al.，2007；Varga et al.，2011）。*β-tubulin* 基因可以作为块菌属 *Tuber* P. Micheliex F. H. Wigg. 的有效 DNA 条形码，并成功

地应用于土壤块菌多样性监测（Zampieri et al.，2009）。然而，也有研究者认为 *β-tubulin* 太过保守，不适合作为真菌物种鉴定的条形码。Thell 等（2004）对地衣型真菌梅衣科 Parmeliaceae 的研究发现 *β-tubulin* 不能对该科真菌的分类地位作出清晰的界定，需要与其他 DNA 片段联用才能得出准确的鉴定结果。Tang 等（2007）在对粪壳菌纲 Sordariomycetes 进行系统学研究时也发现 *β-tubulin* 对该类群真菌分辨率极低，只有结合其他基因（如 *28S* 基因等）才能提高物种的分辨率。由此可见 *β-tubulin* 基因片段仅在某些真菌类群（如青霉属、曲霉属等）的物种鉴定中具有一定的优势。

1.2.2.6 其他基因

Robert 等（2011）和 Lewis 等（2011）也分别以不同的方式研究基因组中新的条形码序列，分别指出 *RPB2* 和 *EF-1α* 在真菌分类中可以作为条形码。国内曾昭清等（2012）以丛赤壳科 13 个属中的 34 个种为材料，对比了 4 种蛋白质编码基因（*Hsp90*、*AAC*、*CDC48* 和 *EF-3α*）。结果表明，*EF-3α* 基因的最大种内距离为 1.79%，最小种间距离为 3.19%，不存在种内、种间距离重叠，并具有较高的 PCR 扩增与测序成功率（96.3%），适合作为该科真菌的 DNA 条形码。Geiser 等（2004）建立了一个 *EF-1α* 基因序列数据库，可对镰刀菌属物种进行有效辨别。*EF-1α* 和 *RPB2* 基因可区分肉座菌属 *Hypocrea* Fr. 新种 *Hypocrea crystalligena* Jaklitsch 与已知种 *H. megalocitrina* Yoshim. Doi 和 *H. psychrophila* E. Müll.，Aebi & J. Webster（Jaklitsch et al.，2006）。通过对丛赤壳类真菌不同基因序列分析，结果显示 *EF-1α* 与 *RPB2* 基因组合作为 DNA 条形码可以准确识别种内与种间差异（Zhao et al.，2011a，b）。Palencia 等，（2009）以 20 种黑孢曲霉 *Aspergillus* section *Nigri* 为材料，建立了 *CAL* 基因和 *ITS* 序列的条形码数据库，并将 34 种未知菌的 76% 归入参考数据库中的物种。Cai 等（2009）选取刺盘孢属 *Colletotrichum* Corda 的 6 个代表物种 64 个菌株，比较了 *ITS*、*EF-1α*、*CAL*、*GPDH*（3-磷酸甘油脱氢酶）、*ACT*、*CHS*、*GS*（谷氨酰胺合成酶）等基因的种内和种间变异率，发现种间变异率由高到低的顺序为：*GPDH*（12.2%）、*CAL*（11.7%）、*EF-1α*（9.9%）、*ACT*（9.5%）、*ITS*（3.9%）、*CHS*（0.3%），虽然 *EF-1α* 具有较高的种间变异率，但是有的种类的种内变异率高于种间，而 *GPDH*、*CAL* 不仅具有较高的种间变异率，而且具有较低的种内变异率，可作为刺盘孢属的 DNA 条形码。更进一步的研究发现，胶胞刺盘孢 *Colletotrichum gloeosporioides*（Penz.）Penz. & Sacc. 复合类群的 *ApMat* 区间包含十分丰富的信息位点，拥有更高的种间变异率及更小的种内变异率，可作为该复合类群的 DNA 条形码（Silva et al.，2011）。对于少数群体，如锈菌，*ITS* 可能插入缺失片段限制直接测序或者包含多个完全不同拷贝，即使是在个体内部，也可能产生足够大的差异错误的识别。对于这些真菌需要使用其他标记，如将 *RPB2* 用于识别锈菌（Ullah et al.，2019）。

1.2.3 真菌 DNA 条形码项目研究

拥有足够的分子数据对准确鉴定植物病原真菌十分重要。目前，GenBank、QBOL、EMBL、DDBJ、AFTOL、UNITE 以及 Mycobank 等数据库中都收录了 DNA 条形码数据。在 2010—2015 年，iBOL 推出了 BARCODE 500K 项目（https：ibol. org/programs/barcode-500k），利用 sanger 测序法完成条形码参考文库。这个项目超过 50 万个物种，包括过渡种，代表尚未明确的物种。每个物种有相应的条形码索引号（barcode index numbers，BINs）。BIOSCAN（Https：//ibol. org/programs/bioscan/）不仅将物种数量增加至 200 万种，还包含了数以千计的生态环境群落组成数据，通过宏基因组的方法发现了成千上万的个体生物、共生体系、寄生生物以及其他相关联的生物类群。

自分子 DNA 技术出现以来，许多植物病原真菌已被证明是复合种，或被包括在多型属中（Crous et al.，2015b）。因此，明晰这些属类和物种概念对植物健康与全球粮食和纤维贸易极为重要（Crous 等，2015b、2016a）。植物病原真菌项目（Genera of Phytopathogenic Fungi，GOPHY）由 Marinx 等（2019）发起，为植物病原真菌分类提供了一个可靠稳定的平台。该系列链接到基于传统分类学的 Clements 等（1931）（www. GeneraOfFungi. org；Crous 等，2014a、2015a；Giraldo 等，

2017）的更大的"真菌类项目"，该计划旨在修订所有目前接受的真菌的属名（Kirk et al.，2013），这些信息与每个属中目前接受的物种的首选和次选 DNA 条形码相关联。目前，已描述约 18 000 个真菌属中，只有约 8 000 个在使用。然而，其中大多数都是在 DNA 时代之前描述的。为了验证这些名称的应用，它们的类型物种需要被记录并指定为具有"典型真菌银行"（Myco-Bank Typification，MBT）编号的外显或新类型，以确保命名自然行为的可追溯性（Robert et al.，2013）。此外，要对真菌进行单一命名（Wingfield 等，2012；Crous 等，2015b），它们的有性态-无性态的联系也需要得到确认。该计划是植物病原真菌分类学国际小组委员会活动的一部分。

　　Marin 等（2003）对世界范围内不同地区大多数植物病原真菌的种类及其 DNA 条形码进行了系统整理，并建立了 GOPHY（Genera of Phytopathogenic Fungi）网站，通过分子数据的整合和分析，为植物病原真菌鉴定提供了重要参考信息。该项目已梳理真菌属和种阶元的 DNA 条形码基因片段见表 1-1。

表 1-1　GOPHY 推荐的各植物病原真菌属、种阶元 DNA 条形码

属	DNA 条形码（属）	DNA 条形码（种）
Allantophomopsiella	ITS，LSU	ITS，*rpb2*
Allophoma	LSU，ITS	*rpb2*，*tub2*
Alternaria	LSU，ITS	ITS，ATPase，*gapdh*，*rpb2*，*tef1*
Apoharknessia	ITS，LSU	ITS，*cal*，*tub2*
Ascochyta	LSU，ITS	*rpb2*，*tub2*
Bipolaris	LSU，ITS	ITS，*gapdh*，*tef1*
Boeremia	LSU，ITS	*act*，*cal*，*rpb2*，*tef1*，*tub2*
Brunneosphaerella	LSU，ITS	*chs*，*rpb2*，*tef1*
Cadophora	ITS	ITS，*tef1* and *tub2*
Calonectria	LSU，ITS	*cmdA*，*his3*，*tef1*，*tub2* and *rpb2*
Celoporthe	ITS	*tub1*，*tub2*，*tef1*
Ceratocystis	60S，LSU，*mcm7*	ITS，*bt1*，*tef1*，*rpb2*，*ms204*
Cercospora	LSU，ITS，*rpb2*	*actA*，*cmdA*，*gapdh*，*his3*，*tef1*，*tub2*
Cladosporium	LSU	*act* and *tef1*；in a few cases *tub2*
Coleophoma	ITS	*tef1* and *tub2*
Colletotrichum	ITS	*act*，*ApMat*，*apn2*，*cal*，*chs-1*，*gapdh*，*gs*，*his3*，*sod2*，*tub2*
Coniella	LSU，*rpb2*	ITS，*rpb2*，*tef1*
Curvularia	LSU，ITS	ITS，*gapdh*，*tef1*
Cylindrocladiella	LSU，ITS	*his3*，*tef1*，*tub2*
Cytospora	ITS，LSU	ITS，LSU，*act1*，*rpb2*，*tef1* and *tub2*
Dendrostoma	LSU	ITS，*rpb2*，*tef1*
Diaporthe	ITS	*cal*，*his3*，*tef1*，*tub2*
Dichotomophthora	ITS	ITS，*rpb2*，*gpdh*
Didymella	LSU，ITS	*rpb2*，*tub2*
Elsinoe	LSU	ITS，*rpb2*，*tef1*
Endothia	LSU，ITS	ITS，*tef1*，*tub1*，*tub2*
Exserohilum	LSU，ITS	ITS，*gapdh*，*rpb2*

（续）

属	DNA 条形码（属）	DNA 条形码（种）
Gaeumannomyces	*LSU*	ITS，*tef1*，*rpb1*
Harknessia	*LSU*	ITS，*cal*，*tub2*
Huntiella	*LSU*，*60S*，*mcm7*	ITS，*mcm7*，*tef1*，*tub2*
Leptosphaerulina	*LSU*，*ITS*	*rpb2*，*tub2*
Macgarvieomyces	*LSU*，*ITS*	ITS，*act*，*cal*，*rpb1*
Melampsora	*ITS*，*LSU*	*COI*，ITS，LSU，MS208，MS277，Nad6
Metulocladosporiella	*LSU*，*ITS*	ITS，*tef1*
Microdochium	*LSU*	ITS，*rpb2*，*tub2*
Monilinia	*ITS*	*tef1*
Neofabraea	*LSU*	ITS，*tub2*，*rpb2*
Neofusicoccum	*LSU*，*rpb2*	ITS，*tef1*，*tub2*，*rpb2*
Neosetophoma	*LSU*	ITS，*rpb2*，*tef1*，*tub2*
Neostagonospora	*LSU*	ITS，*rpb2*，*tef1*，*tub2*
Nigrospora	*LSU*	ITS，*tef1*，*tub2*
Nothophoma	*LSU*，*ITS*	*rpb2*，*tub2*
Oculimacula	*LSU*	ITS，*tef1*
Paraphoma	*LSU*，*SSU*	ITS，*rpb2*，*tef1*，*tub2*
Parastagonospora	*LSU*	ITS，*rpb2*，*tef1*，*tub2*
Pezicula	*ITS*，*LSU*	*rpb2*
Phaeoacremonium	*SSU*，*LSU*	*act*，*tub2*
Phaeomoniella	*LSU*	ITS and *tef1*
Phaeosphaeriopsis	*LSU*	ITS，*rpb2*，*tef1*，*tub2*
Phyllosticta	*LSU*	ITS，*act*，*gapdh*，*tef1*
Phytophthora	*LSU*，*ITS*，*cox1*	ITS，*Btub*，*TigA*，*cox1*
Pilidium	*LSU*	ITS
Pleiocarpon	*LSU*	ITS，*his3*，*rpb2*，*tef1*，*tub2*
Pleiochaeta	*LSU*	ITS
Plenodomus	*LSU*，*ITS*	*tub2*，*rpb2*
Protostegia	*LSU*	ITS
Proxipyricularia	*LSU*，*ITS*	ITS，*act*，*cal*，*rpb1*
Pseudocercospora	*ITS*	*act*，*rpb2* and *tef1*
Pteridopassalora	*LSU* and *rpb2*	LSU，ITS and *rpb2*
Pseudopyricularia	*LSU*，*rpb1*	ITS，*rpb1*，*act*，*cal*
Puccinia	*ITS*，*LSU*	ITS，LSU
Pyrenophora	*LSU*，*ITS*	ITS，*gapdh*，*tef1*
Pyricularia	*LSU*	ITS，*act*，*cal*，*rpb1*
Ramichloridium	*LSU*	ITS，*rpb2*，*tef1*
Saccharata	*LSU*	ITS，*rpb2*，*tef1*，*tub2*
Seifertia	*LSU*	LSU，*tef1*

（续）

属	DNA 条形码（属）	DNA 条形码（种）
Seiridium	*ITS*	*ITS，rpb2，tef1，tub2*
Septoriella	*LSU*	*ITS，rpb2，tef1，tub2*
Setophoma	*LSU*	*ITS，rpb2，tef1，tub2*
Stagonosporopsis	*LSU*	*ITS，rpb2，tub2*
Stemphylium	*ITS*	*cmdA，gapdh*
Stenocarpella	*LSU，ITS*	*ITS，tef1*
Thyrostroma	*LSU*	*ITS，tef1*
Tubakia	*ITS，LSU，rpb2*	*ITS，tef1，tub2*
Utrechtiana	*LSU，ITS*	*ITS，act，cal，rpb1*
Venturia	*LSU*	*ITS，tef1，tub2*
Wilsonomyces	*LSU*	*ITS，tef1*
Wojnowiciella	*LSU*	*ITS，rpb2，tef1*
Zasmidium	*LSU*	*ITS，rpb2，act，tef1，tub2*
Zymoseptoria	*ITS，LSU*	*rpb2，tef1*

1.3 检疫性真菌 DNA 条形码研究进展

1.3.1 主要贸易国家的检疫性真菌清单

对五大洲 7 个主要国家和地区，包括中国、美国、欧盟、加拿大、澳大利亚、日本和莫桑比克的检疫性真菌名录进行了整理。美国动植物卫生检验局（Animal and Plant Health Inspection Service）有害生物限制名录包含了 582 种真菌。欧洲和地中海植物保护组织（European and Mediterranean Plant Protection Organization，EPPO）名录 A1 和 A2（2022）中共包含了 68 种真菌。加拿大名录包含 60 种真菌。日本的名录中包含了 61 种检疫性真菌。中国的进境植物有害生物名录中包含了 127 种真菌。

对以上 898 种检疫性物种出现的频次进行了统计和物种分类，以属为单位，共包含 337 个属，见表 1-2。出现次数最高的 10 个属分别是 *Puccinia*（32）、*Phytophthora*（20）、*Colletotrichum*（19）、*Fusarium*（18）、*Phomopsis*（17）、*Gymnosporangium*（15）、*Phyllosticta*（15）、*Cronartium*（14）、*Pseudocercosporella*（14）和 *Cercospora*（13）。*Puccinia*、*Phytophora*、*Fusarium*、*Gymnosporangium*、*Alternaria*、*Diaporthe*、*Thecaphora*、*Synchytrium*、*Tilletia*、*Monilinia* 是最常见的检疫性物种，出现在了所有国家的名录中。

表 1-2 5 个国家或地区检疫性真菌名录整理

属	中国	美国	EPPO	加拿大	日本	出现频次之和
Acanthophiobolus		1				1
Acremonium		1				1
Aecidium		3				3
Albugo	1					1
Alternaria	1	6	1	1	2	11
Anamorphic Rust		1				1

（续）

属	中国	美国	EPPO	加拿大	日本	出现频次之和
Anisogramma	1		1	1		3
Annellolacinia		1				1
Anthostomella		1				1
Anthracoidea		1				1
Apiosporina	1	1	1		1	4
Arecomyces		1				1
Ascochyta		10				10
Asperisporium		2				2
Asteromella		1				1
Asterostomella		1				1
Atropellis	2		2			4
Balansia					1	1
Batcheloromyces		2				2
Bartalinia		1				1
Beauveria		1				1
Bellulicauda		1				1
Bionectria		1				1
Bipolaris		1				1
Biscogniauxia		1				1
Boeremia		2				2
Botryosphaeria	2	3			1	6
Botrytis		1				1
Bretziella			1	1	1	3
Brunneosphaerella		1				1
Bubakia		1				1
Calonectria		1				1
Camarosporium		1				1
Camarosporula		1				1
Catenulostroma		2				2
Cephalosporium	3					3
Ceratocystis	1	1	1			3
Cercospora		11			2	13
Cercosporella		1				1
Cercosporidium		1				1
Chaetothyrina		2				2
Chalara	1	1				2
Chrysomyxa	1	1	1			3
Ciborinia	1		1			2
Ciliospora		1				1

（续）

属	中国	美国	EPPO	加拿大	日本	出现频次之和
Cladosporium	1	3				4
Claviceps		•			1	1
Coccodiella		1				1
Coccomyces		1				1
Cochliobolus		1				1
Cochliobolus					1	1
Coleosporium		1			1	2
Coleophoma		1				1
Coleosporium		3				3
Colletotrichum	1	17		1		19
Coniella		2		1		3
Coniferiporia			1			1
Coniella		2				2
Coniothecium		8				8
Corynespora		1				1
Cordyceps		1				1
Crinipellis	1					1
Cronartium	5	1	8			14
Crossopsora		1				1
Cryptocline		1				1
Cryptosporiopsis		1				1
Cucurbitaria		1				1
Cylindrocarpon		1				1
Cryphonectria	1		1			2
Cylindrocladium	1	2				3
Cylindrocladium		2				2
Cytosphaera		1				1
Cytospora		1				1
Cytospora		1				1
Cytosporella		1				1
Cytostagonospora		1				1
Dasturella		1				1
Denticularia		1				1
Deuterophoma					1	1
Diaporthe	5	1	1	1	1	9
Dictyoarthrinium		1				1
Didymascella		1				1
Didymella	2				1	3
Didymella		1				1

（续）

属	中国	美国	EPPO	加拿大	日本	出现频次之和
Didymosphaeria		1				1
Diplodia		1				1
Diplodina		1				1
Diplotheca		1				1
Discochora		1				1
Discosia		1				1
Discosiella		1				1
Discula		1				1
Dothiorella		1				1
Drechslera		1			1	2
Echidnodes		1				1
Elsinoe		7		1	2	10
Endocronartium	1					1
Endomelanconiopsis		1				1
Endothiella		1				1
Entomophthora		1				1
Entyloma		1				1
Erysiphe		1				1
Eutypa	1	1			1	3
Exobasidium		1				1
Exosporium		1				1
Fairmaniella		1				1
Fusarium	8	3	3	1	3	18
Fusicoccum		1				1
Fusidium		1				1
Gaeumannomyces	1	1				2
Geosmithia			1			1
Gerwasia		1				1
Gibberella		1				1
Gloeosporidiella		1				1
Gloeosporium		1				1
Gloeotinia					1	1
Glomerella		1	1			2
Glomosporium		1				1
Gnomonia		1				1
Gnomoniella		1				1
Graphiola		1				1
Graphiola		1				1

（续）

属	中国	美国	EPPO	加拿大	日本	出现频次之和
Greeneria	1					1
Gremmeniella	1			2		3
Grosmannia			1			1
Guignardia		2		1	1	4
Gymnosporangium	4	2	5	2	2	15
Hainesia		1				1
Haplosporella		1				1
Harknessia		1				1
Helicosingula		1				1
Helminthosporiella		1				1
Helminthosporium	1	1				2
Hemileia		1				1
Hendersonina		1				1
Heterobasidion			1			1
Heterosporium		1				1
Hymenoscyphus				1		1
Hypoxylon	1				2	3
Ingoldiomyces		1				1
Inonotus	1					1
Irenopsis		1				1
Kabatiella		1				1
Kellermania		1				1
Kirramyces		1				1
Lachnellula		1		1		2
Lasiodiplodia		1				1
Lasmeniella		1				1
Lecanosticta			1			1
Leiosphaerella		1				1
Lembosia		1				1
Leptodothiorella		1				1
Leptosphaera	3	5				8
Leptosphaerulina		1				1
Leptostromella		1				1
Leucostoma	1					1
Libertella		1				1
Linochora		1				1
Lirula		1				1
Lophiostoma		1				1
Lophodermium		2				2

（续）

属	中国	美国	EPPO	加拿大	日本	出现频次之和
Macrophoma		1				1
Marssonina		1				1
Mauginiella		1				1
Melampsora	2	2	2			6
Melanconiopsis		1				1
Melanconium		1				1
Melanomma		1				1
Melasmia		1				1
Microcyclus	1					1
Microsphaeropsis		1				1
Monilia		2		2		4
Monilinia	1	1	1	2	1	6
Monilochaetes		1				1
Moniliophthora	1	1				2
Monochaetinula		1				1
Monodictys		1				1
Monographella		1				1
Monosporascus	1					1
Mycena	1					1
Mycentrospora	1					1
Mycosphaerella	6	6	1			13
Myrothecium		1				1
Nectria	1					1
Neofusicoccum		4	1			5
Neonectria					1	1
Neovossia		1				1
Oidium		1				1
Oncobasidum		1				1
Oospora		1				1
Ophiobolus		1				1
Ophiodothella		1				1
Ophiognomonia			1			1
Ophiosphaerella		1				1
Ophiostoma	3			2	2	7
Ovulariopsis		1				1
Ovulinia	1					1
Oxydothis		1				1
Paraconiothyrium		1				1

（续）

属	中国	美国	EPPO	加拿大	日本	出现频次之和
Paraphaeosphaeria		1				1
Passalora		4				4
Peniophora					1	1
Periconia	1	1				2
Periconiella		1				1
Peronosclerospora	1	1			4	6
Peronospora	2				2	4
Pestalotiopsis		5				5
Pestalozziella		1				1
Pezicula	1					1
Phacidiopycnis		1				1
Phaeochora		1				1
Phaeocytostroma		1				1
Phaeophleospora		1				1
Phaeoramularia		1				1
Phaeoseptoria		1				1
Phaeoseptoria		2				2
Phakopsora		4				4
Phaeoramularia	1					1
Phellinus	1	1				2
Phialophora	2	2	1			5
Phloeosporella		1				1
Phoma	4	2		1		7
Phomopsis	1	15		1		17
Phragmidium		1				1
Phyllachora		7				7
Phyllosticta		13	2			15
Phymatotrichopsis	1		1		1	3
Phymatotrichum		1				1
Physalospora		1				1
Physopella		1				1
Pileolaria		1				1
Placoasterella		2				2
Plectophomella		2				2
Pseudoepicoccum		2				2
Pseudopestalotiopsis		1				1
Pseudorobillarda		1				1
Phytophthora	11	1	4	1	3	20
Plasmopara		1				1

（续）

属	中国	美国	EPPO	加拿大	日本	出现频次之和
Plectronidium		1				1
Plenodomus			1			1
Pleospora		1				1
Pleurocytospora		1				1
Pleurophoma		1				1
Podonectria		1				1
Polyscytalum	1					1
Prospodium		1				1
Protomyces	1					1
Pseudocercosporella		1				1
Pseudocercosporella	1	13				14
Pseudoepicoccum		2				2
Pseudoperonospora			2	1		3
Pseudopestalotiopsis		1				1
Pseudopezicula	1	1				2
Pseudopeziza				1		1
Pseudopityophthorus			2			2
Pseudorobillarda		1				1
Pseudorobillarda		1				1
Puccinia	1	23	3	3	2	32
Pucciniastrum		1			1	2
Pustula		1				1
Pycnostysanus	1					1
Pyrenochaeta	1	1				2
Pyrenophora		1				1
Pyricularia		1				1
Pyriculariopsis		1				1
Pythium	1					1
Ramularia	1	1			1	3
Ravenelia		1				1
Rhabdospora		1				1
Rhacodiella		1				1
Rhizoctonia	1					1
Rhytisma		1				1
Rigidoporus	1					1
Robillarda		1				1
Rosellinia		1		1	2	4
Rosenscheldiella		1				1

（续）

属	中国	美国	EPPO	加拿大	日本	出现频次之和
Sarcostroma		1				1
Sclerophthora	1					1
Sclerostagonospora		1				1
Sclerotinia				1		1
Sclerotium		1		1		2
Scolecostigmina		1				1
Scopulariopsis		1				1
Scytalidium		1				1
Seimatosporium		5				5
Seiridium		1			1	2
Selenophoma		1				1
Septoria	1	9	1		1	12
Setoidium		1				1
Sirococcus		1			2	3
Sirosporium		1				1
Sonderhenia		1				1
Sphacelia		1				1
Sphaceloma		6				6
Sphaerodothis		1				1
Sphaeropsis	2	1			1	4
Sphaerotheca		1				1
Sphaerulina		1	1			2
Spongospora		1				1
Spilocaea		1				1
Sporisorium		1				1
Stagonospora	2	1				3
Stagonosporopsis		1	3			4
Stegophora		1				1
Stemphylium		1				1
Stenella		1				1
Stenocarpella			2		2	4
Stereostratum		1				1
Stephanoderes		1				1
Stereum		1				1
Stigmina		1				1
Stilbophoma		1				1
Stilbospora		1				1
Synchytrium	1	2	1	1	2	7
Teratosphaeria		6				6

（续）

属	中国	美国	EPPO	加拿大	日本	出现频次之和
Thecaphora	1	2	2	1	2	8
Thielaviopsis		1				1
Tiarosporella		1				1
Tilletia	2	1	1	2	1	7
Ttachysphaera		1				1
Tranzschelia		1				1
Trimmatostroma		1				1
Truncatella		1				1
Tubakia		1				1
Ulocladium		1				1
Uncinula		1				1
Uredo		7				7
Urocystis	1			1		2
Uromyces	1	9			1	11
Uromycladium		1				1
Ustilago		1				1
Valsa		1				1
Venturia	1	1		1		3
Verticillium	2		1			3
Vizella		1				1
Volutella		1				1
Zasmidium		1				1

1.3.2 检疫性真菌分子检测方法

几乎所有检疫性真菌的鉴定方法最早都是基于形态学特征而建立。随着分子生物学技术的发展及其推广应用，尤其是系统进化的研究不断深入，使得分子生物学在真菌鉴定中的应用逐渐成熟（Côté et al.，2004）。主要的技术方法有普通 PCR、多重 PCR、单链构象多态性、限制性片段长度多态性、实时荧光 PCR 和 DNA 芯片技术（Liao et al.，2009；Balmas et al.，2005；Begerow et al.，2010；Fukushima et al.，2003；Kong et al.，2004）。其中，最常用的还是普通 PCR 和实时荧光 PCR。

针对同一种检疫性真菌，不同国家或国际组织所建立的分子生物学检测方法以及所基于的基因序列不尽相同，因此容易造成检测灵敏度和可重复性不尽相同。以小麦印度腥黑粉菌 *Tilletia indica* Mitra 为例，EPPO 建立的分子生物学方法为 *ITS1* 片段限制性酶切、普通 PCR 和实时荧光 PCR（Anon，2004），澳大利亚建立的分子生物学方法是多重实时荧光 PCR（Tan et al.，2009），世界植物保护组织（International Plant Protection Convention，IPPC）建立的分子生物学检测方法为 *ITS1* 片段限制性酶切、普通 PCR、实时荧光 PCR 和孢子直接实时荧光 PCR，中国建立的分子生物学检测方法（GB/T 28080—2011）为普通 PCR、实时荧光 PCR 和单个孢子直接实时荧光 PCR。

1.3.3 检疫性真菌 DNA 条形码

对检疫性真菌的准确鉴定非常重要，对同一物种建立的不同分子生物学方法，因其采用的核酸片段不同，可能会导致灵敏度和可重复性的差异，一旦出现鉴定的误判，不仅对植物本身的保护，还对经济、社会、环境保护都将有重要影响，严重时还可能会造成国与国之间的贸易争端。DNA 条形码可望解决这个问题，其在标准化方面具有独特的优势，一个物种有且只有一条（少数物种有两条或多条）相对应的条形码核酸序列，全世界都以该核酸序列作为检测依据。因此，选用合适的核酸片段作为检疫性物种的 DNA 条形码非常关键。根据表 1-2 中的统计，出现频次最多的前十个属在 BOLD 数据库中已有 *ITS* 核酸序列的情况是，*Puccinia*（815）、*Phytophthora*（1 461）、*Colletotrichum*（2 653）、*Fusarium*（4 162）、*Phomopsis*（328）、*Gymnosporangium*（35）、*Phyllosticta*（305）、*Cronartium*（258）、*Pseudocercosporella*（44）和 *Cercospora*（469）。经过十余年的发展，植物真菌 DNA 条形码数据量有了很大的提高，这为该技术的推广提供了充分的数据资源。

1.3.4 展望

DNA 条形码作为一项物种鉴定的新技术，尤其是其在标准化方面的独特优势，使其成为出入境植物有害生物检疫的有力工具。一个物种有且只有一条唯一的条形码序列与之相对应。前述提到的关于 *T. indica* 方法的问题，就可以通过 DNA 条形码技术加以解决。在欧洲，检疫性生物条形码计划（Quarantine Barcoding of Life）受到欧盟第七届框架计划 [European Union（EU）7th Framework Program] 的资助，有 20 余个科学机构参与，旨在建立检疫性有害生物鉴定的 DNA 条形码数据库。EPPO 的 A1 和 A2 名单中选择了检疫性真菌属 *Monilinia*、*Ceratocystis*、*Melampsora*、*Puccinia*、*Thecaphora* 和 *Mycosphaerella*（www. QBOL. org）。这项计划的实施离不开国际范围内的合作，物种资源、生物信息等方面的交流以及相互验证 DNA 条形码等十分必要。这对建立国际 DNA 条形码检测技术方法和标准都非常有意义。

然而，一些问题仍然有待解决。首先，凭证标本难以获得，这就对将来获得物种序列的有效性提出疑问，这也就显示了国际合作的重要性。其次，获得的生物标本有时并不十分理想，比如有的只能收集到孢子、专性寄生菌、标本等。核酸的提取、基因组扩增和系统进化分类都是需要突破的技术难题。其他一些相关技术的辅助，如微量核酸的基因组扩增等，也都在相应的研究当中。此外，如果基因或片段不能很好地解决种内种间的差异，辅助 DNA 条形码基因或者其他方法是否必须尚待探讨。相应的检疫性物种 DNA 条形码数据库的建立将是最终的载体形式，我们相信，DNA 条形码技术的发展和国际合作将使这些问题得到很好的解决。

2 基因水平筛选 DNA 条形码

2.1 材料与方法

2.1.1 材料

实验所需菌种材料来自荷兰真菌生物多样性研究中心（CBS）、美国模式菌种保藏中心（ATCC）、国际真菌研究所（IMI）、中国农业微生物菌种资源库（ACCC）和深圳海关动植物检验检疫技术中心保存的 154 个种、234 个菌株材料。其中，轮枝菌 27 个种/38 个菌株，炭疽菌 31 个种/40 个菌株，疫霉 81 个种/122 个菌株，腥黑粉菌 15 个种/34 个菌株。物种包括《中华人民共和国进境植物检疫性有害生物名录》中收录的检疫性疫霉菌 11 种，分别为栗疫霉黑水病菌 *Phytophthora cambivora*、马铃薯疫霉绯腐病菌 *Phytophthora erythroseptica*、草莓疫霉红心病菌 *Phytophthora fragariae*、树莓疫霉根腐病菌 *Phytophthora fragariae* var. *rubi*、柑橘冬生疫霉 *Phytophthora hibernalis*、雪松疫霉根腐病菌 *Phytophthora lateralis*、苜蓿疫霉根腐病菌 *Phytophthora medicaginis*、菜豆疫霉病菌 *Phytophthora phaseoli*、栎树猝死病菌 *Phytophthora ramorum*、大豆疫霉病菌 *Phytophthora sojae* 和丁香疫霉病菌 *Phytophthora syringae*；检疫性轮枝菌 2 种，分别为黑白轮枝菌 *Verticillium albo-atrum* 和大丽轮枝菌 *Verticillium dahliae*；检疫性腥黑粉菌 1 种，小麦印度腥黑穗病菌 *Tilletia indica* 和检疫性炭疽菌 1 种，咖啡浆果炭疽病菌 *Colletotrichum kahawae*。各属菌种材料见表 2-1。

表 2-1 供试菌株

物种	菌株编号	物种	菌株编号	物种	菌株编号
Verticillum albo-atrum	CBS[①] 130340	*V. dahliae*	ACCC 3.3757	*V. sacchari*	CBS 222.25
V. albo-atrum	CBS 121305	*V. dahliae*	ATCC 6711	*V. balanoides*	ATCC 48244
V. albo-atrum	CBS 121306	*V. nigrescens*	IMI 112791	*V. bulbillosum*	ATCC 42444
V. fungicola	ACCC[②] 3.4501	*V. vilmorinii*	IMI 122822	*V. nonalfalfae*	CBS 130339
V. fungicola	ACCC 3.4502	*V. lecythisii*	CBS 580.71	*C. boninense*	CBS 119185
V. fungicola	ACCC 3.4503	*V. biguttatum*	CBS 180.85	*C. malvarum*	CBS 574.97
V. fungicola	IMI[③] 246427	*V. incurvum*	CBS 460.88	*C. kahawae*	IMI 319481
V. psalliotae	CBS 122172	*V. leptobactrum*	CBS 120680	*C. kahawae*	IMI 363576
V. psalliotae	ACCC 3.4506	*V. longisporum*	CBS 110233	*C. kahawae*	LC0082[⑤]
V. tricorpus	IMI 51602	*V. pseudohemipterigenum*	CBS 102070	*C. gloeosporioides*	IMI 313842
V. alfalfae	CBS 130603	*V. lecanii*	ACCC 3.4504	*C. gloeosporioides*	LC0081[⑤]
V. coccosporum	CBS 691.86	*V. lecanii*	ACCC 3.4505	*C. acerbum*	CBS 128530
V. chlamydosporium	CBS 361.64	*V. lecanii*	CBS 122175	*C. sublineolum*	IMI 279189
V. isaacii	CBS 130343	*V. rexianum*	CBS 120639	*C. agaves*	CBS 118190
V. lindauianum	CBS 897.70	*V. suchlasporium*	ATCC 76547	*C. coffeanum*	CBS 396.67
V. dahliae	CBS 179.40	*V. agaricinum*	ATCC 38629	*C. paxtonii*	IMI 165753
V. dahliae	ACCC 3.3756	*V. lateritium*	CBS 10258	*C. coccodes*	IMI 352140

（续）

物种	菌株编号	物种	菌株编号	物种	菌株编号
C. curcumae	IMI 288939	*P. capsici*	CBS 125219	*P. megasperma*	IMI 403513
C. coffeanum	IMI 301220	*P. captiosa*	CBS 119107	*P. mirabilis*	CBS 150.88
C. acutatum f. *pineum*	CBS 436.77	*P. cinnamomi*	CBS 342.72	*P. multivesiculata*	CBS 114337
C. fructicola	LC0032⑤	*P. cinnamomi* var. *robiniae*	ATCC 90458	*P. multivora*	CBS 124095
C. fructicola	LC0033⑤	*P. citricola*	CBS 221.88	*P. nemorosa*	CBS 114870
C. siamense	LC0034⑤	*P. citrophthora*	CBS 274.33	*P. nicotianae*	ATCC 36996
C. acutatum	MYA 4520	*P. clandestina*	CBS 347.86	*P. palmivora*	CBS 128741
C. siamense	LC0035⑤	*P. colocasiae*	CBS 192.91	*P. phaseoli*	CBS 114105
C. asianum	LC0037⑤	*P. cryptogea*	CBS 468.81	*P. pinifolia*	CBS 122924
C. asianum	LC0038⑤	*P. elongata*	CBS 125799	*P. plurivora*	CBS 125221
C. hymenocallidis	LC0039⑤	*P. epistomium*	CBS 155.96	*P. polonica*	CBS 119650
C. tenuginis	LC0040⑤	*P. erythroseptica*	CBS 129.23	*P. polymorphica*	CBS 114081
C. karstii	LC0042⑤	*P. europaea*	CBS 112276	*P. primulae*	CBS 110167
C. hymenocallidis	LC0043⑤	*P. fallax*	CBS 119109	*P. pseudotsugae*	CBS 446.84
C. musae	LC0084⑤	*P. fluvialis*	CBS 129424	*P. psychrophila*	CBS 803.95
C. horii	LC0218⑤	*P. fragariae*	CBS 209.46	*P. quercina*	CBS 788.95
C. fragariae	LC0220⑤	*P. rubi*	CBS 109892	*P. quercetorum*	CBS 121119
C. falcatum	LC0885⑤	*P. foliorum*	CBS 121655	*P. ramorum*	CBS 101327
C. codylinicila	LC0886⑤	*P. gallica*	CBS 117475	*P. richardiae*	CBS 240.30
C. brevispora	LC0870⑤	*P. gibbosa*	CBS 127951	*P. riparia*	MYA 4882
C. jasmini-sambae	LC0921⑤	*P. gonapodyides*	CBS 117379	*P. rosacearum*	CBS 127519
C. simmondsii	LC0937⑤	*P. gregata*	CBS 127952	*P. sansomeana*	CBS 117693
C. tropica	LC0957⑤	*P. hedraiandra*	CBS 119903	*P. sinensis*	ATCC 46538
C. thailandica	LC0958⑤	*P. heveae*	IMI 403499	*P. siskiyouensis*	CBS 122779
C. acutatum	ATCC 56814	*P. hibernalis*	ATCC 64708	*P. sojae*	CBS 556.88
C. acutatum	MYA 4519	*P. idaei*	CBS 971.95	*P. syringae*	CBS 132.23
C. acutatum	ATCC 56814	*P. ilicis*	CBS 114348	*P. tentaculata*	CBS 522.96
Phytophthora alticola	CBS 121939	*P. infestans*	CBS 123287	*P. trifolii*	CBS 117688
P. alni var. *alni*	CBS 117377	*P. insolita*	CBS 691.79	*P. tropicalis*	CBS 121658
P. andina	CBS 122202	*P. inundata*	CBS 217.85	*P. cactorum*	CBS 12843
P. arecae	CBS 148.88	*P. ipomoeae*	CBS 109229	*P. cambivora*	IMI 403476
P. asparagi	CBS 132095	*P. iranica*	CBS 374.72	*P. cambivora*	CBS 254.93
P. bahamensis	CBS 114336	*P. katsurae*	CBS 587.85	*P. cambivora*	CBS 356.78
P. bisheria	CBS 122081	*P. kernoviae*	IMI 403505	*P. cambivora*	CBS 114086
P. boehmeriae	CBS 102795	*P. lateralis*	CBS 168.42	*P. cambivora*	CBS 111330
P. botryosa	CBS 533.92	*P. litoralis*	CBS 127953	*P. cambivora*	CBS 114085
P. brassicae	CBS 113352	*P. meadii*	CBS 219.88	*P. cambivora*	CBS 111331
P. cactorum	ACCC 36421	*P. medicaginis*	CBS 117685	*P. cinnamomi*	IMI 403478
P. cambivora	CBS 248.60	*P. megakarya*	CBS 240.83	*P. citricola*	ATCC④ 28192

（续）

物种	菌株编号	物种	菌株编号	物种	菌株编号
P. citrophthora	IMI 403488	*P. ramorum*	LC⑤	*T. caries*	CBS 369.36
P. erythroseptica	IMI 403493	*P. ramorum*	CBS 101553	*T. caries*	CBS 368.36
P. erythroseptica	CBS 111343	*P. ramorum*	CBS 114560	*T. caries*	CBS 367.36
P. erythroseptica	CBS 233.30	*P. ramorum*	CBS 126586	*T. caries*	CBS 366.36
P. erythroseptica	CBS 357.59	*P. ramorum*	CBS 110955	*T. caries*	CBS 323.32
P. erythroseptica	CBS 380.61	*P. ramorum*	CBS 110954	*T. fusca* var. *fusca*	CBS 122992
P. fragariae	CBS 309.62	*P. ramorum*	CBS 110601	*T. fusca* var. *fusca*	ATCC 90926
P. rubi	CBS 967.95	*P. ramorum*	CBS 110539	*T. fusca* var. *bromitectorum*	ATCC 90927
P. hibernalis	CBS 522.77	*P. syringae*	CBS 110161	*T. goloskokovii*	CBS 122995
P. hibernalis	CBS 953.87	*P. syringae*	CBS 114110	*T. goloskokovii*	CBS 122991
P. hibernalis	CBS 119904	*Tilletia tritici*	CBS 119.19	*T. laevis*	CBS 121950
P. hibernalis	CBS 114104	*T. brevifaciens*	CBS 121948	*T. laevis*	CBS 121949
P. hibernalis	CBS 270.31	*T. bromi*	CBS 123002	*T. laevis*	CBS 324.32
P. infestans	CBS 430.90	*T. bromi*	CBS 123001	*T. horrida*	CBS 277.28
P. inundata	CBS 122208	*T. caries*	CBS 121951	*T. secalis*	CBS 122087
P. lateralis	IMI 403507	*T. caries*	CBS 160.85	*T. setariae*	CBS 583.94
P. lateralis	CBS 117106	*T. caries*	CBS 375.36	*T. vankyi*	CBS 121954
P. lateralis	CBS 102608	*T. caries*	CBS 374.36	*T. vankyi*	CBS 121953
P. meadii	IMI 330533	*T. caries*	CBS 373.36	*T. walkeri*	CBS 121956
P. medicaginis	CBS 119902	*T. caries*	CBS 372.36	*T. walkeri*	CBS 121955
P. megasperma	CBS 118733	*T. caries*	CBS 371.36	*T. foetida*	ATCC 42080
P. phaseoli	CBS 120373	*T. caries*	CBS 370.36	*T. indica*	实验室保存⑤

① CBS：荷兰真菌生物多样性研究中心。
② ACCC：中国农业微生物菌种资源库。
③ IMI：国际真菌研究所。
④ ATCC：美国模式菌种保藏中心。
⑤ LC：深圳海关动植物检验检疫技术中心。

2.1.2 DNA 条形码筛选技术流程

2.1.2.1 菌株活化

用紫外线消毒超净工作台 15～30 min，用 75% 酒精擦手，用酒精灯对接种针进行消毒，用酒精灯对拔去棉塞后的试管口进行烧烤灭菌。挑取小块带菌培养基置于平板培养基上，用酒精灯对试管口消毒，封好试管，用封口膜封好平板培养基。对购买菌株的活化，按照说明书上注明的培养基和培养温度实施培养。

2.1.2.2 总 DNA 提取

采用 Applied Biosystems 公司生产的 DNA 提取液 PrepMan® Ultra Sample Preparation Reagent 进行 DNA 提取，操作方法如下：准备 1.5 mL 离心管，对 DNA 提取液进行分装，每个管装入 150 μL 提取液；从生长菌丝体较为丰富的培养基上挑取少量菌丝体（注意尽量避免刮到培养基），装入含有 150 μL DNA 提取液的离心管中，沸水浴 10～20 min，14 000 r/min 离心 10 min，取上清液获取总 DNA。

2.1.2.3 菌种验证

对购买的菌种一般要在开展实验前进行验证，以确保该菌种的正确性。验证方法一般为形态学鉴定方法或分子生物学检测方法。分子生物学检测方法一般采用真菌的通用引物 *ITS4/5* 进行 PCR 扩增，扩增体系为 10×缓冲液（含 Mg^{2+}）5 μL、dNTP（2.5 mmol/L）5 μL、上下游引物（10 μmol/L）各 1 μL、ex*Taq* 酶（5 U/μL）0.3 μL、双蒸水补足 50 μL。反应体系：95℃预变性 7 min；35 个循环反应、95℃变性 30 s、58℃退火 30 s、72℃延伸 1 min；72℃延伸 7 min。PCR 反应结束后，将扩增产物进行测序。将测序结果与美国国家生物技术信息中心（NCBI）数据库的序列或参考序列进行 Blast 比对，确定鉴定结果。

2.1.2.4 引物扩增

选择 *ITS* 片段的通用引物扩增轮枝菌，引物见表 2-2；选择扩增 *GAPDH* 基因片段的引物扩增炭疽菌，引物见表 2-3；选择扩增 *ITS* 等的引物扩增疫霉，引物见表 2-4；选择扩增多个基因片段腥黑粉菌，引物见表 2-5。

表 2-2 轮枝菌 *ITS* 片段扩增引物

引物名称	方向	引物序列（5'-3'）	片段长度
ITS-4	F（Forward）	TCCTCCGCTTATTGATAT GC	780～800 bp
ITS-5	R（Reverse）	GGAAGTAAAAGTCGTAACAAGG	

表 2-3 炭疽菌 *GAPDH* 基因扩增引物

引物名称	方向	引物序列（5'-3'）	片段长度
GDF	F（Forward）	GCCGTCAACGACCCCTTCATTGA	200～300 bp
GDR	R（Reverse）	GGGTGGAGTCGTACTTGAGCATGT	

表 2-4 疫霉各基因扩增引物

片段	引物名称	方向	引物序列（5'-3'）	片段长度
ITS	*ITS-4*	F	TCCTCCGCTTATTGATAT GC	780～800 bp
	ITS-5	R	GGAAGTAAAAGTCGTAACAAGG	
COI	*CoxI-Levup*	F	TCAWCWMGATGGCTTTTTTCAAC	700～720 bp
	CoxI-Levlo	R	CYTCHGGRTGWCCRAAAAACCAAA	
EF-1α	*EF1AF*	F	TCACGATCGACATTGCCC TG	880～900 bp
	EF1AR	R	ACGGCTCGAGGATGA CCATG	
β-tubulin	*Btub_F1*	F	GCC AAG TTC TGG GAG GTC ATC	1 120～1 140 bp
	BTubR1	R	CCT GGT ACT GCT GGT ACT CAG	

表 2-5 腥黑粉菌属各基因片段扩增引物

片段	引物名称	方向	引物序列（5'-3'）	片段长度
ITS	*ITS-4*	F	TCCTCCGCTTATTGATATGC	780～800 bp
	ITS-5	R	GGAAGTAAAAGTCGTAACAAGG	
LSU	*LR0R*	F	ACCCGCTGAACTTAAGC	920～940 bp
	LR5	R	TCCTGAGGGAAACTTCG	
SSU	*NS1*	F	GTAGTCATATGCTTGTCTC	1 030-1 050 bp
	NS4	R	CTTCCGTCAATTCCTTTAAG	

（续）

片段	引物名称	方向	引物序列（5'-3'）	片段长度
β-tubulin	Bt3	F	GAACGTCTACTTCAACGAG	890～910 bp
	Bt10	R	TCGGAAGCAGCCATCATGTTCTT	
GPD	Gpd1	F	ATTGGCCGCATCGTCTTCCGCAA	660～670 bp
	Gpd2	R	CCC ACT CGT TGT CGT ACC A	
RPB1	2gRPB1-Af	F	GADTGTCCDGGDCATTTTGG	883～884 bp
	2fRBP1-Cr	R	CNGGCDATNTCRTTRTCCATRTA	
RPB2	fRPB2-7c	F	FAT GGG YAA RCA AGC YAT GGG	960～960 bp
	fRPB2-11aR	R	GCR TGG ATC TTR TCR TCS ACC	
Actin	ACT-512F	F	ATG TGC AAG GCC GGT TTC GC	280～290 bp
	ACT-783R	R	TAC GAG TCC TTC TGG CCC AT	
CHS	CHS-79F	F	GGGGCAAGGATGCTTGGAAGAAG	370～380 bp
	CHS-354R	R	TGGAAGAACCATCTGTGAGAGTTG	
EF-1α	EF1-526F	F	GTCGTYGTYATYGGHCAYGT	390～400 bp
	EF1-1567R	R	ACHGTRCCRATACCACCRATCTT	
HIS	CYLH3F	F	AGG TCC ACT GGT GGC AAG	550～560 bp
	CYLH3R	R	AGC TGG ATG TCCTTG GAC TG	
GS	GSF1	F	ATGGCCGAGTACATCTGG	230～240 bp
	GSR1	R	GAACCGTCGAAGTTCCAC	
APN2	Apn1W1F	F	ATGGAGCACAAAAACGAACA	400～500 bp
	Apn1W1R	R	GCGGAGCAGAGGATGTAGTC	
GAPDH	GDF1	F	GCCGTCAACGACCCCTTCATTGA	270～280 bp
	GDR1	R	GGGTGGAGTCGTACTTGAGCATGT	
mtLSU	cML5.5	F	TAGCGGTCTTAACTATGAGG	180～190 bp
	ML6	R	CAGTAGAAGCTGCATAGGGTC	
ATP6	atp 6-3	F	TCTCCTTTAGAACAATTTGA	700～710 bp
	atp 6-4	R	AAGTACGAAWACWTGWGMTTG	

2.1.2.5　PCR 扩增反应体系

PCR 的反应体系采用 25 μL 反应体系，包括 2.5 μL 的 10×缓冲液（含 Mg^{2+}），2.5 μL 的 dNTP（2.5mmol/L），上下游引物各 0.5 μL，0.15 μL 的 exTaq 酶（5 U/μL），DNA 模板0.75 μL，无菌水补足 25 μL。

根据酶的反应特点，反应条件一般为 95℃预变性 5 min，然后进入循环反应：95℃变性 30 s，58℃退火 30 s，72℃延伸 30 s。共 35 次循环，再 72℃延伸 10 min。

2.1.2.6　测序

对 PCR 产物序列进行测定。为保证测序的准确性，采用正反双向测序。

2.1.2.7　参考序列来源

文中使用的参考序列大多来自欧盟植物检疫性有害生物 DNA 条形码联盟数据库，全称为 Development of a new diagnostic tool using DNA barcoding to identify quarantine organisms in support of plant health，简称 QBOL，网址为 http：//www. qbol. org/en/qbol. htm （Bonants，2009）。

2.1.2.8 分析方法

（1）种内和种间差异比较分析。

正向和反向序列的拼接和人工校正用 BioEdit 7.0 软件，序列比对采用 ClustalX 软件。将基因比对后的序列输入 DNAstar 软件（Lasergene，美国）计算相似性矩阵，使用 MEGA5.0 软件的 K2P 模型计算种内和种间距离，利用 Excel 分析频率分布以检测种内和种间距离的间隔。

（2）种间种内距离统计分析。

利用 SPSS18.0 软件进行 Wilcoxon 检验比较分析不同编码序列之间的差异。利用 MEGA5.0 软件构件 NJ 系统发育树，构建属内各个种的进化关系树。

2.2 筛选结果

2.2.1 疫霉属

2.2.1.1 PCR 扩增和测序成功率

本研究对疫霉属 80 个种/123 个菌株的 4 个基因片段 *ITS*、*COI*、*EF-1α* 和 *β-tubulin* 进行了扩增，各对引物对菌株的扩增成功率见表 2-6。可知，*ITS* 和 *COI* 2 条序列扩增和测序成功率较高，分别为 100% 和 96.7%。

表 2-6 疫霉属各基因片段 PCR 扩增和测序成功率

	ITS	*COI*	*β-tubulin*	*EF-1α*
PCR 扩增成功率/%	100	100	95.9 （117/122）	94.3 （115/122）
测序成功率/%	100	96.7 （118/122）	91.4 （107/117）	91.3 （105/115）
PCR 扩增和测序成功率/%	100	96.7	87.7	86.1

2.2.1.2 种间种内遗传距离分析

利用 Excel 统计各候选序列在疫霉属内各个种的种间和种内遗传距离的最大值、最小值和平均值，见表 2-7。从表中可以看出各候选序列的种间遗传距离平均值均大于种内遗传距离平均值。种间遗传距离的大小关系为 *COI* > *ITS* > *EF-1α* > *β-tubulin*，种内遗传距离的大小关系为 *β-tubulin* > *COI* = *EF-1α* > *ITS*。

表 2-7 疫霉属各基因片段种内种间遗传距离最大值、最小值和平均值

基因片段	种内遗传距离			种间遗传距离		
	最大值	最小值	平均值	最大值	最小值	平均值
ITS	0.013	0	0.001	0.345	0	0.144
COI	0.013	0	0.002	1.358	0.002	0.178
β-tubulin	0.012	0	0.004	0.135	0	0.074
EF-1α	0.008	0	0.002	1.175	0	0.111

2.2.1.3 种内种间遗传距离分布

根据 Meyer 和 Paulay （2005） 的研究结果，理想的条形码编码序列，种间遗传距离明显大于种内的遗传距离，两者之间应存在明显的条形码间隔 （barcoding gap）。依据 DNA 条形码的筛选原则，根据 K2P 遗传距离计算模型，分析各候选片段的种内种间遗传变异分布，评价每一个候选片段的适用性。

利用 MEGA5.0 软件计算各序列的平均遗传距离，距离模型采用 K2P 模型计算，利用 Excel 统计各候选序列在疫霉各个种的种内种间遗传距离的最大值、最小值和平均值见表 2-7，其变异分布情况见图 2-1。图 2-1 是 *ITS*、*COI*、*β-tubulin* 和 *EF-1α* 4 个基因片段在疫霉属内各个种的种内种间遗传距离分布图。*ITS*、*COI*、*β-tubulin* 具有明显的条形码间隔，虽然存在重叠，但重叠度较小，且都具有较大的种间差异，均符合 DNA 条形码的筛选原则。

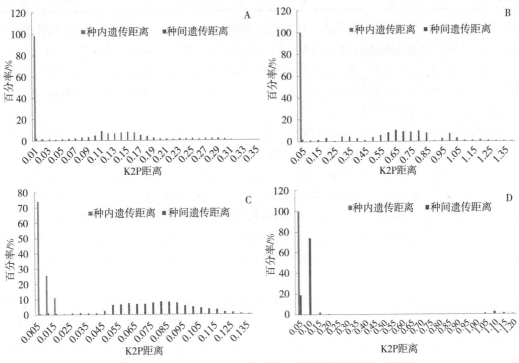

图 2-1 疫霉属 *ITS* 片段序列种内种间遗传距离分布情况

注：A 为 *ITS*；B 为 *COI*；C 为 *β-tubulin*；D 为 *EF-1α*。

2.2.1.4 不同序列变异的 Wilcoxon 秩和检验

根据遗传变异的分化程度不同，采用 SPSS18.0 统计软件对 4 个基因序列种间、种内遗传距离进行 Wilcoxon 秩和检验，比较不同片段的检验值，作为片段筛选的一个依据（表 2-8 和表 2-9）。

表 2-8 疫霉属不同基因序列的种内遗传距离 Wilcoxon 秩和检验

正向秩 W^+	负向秩 W^-	正秩和、负秩和、显著性概率	结果
ITS	*COI*	$W^+=20$, $W^-=13$, 0.517	*COI = ITS*
ITS	*β-tubulin*	$W^+=19$, $W^-=9$, 0.103	*β-tubulin = ITS*
ITS	*EF-1α*	$W^+=5$, $W^-=9$, 0.174	*EF-1α = ITS*
COI	*β-tubulin*	$W^+=11$, $W^-=15$, 0.125	*β-tubulin = COI*
COI	*EF-1α*	$W^+=8$, $W^-=7$, 0.605	*EF-1α = COI*
β-tubulin	*EF-1α*	$W^+=7$, $W^-=7$, 0.271	*β-tubulin = EF-1α*

表 2-9 疫霉属不同基因序列的种间遗传距离 Wilcoxon 秩和检验

正向秩 W^+	负向秩 W^-	正秩和、负秩和、显著性概率	结果
ITS	*COI*	$W^+=883$, $W^-=2\,563$, 0.000	*COI < ITS*
ITS	*β-tubulin*	$W^+=459$, $W^-=2\,855$, 0.000	*β-tubulin < ITS*
ITS	*EF-1α*	$W^+=470$, $W^-=2\,660$, 0.000	*EF-1α < ITS*
COI	*β-tubulin*	$W^+=1\,317$, $W^-=1\,978$, 0.000	*β-tubulin < COI*

（续）

正向秩 W$^+$	负向秩 W$^-$	正秩和、负秩和、显著性概率	结果
COI	*EF-1α*	W$^+$=966，W$^-$=2 126，0.000	*EF-1α* ＜ *COI*
β-tubulin	*EF-1α*	W$^+$=1 190，W$^-$=1 900，0.000	*EF-1α* ＜ *β-tubulin*

根据 $P<0.05$ 为显著差异性的原则，对种内遗传距离进行判别，各基因之间均不显著，认为4个基因对区分疫霉属种内遗传距离的效力相等。种间遗传距离 Wilcoxon 秩和检验结果为 *ITS* ＞ *COI* ＞ *β-tubulin* ＞ *EF-1α*，差异不显著。综合上述关于条形码间隔、种间种内差异分布情况等分析认为，*COI* 和 *ITS* 是较为理想的疫霉属 DNA 条形码片段，*β-tubulin* 作为辅助片段。*EF-1α* 基因种内、种间遗传距离重合，不能作为条形码片段。

关于卵菌纲 DNA 条形码的研究已有报道，认为 *COI* 这一线粒体基因在种水平上对物种的区分要好于核糖体 *ITS* 片段。后者由于内含子存在多拷贝现象，单个菌株 *ITS* 片段在拷贝过程中的插入缺失很容易与不同菌株的个别碱基差异混淆。然而，*COI* 作为蛋白质编码基因，虽然没有内含子的干扰，但其扩增和测序成功率不如 *ITS* 片段是一个事实，相关研究也尝试更换不同引物，但扩增和测序成功率仍无法比肩 *ITS* 片段。*β-tubulin* 是微管结构的主要成分，在真核生物中既有很高的保守性又存在一定的变异性，也曾被用于疫霉的分子系统学研究。本研究中，*β-tubulin* 虽然在扩增和测序成功率、种间距离的区分能力低于 *ITS* 片段和 *COI* 基因，但也具有明显的条形码间隔，可以作为辅助 DNA 条形码。

值得注意的是，*ITS* 和 *COI* 并不能区别所有供试疫霉，对一些检疫性物种，*ITS* 片段或 *COI* 基因对物种的区分能力有限。如 *ITS* 片段无法区分 *P. fragariae* 和 *P. rubi*，而 *COI* 基因可以；与此同时，无论是 *ITS* 还是 *COI* 均不能区分 *P. erythroseptica* 和 *P. himalayensis*。基于 *COI* 基因或 *ITS* 片段因无法明确该物种种内变异和种间差异，需要对 *P. erythroseptica* 与 *P. himalayensis* 进行进一步形态学和分子生物学比较研究，以便确认该两物种是否为同一种。在检疫应用领域，DNA 条形码对物种准确鉴定的要求更高，本研究以检疫性疫霉为材料，通过种内种间遗传距离的分析可知，没有一个基因片段的最大种内距离小于最小种间距离，对条形码间隔的分析也都存在略微的重叠。因此，对于检疫性疫霉，需要多个片段结合分析才能对物种进行准确的区分。*COI* 基因和 *ITS* 片段这 2 个基因片段可以同时作为检疫性疫霉的 DNA 条形码，*β-tubulin* 基因可作为辅助 DNA 条形码，用以对检疫性疫霉的准确鉴定。

2.2.1.5 系统进化分析

以近缘种腐霉属 *Pythium vexans* 为外源种，基于 *ITS* 片段和 *COI* 基因对疫霉属内 92 个种的系统进化关系进行分析，见图 2-2。本研究从 *ITS*、*COI*、*EF-1α* 和 *β-tubulin* 4 个候选片段中筛选 DNA 条形码的片段，从种间种内遗传距离范围、分布、条形码间隔以及对种间种内距离的区分效率 4 个方面评价了各候选片段作为 DNA 条形码的可行性，认为 *COI* 和 *ITS* 从系统进化角度，适合作为 DNA 条形码，但考虑到 *COI* 对 *Phytophthora* 属及其属内各个种的种间种内遗传距离没有重叠，即条形码间隔更为明显，认为 *COI* 是 *Phytophthora* 属 DNA 条形码的首选，*ITS* 其次，*β-tubulin* 和 *EF-1α* 作为辅助片段。基于 DNA 条形码片段的序列进行该属内各个种的系统发育研究，明确了亲缘关系和进化地位。

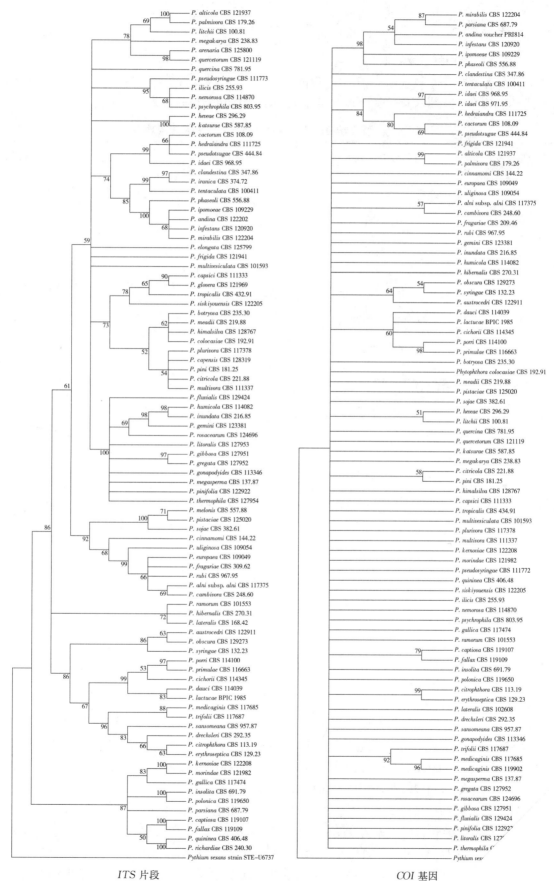

ITS 片段

COI 基因

图 2-2 疫霉属内各个种的系统进化关系

2.2.2 腥黑粉菌属

2.2.2.1 PCR 扩增和测序成功率

本研究对腥黑粉菌属 14 个种、34 个菌株的 16 个基因片段进行扩增，各引物对菌株的扩增成功率见表 2-10。ITS、LSU、SSU、EF-1α 的扩增和测序成功率最高，为 100%。

表 2-10 腥黑粉菌属各基因片段 PCR 扩增和测序成功率

基因片段	PCR 扩增成功率/%	测序成功率/%	PCR 扩增和测序成功率/%
ITS	100	100	100
LSU	100	100	100
SSU	100	100	100
EF-1α	100	100	100
β-tubulin	97.1 (34/35)	100 (34/34)	97.1
GPD	97.1 (34/35)	94.1 (32/34)	91.4
RPB1	88.6 (31/35)	85.7 (30/31)	85.7
RPB2	97.1 (34/35)	96.7 (31/34)	88.6
Actin	100	97.1 (34/35)	97.1
CHS	71.4 (25/35)	92.0 (23/25)	65.7
HIS	80.0 (28/35)	89.3 (25/28)	71.4
GS	91.4 (32/35)	96.9 (31/32)	88.6
APN2	88.6 (31/35)	90.3 (28/31)	80.0
GAPDH	80.0 (28/35)	100 (28/28)	80.0
mtLSU	100	97.1 (34/35)	97.1
ATP6	97.1 (34/35)	94.1 (32/34)	91.4

2.2.2.2 种间种内遗传距离分析

利用 Excel 统计各候选序列在腥黑粉菌属内各个种的种间种内遗传距离的最大值、最小值和平均值，见表 2-11。从表中可以看出各候选序列的种间遗传距离平均值均大于种内遗传距离平均值。其中，HIS、β-tubulin、GS、Actin 和 ITS 序列的种间距离较大，HIS>β-tubulin>GS>Actin>ITS，其余 11 个基因片段的种间距离关系为 EF-1α>GPD>LSU>RPB2>RPB1=CHS>APN2>SSU=ATP6>GAPDH=mtLSU。种内遗传距离略有差异，其中，HIS、GS 和 Actin 序列的种内差异较大，关系为 HIS>GS>Actin，其余基因片段的种内遗传距离关系为 EF-1α>RPB2>GPD>LSU>GAPDH>SSU>ATP6>APN2>mtLSU>β-tubulin>RPB1=CHS。由此得出，HIS、GS、ITS 和 Actin 可作为腥黑粉菌属内各个种的 DNA 条形码的进一步研究对象。

表 2-11 腥黑粉菌属各基因片段种内种间遗传距离最大值、最小值和平均值

片段	种内遗传距离			种间遗传距离		
	最大值	最小值	平均值	最大值	最小值	平均值
ITS	0.006	0	0.003	0.271	0	0.117
LSU	0.062	0.004	0.015	0.184	0.003	0.042
SSU	0.049	0	0.007	0.069	0	0.010
β-tubulin	0.09	0	0.003	0.148	0	0.400
GPD	0.038	0.003	0.017	0.121	0.005	0.055
RPB1	0.002	0	0.001	0.046	0	0.016
RPB2	0.046	0.003	0.018	0.067	0.002	0.026
Actin	0.278	0.025	0.131	0.301	0.025	0.136
CHS	0.002	0	0.001	0.046	0	0.016
EF-1α	0.2	0	0.032	0.295	0	0.057
HIS	1.926	0.002	0.757	2.260	0.002	1.189
GS	0.227	0.051	0.163	0.298	0.026	0.165
APN2	0.019	0	0.005	0.032	0	0.011
GAPDH	0.038	0	0.010	0.041	0.01	0.007
mtLSU	0.028	0	0.004	0.047	0	0.007
ATP6	0.018	0	0.006	0.022	0	0.010

2.2.2.3 种间种内遗传距离分布

利用 MEGA5.0 软件计算各序列的平均遗传距离，距离模型采用 K2P 模型计算，利用 Excel 统计各候选序列在腥黑粉菌属各个种的种内和种间遗传距离的最大值、最小值和平均值，见表 2-11，其变异分布情况见图 2-3。

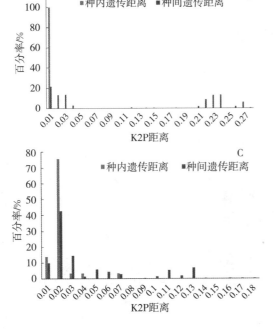

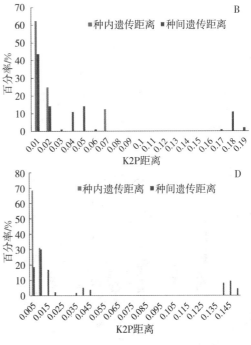

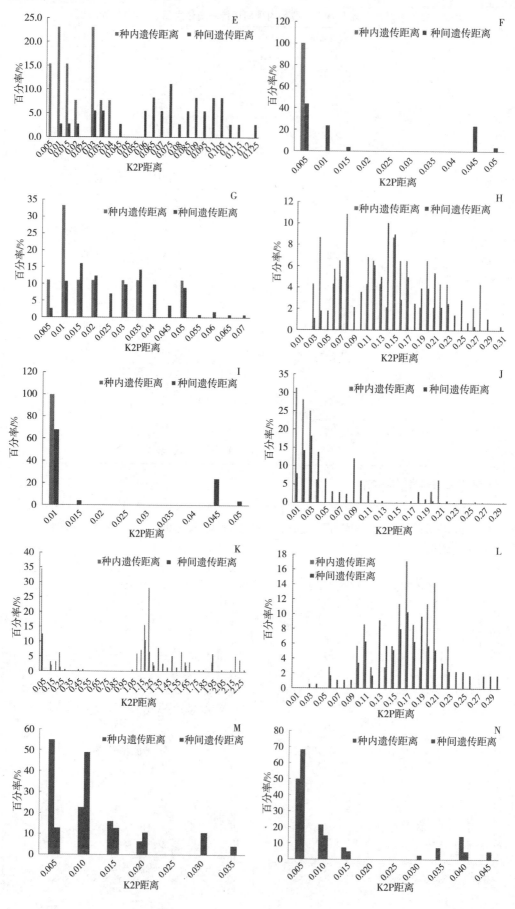

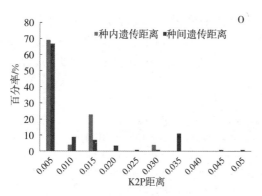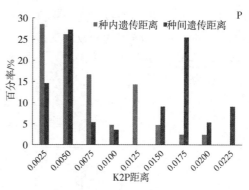

图 2-3 腥黑粉菌属各基因片段序列种内种间遗传距离分布情况

注：A 为 ITS、B 为 LSU、C 为 SSU、D 为 β-tubulin、E 为 GPD、F 为 RPB1、G 为 RPB2、H 为 Actin、I 为 CHS、J 为 EF-1α、K 为 HIS、L 为 GS、M 为 APN2、N 为 GAPDH、O 为 mtLSU、P 为 ATP6。

图 2-3 是 16 个基因片段在腥黑粉菌属内各个种的种内、种间的遗传距离分布图。ITS、EF-1α、Actin 和 HIS 基因片段的分布区域大于其他片段，且各片段的种内和种间分布存在不同程度的重叠。其中以 ITS、GPD、CHS、RPB1 及 β-tubulin 序列的重叠度较小，但具有较大的种间差异。与其他候选条形码序列相比，这 5 个片段具有作为腥黑粉菌属内各个种 DNA 条形码的潜力，仍可用于 DNA 条形码的研究。

2.2.2.4 不同序列变异的 Wilcoxon 秩和检验

结合以上关于种间种内范围、种内种间分布和差异大小的评估，选定 ITS、β-tubulin 和 GPD 作为初步筛选的候选片段。根据遗传变异的分化程度不同，采用 SPSS18.0 统计软件对以上序列种间、种内遗传距离进行 Wilcoxon 秩和检验，比较不同片段的检验值，作为片段筛选的一个依据。根据 $P < 0.05$ 为显著差异性的原则，腥黑粉菌属内各个种种内遗传距离的 Wilcoxon 秩和检验结果为 $GPD > ITS > \beta\text{-}tubulin$，种间遗传距离 Wilcoxon 秩和检验结果为 $ITS > \beta\text{-}tubulin > GPD$，差异不显著（表 2-12 和表 2-13）。综合认为，ITS 是较为理想的腥黑粉菌属 DNA 条形码片段，GPD 和 β-tubulin 可作为辅助片段。

表 2-12 腥黑粉菌属不同基因序列的种内遗传距离 Wilcoxon 秩和检验

正向秩 W⁺	负向秩 W⁻	正秩和、负秩和、显著性概率	结果
ITS	β-tubulin	W⁺=10，W⁻=23，0.017	β-tubulin < ITS
ITS	GPD	W⁺=12，W⁻=2，0.002	GPD > ITS
β-tubulin	GPD	W⁺=14，W⁻=0，0.001	GPD > β-tubulin

表 2-13 腥黑粉菌属不同基因序列的种间遗传距离 Wilcoxon 秩和检验

正向秩 W⁺	负向秩 W⁻	正秩和、负秩和、显著性概率	结果
ITS	β-tubulin	W⁺=44，W⁻=135，0.000	β-tubulin < ITS
ITS	GPD	W⁺=17，W⁻=22，0.001	GPD < ITS
β-tubulin	GPD	W⁺=36，W⁻=4，0.000	GPD < β-tubulin

2.2.2.5 系统进化分析

基于 ITS 片段作为 DNA 条形码对腥黑粉菌属内各个种的进化关系进行分类和鉴定，选用 Ustilago hordei 为外类群。利用 MEGA5.0 软件构建 ITS 片段序列的 NJ 距离树和 MP 关系树。NJ 树的分析结果见图 2-4A，认为 T. narayanaraoana 和 T. maclaganii 聚为一枝，支持率为 61%；

T.walkeri 和 *T.indica* 聚为一枝，支持率为 96%。MP 树的分析结果见图 2 - 4B，认为 *T.vankyi*、*T.goloskokovii* 和 *T.laguri* 聚为一枝，支持率为 57%；*T.fusca* 和 *T.lolioli* 聚为一枝，支持率为 59%；*T.walkeri* 和 *T.indica* 聚为一枝，支持率为 99%；*T.narayanaraoana* 和 *T.maclaganii* 聚为一枝，支持率为 76%。

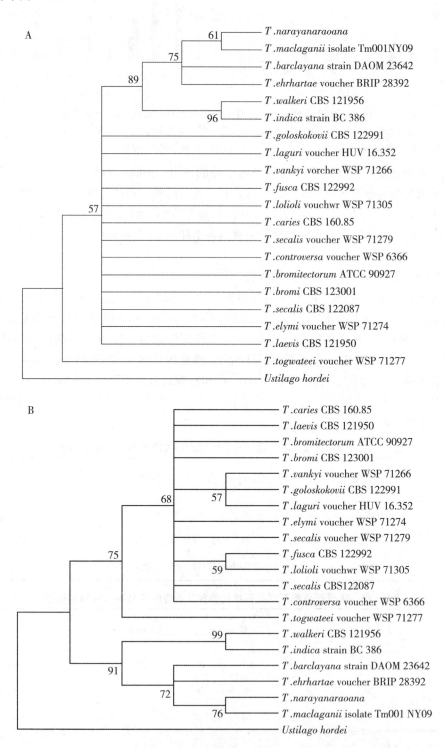

图 2 - 4　腥黑粉菌属内各种 *ITS* 片段系统进化关系

注：A 为 NJ 树、B 为 MP 树。

2.2.3 轮枝菌属

2.2.3.1 PCR扩增和测序成功率

使用 *ITS* 片段通用引物对包括 2 个检疫性物种的 7 个菌株在内的轮枝菌属共 27 个种、37 个菌株的 *ITS* 片段进行扩增，PCR 和测序成功率均为 100%。

2.2.3.2 种内种间遗传距离分析

下载 BOLD 和 GenBank 数据库中序列以校正以上序列，校正获得 17 个种、27 条序列。同时下载 BOLD 数据库中轮枝菌属序列，共获得 21 个种、305 条 *ITS* 片段序列。其中，包含全部 *V. dahliae* 序列 258 条，*V. albo-atrum* 序列 27 条。利用 MEGA5.0 软件以 Kimura-2-parameter distance（K2P）模型计算种内种间遗传距离，评价每一个候选片段的适用性。利用 Excel 统计各候选序列的种内和种间遗传距离的最大值、最小值和平均值，见表 2-14。从表 2-14 可以看出各候选序列的种间遗传距离平均值大于种内遗传距离平均值。

表 2-14 轮枝菌属 *ITS* 片段种内种间遗传距离最大值、最小值和平均值

种内遗传距离			种间遗传距离		
最大值	最小值	平均值	最大值	最小值	平均值
0.187	0	0.017	0.316	0	0.039

2.2.3.3 种内种间遗传距离分布

根据种内种间遗传距离的分布情况，可以直观分辨二者之间的分割，也就是条形码间隔。图 2-5 是轮枝菌属种内种间的遗传距离分布图。具有明显的条形码间隔，虽然存在重叠，但重叠度较小，且都具有较大的种间差异。

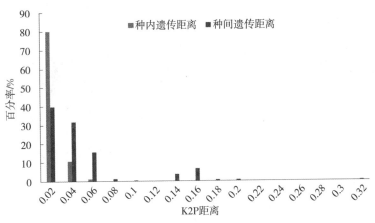

图 2-5 轮枝菌属 *ITS* 片段序列种内种间遗传距离分布情况

2.2.3.4 系统进化分析

以 *Colletotrichum kahawae* 为外源种，基于 *ITS* 片段对轮枝菌属的系统进化关系进行分析。由构建的系统发育树可知，*ITS* 片段能有效区分轮枝菌属内各个种，有效区分检疫性种与非检疫性种。因此，*ITS* 片段可以作为检疫性轮枝菌 DNA 条形码对其进行筛查。

2.2.4 刺盘孢属

2.2.4.1 PCR扩增和测序成功率

使用 GAPDH 基因的通用引物对刺盘孢属 29 个种、41 个菌株的 GAPDH 片段进行扩增测序，成功率均为 100%。

2.2.4.2 种内种间遗传距离分析

测序获得 29 个种 44 条序列，同时下载 NCBI 数据库中刺盘孢属序列，共获得 152 个种、352 条序列。经过分析，选择刺盘孢属中与咖啡浆果炭疽菌最近似的胶孢系的 10 个种的共 73 条序列（其中，自行测定的序列 16 条，网上下载的序列 57 条），利用 MEGA5.0 软件以 K2P 模型计算种间种内遗传距离，评价每一个候选片段的适用性。利用 Excel 统计各候选序列的种内和种间遗传距离的最大值、最小值和平均值，见表 2-15。从该表可以看出各候选序列的种间遗传距离平均值大于种内遗传距离平均值。

表 2-15 刺盘孢属 *ITS* 片段种内种间遗传距离最大值、最小值和平均值

种内遗传距离			种间遗传距离		
最大值	最小值	平均值	最大值	最小值	平均值
0.120	0	0.002	0.196	0	0.126

2.2.4.3 种内种间遗传距离分布

根据种内种间遗传距离的分布情况，可以直观分辨二者之间的分割，也就是条形码间隔。图 2-6 是刺盘孢属内各个种的种内种间的遗传距离分布图。具有明显的条形码间隔，虽然存在重叠，但重叠度较小，且都具有较大的种间差异。

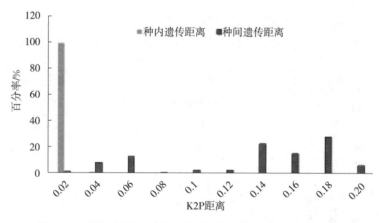

图 2-6 刺盘孢属 *ITS* 片段序列种内种间遗传距离分布情况

2.2.4.4 系统进化分析

基于 *GAPDH* 基因片段对刺盘孢属的系统进化关系进行分析，见图 2-7。由构建的系统发育树可知，认为 *C. kahawae* 可以与其同为胶孢系的其他 9 个近似种很好地进行区分。*GAPDH* 基因片段可以对 *C. kahawae* 进行筛查和鉴定，因此确定 *GAPDH* 基因的部分片段作为检疫性炭疽菌 DNA 条形码。

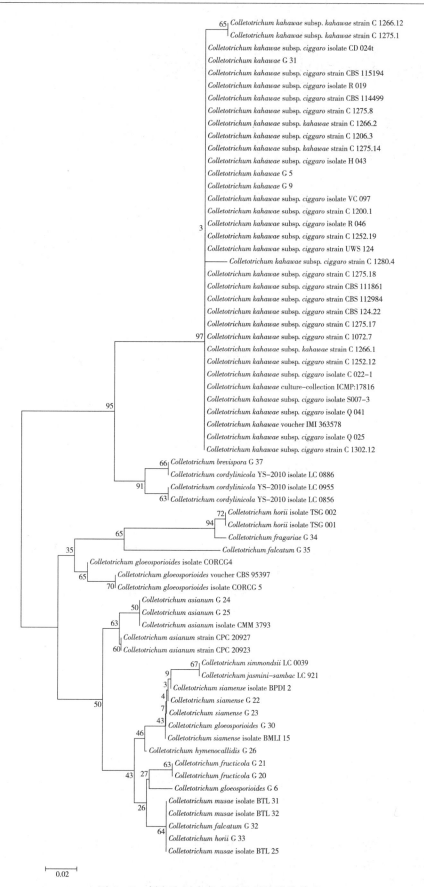

图 2-7 刺盘孢属内各个种的系统进化关系

3 全基因组水平筛选 DNA 条形码

3.1 材料与方法

3.1.1 材料

使用的 *Phytophthora fragariae* 菌种编号为 CBS309.62，来自荷兰皇家文理学院真菌多样性研究中心（CBS—KNAW）。基因组 DNA 的提取采用 QIAGEN 植物和真菌基因组制备试剂盒。

3.1.2 方法

3.1.2.1 建库、模板制备及测序

采用双端测序和双末端测序的方法对基因组进行 *de novo* 测序。双端测序对基因组片段化后的片段进行建库，在 Ion Torrent 个人化操作基因组测序仪（PGM，Life Technologies）上进行测序，使用 318 测序芯片，400 bp 读长测序试剂盒。双末端测序分别构建 3 kb 和 5 kb 的文库，在 Illumina HiSeq 2500 上进行测序。

片段化测序文库的制备使用 Ion Xpress™ 片段文库试剂盒（Life Technologies），选择 100 ng 的建库方法。连接建库接头，使用 E-Gel iBase Power System（Life Technologies）和 E-Gel SizeSelect 2%预制胶试剂盒（Life Technologies）进行目的片段的回收，回收长度约为 480 bp。纯化后使用 Agilent 2100 生物分析仪（Agilent Technologies）和 High Sensitivity DNA kit（Agilent Technologies）测定片段回收长度和浓度，进行油包水 PCR 扩增，在 OneTouch 2（Life Technologies）仪器上完成克隆。对 PCR 产物进行阳性磁珠的富集，形成模板。上机测序，使用 3 张 318 v2 测序芯片（Life Technologies）、400 bp 读长 Ion Sequencing Kit v2.0（Life Technologies）测序试剂盒。

使用超声波破碎仪将 DNA 剪切成大片段，使用脉冲场电泳回收 3 kb 和 5 kb 长度的目的片段，经过末端修复、生物素标记和环化等，再把环化后的 DNA 分子打断成 400～600 bp 的片段，通过带有霉亲和素的磁珠把带有生物素标记的片段捕获，再经末端修饰加上特定接头后建成 mate-pair 文库，上机测序。

3.1.2.2 生物信息学分析

（1）数据处理与拼接。

片段化测序数据下机后，使用 perl 脚本去除测序接头，读长小于 50 bp 的序列删除，低质量的序列删除。mate-pair 数据下机后，使用 sff _ extract（version 0.2.13）软件扫描数据，将序列前向和后向 reads 分开，高质量的 reads 采用 Newbler（version 2.9）拼接组装（Pop，2009）。

（2）基因组注释。

蛋白质编码基因使用 AUGUSTUS（version 3.0.2）软件注释（Stanke et al.，2004），重复序列使用 RepeatMaker（version open-3.2.7）分析（Chen，2009），tRNAs 使用 tRNAScan（version 1.23）预测（Lowe et al.，1997），rRNAs 使用 RNammer（version 1.2）预测（Lagesen et al.，2007）。

（3）基因注释。

SWISS-PROT 数据库：基因比对使用 SWISS-PROT（下载自 European Bioinformatics Institute by Aug 8th，2012），阈值设定 E values <= 1e-10。

COG 数据库：基因功能行注释排列采用 Clusters of Orthologous Groups of proteins database（COG）中序列进行相似度比较，阈值设定 E values <= 1e-10，写 Perl 脚本文件对基因功能进行分

类（Koonin，2003）。

KEGG 数据库：使用 BLASTX 将基因与 Kyoto Encyclopedia of Genes and Genomes database（KEGG，release 58）进行比较，阈值设定 E values <= 1e-10。写 Perl 脚本完成 KEGG 信息比对，建立 unigene 与 KEGG 代谢途径的结合（Kanehisa et al.，2000）。

Interpro 蛋白质功能分类和基因功能分类 Gene Ontology：InterPro 结构域采用 InterProScan（release 4.8）注释（Quevillon et al.，2005），功能分类使用 Gene Ontology（GO）进行扫描和查询，WEGO 软件用于 GO 功能分类和绘制 GO 树（Ashburner et al.，2000）。

（4）基因组组装和注释完整程度的评价。

对于每个物种，如 *P. fragariae* 对于 *P. sojae*、*P. ramorum* 和 *P. infestans* 中都有最佳比对结果类似 *P. sojae* 对于 *P. fragariae*、*P. ramorum*、*P. infestans* 有最佳比对结果。这里主要得到 *P. sojae*、*P. ramorum* 和 *P. infestans* 与其他物种的 best hit，在这些最佳比对结果中 *P. fragariae* 不是都存在。

以 *P. sojae* 的 A1、A2 基因为例：

	P. fragariae	*P. ramorum*	*P. infestans*
A1	1	1	1
A2	0	1	1

1 表示有 best hit，0 表示没有。A2 在 *P. fragariae* 中没有，就认为在 *P. fragariae* 中缺失，一般可能是 *P. fragariae* 没有注释出来，因为 *P. fragariae* 和 *P. infestans* 都有。

系统进化树构建方法同前述。

数据统计、分析和相应统计图表采用 Excel 软件生成。

3.2 筛选结果

3.2.1 基因组组装

采用片段化和 mate-pair 测序相结合的策略对基因组进行测序。片段化测序分别完成 3 个 Runs，2 个物种相关数据质量见表 3-1 和表 3-2 中的 Run1、Run2 和 Run3 数据。mate-pair 测序分别构建 3 kb 和 5 kb 2 个长片段文库，数据质量见表 3-1、表 3-2 中 3 kb 和 5 kb 数据。mate-pairs 数据质量均在 Q30 以上，fragment 数据质量略低，但也满足了 Q20 的标准，这与使用的测序平台有关系。*P. fragariae* 2 种测序方式共获得 18 269 515 个 shotgun reads 和 18 902 113 个 Pairedend reads。对获得的 reads 去除接头和低质量的片段，对剩余的数据进行拼接。Contig 和 Scaffold 水平的拼接质量见表 3-2。

表 3-1 *Phytophthora fragariae* 测序数据结果

文库	reads 数量	单个长度（bp）	paired end（Y/N）	总长度（bp）	高质量 reads		
					数量	总长（bp）	占比（%）
3 kb	17 255 306	100	Y	3 451 061 200	31 440 418	3 038 707 565	88.05
5 kb	16 468 027	100	Y	3 293 605 400	30 589 320	2 952 235 077	89.64
Run1	5 863 549	8~637	N	1 449 124 825	18 586	6 716 042	0.46
Run2	5 629 824	8~638	N	1 155 174 456	411 572	151 348 009	13.10
Run3	6 776 142	8~639	N	2 206 886 278	4 252 250	1 670 248 095	75.68
总和	18 269 515	8~640	N	4 811 185 559	4 682 408	1 828 312 146	38.00

表 3-2 *Phytophthora fragariae* 基因组组装结果

	Contig level/bp		Scaffold level/bp	
	Mira 软件	Newbler 软件	Mira 软件	Newbler 软件
总长度	92 254 630	74 690 460	93 361 455	73 688 539
总数量	11 554	29 834	6 559	1 617
平均数	7 984	2 503	14 234	45 571
中位数	3 300	628	1 845	26 176
最大长度	160 587	103 375	431 596	582 142
长度 N50	18 696	9 236	81 739	92 072
长度 N60	13 870	6 627	61 837	70 723
长度 N70	9 608	4 449	45 134	54 058
长度 N80	6 151	2 627	26 510	39 483
长度 N90	3 152	1 165	7 023	24 225

拼接使用了 Hiseq2500 和 Ion torrent 2 个测序平台, 为了使数据拼接的质量更好, 同时尝试了 Mira 和 Newbler 2 个最常用的基因组拼接软件, 表 3-2 显示了 2 个软件分别对 *P. fragariae* 在 Contig 水平和 Scaffold 水平的差异。在 Contig 水平, 根据 N50 来判断, Mira 软件好于 Newbler 软件。在 Scaffold 水平, Newbler 软件好于 Mira 软件。因此, 基因组拼接结果以 Newbler 软件 Scaffold 水平的数据为准。Contig 水平拼接基因组大小为 74.69 Mb, 平均读长为 628 bp, N50 为 9.236 kb。Scaffold 水平拼接基因组大小为 73.69 Mb, 平均读长为 26.176 kb, N50 为 92.072 kb。测序深度为 103 倍。基因组 GC 含量为 53.25%, 重复序列长度为 218.269 kb, 占到基因组的 0.3% (表 3-3)。*P. fragariae* 基因组序列已提交至 GenBank 数据库, 登录号为 JHVZ01000000。

表 3-3 *Phytophthora fragariae* 基因组概览

特征	*P. fragariae*
序列长度/bp	73 688 539
G+C 含量/%	53.25
重复成分/bp (覆盖度/%)	218 269 (0.30)
简单重复长度/bp (覆盖度/%)	93 781 (0.13)
低复杂度长度/bp (覆盖度/%)	77 596 (0.11)
重复成分长度/bp (覆盖度/%)	44 470 (0.06)
编码基因 (在基因组中长度)/bp	16 770 043
特征	
数量	18 692
基因组覆盖度/%	22.92
基因组密度/ (基因数/kb)	0.21
平均基因长度/bp	1 091
最大基因长度/bp	20 622
基因功能	
Swissprotb 数据库	6 244
NCBI NRb 数据库	14 598
未注释基因	779

3.2.2 基因组注释

使用 NCBI nr 数据库、Swissprot 等相关数据库，以疫霉属已测序的 *P. sojae*、*P. ramorum*、*P. infestans*、*P. cinnamomi*、*P. capsici* 和 *P. parasitica* 基因注释结果为模板，对 *P. fragariae* 基因进行注释，共获得 18 692 个基因，相关数据结果见表 3 - 4。将其与已测的疫霉其他 6 个基因组和其他近缘种 *Pythium ultimum*、*Hyaloperonospora arabidopsidis* 和白锈菌 *Albugo laibachii* 的基因数目进行了比较。从基因数来看，*P. fragariae* 与 *P. sojae* 接近。疫霉属其他几个种基因数目之间的差距较大，最少为 *P. ramorum*（15 605 个），最多为 *P. cinnamomi*（26 130 个），推测这可能与重复序列、某些基因家族的扩散或缺失有关。其中，重复序列是最主要的影响因素。*P. ultimum* 的重复序列为 7%，而 *P. infestans* 的重复序列高达 74%。当然，基因注释的结果也与选择的参考基因组有关，早期完成的基因组注释结果有可能存在误差，预测基因数比实际值要高。在对 *P. cinnamomi* 的分析后认为，基因数目的多少与其侵染植物种类多、寄主范围广泛有关。

表 3 - 4　疫霉属及近缘种基因数目比较

物种	简写	基因组大小	基因数	重复序列比例/%
Phytophthora fragariae	GLEAN	73 688 539	18 692	0.3
P. sojae	Physo	86 027 303	18 969	39
P. cinnamomi	Phyci	78 000 000	26 130	n. d.
P. ramorum	Phyra	66 652 401	15 605	28
P. capsici	Phyca	56 034 254	17 414	19
P. parasitica	PPTG	82 389 172	20 822	n. d.
P. infestans	PITG	228 543 505	17 787	74
Pythium ultimum	PYU	44 913 463	15 322	7
Hyaloperonospora arabidopsidis	HpaP	78 380 535	14 321	43
Albugo laibachii	CCA	37 000 000	13 804	22

注：n. d. 表示未被记录。

3.2.3 orthology 与 DNA 条形码筛选

从分类学角度，DNA 条形码实际上就是一段能够很好地区分种内和种间关系、特异性识别物种的基因。而从遗传学角度分析，实际上就是寻找一段保守的直系同源基因。因物种形成而被区分开形成的直系同源基因，可以作为物种亲缘关系判定和物种鉴定的依据。因此，在基因组水平对 DNA 条形码的筛选，就是在 orthology 集中筛选保守性良好，符合 DNA 条形码物种鉴定和识别标准的目标片段。

以疫霉属注释的 3 个基因组 *P. infestans*、*P. ramorum* 和 *P. sojae* 作为参考基因组，对注释得到的基因进行基因家族聚类，一共聚类成为 13 380 个基因家族，其中有 7 733 个在 4 个物种中都有分布，这其中 5 918 个家族在 4 个物种中是单拷贝的，见图 3 - 1、图 3 - 2。在这些基因家族中，根据 orthologous 相似度对其进行整理和排列。这些 orthologous 基因家族的相似度主要集中在 55%～85%，见图 3 - 3，对于 DNA 条形码的筛选，选择相似度最高的 95% 中的 142 个基因家族作为候选 DNA 条形码第一轮筛选的基因集。

接下来是确定究竟哪个基因更符合 DNA 条形码的原则。首先，根据 Sanger 测序的特点以及 DNA 条形码的可操作性经验，片段长度应尽可能地短。在这里，我们选择小于 1 000 bp 的单拷贝基

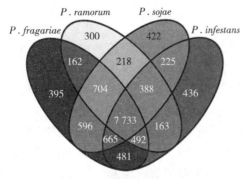

图 3-1　4个疫霉属物种基因家族聚类结果韦恩图

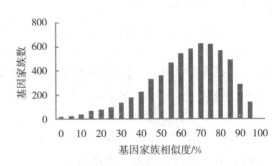

图 3-2　orthologous 基因家族相似度分布图

因作为目标进行第二轮筛选。得到的基因有 *Auto-anti-p27*、*RNase-H2-Ydr279*、*DDRGK*、*SQS-PSY* 等 49 个。

　　第三轮筛选从遗传距离的分析入手。根据基因组拼接和注释的结果，以全部单拷贝基因集对几个物种进行系统进化关系分析，以 *Hyaloperonospora arabidopsidis* 为外群，得出 *P. fragariae* 与疫霉属其他 6 个物种 *P. sojae*、*P. ramorum*、*P. infestans*、*P. cinnamomi*、*P. capsici*、*P. parasitica* 构建系统进化 ML 树，见图 3-3A。将以上 7 株疫霉与卵菌纲其他种，包含腐霉 *Pythium ultimum*（PYU）、*P. irregular*（EPrPV）、*P. iwayamai*（EPrPI）、*Hyaloperonospora arabidopsidis* 和白锈菌 *Albugo laibachii* 构建了基因组水平的系统进化关系，ML 树见图 3-3B。可知，*P. fragariae* 与 *P. sojae* 聚为一个进化支，二者的亲缘关系最接近，*P. parasitica* 和 *P. infestans* 二者的亲缘关系较为接近。

　　根据得出的亲缘关系，以单个基因来分析系统进化关系，若为能够真实反映亲缘关系的基因，我们认为可以作为候选 DNA 条形码基因集。通过构建单个基因的几个物种之间的系统进化树可以直观地看出，不同基因对物种亲缘关系的分类结果不完全一致。其中，较好的基因有 7 个，分别是 *Cornichon*、*DDRGK*、*DUF866*、*Rer1*、*Ribosomal-s24e*、*RRP7* 和 *TFIID-31KDa*。其中，

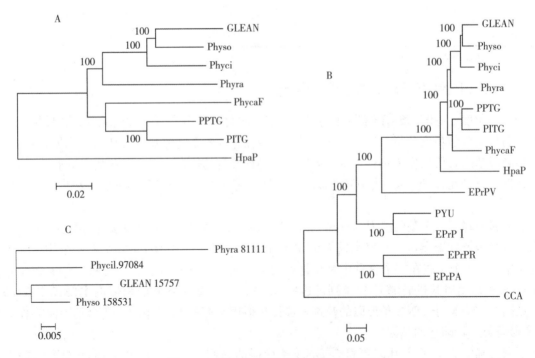

图 3-3　疫霉属及其近缘种系统进化关系

Cornichon 基因对 4 个疫霉种的进化关系见图 3 - 3C。

　　以上是从基因组水平，对同源基因的筛选角度进行筛选和寻找同源基因的思路。我们选择的多是单拷贝基因，这是基于单拷贝基因的特异性。但单拷贝基因作为 DNA 条形码的可行性可能会受其扩增困难、扩增效率不高等的影响。此外，已经被测序和注释的疫霉种仍是少数，通过基因组之间的同源基因筛选，只能得到一些基因集，这些候选片段能否区分更多的疫霉种，还有待验证，但可以作为一种 DNA 条形码筛选的思路加以借鉴和利用。

　　以上关于疫霉种的分类结果与前人对疫霉属分化枝的分类结果一致。根据 Blair 等的结论，*P. fragariae* 和 *P. sojae* 属于 Clade7，该分化枝还包括其他 11 个种 *P. alni*、*P. cambivora*、*P. europaea*、*P. rubi*、*P. uliginosa*、*P. cajani*、*P. cinnamomi*、*P. melonis*、*P. niederhauseri*、*P. pistaciae* 和 *P. vignae*。clade7 形态学特征是孢子囊没有乳突，都危害植物根部。

4 转录组水平筛选 DNA 条形码

4.1 材料与方法

4.1.1 材料

实验所需菌种材料来自荷兰皇家文理学院真菌多样性研究中心（CBS-KNAW）、美国模式菌种保藏中心（ATCC）、国际真菌研究所（IMI）、中国农业微生物菌种资源库（ACCC）和深圳海关动植物检验检疫技术中心菌种库保存的 125 个种、155 个菌株材料。其中，轮枝菌 27 个种、37 个菌株，刺盘孢属 29 个种、40 个菌株，疫霉 69 个种、78 个菌株，包括《中华人民共和国进境植物检疫性有害生物名录》中收录的检疫性疫霉菌 11 种，分别为栗疫霉黑水病菌 *Phytophthora cambivora*、马铃薯疫霉绯腐病菌 *Phytophthora erythroseptica*、草莓疫霉红心病菌 *Phytophthora fragariae*、树莓疫霉根腐病菌 *Phytophthora fragariae* var. *rubi*、柑橘冬生疫霉 *Phytophthora hibernalis*、雪松疫霉根腐病菌 *Phytophthora lateralis*、苜蓿疫霉根腐病菌 *Phytophthora medicaginis*、菜豆疫霉病菌 *Phytophthora phaseoli*、栎树猝死病菌 *Phytophthora ramorum*、大豆疫霉病菌 *Phytophthora sojae* 和丁香疫霉病菌 *Phytophthora syringae*；检疫性黄萎菌 2 种，分别为苜蓿黄萎病菌 *Verticillium albo-atrum* 和棉花黄萎病菌 *Verticillium dahliae*；检疫性炭疽菌 1 种，咖啡浆果炭疽病菌 *Colletotrichum kahawae*。各属菌种材料见表 4-1。

表 4-1　供试材料

物种	编号	物种	编号	物种	编号
Verticillium albo-atrum	CBS① 130340	*V. suchlasporium*	ATCC 76547-2	*C. malvarum*	CBS 574.97-2
V. albo-atrum	CBS 121306-2	*V. tricorpus*	IMI 51602	*C. orbiculare*	ACCC 36948-1
V. alfalfae	CBS 130603-1	*V. tricorpus*	IMI 51602-1	*C.* sp.	ATCC 56814-1
V. balanoides	CBS 48244-2	*Colletotrichum acerbum*	CBS 128530-2	*C. sublineolum*	IMI 279189-2
V. biguttatum	CBS 180.85-1	*C. acutatum*	IMI 165753-1	*C. tropicale*	IMI 500131b-1
V. bulbillosum	ATCC④ 42444-1	*C. acutatum* f. *pineum*	CBS 436.77-1	*C. truncatum*	ACCC 38031-1
V. chlamydosporium	CBS 361.64-2	*C. agaves*	CBS 118190-1	*Phytophthora arecae*	CBS 148.88-1
V. dahliae	ACCC⑤ 3.3756	*C. boninense*	CBS 119185-2	*P. asparagi*	CBS 132095-1
V. fungicola	ACCC 3.4503	*C. capsici*	ACCC 37049-2	*P. bahamensis*	CBS 114336-1
V. griseum	CBS 101243	*C. coffeanum*	CBS 396.67-3	*P. boehmeriae*	CBS 102795-1
V. incurvum	CBS 460.88-1	*C. curcumae*	IMI 288939-2	*P. botryosa2*	CBS 533.92-2
V. isaacii	CBS 130343-1	*C. gloeosporioides 1*	IMI 313842-1	*P. botryosa1*	CBS 533.92-1
V. lamellicola	ATCC 58906-1	*C. gloeosporioides 2*	ACCC 37525-2	*P. cactorum*	ACCC 36421
V. lecanii	ACCC 3.4505	*C. hymenocallidis*	ACCC 3.4431	*P. cambivora*	A1-CBS 248.60
V. nonalfalfae	CBS 130339-1	*C. kahawae 1*	LC 0082-2	*P. cinnamomi*	IMI 403478
V. psalliotae	ACCC 3.4423	*C. kahawae 2*	IMI 363576-2	*P. citricola*	CBS 221.88-2
V. pseudohemipterigenum	CBS 102070-2	*C. kahawae3*	IMI② 319481-2	*P. citrophthora*	CBS 274.33-2
V. rexianum	CBS 120639-2	*C. kahawae4*	LC③ 0958-2	*P. cryptogea*	CBS 468.81
V. sacchari	CBS 222.25-1	*C. linicola*	ACCC 3.4486-1	*P. elongata*	CBS 125799

（续）

物种	编号	物种	编号	物种	编号
P. erythroseptica	CBS 111343	*P. inundata*	CBS 217. 85-2	*P. pseudotsugae*	CBS 446. 84
P. europaea	CBS 112276-1	*P. katsurae*	CBS 587. 85	*P. quercetorum*	CBS 121119-2
P. fallax	CBS 119109	*P. kernoviae*	IMI 403505-1	*P. ramorum*	CBS 114560
P. foliorum	CBS 121655-2	*P. lateralis*	IMI 403507	*P. richardiae1*	CBS 240. 30-1
P. fragariae	CBS 309. 62	*P. litoralis*	CBS 127953	*P. richardiae2*	CBS 240. 30
P. fragariae	CBS 309. 622-1	*P. medicaginis*	CBS 117685	*P. rubi*	CBS 109892-1
P. rubi	CBS 1098922-2	*P. megakarya*	CBS 240. 30-2	*P. sansomeana*	CBS 117693
P. frigida	CBS 121941	*P. megasperma*	IMI 403513-3	*P. siskiyouensis2*	CBS 122779-2
P. gallica	CBS 117475-3	*P. mirabilis*	CBS 150. 88-2	*P. siskiyouensis1*	CBS 122779-1
P. gonapodyide	CBS 117379	*P. multivora*	CBS 124095-2	*P. sojae*	ACCC 36911-2
P. gregata	CBS 127952	*P. palmivora*	CBS 128741-1	*P. syringae*	CBS 132. 23-1
P. hedraiandra	CBS 119903-2	*P. phaseoli*	CBS 114105-2	*P. tentaculata*	CBS 522. 96
P. hibernalis	ATCC 64708-1	*P. pinifolia*	CBS 122924-1	*P. tropicalis*	CBS 121658
P. idaei	CBS 971. 95-1	*P. plurivora*	CBS 125221	*P. riparia*	MYA 4882-2
P. ilicis	CBS 114348-1	*P. polonica1*	CBS 119650-1		
P. insolita	CBS 691. 79	*P. polonica2*	CBS 119650-1		

① CBS：荷兰真菌生物多样性研究中心。

② IMI：国际真菌研究所。

③ LC：深圳海关动植物检验检疫技术中心。

④ ATCC：美国模式菌种保藏中心。

⑤ ACCC：中国农业微生物菌种资源库。

4.1.2 方法

4.1.2.1 RNA 制备

转录组指特定细胞在某一功能状态下所能转录出来的所有 RNA 的总和，包括 mRNA 和非编码 RNA（Non-coding RNA，如 tRNA、rRNAs、microRNAs、piRNAs 和 long ncRNAs 等）。用于构建转录组文库的总 RNA 质量要求较高，要求总量≥ 20 μg，c≥250 ng/μL，$OD_{260/280}$≥1.0，$OD_{260/230}$≥1.08，RIN≥6.5，28 S/18 S≥1.0。由于真菌具有细胞壁，大多数真菌细胞壁的成分为肽聚糖，有些又具有厚垣孢子，因此真菌总 RNA 制备较为困难。通过文献资料的收集整理，尝试采用 QIAcube 全自动核酸提取仪、改良 Trizol 法和吸附柱法（OMEGA fungal RNA kit）分别进行提取。

（1）样品制备。

从平板上刮取菌丝块（根据菌丝生长情况选 2～3 皿），加入液氮迅速研磨至浆状，将粉末转移至相应试剂中待用。

（2）提取方法。

① QIAcube 全自动核酸提取仪：依照仪器操作流程，自动化运行。

② 改良 Triozl 法。

步骤一：向无 RNase 的 1.5 mL 离心管中加入 1 mL Trizol 备用。

步骤二：按照每 50～100 mg 的样品加 1 mL Trizol 提取液的比例，向加有 Trizol 的离心管中加入相应量的样品，注意样品的体积不超过提取液的 10%；将样品和提取液用力振荡混合摇匀后，在室温下静置 5 min，使核酸蛋白质复合物完全分解；按照每 1 mL Trizol 提取液加入 0.2 mL 氯仿的比例，向离心管中加入 200 μL 氯仿，快速摇晃混匀 15 s，室温静置 3～5 min；在 4℃，12 000 g 离心 15 min，小心吸取 400 μL 左右上清液至新的离心管中；向上清液中加入 0.5 mL 异丙醇，轻摇匀后室温沉淀 10 min；在 4℃，12 000 g 离心 10 min，管底出现白色沉淀；去掉上清液后，向离心管中加入 DEPC 水配制的 75％的乙醇，用移液枪吸打洗涤沉淀；在 4℃，7 500 g 离心 5 min，除去上清液后置于滤纸上室温干燥 15～20 min；向管中加入 45 μL 无 RNase 水溶解 RNA，待完全溶解后于一80℃保存；用无 RNase 水将样品稀释 50 倍，测定样品在 260 nm 和 280 nm 的吸收值。$OD_{260/280}$ 在 1.8～2.0 可视为 RNA 纯度好；除去 RNA 中的 DNA 在离心管中配制反应液，配制方法如下。

RNA 溶液	42.5 μL
10×DNase 缓冲液	5 μL
DNase1（无 RNase）	2 μL
RNase 抑制剂	0.5 μL

步骤三：37℃反应 2 h。

步骤四：使用 Trizol 重新提取一次（重复步骤二）。

③ 吸附柱法（OMEGA fungal RNA kit）。

将液氮研磨粉末迅速加入 500 μL 缓冲液 RB/β-巯基乙醇（1mL 缓冲液 RB 中加入 20 μL β-巯基乙醇），剧烈振荡。液氮研磨 5～8 次，至匀浆状即可。待液氮蒸发后迅速加入缓冲液 RB，加入时样品保证不能融化；加入 500 μL 水饱和酚，200 μL 0.2 mol/L NaAc（pH4.0），vortex 剧烈振荡 15 s；加入 200 μL 氯仿，vortex 剧烈振荡 15 s，冰上孵育 10 min；4℃，12 000 g 离心 15 min；分 2 次将上清液转移至 HiBind RNA Mini 柱子中，10 000 g 常温离心 30 s，倒掉收集管中液体；加入 500 μL 漂洗缓冲液Ⅰ，10 000 g 常温离心 30 s，倒掉收集管中液体；取 1 个新的收集管，加入 700 μL 漂洗缓冲液Ⅱ（事先加入乙醇稀释），10 000 g 常温离心 30 s，倒掉收集管中液体；再加 500 μL 漂洗缓冲液Ⅱ，10 000 g 常温离心 30 s，再全速离心 1 min，倒掉收集管中液体；取干净的 1.5 mL 离心管，将吸附柱转移至新管，加入 50～100 μL DEPC 水，全速离心 30 s，即为提取出的 RNA。可分 2 次加入 DEPC 水，溶解更完全。

4.1.2.2 转录组建库与测序

所有样品都采取构建插入片段为 200 bp 的文库，因需要将组织中的 mRNA 制备成片段化的 cDNA 文库，再通过 Hiseq 2000 进行高通量的测序，从而获得样品的转录组信息；建库与测序上机要求严格，由华大基因文库制备组与测序中心协助完成。文库构建对 RNA 样品的要求有：样品类型是去蛋白质并进行 DNase 处理后的完整的总 RNA，需求量每个不得低于 5 μg 等。文库构建的具体过程见图 4-1、图 4-2：提取样品总 RNA 后，用带有 Oligo（dT）的磁珠富集真核生物 mRNA；加入裂解缓冲液将 mRNA 打断成短片段，以 mRNA 为模板，用六碱基随机引物（random hexamers）合成第一条 cDNA 链，然后加入缓冲液、dNTPs、RNase H 和 DNA 聚合酶Ⅰ合成第二条 cDNA 链，在经过 QiaQuick PCR 试剂盒纯化并加 EB 缓冲液洗脱之后做末端修复并连接测序接头，然后用琼脂糖凝胶电泳进行片段大小选择，最后进行 PCR 扩增，使用 Hiseq 2000 对建好的测序文库进行测序。转录组测序策略为插入片段大小 200 bp，测序读长为 PE101 bp，每个样品总共测 2G 数据。

针对测序质量值，一般选取 Q20 作为指标，其含义是质量值大于 20 的碱基数量/所有碱基数量。测序下机的数据会有质量图的显示，以图 4-3、图 4-4 为例，图例是轮枝菌的质量分布图和碱基在读长 reads（测序读到的碱基序列段，测序的最小单位）上的分布图。根据质量分布图可以观察到，reads 尾部的质量较低，质量值低于 20 的颜色有逐渐加深的趋势。

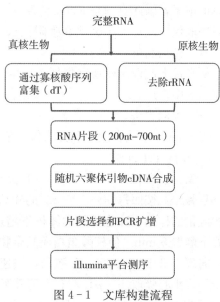

图 4-1　文库构建流程

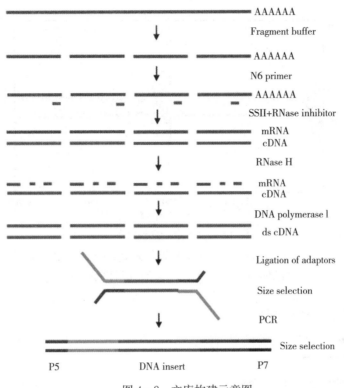

图 4-2 文库构建示意图

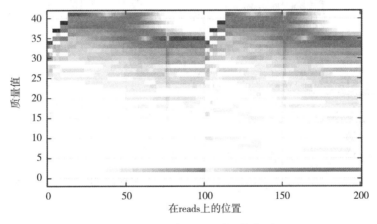

图 4-3 测序 reads 质量分布图

4.1.2.3 转录组数据处理与评估

转录组的数据处理主要包括下机数据的过滤，组装和注释等步骤。为了使信息分析的结果更加可靠，需要对存在一定低质量数据的下机数据进行过滤，去除含有 N（未知，没有测出来实际碱基序列的碱基）碱基超过 10 个的 reads，去除低质量（质量值小于或者等于 B）碱基数目达到一定程度时的 reads，去除含有 adapter 污染的 reads，去除 duplication 的 reads（read1 和 read2 完全一样的算作 duplicate），截掉头部或者末端质量比较差的 reads。

鉴于转录组组装和基因组组装本质上的一致性，本处仅介绍基因组组装原理。目前的组装策略主要有两大类：基于参考序列的组装和 *de novo* 组装（没有参考序列）。由于 NGS 的快速发展，使得很多物种的基因组被测序，相应的基于短 reads 的组装算法也发展迅速。*de novo* 的组装方法又主要分为两类：overlap-layout-consensus（OLC）和 de-bruijn-graph（DBG）。本研究采用 BGI 开发的 SOAP 系列中的 SOAPdenovo-Trans（Xie et al.，2014），数据的组装使用的是 reads 组装软件 SOAPdenovo-Treans，以

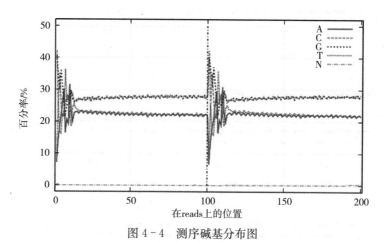

图 4-4　测序碱基分布图

SOAPdenovo 为框架，改编后而适用于存在可变剪切和差异表达的转录组数据，并且相对其他组装软件，能够更快、更完整地构建全长序列的转录组数据集，组装原理见图 4-5。

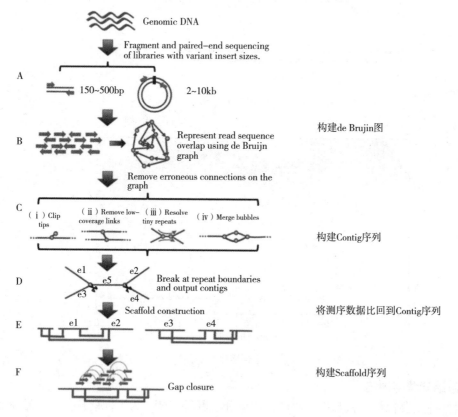

图 4-5　组装原理图

转录组注释一般分为两类：一类是有参考序列的注释，即基于 reference 的转录组重测序注释；另一类是没有参考序列的注释，即转录组 *de novo* 注释。本研究进行的转录组注释是 *de novo* 注释，对轮枝菌转录组进行了功能注释、GO 分类、代谢通路分析、编码蛋白质结构预测、多态性位点分析以及重复序列的注释等。

组装完成后的 Unigene 是冗余的，全部进行注释会耗费过多的资源。因此，先利用去冗余的软件进行去冗余处理后再进行数据库注释。2003 年 Pertea 发表的 TGICL 软件被用于 Unigenes 的聚类和去冗余，实际使用结果表明，TGICL 相对于 CD-HIT 等软件聚类速度会更快，并且更适用于转录本的聚类，其参数设置是根据经验值设定。

CDS 预测：使用 Blast 和 ESTScan 软件，ESTScan 可以将与蛋白质数据库比对不上的 Unigene 进行编码区预测，得到编码区的核酸序列和氨基酸序列。

4.1.2.4 单拷贝同源基因集的构建

基因之间的同源关系主要包括两种类型：直系同源（orthology）是指由于物种形成事件，从共同祖先进化而来的基因，通常具有相同或者相似的基因功能，这个术语最早是由 Walter Fitch 在 1970 年首先提出的；旁系同源（paralogy）是指由基因复制而分离的同源基因，同时基因复制通常伴随着基因功能的分化，因此旁系同源基因会进化出不同的功能（Fitch et al.，1970）。直系同源关系是历史进化的结果，无法通过具体的实验来鉴别，只能通过生物信息学的方法，从序列差异性上来推测不同物种之间的直系同源关系。所有预测直系同源方法的思路是在生物进化过程中越相近的基因，其序列结构与功能相似性程度就越高。现有的识别直系同源基因的方法大致可分为三类：一是比较序列相似性来识别直系同源基因；二是通过构建系统发育树来识别直系同源关系；三是基于序列相似性和系统发育树的混合方法。

OrthoDB（the hierarchical catalog of orthologs）是一个比较常用的直系同源基因的数据库，主要针对真核生物蛋白质编码基因的直系同源关系；结合了 GO 和 InterPro 对直系同源类群进行描述；包含了 48 种脊椎动物、33 种节肢动物、73 种真菌以及 12 种后生生物的基因组（Waterhouse et al.，2013）。

Inparanoid 真核生物直系同源数据库（http：//inparanoid. sbc. su. se）是 17 种完整基因组间成对直系同源组的一个收集：冈比亚疟蚊、线虫、秀丽隐杆线虫、黑腹果蝇、斑马鱼、红鳍东方鲀、原鸡、智人、小鼠、鸭嘴兽、大鼠、水稻、疟原虫、拟南芥、大肠杆菌、酿酒酵母和芽殖酵母（O'Brien et al.，2005）。这些基因组的完整蛋白质组来源于 Ensembl 和 UniProt，使用 Blast 进行成对比较，然后使用 Inparanoid 程序进行聚类。下载得到的 FASTA 序列经过自己编写的 perl 脚本处理后为下一步做准备，OtrhoDB 上的拓扑关系见图 4 - 6。

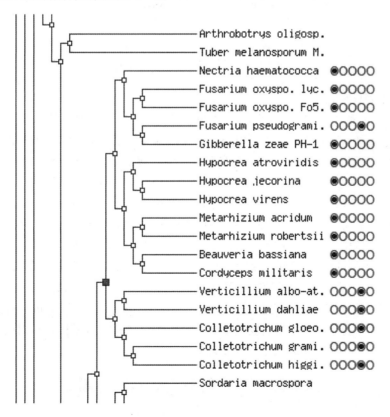

图 4 - 6　OtrhoDB 上的拓扑关系
注：http：//cegg. unige. ch/orthodb7/results。

4.1.2.5 基于 HMM 模型的同源基因预测

隐马尔科夫模型（Hidden Markov Model，HMM）是一种统计学模型，用来描述随机事件的发生。该模型与马尔科夫模型的差别在于它的状态是隐含的，我们看到的是事件的发生。隐状态之间有转换概率，从隐状态到事件之间有映射概率。HMM 最早应用于语音识别领域，之后在生物信息分析，尤其是在基因结构预测方面发挥着重要作用（Ieee，1989）。

构建 HMM 模型，将下载的 orthology 数据集进行 muscle 比对，再经过转换格式，得到蛋白质模型，用每个物种的蛋白质序列在 HMM 模型中搜索，得到最好的模型，然后用此模型在所有的蛋白质中搜索找出最好的比对情况，最终找出双向最优的序列，即可认为找到了这个物种的这个基因的直系同源基因序列，同源基因查找原理见图 4-7。

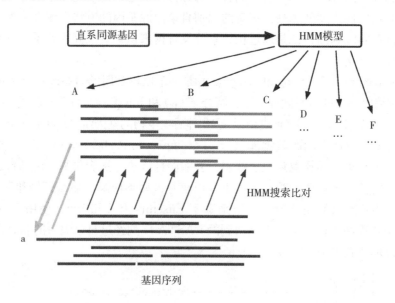

图 4-7 同源基因查找原理图

注：a 与 A 中 5 个基因互为同源基因。

4.1.2.6 可用候选基因的筛选

Kress 等（2005）和 Taberlet 等（2007）提出了理想的 DNA 条形码的标准：具有可以区分物种的足够变异和分化，同时种内变异必须足够小；有高度保守的引物设计区以便于设计通用引物；片段足够短，以便于 DNA 提取和 PCR 扩增，尤其是对部分降解的 DNA 的扩增。根据以上标准，设定参数，对得到的 1 907 个基因进行筛选。首先，对得到的 1 907 个蛋白质基因进行 muscle 软件比对，参数选取默认参数，输出格式为 clusterW 格式。然后，对每个位点的碱基情况进行统计，"＊"即表示该位点在每个物种中相同，"－"表示此位点有不同的碱基。以 25 bp 位窗口进行滑动，统计保守位点的数目，如果满足保守位点的数目大于 18 bp 则将此位置记录，另外从反方向进行相同的统计，记录第一个位置，如果两者都存在则统计 2 个区域之间的序列长度 L，根据序列特征，设定一定参数过滤出含有 primer 潜力的候选基因。筛选原理见图 4-8。根据 A、B 区域特征（25 bp 中至少有 18 bp 是保守的），在 A、B 区域存在的情况下，计算出 L 长度，再根据 L 的长度进行过滤；对过滤出的候选基因进行引物设计；去掉设计不出引物的，剩下有引物结果的候选基因；对有引物的序列的扩增区进行分析；根据 barcode 定义选取可用的候选基因。

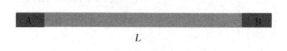

L

图 4-8 候选基因筛选原理示意图

4.1.2.7　针对可用候选基因的引物设计

由于一些位点不是完全保守的，在设计通用引物过程中，需要用简并碱基替代以达到比较好的扩增效果。引物的设计是用网页版的软件 primers4clades（http：//maya. ccg. unam. mx/primers4clades/index. html0）。该软件的核心原理是 Codehop，Codehop 本身是一种简并引物设计理论方法（consensus degenerate hybrid oligonucleotide primers）（Rose et al.，1998）。传统简并引物设计方法通常简并度过高，导致有效引物利用率低，减小简并引物长度获得小简并度的同时又降低了退火温度，不利于扩增。利用 Codehop 方法设计简并引物与传统方法比较应该具有更高的扩增特异性和灵敏度等优点（Rose et al.，2003）。Codehop 方法的原理是设计的简并引物包括 2 个部分，一部分利用序列比对中得到的保守区内连续保守的 3～4 个氨基酸序列（9～12 个碱基）设计得到 3′简并核心区；另一部分是根据保守氨基酸和密码子偏好性原则预测得到最佳配对的 5′非简并夹板区。设计过程中利用减小 3′简并核心区的长度可以减少简并引物中简并碱基的使用量，扩增过程中，5′非简并夹板区可以很好地稳定 3′简并核心区与模板的结合，从而很大程度上提高了扩增的特异性，而且利用加长 5′非简并夹板区序列可以提高引物退火温度同时不增加简并度。尽管初轮扩增中 5′特异区可能与模板序列发生错配，但是 3′核心区的不匹配会使引物在延伸过程中失效，几轮扩增后引物特异性匹配会大幅增加，以此提高特异性和准确率。

参数选取：

run model＝get primers，

NCBI translation table＝1（standard），

Cluster distance metric＝DNA，

amplicon length（nucleotides）＝450～950 bp，

Tm of consensus clamp＝55℃，

phylogenetic evaluation＝dna K80＋G。

4.1.2.8　流程化实现

根据图 4 - 9 的流程，编写对应的 pipeline，主要由 shell 语言和 perl 语言完成，可以实现数据的自动化处理。

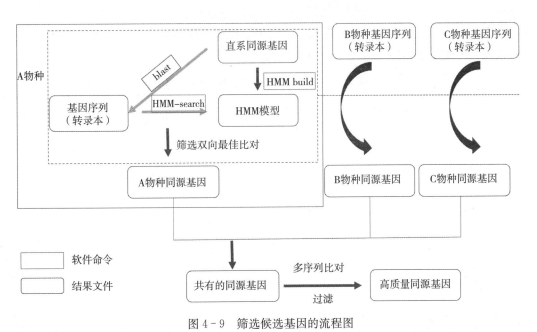

图 4 - 9　筛选候选基因的流程图

4.2 筛选结果

4.2.1 RNA 制备质量

4.2.1.1 仪器法样品结果报告

以轮枝菌 3.4505、3.4431 和炭疽菌 LC 为例,将提取后的样本进行 Aglient 2100 和 NanoDrop 2.0 的检验,结果见表 4-2。其中,3.4505 的质量为 A 类,达到上机测序要求,3.4431 和 LC 的质量为 C 类和 D 类,尽管总量符合要求,但 RNA 完整性较差,在提取过程中部分 RNA 降解。3 个结果数据表明,仪器法对总 RNA 制备的稳定性较差。

表 4-2 QIAcube 全自动核酸提取仪制备真菌总 RNA 质量

序号	样品名称	样品编号	管数	浓度/(ng/μL)	体积/μL	总量/μg	OD_{260}/OD_{280}	OD_{260}/OD_{230}	RIN	28S/18S	建库类型	结果说明	备注
1	3.4505	0130303338	1	477	84	40.07	2.1	2.31	7.6	1.6	RNA-seq(定量)	A 类	—
2	3.4431	0130303339	1	369	82	30.26	2.02	2.24	7.3	1.3	RNA-seq(定量)	C 类	5S 略高,基线略有上抬
3	LC	0130303340	1	315	86	27.09	2.07	1.8	4.6	0.7	RNA-seq(定量)	D 类	RIN≤6.5。28S/18S<1.0

4.2.1.2 改良 Trizol 法

Trizol 法是常用的总 RNA 制备方法,Trizol 的主要成分是苯酚。苯酚的主要作用是裂解细胞,使细胞中的蛋白质、核酸物质解聚得到释放。苯酚虽可有效地变性蛋白质,但不能完全抑制 RNA 酶活性,因此 Trizol 中还加入了 8-羟基喹啉、异硫氰酸胍、β-巯基乙醇等来抑制内源和外源 RNase。Trizol 是从细胞和组织中提取总 RNA 的即用型试剂,在样品裂解或匀浆过程中,Trizol 能保持 RNA 完整性。加入氯仿后,溶液分为水相和有机相,RNA 在水相中。取出水相,用异丙醇可沉淀回收 RNA。

使用 Trizol 试剂对液氮研磨后的匀浆进行提取,以轮枝菌的 10 个样品为例,将提取后的样本进行 Aglient2100 和 NanoDrop2.0 检验,结果见表 4-3,均为 D 类,在总量、RNA 完整性、蛋白质去除效率等方面,Trizol 法都不理想。因为该方法的手工操作步骤最为烦琐,处理环节较多,使用的试剂种类也较多,因此增加了很多致使 RNA 降解的风险。

表 4-3 Trizol 法制备真菌总 RNA 质量

序号	样品名称	样品编号	管数	浓度/(ng/μL)	体积/μL	总量/μg	OD_{260}/OD_{280}	OD_{260}/OD_{230}	RIN	28S/18S	建库类型	结果说明	备注
1	30308	0130104406	1	348	38	13.22	1.86	0.68	2.4	0.0	RNA-seq(转录组)	D 类	总量<20.0μg。RIN<6.5。28S/18S<1.0。OD_{260}/OD_{230}<1.8
2	34506	0130104407	1	807	46	37.12	1.91	0.81	2.2	0.0	RNA-seq(转录组)	D 类	RIN<6.5。28S/18S<1.0。OD_{260}/OD_{230}<1.8
3	34502	0130104408	1	12	37	0.44	1.54	0.29	1.0	0.0	RNA-seq(转录组)	D 类	总量<20.0μg。浓度<250.0ng/μL。RIN<6.5。28S/18S<1.0。OD_{260}/OD_{280}<1.8。OD_{260}/OD_{230}<1.8
4	34504-1	0130104409	1	159	45	7.16	1.74	0.47	25	0.0	RNA-seq(转录组)	D 类	总量<20.0μg。浓度<250.0ng/μL。RIN<6.5。28S/18S<1.0。OD_{260}/OD_{280}<1.8。OD_{260}/OD_{230}<1.8

（续）

序号	样品名称	样品编号	管数	浓度/(ng/μL)	体积/μL	总量/μg	OD260/OD280	OD260/OD230	RIN	28S/18S	建库类型	结果说明	备注
5	34424-2	0130104410	1	297	40	11.88	1.85	0.64	2.3	0.0	RNA-seq（转录组）	D类	总量<20.0μg。RIN<6.5。28S/18S<1.0。OD260/OD230<1.8
6	34504-2	0130104411	1	33	45	1.49	1.61	0.19	1.0	0.0	RNA-seq（转录组）	D类	总量<20.0μg。浓度<250.0μg/μL。RIN<6.5。28S/18S<1.0。OD260/OD280<1.8。OD260/OD230≤1.8
7	34423	0130104412	1	666	45	29.97	1.9	0.7	2.7	0.9	RNA-seq（转录组）	D类	RIN<6.5。28S/18S<1.0。OD260/OD230<1.8
8	34424-1	0130104413	1	135	45	6.08	1.79	0.72	2.6	0.0	RNA-seq（转录组）	D类	总量<20.0μg。浓度<250.0μg/μL。RIN<6.5。28S/18S<1.0。OD260/OD280<1.8。OD260/OD230<1.8
9	34507	0130104414	1	171	45	7.7	1.75	0.59	2.4	0.0	RNA-seq（转录组）	D类	总量<20.0μg。浓度<250.0ng/μL。RIN<6.5。28S/18S<1.0。OD260/OD280<1.8。OD260/OD230<1.8
10	34505	0130104415	1	204	45	9.18	1.82	0.42	2.3	0.0	RNA-seq（转录组）	D类	总量<20.0μg。浓度<250.0ng/μL。RIN<6.5。28S/18S<1.0。OD260/OD230<1.8

4.2.1.3 吸附柱法

目前，商业化的试剂盒多采用吸附柱法，品牌较多，这里选择使用较为普遍的 OMEGA fungal RNA kit，以轮枝菌 3.4505、3.4424 这 2 个样品为例，将提取后的样本进行 Aglient2100 和 NanoDrop2.0 的检验，结果见表 4-4，3.4505 的提取质量较好，为 A 类，3.4424 的质量较差，各项指标均不合格，但经过后续多次重复，该方法提取效率较为稳定，操作环节较少，且经济实惠，故为大批量真菌 RNA 制备方法。

表 4-4 吸附柱法（OMEGA fungi RNA kit）制备真菌总 RNA 质量

序号	样品名称	样品编号	管数	浓度/(ng/μL)	体积/μL	总量/μg	OD260/OD280	OD260/OD230	RIN	28S/18S	建库类型	结果说明	备注
1	3.4505	0130408811	1	288	87	25.06	2.14	2.15	7.6	1.4	RNA-seq（定量）	A类	—
2	3.4424	0130408812	1	54	84	4.54	2.05	0.86	6.6	0.8	RNA-seq（定量）	D类	总量<5.0μg。浓度<200.0ng/μL。28S/18S<1.0。OD260/OD230<1.8

4.2.2 转录组数据质量

真菌转录组组装结果见表 4-5。

表 4-5 真菌转录组组装结果统计

物种	数据量	基因数	N50	平均长度
Verticillium dahliae	2.2G	157 000	2 517	1 396

（续）

物种	数据量	基因数	N50	平均长度
Verticillium albo-atrum	2.2G	17 454	2 027	1 105
Verticillium lecanii	2.4G	22 829	1 632	859
Verticillium fungicola	2.7G	14 291	1 355	768
Verticillium psalliotae	2.8G	19 478	2 066	1 178
Verticillium tricorpus	2.7G	13 752	2 634	1 465

真菌转录组注释结果见表 4-6。

表 4-6　真菌转录组注释结果统计

	V. dahliae	*V. aboatrum*	*V. lecanii*	*V. fungicola*	*V. psalliotae*	*V. tricorpus*
NR	11 217	12 294	15 839	7 660	12 939	9 656
NT	7 443	9 858	7 747	1 969	6 809	5 895
Swiss-Prot	8 388	8 166	8 911	4 953	7 147	6 673
KEGG	8 441	8 418	9 221	5 429	8 262	6 688
COG	6 536	6 578	6 654	9 580	6 274	5 063
GO	5 868	6 805	6 899	1 535	5 556	4 947
ALL	11 352	12 805	16 156	11 058	13 226	9 795

Verticillium dahliae 和 *Verticillium lecanii* 核糖体大亚基序列注释见图 4-10。

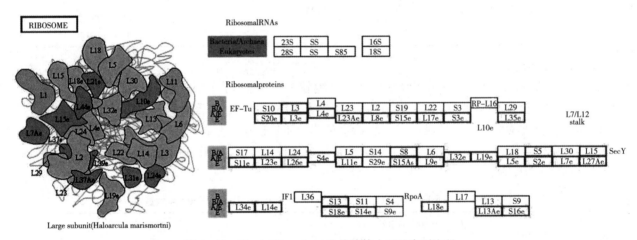

图 4-10　*Verticillium lecanii* 核糖体大亚基序列注释

Verticillium dahliae 和 *Verticillium lecanii* 的核糖体 RNA 注释见表 4-7。

表 4-7　*Verticillium dahlia* 和 *Verticillium lecanii* 的核糖体 RNA 注释

序列 ID 号	序列长度	比对上长度	Nt 序列长度	Identity	Nt 序列的描述
Seq1-*Verticillium dahliae*	6 240	2 870	2 867	95%	*Volutella colletotrichoides* 18S rRNA gene, 5.8S rRNA gene, 28S rRNA gene（partial），internal transcribed spacer 1（*ITS1*）and internal transcribed spacer 2（*ITS2*），strain BBA
Seq1-*Verticillium lecanii*	6 200	2 910	2 910	98%	*Lecanicillium saksenae* genes for 18S rRNA, *ITS1*, 5.8S rRNA, *ITS2*, 28S rRNA, partial and complete sequence, strain：BTCC-F19

以上数据说明当前采用的组装方法很好，可以进行下一步的分析。

4.2.2.1 轮枝菌

(1) 转录组建库测序。

共完成 21 个种、23 个轮枝菌转录组建库，并获得转录组数据，见表 4-8。

表 4-8 轮枝菌种名、文库名称以及样品标号的对应表

物种	筛选标记物	编号
Verticillium albo-atrum	FUNgnsTACRAAPEI-79	CBS[①] 130340
Verticillium albo-atrum	WHFUNaygTAACRAAPEI-12	CBS 121306-2
Verticillium alfalfae	WHFUNifqTAAFRAAPEI-95	CBS 130603-1
Verticillium balanoides	WHFUNmlvEAAFRAAPEI-201	CBS 48244-2
Verticillium biguttatum	WHFUNifqTAAGRAAPEI-113	CBS 180.85-1
Verticillium bulbillosum	WHFUNmjrEBACRAAPEI-19	ATCC[②] 42444-1
Verticillium chlamydosporium	FUNbkcTAAARAAPEI-44	CBS 361.64-2
Verticillium dahliae	FUNgnsTABRAAPEI-75	ACCC[③] 3.3756
Verticillium fungicola	FUNkvwPBARAAPEI-62	ACCC 3.4503
Verticillium griseum	WHFUNqwgTAAERAAPEI-19	CBS 101243
Verticillium incurvum	FUNbkcTAACRAAPEI-46	CBS 460.88-1
Verticillium isaacii	FUNbkcTAADRAAPEI-47	CBS 130343-1
Verticillium lamellicola	WHFUNmlvEAABRAAPEI-222	ATCC 58906-1
Verticillium lecanii	FUNgnsTADRAAPEI-83	ACCC 3.4505
Verticillium nonalfalfae	FUNbkcTAAERAAPEI-53	CBS 130339-1
Verticillium psalliotae	FUNkvwPBBRAAPEI-71	ACCC 3.4423
Verticillium pseudohemipterigenum	RDWHFUNaodTAADRABPEI-223	CBS 102070-2
Verticillium rexianum	WHFUNmlvEAACRAAPEI-223	CBS 120639-2
Verticillium sacchari	WHFUNmjrEBADRAAPEI-22	CBS 222.25-1
Verticillium suchlasporium	WHFUNmlvEAAARAAPEI-221	ATCC 76547-2
Verticillium tricorpus	FUNkvwPBCRAAPEI-72	IMI[④] 51602
Verticillium tricorpus	WHFUNqwgTAABRAAPEI-16	IMI 51602-1
Verticillium vilmorinii	WHFUNqwgTAADRAAPEI-18	IMI 122822-1

①CBS：荷兰真菌生物多样性研究中心。
②ATCC：美国模式菌种保藏中心。
③ACCC：中国农业微生物菌种资源库。
④IMI：国际真菌研究所。

(2) 单拷贝候选基因的筛选。

用开发出来的同源基因预测的流程对轮枝菌 23 个物种进行了同源基因的预测，得到如表 4-9 所示数目的同源基因。

表 4-9 筛选轮枝菌 orthology 数目

物种	数量	物种	数量
Verticillium albo-atrum	1 120	*Verticillium lamellicola*	1 548
Verticillium albo-atrum	1 219	*Verticillium lecanii*	1 389
Verticillium alfalfae	1 100	*Verticillium nonalfalfae*	1 216
Verticillium balanoide	1 331	*Verticillium psalliotae*	1 473
Verticillium biguttatum	1 572	*Verticillium pseudohemipterigenum*	1 423
Verticillium bulbillosum	1 603	*Verticillium rexianum*	1 385
Verticillium chlamydosporium	1 485	*Verticillium sacchari*	565
Verticillium dahliae	1 445	*Verticillium suchlasporium*	1 553

(续)

物种	数量	物种	数量
Verticillium fungicola	174	*Verticillium tricorpus*	1 453
Verticillium griseum	641	*Verticillium tricorpus*	1 440
Verticillium incurvum	1 414	*Verticillium vilmorinii*	1 459
Verticillium isaacii	1 247		

在初步筛选中使用 11 个物种进行方法的探索，分别是 *Verticillium albo-atrum*、*V. alboatrum*、*V. chlamydosporium*、*V. dahliae*、*V. vilmorinii*、*V. nonalfalfae*、*V. incurvum*、*V. isaacii*、*V. lecanii*、*V. psalliotae*、*V. tricorpus*，得到了 1 907 个 11 个物种中共有的单拷贝同源基因（图 4 - 11），通过筛选得到 102 个候选基因，最终随机挑选出 4 个基因进行了引物设计并实验验证，见表 4 - 10。

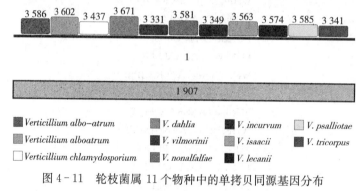

图 4 - 11　轮枝菌属 11 个物种中的单拷贝同源基因分布

表 4 - 10　4 个基因的长度和功能信息

蛋白质编号	基因片段长度/nt	目的片段长度/nt	生物学功能
EOG7WQDS1	1 418	587	蛋白酶体非酶调节亚基 3（proteasome non-ATPase regulatory subunit 3）
EOG7M9FFH	6 491	874	1,3-β 葡聚糖合成酶（1,3-beta-glucan synthase component bgs4）
EOG7VXFVM	2 161	523	甘露糖转移酶（Glycolipid 2-alpha-mannosyltransferase）
EOG7S53TP	2 103	849	热休克蛋白质（Heat shock protein）

轮枝菌筛选的 4 个标记物引物列表见表 4 - 11。

表 4 - 11　轮枝菌筛选的 4 个标记物引物列表

蛋白质编号	引物 F（5'->3'）	引物 R（5'->3'）
EOG7WQDS1	CGCCGCTACAACTACGAYTGGGTNTT	CCCCAGCGCTCGTARAARAANCC
EOG7M9FFH	GAGTACATCCAGCTGATCGAYGCNAAYCA	AGATCTGGCAGACGAAGACYTCRAARAA
EOG7VXFVM	CGAGCTGCTGATGGGNGAYATHCC	CGCCCTCCTGGATCTCYTTNGCCAT
EOG7S53TP	ACGAGTCGAAGATCAAGGARGTNATHAA	GACTCGCCGGTGATGTARTANAYRTT

（3）单拷贝候选基因 PCR 扩增。

利用合成好的引物对提取好的 DNA 进行 PCR，扩增目的片段退火温度 54℃。第一批以 21 个菌进行批量扩增，结果显示（图 4 - 12），S1-1F/R 引物很好，条带单一；BG-1F/R 引物扩增结果很好，但杂带很多。对于上次试验用的菌株 42，此次扩增主带很亮，也有少许杂带。H6-F/R 引物降低温度后能扩增出条带，但是杂带多。

经过与上述同样的筛选思路，筛得 EOG7S53TP 基因，设计引物 8 对，见表 4 - 12。首先挑选 10 个 DNA 进行第一轮筛选，得到 50% 以上成功率，再对已有的 51 份样品扩增后进行测序，得到引物对 EOG7S53TP-7F/7R 成功率最高，为 50.98%，扩增结果见图 4 - 13。

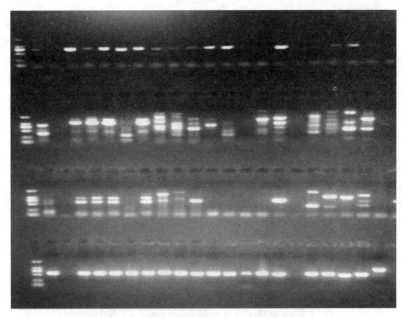

图 4-12 轮枝菌筛选引物 PCR 检测结果

注：第一排，使用 S1-1F/R 引物，54℃退火；第二排，使用 BG-1F/R 引物，54℃退火；第三排，使用 H6-F/R 引物，45℃退火；第四排，使用 *ITS4/5* 引物，58℃退火，为真菌通用引物，作为阳性对照检测 DNA 是否有问题。

表 4-12 轮枝菌属多拷贝基因引物及 PCR 成功率

引物	方向	序列	退火温度/℃	PCR 成功率
EOG7S53TP-1	F	GAAGAAGAATTAAATAAACAAAAACCNATHTGGAC	53	—
	R	TTCATCAGTTTCTTCTAATTCAAARTCYTTNGT		
EOG7S53TP-2	F	CGAGACCTTCGAGTTCCARGCNGARAT	55	—
	R	CGAGACCTTCGAGTTCCARGCNGARAT		
EOG7S53TP-3	F	GAGTCCAAGATCAAGGAGGTNATYAARAA	55	—
	R	TGTTCTTCTTGATGACCTTCATRATYTTRTT		
EOG7S53TP-4	F	GACCAAGAAGACCAAGAACAAYATYAARYT	55	—
	R	GGTCTCCTCGAGCTCGAARTCYTTNGT		
EOG7S53TP-5	F	GCTGAAGATAAAGAACAATTTGAYAARTTYTA	53	—
	R	TAAAGCTTGAGCTTTCATAATTCKYTCCATRTT		
EOG7S53TP-6	F	TCGAGACGAAGAAGACGAARAAYAAYAT	55	—
	R	CCTGCGCCTTCATGATNCGYTCCAT		
EOG7S53TP-7	F	ACGAGTCGAAGATCAAGGARGTNATHAA	55	50.98%
	R	GACTCGCCGGTGATGTARTANAYRTT		
EOG7S53TP-8	F	GAGTGGCTGTCGTTCGTNAARGGNGT	59	
	R	GCCGGCTCCTCGADNGTRAANCC		

（4）单拷贝候选基因遗传距离计算。

对于直系同源基因由于不同的进化事件（核苷酸突变）导致在不同物种之中在不同位点有着不同的核酸序列，条形码利用这些基因中包含的差异信息进行物种的区分，所以在分析 DNA 条形码的区分效果时必须分析它的差异度，即计算不同序列之间的遗传距离。

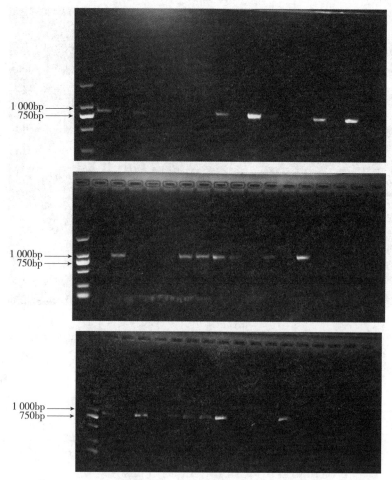

图 4-13 轮枝菌多拷贝 EOG7S53TP-7F/7R 扩增结果

常用的计算遗传距离的方法：P 距离，P-distance；泊松校正，d 距离；Γ 距离，具体内容不作赘述。这里主要采用了 P-distance 作为计算遗传距离的模型，选取 MEGA6.0 软件进行处理，具体处理结果见表 4-13。

表 4-13 轮枝菌候选 3 个标记物的平均遗传距离

蛋白质名称	序列数目 N（sequences）	平均遗传距离（K2P）
EOG7M9FFH	20	0.259
EOG7VXFVM	21	0.222
EOG7WQDS1	21	0.281
EOG7S53TP	14	0.154

（5）单拷贝候选基因系统发育分析。

系统发育分析是研究物种进化和系统分类的一种方法，其常用一种类似树状分支的图形来概括各种（类）生物之间的亲缘关系，这种树状分支的图形称为系统发育树。

常见的几种构建系统发育树的方法如下：

①距离法（distance methods）。首先计算两两序列之间的距离矩阵，不断重复合并距离最短的 2 个序列，最终构建出最优树。距离矩阵法算法简单易懂，计算速度较快。

②最大简约法（maximum parsimony methods）。此方法关键是找信息位点，由最多信息位点支持的那棵树就是最大简约树。不用计算序列之间的距离，大多数简约法的算法及程序比较成熟，要求

对比序列相似性很大，否则推断出的系统发育树可信度低于 NJ 法和 ML 法。存在 NP-complete 问题。

③最大似然法（maximum likelihood methods）。完全基于统计的系统发生树重建方法。该法在每组序列比对中考虑了每个核苷酸替换的概率。概率总和最大的那棵树最有可能是最真实的系统发生树。该法计算复杂，当数据量大时被认为是 NP complete 问题。另外由于对进化了解不全加上计算复杂使得所用的进化模型不能反映序列真实进化情况。

④贝叶斯法（bayesian methods）。和最大似然法相反，此方法在给定序列组成的条件下，计算进化树和进化模型的概率，常采用 MCMC 方法。基于后验概率进行进化分析，建立在比对序列的条件下，进化树结构发生的条件概率。存在 NP-complete 问题。

本研究中主要采用最大似然法（ML）构建系统发生树。在做 DNA 条形码研究时 Kimura 2-parameter（K2P）是最常用的计算遗传距离模型，在本研究中也主要选取 K2P 模型。

①EOG7M9FFH。如图 4-14 所示，此标记物对于 *V. lecanii*、*V. psalliotae*、*V. pseudohemiptergenum*、*V. isaacii* 有很好的区分度，但是不能区分 *V. nonalfalfae* 和 *V. albo-atrum*。对于 *V. dahliae* 种内差异大于种间差异，不适合用来鉴定 *V. dahliae*。

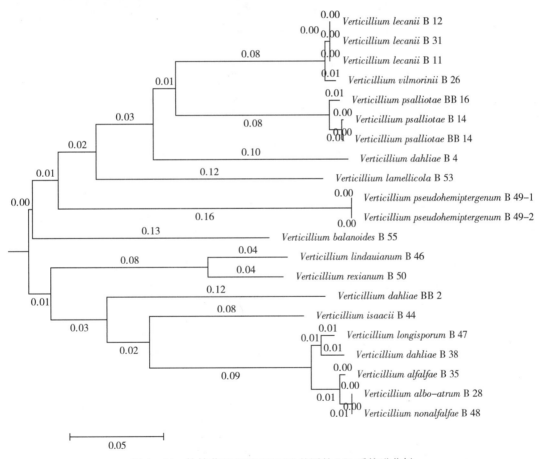

图 4-14 轮枝菌 EOG7M9FFH 基因的 ML 系统进化树

②EOG7VXFVM。如图 4-15 所示，此标记物对于 *V. alfalfae*、*V. lamellicola*、*V. isaacii*、*V. lecanii*、*V. lamellicola*、*V. tricorpus* 有很好的区分效果，但不能区分 *V. nonalfalfae* 和 *V. albo-atrum*，而且 *V. dahliae* 的种内差异大于种间差异。

③EOG7WQDS1。如图 4-16 所示，从图中可以看出对 *V. isaacii*、*V. incurvum*、*V. tricorpus*、*V. lecanii* 4 个物种有比较好的区分效果，但是不能很好地区分 *V. nonalfalfae* 和 *V. albo-atrum* 以及 *V. fungicola* 和 *V. vilmorinii*，对于 *V. dahliae* 种内差异大于种间差异，不适合用来鉴定 *V. dahliae*。

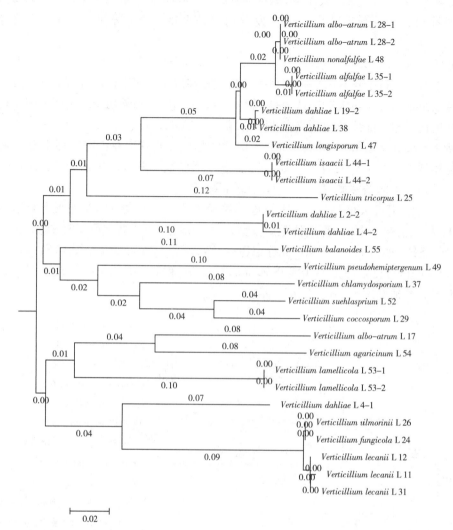

图 4-15　轮枝菌 EOG7VXFVM 基因的 ML 系统进化树

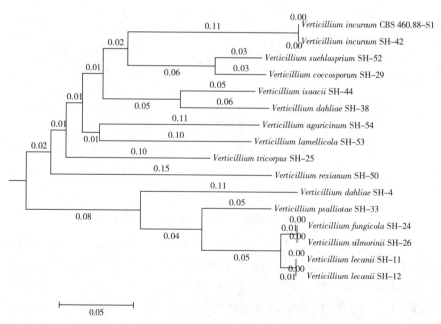

图 4-16　轮枝菌 EOG7WQDS1 基因的 ML 系统进化树

④EOG7S53TP。由于得到的桑格序列不足，具有物种重复的只有 *V. dahliae*、*V. fungicola*、*V. lecanii*，但是三者都没有很好的聚类，经过比对 3，7，8 的此基因片段完全相同（图 4-17）。

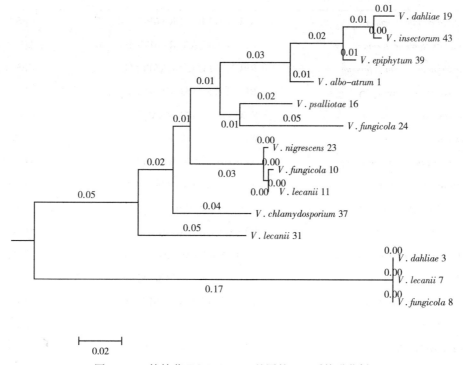

图 4-17 轮枝菌 EOG7S53TP 基因的 ML 系统进化树

（6）多拷贝基因的筛选。

鉴别物种的标记物一般都需要比较好的扩增效果，而多拷贝基因在这方面会比单拷贝基因更有优势，所以在研究单拷贝基因筛选思路的同时，也进行了多拷贝基因的尝试。由于轮枝菌多拷贝基因数据不足，我们只从 InParanoid 数据库得到了 211 个多拷贝基因，经过筛选，最终得到了 1 个可设计引物的基因序列（表 4-14）。桑格测序结果共得到 24 条测序峰图，但是由于质量值全部很低，不能进一步拼接和分析，故多拷贝基因的筛选只能止步于目前状态。

表 4-14 轮枝菌多拷贝基因引物设计

目的片段编号	正向引物	反向引物
4068 _ Amplicon _ 1	CCTGGAGATGTAAATGATGGNYTNATGGA	GTTCCACAAGTATCAGCCATRTCRTC
4068 _ Amplicion _ 2	CGACGTGAACGACGGNYTNATGGA	CACCGACTCGCCGTTRTGVGTNCG

通过对 4 个基因设计引物和 PCR 扩增，经过桑格测序得到 DNA 序列对每个基因进行了验证，由于 PCR 扩增效率和测序的效率问题，目前无法对整个轮枝属的物种鉴定下结论。但从部分数据来看，在某些物种中，如 *V. isaacii*、*V. incurvum*、*V. tricorpus*、*V. lecanii*，EOG7WQDS1 具有一定的效果。EOG7M9FFH 对于 *V. lecanii*、*V. vilmorinii*、*V. psalliotae*、*V. pseudohemiptergenum*、*V. isaacii* 有比较好的区分效果；但是对于检疫性的大丽轮枝菌（*V. dahlia*）和黑白轮枝菌（*V. albo-atrum*）都没有很好的效果，而且大丽轮枝菌和黑白轮枝菌在种内明显具有比较高的差异，多个标记物在一定程度上形成了互补，如果我们可以覆盖轮枝属较全的基因标记物就可以通过相互的组合鉴定到更精确的物种水平。

4.2.2.2 刺盘孢属

（1）转录组建库测序。

共完成 18 个种、22 个刺盘孢属转录组建库，并获得转录组数据，见表 4-15。

表 4 - 15　刺盘孢属种名、文库名称以及样品标号的对应表

物种	文库名称	编号
Colletotrichum acerbum	RFUNaeuEBAADRAAPEI-44	CBS 128530-2
Colletotrichum acutatum	RFUNaeuEBAACRAAPEI-43	IMI 165753-1
Colletotrichum acutatum f. *pineum*	RFUNaeuECAANRAAPEI-75	CBS 436.77-1
Colletotrichum agaves	RFUNaeuECAAGRAAPEI-36	CBS 118190-1
Colletotrichum boninense	RFUNaeuECAAMRAAPEI-74	CBS 119185-2
Colletotrichum capsici	WHFUNddrEAAARAAPEI-53	ACCC 37049-2
Colletotrichum coffeanum	RFUNaeuEBAAARAAPEI-33	CBS 396.67-3
Colletotrichum curcumae	RFUNaeuECAAHRAAPEI-45	IMI 288939-2
*Colletotrichum gloeosporioides*1	FUNbkcTAAFRAAPEI-56	IMI 313842-1
*Colletotrichum gloeosporioides*2	WHFUNddrEAABRAAPEI-56	ACCC 37525-2
Colletotrichum hymenocallidis	FUNgnsTAARAAPEI-72	3.4431
*Colletotrichum kahawae*1	WHFUNddrEAAERAAPEI-84	LC 0082-2
*Colletotrichum kahawae*2	RFUNaeuEBAABRAAPEI-39	IMI 363576-2
*Colletotrichum kahawae*3	RFUNaeuECAAIRAAPEI-46	IMI 319481-2
*Colletotrichum kahawae*4	RFUNaeuECAALRAAPEI-56	LC 0958-2
Colletotrichum linicola	WHFUNddrEAAFRAAPEI-87	3.4486-1
Colletotrichum malvarum	RFUNaeuECAAFRAAPEI-30	CBS 574.97-2
Colletotrichum orbiculare	WHFUNddrEAACRAAPEI-74	ACCC 36948-1
Colletotrichum sp.	RFUNaeuECAAJRAAPEI-47	ATCC 56814-1
Colletotrichum sublineolum	RFUNaeuECAAKRAAPEI-53	IMI 279189-2
Colletotrichum tropicale	FUNbkcTAABRAAPEI-45	IMI 500131b-1
Colletotrichum truncatum	WHFUNddrEAADRAAPEI-75	ACCC 38031-1

（2）单拷贝候选基因的筛选。

用开发出来的同源基因预测的流程对刺盘孢属 23 个物种进行了同源基因的预测，见表 4 - 16 和图 4 - 18。

表 4 - 16　筛选炭疽菌同源基因数目

物种	数量	物种	数量
Colletotrichum acerbum	1 883	*Colletotrichum kahawae*1	1 963
Colletotrichum acutatum	1 930	*Colletotrichum kahawae*2	2 007
Colletotrichum acutatum f. *pineum*	1 629	*Colletotrichum kahawae*3	1 965
Colletotrichum agaves	1 451	*Colletotrichum kahawae*4	1 866
Colletotrichum boninense	1 405	*Colletotrichum linicola*	1 952
Colletotrichum capsici	1 768	*Colletotrichum malvarum*	1 783
Colletotrichum coffeanum	2 037	*Colletotrichum orbiculare*	1 920
Colletotrichum curcumae	1 813	*Colletotrichum* sp.	1 447

（续）

物种	数量	物种	数量
*Colletotrichum gloeosporioides*1	1 798	*Colletotrichum sublineolum*	1 924
*Colletotrichum gloeosporioides*2	1 952	*Colletotrichum tropicale*	1 963
Colletotrichum hymenocallidis	1 402	*Colletotrichum truncatum*	1 874

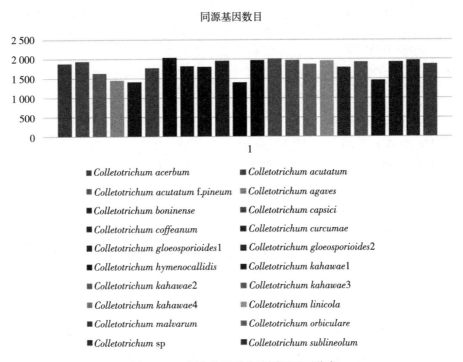

图 4-18 刺盘孢属单拷贝同源基因分布

（3）单拷贝候选基因 PCR 扩增筛选。

第一轮筛选的目的基因较多，有 49 个。根据之前轮枝菌候选基因筛选的思路，从炭疽菌转录组数据中筛选出 EOG7104MZ、EOG796CG0、EOG7091ZH、EOG757JX0、EOG728FR0、EOG79SKWR、EOG79KVFD、EOG78M51H、EOG78M51R、EOG78DDJP、EOG78DDJH、EOG77DQ5C、EOG74NBGQ、EOG74JG7C、EOG73Z7SN、EOG73VCJX、EOG73JRV8、EOG7XQ453、EOG7XDHF9、EOG7W72K6、EOG7TJ8H6、EOG7V4GXW、EOG7SBTN9、EOG7RNR03、EOG7RNQZJ、EOG7R8813、EOG7QZN9G、EOG7QVS2X、EOG7PW2NR、EOG7QK5BT、EOG7PS6F5、EOG7PKFZ4、EOG7P07HN、EOG7NWC8C、EOG7NGWB3、EOG7N94V6、EOG7MD9PP、EOG7M3PZZ、EOG7KT383、EOG7KMBSD、EOG7K14BN、EOG7HBB93、EOG7HBB8X、EOG7GV03N、EOG7GR3V3、EOG7G7RNP、EOG7DG3C4、EOG7CCHQH、EOG7B36MM。设计引物 300 余对。

第二轮调整筛选思路，优化引物设计参数，得到待验证的基因及引物结果见表 4-17。经过多轮退火温度的调整，对 PCR 反应条件进行优化。扩增结果有阳性的引物对共有 10 对，退火温度及 PCR 扩增成功率见表 4-17。较为理想的基因及引物对有 EOG78DDJP（EOG78DDJP-1F/1R）、EOG7XQ45（EOG7XQ453-16F/16R）、EOG79SKWR（EOG79SKWR-1F/1R）、EOG7QZN9G（EOG7QZN9G-5F/5R），对 19 个样品的扩增成功率依次为 63.2%、57.9%、36.8% 和 36.8%，测序成功率依次为 63.2%、15.8%、26.3% 和 10.5%。引物对 EOG7VF3NT-6F/6R 对各样品都出现阳性结果，但无明显的主带，切胶回收得率很低。在测序过程中出现杂合的现象明显，故很多有阳性结果的样品测序结果不理想。接下来将根据测序的结果通过系统进化关系分析对各基因对物种的区分鉴定效力进行评价。根据物种进化分析结果分析进一步优化提高 PCR 扩增成功率和测序成功率的方法。测序结果为引物编号＋样品编号，见表 4 - 18 和图 4 - 19。

表 4 - 17　刺盘孢属候选基因 PCR 扩增结果

基因	引物	退火温度/℃	PCR 成功率	片段长度	功能
EOG79SKWR	EOG79SKWR-1F/1R	55	7/19	893	6-磷酸葡萄糖脱氢酶
EOG78DDJP	EOG78DDJP-1F/1R	57	12/19	908	V 型 ATP 酶
EOG7091ZH	EOG7091ZH-5F/5R	56	0/19	534	磷酸甘油酸激酶
	EOG7091ZH-6F/6R	56	9/19		
EOG7NWC8C	EOG7NWC8C-12F/12R	55	0/19	610	核苷二磷酸还原酶
	EOG7NWC8C-2F/2R	56	2/19		
EOG7PKFZ4	EOG7PKFZ4-6F/6R	57	0/19		
	EOG7PKFZ4-8F/8R	57	0/19		
EOG7Q5PCW	EOG7Q5PCW-6F/6R	60	0/19		
EOG7QVS2X	EOG7QVS2X-1F/1R	54	0/19		
	EOG7QVS2X-2F/2R	54	0/19		
	EOG7QVS2X-3F/3R	56	0/19		
EOG7QZN9G	EOG7QZN9G-3F/3R	56	0/19	564	丙酮酸脱氢酶
	EOG7QZN9G-5F/5R	60	7/19		
EOG7VF3NT	EOG7VF3NT-2F/2R	56	2/19	461	MUB1 MYND 型锌指蛋白 MUB1
	EOG7VF3NT-6F/6R	55	19/19		
EOG7XQ453	EOG7XQ453-14F/14R	58	2/19	501	真核翻译起始因子
	EOG7XQ453-15F/15R	52	0/19		
	EOG7XQ453-16F/16R	56	11/19		
EOG79SKWR	EOG79SKWR-1F/1R	55	7/19	893	6-磷酸葡萄糖脱氢酶
EOG78DDJP	EOG78DDJP-1F/1R	57	12/19	908	V 型 ATP 酶
EOG7091ZH	EOG7091ZH-5F/5R	56		534	磷酸甘油酸激酶
	EOG7091ZH-6F/6R	56	9/19		
EOG7NWC8C	EOG7NWC8C-12F/12R	55	0/19	610	核苷二磷酸还原酶
	EOG7NWC8C-2F/2R	56	2/19		
EOG7PKFZ4	EOG7PKFZ4-6F/6R	57	0/19		
	EOG7PKFZ4-8F/8R	57	0/19		
EOG7Q5PCW	EOG7Q5PCW-6F/6R	60	0/19		
EOG7QVS2X	EOG7QVS2X-1F/1R	54	0/19		
	EOG7QVS2X-2F/2R	54	0/19		
	EOG7QVS2X-3F/3R	56	0/19		
EOG7QZN9G	EOG7QZN9G-3F/3R	56	0/19	564	丙酮酸脱氢酶
	EOG7QZN9G-5F/5R	60	7/19		
EOG7VF3NT	EOG7VF3NT-2F/2R	56	2/19	461	MUB1 MYND 型锌指蛋白 MUB1
	EOG7VF3NT-6F/6R	55	19/19		
EOG7XQ453	EOG7XQ453-14F/14R	58	2/19	501	真核翻译起始因子
	EOG7XQ453-15F/15R	52	0/19		
	EOG7XQ453-16F/16R	56	11/19		

表 4 - 18 刺盘孢属候选基因 PCR 扩增优化结果

引物编码	基因	引物	退火温度/℃	PCR 成功率	测序成功率
1	EOG79SKWR	EOG79SKWR-1F/1R	55	7/19	5/19
2	EOG78DDJP	EOG78DDJP-1F/1R	57	12/19	12/19
3	EOG7091ZH	EOG7091ZH-6F/6R	56	9/19	6/19
4	EOG7NWC8C	EOG7NWC8C-2F/2R	56	2/19	2/19
5	EOG7QZN9G	EOG7QZN9G-3F/3R	56	0/19	0/19
6	EOG7VF3NT	EOG7VF3NT-2F/2R	56	2/19	0/19
7		EOG7VF3NT-6F/6R	55	19/19	1/19
8	EOG7XQ453	EOG7XQ453-14F/14R	58	2/19	0/19
9		EOG7XQ453-16F/16R	56	11/19	3/19
10	EOG7QZN9G	EOG7QZN9G-5F/5R	60	7/19	2/19

图 4 - 19 炭疽菌候选基因 PCR 扩增优化结果

（4）单拷贝候选基因 PCR 反应优化。

针对 PCR 扩增成功率较高的 3 对引物分别进行了优化，其中 EOG78DDJP-1F/1R 和 EOG7XQ453-16F/16R 由于扩增成功率还有待提高，采取降低退火温度、更换高效 *Taq* 酶、增加循环次数的方法予以提高。EOG7VF3NT-6F/6R 由于产生了非目的片段的非特异性扩增，采取逐步提高退火温度予以消除（表 4 - 19）。

表 4 - 19　炭疽菌候选基因 PCR 优化方案

引物对	存在的问题	优化策略
EOG78DDJP-1F/1R	扩增和测序成功率不高，弱阳性	降低退火温度、更换高效 *Taq* 酶、增加循环次数
EOG7XQ453-16F/16R	扩增和测序成功率不高，弱阳性	降低退火温度、更换高效 *Taq* 酶、增加循环次数
EOG7VF3NT-6F/6R	非特异扩增，拖尾严重	提高退火温度、更换高效 *Taq* 酶、增加循环次数

① 优化退火温度。EOG78DDJP-1F/1R 设置退火温度梯度为 55℃、53℃、51℃、48℃和 45℃，EOG7XQ453-16F/16R 设置退火温度梯度为 56℃、54℃、52℃、50℃和 48℃，EOG7VF3NT-6F/6R 设置退火温度梯度为 56℃、58℃、60℃、62℃和 65℃，反应体系未变。随机选择 5 个样本，进行扩增。成功率见表 4 - 20 和图 4 - 20。经过比较，EOG78DDJP-1F/1R 引物对的最优温度为 51℃，5 个样品均出现了阳性，但均较弱，切胶测序难达到最低浓度要求。而 EOG7XQ453-16F/16R 引物对，不同温度对其扩增成功率影响不大，扩增为阳性的样品 4 在 56℃、54℃和 52℃均为阳性，证明该引物对具有物种特异性。EOG7VF3NT-6F/6R 引物对在提高退火温度后降低了非特异性扩增，成功率也随之降低，根据目的片段大小判断，最优温度为 56℃，切胶回收测序，但浓度仍难以达到测序最低要求。基于此结果，分别对之前为阴性的样品重新进行扩增，送样测序。

表 4 - 20　炭疽菌候选基因 PCR 退火温度优化结果

引物对	退火温度/℃ 成功率					优化退火温度/℃
EOG78DDJP-1F/1R	55	53	51	48	45	51
	3/5	2/5	5/5	2/5	2/5	
EOG7XQ453-16F/16R	56	54	52	50	48	56
	1/5	1/5	1/5	0/5	0/5	
EOG7VF3NT-6F/6R	56	58	60	62	65	56
	3/5	2/5	1/5	1/5	0/5	

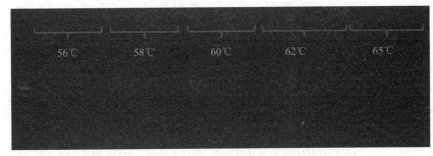

图 4-20　炭疽菌候选基因 PCR 退火温度优化结果

② 更换 DNA 聚合酶。选择 DNA 聚合酶见表 4-21，共 4 种，其中 Ex *Taq* 酶为最常用的 PCR 反应聚合酶。

表 4-21　炭疽菌候选基因 PCR 扩增酶优化方案

DNA Polymerase	选择依据
Ex *Taq*	PCR 首选酶
PrimeSTAR HS DNA Polymerase	延伸速度快，高保真
TKSGflex DNA Polymerase	难扩增序列，高特异性
Pyrobest DNA Polymerase	高保真酶

EOG78DDJP-1F/1R、EOG7XQ453-16F/16R 各选择 3 个样本实验，包括之前出现弱阳性和阴性样本。EOG7VF3NT-6F/6R 选择的样本包括之前出现有主带和无主带的样本。结果见表 4-22。ex*Taq* 仍旧是最有效的扩增酶，其余酶的选择并没有提高 PCR 反应效率。

表 4-22　炭疽菌候选基因 PCR 扩增酶优化结果

引物对	样本选择	结果
EOG78DDJP-1F/1R	1 个弱阳性，2 个阴性	ex*Taq* 出现 1 个弱阳性，其余阴性
EOG7XQ453-16F/16R	1 个弱阳性，2 个阴性	ex*Taq* 出现 1 个弱阳性，其余阴性
EOG7VF3NT-6F/6R	1 个有主带，2 个无主带	ex*Taq* 出现 1 个有主带，其余无主带

③ 增加循环次数。对引物对 EOG78DDJP-1F/1R 和 EOG7VF3NT-6F/6R 设置 35 次、40 次、45 次循环，EOG78DDJP-1F/1R 选择 3 个样本，包括之前弱阳性和阴性结果。EOG7VF3NT-6F/6R 选择的样本包括之前出现有主带和无主带的样本。使用 ex*Taq* 酶和各自的优化温度，扩增结果见图 4-21（左部分为 EOG78DDJP-1F/1R，右部分为 EOG7VF3NT-6F/6R）。结果显示，对于引物对 EOG78DDJP-1F/

图 4-21　炭疽菌候选基因 PCR 循环次数优化结果

1R，增加循环次数显著提高了产物浓度，原本出现阴性结果的样本也呈阳性。对于引物对 EOG7VF3NT-6F/6R，增加循环次数并没有提高扩增特异性。

经过以上对退火温度、DNA 聚合酶和循环次数优化的结果，初步判定 3 个引物对的问题和解决方案见表 4-23。

表 4-23　炭疽菌候选基因 PCR 优化结果

引物对	优化方案	优化的 PCR 条件
EOG78DDJP-1F/1R	增加循环次数提高了 PCR 成功率	退火温度 51℃，循环次数 40 次
EOG7XQ453-16F/16R	引物对具有特异性	需要重新设计该基因的其他引物
EOG7VF3NT-6F/6R	主带不明显，仍旧拖尾严重	需要重新设计该基因的其他引物

（5）单拷贝候选基因遗传距离计算见表 4-24 和表 4-25。

表 4-24　桑格测序成功序列数目

蛋白质名称	序列数目
EOG7NWC8C-2	5
EOG7QZN9G-5	5
EOG7XQ453-16	8
EOG78DDJP-1	1
EOG7091ZH-6	8
总数	27

表 4-25　5 个候选基因的平均遗传距离

蛋白质名称	平均遗传距离（K2P）
EOG7NWC8C-2	0.220
EOG7QZN9G-5	0.172
EOG7XQ453-16	0.213
EOG78DDJP-1	0.092
EOG7091ZH-6	0.098

（6）单拷贝候选基因系统发育分析。

以下是用桑格测序的 DNA 序列进行的分析，表格对应的是遗传距离的计算（K2P），系统发育树是由该标记物所有的 DNA 序列构建的。

① EOG7091ZH。DNA 序列遗传距离见表 4-26，系统发生树见图 4-22。

表 4-26　EOG7091ZH 的 DNA 序列遗传距离

A49076 _ 3-14 _ 1506093452G. seq . Contig1							
A49076 _ 3-15 _ 1506093453G. seq . Contig1	0.120						
A49076 _ 3-16 _ 1506004566G. seq. Contig1	0.143	0.120					
A49076 _ 3-16 _ 1506093454G. seq. Contig1	0.143	0.122	0.000				
A49076 _ 3-18 _ 1506093456G. seq. Contig1	0.029	0.125	0.158	0.158			
A49076 _ 3-19 _ 1506004568G. seq. Contig1	0.108	0.110	0.146	0.146	0.123		
A49076 _ 3-19 _ 1506093457G. seq. Contig1	0.107	0.108	0.142	0.145	0.118	0.002	
A49076 _ 3-9 _ 1506004562G. seq. Contig1	0.119	0.112	0.114	0.114	0.124	0.127	0.127

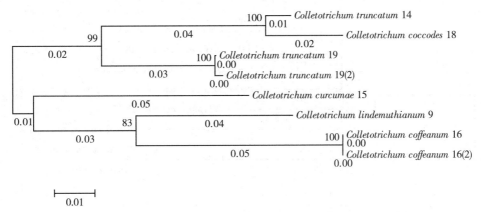

图 4 - 22 EOG7091ZH 的系统发生树

从图 4 - 22 可以看出 EOG7091ZH 对 *Colletotrichum coffeanum* 和 *Colletotrichum truncatum* 有很好的聚类效果，而对其他物种只有一条序列，故不能做出结论。

② EOG7NWC8C。DNA 序列遗传距离见表 4 - 27，系统发生树见图 4 - 23。

表 4 - 27 EOG7NWC8C 的 DNA 序列遗传距离

A49076 _ 4-12 _ 1506006212G. seq. Contig1				
A49076 _ 4-12 _ 1506093469G. seq. Contig1	0.002			
A49076 _ 4-15 _ 1506006215G. seq. Contig1	0.341	0.345		
A49076 _ 4-3 _ 1506006203G. seq. Contig1	0.002	0.002	0.344	
A49076 _ 4-3 _ 1506093460G. seq. Contig1	0.002	0.000	0.345	0.002

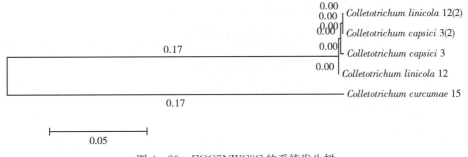

图 4 - 23 EOG7NWC8C 的系统发生树

从图 4 - 23 可以看出 *Colletotrichum capsici* 和 *Colletotrichum linicola* 的两条序列都聚类到一起，说明这个基因对这 2 个物种的区分度很低。

③ EOG7XQ453。DNA 序列遗传距离见表 4 - 28，系统发生树见图 4 - 24。

表 4 - 28 EOG7XQ453 的 DNA 序列遗传距离

A49076 _ 9-12 _ 1506093369Q. seq. Contig1							
A49076 _ 9-13 _ 1506004574G. seq . Contig1	0.374						
A49076 _ 9-14 _ 1506093371Q. seq . Contig1	0.361	0.182					
A49076 _ 9-15 _ 1506093372Q. seq . Contig1	0.346	0.167	0.126				
A49076 _ 9-18 _ 1506004577G. seq . Contig1	0.362	0.181	0.009	0.126			
A49076 _ 9-3 _ 1506093360Q. seq . Contig1	0.000	0.374	0.361	0.346	0.362		
A49076 _ 9-4 _ 1506093361Q. seq . Contig1	0.389	0.218	0.218	0.219	0.222	0.389	
A49076 _ 9-8 _ 1506093365Q. seq . Contig1	0.368	0.196	0.024	0.126	0.024	0.368	0.229

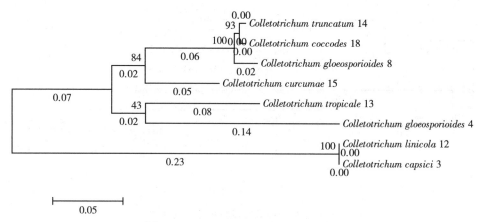

图 4-24　EOG7XQ453 的系统发生树

图 4-24 中 *Colletotrichum gloeosporioides* 的 2 个数据 4, 8 分别聚在了不同的枝上, 说明种内差异比较大, 已经大于了物种间的差异, 所以这个标记物对于 *Colletotrichum gloeosporioides* 不能区分。

④ EOG7QZN9G。序列的多序列比对结果见图 4-25, DNA 序列遗传距离见表 4-29, 系统发生树见图 4-26。

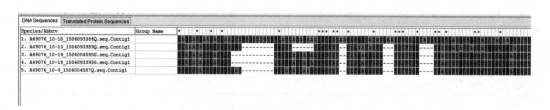

图 4-25　EOG7QZN9G 序列的多序列比对 (muscle) 结果

表 4-29　EOG7QZN9G 的 DNA 序列遗传距离

A49076 _ 10-13 _ 1506093389Q. seq. Contig1			
A49076 _ 10-19 _ 1506004595G. seq. Contig1	0.403		
A49076 _ 10-19 _ 1506093395G. seq. Contig1	0.447	0.000	
A49076 _ 10-9 _ 1506004587Q. seq. Contig1	0.409	0.246	0.275

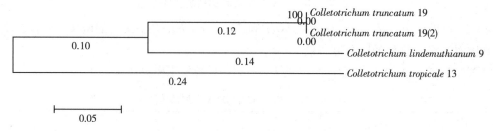

图 4-26　EOG7QZN9G 的系统发生树

经比对, 10-10 即 *Colletotrichum orbiculare* 的序列与其他几条序列差异很大, 很有可能是 PCR 错误导致的, 所以将这条序列剔除掉。

⑤ EOG78DDJP。因为 EOG78DDJP 只成功获得了 *Colletotrichum orbiculare* 的一条序列, 所以没有进行相应的遗传距离和系统发生关系的分析。

4.2.2.3　疫霉属

(1) 转录组建库测序。

共完成 54 个种、59 个疫霉转录组建库, 并获得转录组数据, 见表 4-30。

表 4 - 30　疫霉种名、文库名称以及样品标号的对应表

物种	文库名称	样品标号
Phytophthora arecae	WHFUNvwrTAAHRAAPEI-46	CBS 148.88-1
Phytophthora asparagi	WHFUNvwrTAAGRAAPEI-45	CBS 132095-1
Phytophthora bahamensis	RDWHFUNaodTAABRABPEI-221	CBS 114336-1
Phytophthora boehmeriae	WHFUNvwrTAAIRAAPEI-47	CBS 102795-1
Phytophthora botryosa 2	FUNhdoTAAARAAPEI-22	CBS 533.92-2
Phytophthora botryosa 1	RDWHFUNnksEAACRAAPEI-13	CBS 533.92-1
Phytophthora cactorum	PHYyykTAANRAAPEI-33	ACCC 36421
Phytophthora cambivora	FUNshmTAAFRAAPEI-75	A1-CBS 248.60
Phytophthora cinnamomi	PHYyykTAAORAAPEI-36	IMI 403478
Phytophthora citricola	WHFUNvwrTAAARAAPEI-30	CBS 221.88-2
Phytophthora citrophthora	WHFUNvwrTAAERAAPEI-43	CBS 274.33-2
Phytophthora cryptogea	FUNshmTAAARAAPEI-46	CBS 468.81
Phytophthora elongata	PHYyykTAAERAAPEI-13	CBS 125799
Phytophthora erythroseptica	PHYyykTAAMRAAPEI-30	CBS 111343
Phytophthora europaea	WHFUNvwrTAACRAAPEI-36	CBS 112276-1
Phytophthora fallax	PHYyykTAALRAAPEI-22	CBS 119109
Phytophthora foliorum	RDWHFUNnksEAAERAAPEI-15	CBS 121655-2
Phytophthora fragariae	RDWHFUNaodTAAERABPEI-225	CBS 309.62
Phytophthora fragariae	RFUNaqnTAAARAAPEI-41	CBS 309.622-1
Phytophthora fragariae var. *rubi*	RFUNaqnTABRAAPEI-43	CBS 1098922-2
Phytophthora frigida	PHYyykTAADRAAPEI-12	CBS 121941
Phytophthora gallica	WHFUNaygTAABRAAPEI-11	CBS 117475-3
Phytophthora gonapodyide	PHYyykTAABRABPEI-9	CBS 117379
Phytophthora gregata	PHYyykTAAGRAAPEI-15	CBS 127952
Phytophthora hedraiandra	WHFUNvwrTAAKRAAPEI-56	CBS 119903-2
Phytophthora hibernalis	FUNshmTBAARAAPEI-87	ATCC 64708-1
Phytophthora idaei	WHFUNmjrEBAERAAPEI-30	CBS 971.95-1
Phytophthora ilicis	WHFUNqwgTAAARAAPEI-15	CBS 114348-1
Phytophthora insolita	RDWHFUNaodTAAFRABPEI-227	CBS 691.79
Phytophthora inundata	WHFUNvwrTAADRAAPEI-39	CBS 217.85-2
Phytophthora katsurae	PHYyykTAAKRAAPEI-19	CBS 587.85
Phytophthora kernoviae	WHFUNmlvEAAGRAAPEI-202	IMI 403505-1
Phytophthora lateralis	FUNshmTCAARAAPEI-53	IMI 403507
Phytophthora litoralis	PHYyykTAAJRAAPEI-18	CBS 127953
Phytophthora medicaginis	PHYyykTAAARAAPEI-8	CBS 117685
Phytophthora megakarya	WHFUNmjrEBAARAAPEI-17	CBS 240.30-2
Phytophthora megasperma	WHFUNvwrTAABRAAPEI-33	IMI 403513-3
Phytophthora mirabilis	WHFUNmlvEAAERAAPEI-227	CBS 150.88-2
Phytophthora multivora	WHFUNvwrTAAFRAAPEI-44	CBS 124095-2

（续）

物种	文库名称	样品标号
Phytophthora palmivora	TOMqniTAABRAAPEI-143	CBS 128741-1
Phytophthora phaseoli	WHFUNmjrEBABRAAPEI-18	CBS 114105-2
Phytophthora pinifolia	WHFUNmlvEAADRAAPEI-225	CBS 122924-1
Phytophthora plurivora	FUNshmTAADRAAPEI-56	CBS 125221
Phytophthora polonica 1	FUNhdoTAABRAAPEI-30	CBS 119650-1
Phytophthora polonica 2	RDWHFUNaodTAAARABPEI-220	CBS 119650-1
Phytophthora pseudotsugae	PHYyykTAAIRAAPEI-17	CBS 446.84
Phytophthora quercetorum	WHFUNaygTAAARAAPEI-9	CBS 121119-2
Phytophthora ramorum	PHYyykTAAFRAAPEI-14	CBS 114560
Phytophthora richardiae 1	RDWHFUNnksEAADRAAPEI-14	CBS 240.30-1
Phytophthora richardiae 2	FUNshmTAABRAAPEI-47	CBS 240.30
Phytophthora rubi	WHFUNmlvEAAHRAAPEI-203	CBS 109892-1
Phytophthora sansomeana	FUNshmTAACRAAPEI-53	CBS 117693
Phytophthora siskiyouensis 2	FUNhdoTAACRAAPEI-33	CBS 122779-2
Phytophthora siskiyouensis 1	RDWHFUNnksEAABRAAPEI-12	CBS 122779-1
Phytophthora sojae	RDWHFUNnksEAAFRAAPEI-16	ACCC 36911-2
Phytophthora syringae	FUNshmTBABRAAPEI-88	CBS 132.23-1
Phytophthora tentaculata	PHYyykTAACRABPEI-11	CBS 522.96
Phytophthora tropicalis	PHYyykTAAHRAAPEI-16	CBS 121658
Phytophthora riparia	WHFUNvwrTBAARAAPEI-122	MYA 4882-2

（2）单拷贝候选基因的筛选。

和轮枝菌属和刺盘孢属不同，疫霉的单拷贝基因集在 orthoDB 上没有相应的数据，也没有亲缘关系特别近的物种，经过搜索查找在 Inparanoid 数据库中找到了疫霉的相关数据。在 Inparanoid 数据库中包含了 3 个疫霉属的物种。

①sojae. fasta。（http：//inparanoid. sbc. su. se/download/8. 0 _ current/sequences/original/1094619. fasta）

②infestans. fasta。（http：//inparanoid. sbc. su. se/download/8. 0 _ current/sequences/original/403677. fasta）

③ramorum. fasta。（http：//inparanoid. sbc. su. se/download/8. 0 _ current/sequences/original/164328. fasta）

每 2 个物种之间的同源基因关系集：

P. infestans-P. ramorum 有 8 672 个 groups，其中 7 760 个单拷贝。

http：//inparanoid. sbc. su. se/download/8. 0 _ current/Orthologs _ OrthoXML/P. infestans/ P. infestans-P. ramorum. orthoXML

P. infestans-P. sojae 有 11 282 个 groups，其中 10 094 个单拷贝。

http：//inparanoid. sbc. su. se/download/8. 0 _ current/Orthologs _ OrthoXML/P. infestans/ P. infestans-P. sojae. orthoXML

P. ramorum-P. sojae 有 9 309 个 groups，其中 8 376 个单拷贝。

http：//inparanoid. sbc. su. se/download/8. 0 _ current/Orthologs _ OrthoXML/P. ramorum/ P. ramorum-P. sojae. orthoXML

根据 3 个物种之间的关系，找出 3 个物种共有的单拷贝基因，即满足下图所示关系的基因。最终找到 6 789 个 groups。

$$P.\,infestans \longrightarrow P.\,ramorum \longrightarrow P.\,sojae \longrightarrow P.\,infestans$$

用构建好的单拷贝基因集筛选疫霉的转录组数据，得到了每个物种中的单拷贝基因集，共得到 12 个物种中共有的基因 1 235 个，见图 4 - 27。

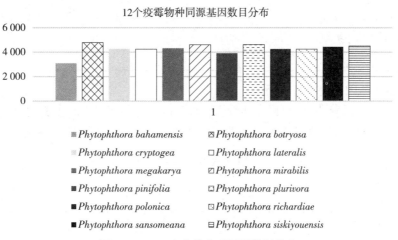

图 4 - 27　12 个疫霉直系同源数目分布

每个基因通过多序列比对，根据之前所述的引物筛选条件，过滤出长度大于 400 bp，有 2 段保守区域的潜在引物集 19 个，编号如下：1300、1414、1878、1916、2433、2881、2920、2943、3292、4258、4341、4498、4633、4649、4909、552、5670、5759、6226（表 4 - 31）。针对 19 个有潜力的蛋白质进行引物设计，共得到 120 对引物。

表 4 - 31　疫霉属候选基因 PCR 引物信息

目的片段编号	正向引物	反向引物
2433 _ Amplicon _ 1	AAAGATCTGGAGTAAGAGAAATGATHAAYTTYTT	CAACAAGAATTAGTTTTCTTAGCTTGYTTRTARAA
2881 _ Amplicion _ 1	TTTAGCTCCTACTAGAGAATTAGCNCARCARAT	ATCTCTTTCTCTTTGTTCCATATCNCCRTGCAT
2881 _ Amplicon _ 2	TGTTATCTAGAGGTTTTAAAGATCAAATHTAYGARGT	TGTTCAATATCTCTTAAATATCTAACATCRTTRTGNGT
2881 _ Amplicon _ 3	CCGTGTCGATCCTGCARAARATYGAYA	GCAGGTAGCGCACGTCRTTRTGNGT
1414 _ Amplicon _ 4	CATCAGTGGAGTGAACGGNCCHCT	ACGATCTGTGCTGCGATYTCGTTRTG
1414 _ Amplicon _ 8	CCGCCACACCCACTGYGARTTYAC	TCGTCGCGGGTCATNCCYTCNCC
1414 _ Amplicon _ 9	CGCCAGGGCAAGGTNYTNGARGT	CGCGGCGGCCNGGNACYTCYT
1414 _ Amplicon _ 10	CGGATCAGGAAAAGCAATHGAYGGNGC	TGCTGATACTTCTCGTAGTGCRTCNGCRTA

（3）单拷贝候选基因遗传距离计算。

我们将挑选出的 3 个基因，根据不同的扩增位置得到的基因片段进行两两比对，统计了最大和最小差异的两对序列的数据（表 4 - 32）。

表 4 - 32　$P\text{-dis} > 0.02$ 的片段的长度和距离信息

扩增片段	长度	最大距离	最小距离
1414 _ AMPLICON _ 10	508	0.274	0.063
1414 _ AMPLICON _ 4	451	0.636	0.494
1414 _ AMPLICON _ 8	898	0.314	0.128

（续）

扩增片段	长度	最大距离	最小距离
1414 _ AMPLICON _ 9	697	0.399	0.241
2433 _ AMPLICON _ 1	454	0.264	0.022
2881 _ AMPLICON _ 1	592	0.228	0.041
2881 _ AMPLICON _ 2	571	0.210	0.026
2881 _ AMPLICON _ 3	868	0.199	0.039

（4）单拷贝候选基因系统发育分析。

桑格测序结果中，只获得了 1414 基因的序列，1414 基因的功能是表达 T30-4 V-type proton ATPase subunit B。1414 基因的 DNA 序列遗传距离见表 4-33，系统发生树见图 4-28。

表 4-33　1414 基因的 DNA 序列遗传距离

Phytophthora erythroseptica 86				
Phytophthora erythroseptica 18	0.130			
PPhytophthora citrophthora 21	0.136	0.077		
Phytophthora cambivora 26	0.038	0.133	0.141	
Phytophthora cambivora 30	0.136	0.077	0.000	0.141

从图 4-28 可以看到，*Phytophthora erythroseptica* 和 *Phytophthora cambivora* 各自的 2 个数据 18，86 和 26，30 都聚到了不同的地方，物种内的差异很大。

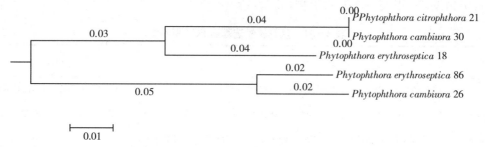

图 4-28　1414 基因的系统发生树

5 检疫性真菌 DNA 条形码鉴定技术流程

5.1 主要仪器设备与试剂

5.1.1 仪器设备

超净工作台、高压灭菌锅、4℃ 低温冰箱、PCR 扩增仪、冷冻离心机、NanoDrop 核酸测定仪、琼脂糖电泳仪、凝胶成像系统。

5.1.2 试剂

乙醇、CTAB 提取液、三氯甲烷、PCR *Taq* DNA 聚合酶、PCR *Taq* 缓冲液、dNTP、DNA 标记物、无菌超纯水。

5.2 DNA 提取与检测

5.2.1 DNA 提取与纯化

对真菌进行液体培养或平板培养，用 CTAB 法提取基因组 DNA，用有关仪器测定 DNA 浓度及纯度，将 DNA 保存于 -20℃ 冰箱备用，具体方法如下。

（1）将备用的培养皿和三角瓶等实验器皿于 121℃、30 min 湿热灭菌或 180℃ 干热灭菌 1 h，用培养皿或三角瓶对真菌进行平板培养或液体培养。

（2）从培养基上，刮取 100 mg 左右的菌丝体至研钵内，加入液氮充分研磨，加入 4 mL 预热的 CTAB 抽提液。

（3）将离心管放入水浴锅前先振荡 1 min，然后放入 65℃ 水浴锅水浴 15 min，每隔 3～5 min 振荡一次。

（4）加三氯甲烷 4 mL，用移液器混匀 1 min，水浴 10 min；4℃，12 000 g 离心 15 min，取上清液加等体积异丙醇，轻轻摇匀，然后 -20℃ 静置 15 min。

（5）4℃，12 000 g 离心 15 min，小心去除上清液，留沉淀；加 70% 预冷酒精，洗涤 3 次，放于通风处干燥；加入 50～100 μL 灭菌的去离子水溶解 DNA。

5.2.2 DNA 检测

用核酸蛋白质分析仪测定 DNA 的纯度与浓度，分别取得 260 nm 和 280 nm 处的吸收值，计算核酸的纯度和浓度，计算公式如下。

DNA 纯度 = OD_{260}/OD_{280}

DNA 浓度 = $50 \times OD_{260}$ μg/mL

PCR 级 DNA 溶液的 OD_{260}/OD_{280} 为 1.7～1.9。

5.2.3 PCR 扩增及 DNA 条形码序列获取

利用通用引物进行 *CO* Ⅰ 基因和 *ITS* 片段序列或其他基因扩增，测序。

（1）引物序列。

ITS 片段：*ITS1*：CTTGGTCATTTAGACGAAGTAA

    ITS4：TCCTCCGCTTATTGATATGC

 CO Ⅰ 基因：OomCox1-Levup：TCAWCWMGATGGCTTTTTTCAAC

     OomCox1-Levlo：CYTCHGGRTGWCCRAAAAACCAAA

（2）扩增体系及条件。

扩增反应的组成成分如下。

10×PCR 缓冲液	5 μL
2.5 mmol/L dNTPS	5 μL
正向引物（10 μmol/L）	1 μL
反向引物（10 μmol/L）	1 μL
5 U/μL *Taq* 酶	0.3 μL
DNA 模板	10 ng
补无菌水至	50 μL

反应用无菌水作空白对照，阳性对照采用含有检疫性有害生物的 DNA 作为模板，每个样品重复 2 次。

ITS 扩增反应程序：95℃预热 5 min，进入循环反应；95℃变性 1 min，55℃退火 40 s，72℃延伸 90 s，共循环 35 次，循环后 72℃延伸 10 min。

CO Ⅰ 扩增反应程序：95℃预热 5 min，进入循环反应；95℃变性 1 min，55℃退火 1 min，72℃延伸 1 min，共循环 35 次，循环后 72℃延伸 10 min。

5.2.4　序列测定及质量评估

扩增产物经 1%琼脂糖凝胶电泳分离，目的片段经 DNA 琼脂糖凝胶回收试剂盒回收纯化，采用 NanoDrop 对 DNA 进行定量检测，运用与 PCR 扩增引物相同的测序引物进行测序。

5.3　DNA 条形码物种鉴定方法

5.3.1　相似性搜索方法

相似性是遗传距离的一种抽象的方式。基于相似度的分析方法是基于序列的相似性原理进行物种鉴定，相似性越高则越可能鉴定为同一物种，该方法主要包括基于搜索引擎的相似度比对、鉴定成功率分析和多基因 DNA 条形码系统分析等。

5.3.1.1　基于搜索引擎的相似度比对

基于构建的序列信息库，对给定的序列进行检索比对，实现物种鉴定，是应用 DNA 条形码鉴定物种最简便快捷的方法之一。序列信息库的建立和健全是实现物种准确鉴定的基础，该方法主要包括基于 BOLD 数据库的 BOLD-ID 和基于 GenBank 数据库的 NCBI-BLAST 两种相似性比对工具。其中，BOLD-ID 主要设置了三大模块，即基于 *COI* 序列的动物物种鉴定、基于 *ITS* 序列的真菌物种鉴定以及基于 *rbcL* 和 *matK* 序列的植物物种鉴定。其输出结果包括与查询序列最匹配的物种名及其所在的分类阶元、一系列最接近的物种及相似度、匹配样本的分布地点等。此外，还可生成邻接树，设置匹配阈值等。NCBI-BLAST 是 NCBI 数据库中的序列比对工具，采用局部短字符串匹配算法，评估查询序列与参考序列的相似度，从而实现物种鉴定。其结果输出包括查询序列与相似序列的比对打分、查询覆盖度、比对相似度等。除 BOLD-ID 和 NCBI-BLAST 外，还有一些基于不同算法的相似度比对工具，如 FASTA、BLATA 等。

5.3.1.2　鉴定成功率分析

DNA 条形码鉴定成功率分析主要包括最佳匹配法（best match，BM）、最近距离匹配法（best close match，BCM）、所有物种条形码法（all species barcodes，ASB）及基于模糊成员关系的距离法

(minimum distance plus fuzzy set，MD) 等。BM 基于最佳匹配的原则，将查询序列直接定义为与它距离最小物种的名称，不考虑序列之间的相似性程度；BCM 在 BM 的基础上增加了一个识别相似度的阈值，将查询序列物种定义为与之最为相似的条形码序列所代表的物种，而不考虑最相似序列间是否为同一物种；ASB 则是在 BCM 的基础上，将同一物种的所有条形码序列纳入分析，当与查询序列最近的物种包含了该物种的所有序列时，才可认为鉴定成功，在一定程度上增加了鉴定的可信度。

通过统计给定数据集中物种的遗传距离，同一物种 95％的序列所具有的遗传距离值，即为 BCM 与 ASB 中所设定的阈值。BM、BCM 和 ASB 法分析可应用 TaxonDNA/SpeciesIdentifier 软件来实现。MD 则是利用在最小距离法的基础上加入了模糊成员关系值的计算，当采样信息不充分或生物学信息不全时，MD 仍能提供可靠的结果，有效地避免假阳性鉴定的出现。用于 MD 法计算的软件为 Fuzzy-Identification。

5.3.1.3 多基因条形码系统

多基因条形码系统（multi-gene barcode system）是一种新的基于多个基因序列数据进行物种聚类的启发式搜索方法。该方法基于经常测定的基因位点数据（如 *COI*、*16S* rDNA 等），首先在完成单个基因物种聚类的基础上，建立包含多个基因数据的参考序列集，然后寻找、优化最佳参数，基于 Blast 原理将查询序列和参考数据库进行同源比对，在种内变异范围内对查询序列赋予物种分类信息，多基因条形码系统可将 GenBank 中节肢动物的 78％的序列鉴定到种、94％的序列鉴定到属，并且发现多个基因的鉴别效率高于仅用单一的 *COI* 序列。

5.3.2 距离法

遗传距离分析法是基于生物体亲缘关系远近，计算 DNA 条形码序列的遗传距离，进而实现物种鉴定的方法。在一定的范围内，物种间亲缘关系越近，遗传距离越小；反之，亲缘关系越远，遗传距离越大。DNA 条形码技术中常用 P 距离模型（P-distance）和 K2P 距离模型（Kimura 2-parameter distance）等来计算遗传距离。

P 距离模型通过计算 2 条序列间碱基的差异得出序列的进化距离，表示有差异的核苷酸位点在序列中所占的比例，即差异核苷酸位点数与比对总位点数的比值。P 距离模型较简单，没有考虑核苷酸位点间的替换情况；而 K2P 距离模型考虑了转换和颠换的多重影响，因而更适用于转换颠换比较大的类群。K2P 距离模型提供的碱基替换模式与线粒体 DNA 极为相似，可以得出相对准确的种间及种内遗传距离，因而在动物物种鉴定研究中广泛应用。虽然有研究认为 P 距离模型比 K2P 距离模型更适用于近缘种及短 DNA 条形码的分析，但由于 K2P 距离的鉴定效果较好，仍广泛用于 DNA 条形码遗传距离分析。基于遗传距离的 DNA 条形码分析方法主要包括 DNA 条形码间隙（DNA barcoding gap）分析和遗传距离阈值分析。

DNA 条形码间隙的存在是 DNA 条形码成功进行物种鉴定的有力保障。DNA 条形码鉴定的基础是种内遗传距离要小于种间遗传距离，两距离差异越大，即 DNA 条形码间隙越明显，条形码鉴定越有效。Schoch 等（2012）通过对真菌 6 个不同的序列区段（*ITS*、*LSU*、*SSU*、*MCM7*、*RPB1* 及 *RPB2*）进行条形码间隙分析，发现仅 *ITS* 能够形成明显的 DNA 条形码间隙，并推断 *ITS* 区段对该类群的鉴定成功率最高。

DNA 条形码间隙可以利用遗传距离直方图或点阵图表示。直方图包括展现种内、种间遗传距离及其分布频数的关系或直观呈现各物种的遗传距离范围 2 种形式。点阵图分别以最大种内距离和最小种间距离作为横坐标和纵坐标，位于斜率为 1 的直线上方的数据存在 DNA 条形码间隙。ABGD（Automatic Barcode Gap Discovery）是最常用的自动检测 DNA 条形码间隙的软件之一。该软件首先计算 DNA 条形码间隙，在间隙存在的基础上对序列进行物种划分。

5.3.3 遗传距离阈值法

阈值法是在物种间能够形成 DNA 条形码间隙的前提下，设定一个经验遗传距离作为阈值，当个体间遗传距离大于阈值时，则可能鉴定为不同物种。Hebert 等（2003）在对 200 个鳞翅目昆虫近缘种的研究中，以 3% 作为阈值达到了 98% 的鉴别成功率。Hebert 等（2004）通过 *COI* 条形码序列对鸟类的鉴定，并结合其他动物类群的相关研究，提出"10×"的阈值规则，即种间平均遗传距离值大于种内平均遗传距离的 10 倍的标准用于区分物种。当近缘物种间序列差异较大时，种内变异将会受到轻微限制，而遗传距离阈值法可实现物种的高效鉴定。

阈值法在 DNA 条形码物种鉴定中发挥着重要作用。然而，随着 DNA 条形码的深入研究，发现不同物种及不同 DNA 条形码区段的阈值难以统一定量。BOLD 最初将遗传距离 1% 作为生物物种的鉴定阈值，在一定程度避免了阈值宽泛引起的"鉴别过度"；目前 BOLD 系统默认鉴别阈值为 3%。

5.3.4 系统发育树构建

物种在系统发育树上形成不同的分类簇，可以直观地反映亲缘关系。某一生物类群如果具有最近共同祖先种，且包含该祖先种的所有后裔类群即可认为是单系类群。利用 DNA 条形码序列构建系统发育树，在系统发育树上形成单系，被认为是 DNA 条形码所鉴定的物种与形态种相一致的严格检验。因而，根据系统发育树上各分枝间的亲缘关系可以实现种类鉴定。邻接法系统发育树（neighbor-joining tree，NJ）是 DNA 条形码分析最常用的建树方法。NJ 树假设少，计算速度快，能够分析大量数据，适用于进化距离不大，信息位点少的短序列。在 DNA 条形码分析中，NJ 树多基于遗传距离和最小进化原理，采用自举检验法进行聚类构建多个进化树，并通过对数据集多次重复放回式抽样，统计给定树分枝的可信度，继而得出最优树。基于系统发育树的分析除 NJ 法外，还包括最大似然法、最大简约法、贝叶斯法等。各类建树方法均受到不完全谱系分类、祖先多态性及物种旁系同源等的影响，基于单系来鉴定物种可能出现鉴定模糊。尽管如此，构建系统发育树仍然是 DNA 条形码物种鉴定的常用方法之一。

6 检疫性真菌 DNA 条形码标准分子构建

标准物质是具有一种或多种足够稳定、均一和确定的特性值，用于对设备进行校准、对测量方法进行评价或为材料定值的物质和材料。标准分子是一种重组质粒分子，一般包含物种特异性片段，具有操作简便、生产成本低、容易获得高纯度和高浓度 DNA 样品，且在一个标准分子中可容纳多个目标序列等突出优点。近年来，标准分子被认为是鉴定植物病原真菌检测标准物质缺乏时的有效替换物质，已作为新型 DNA 标准物质，用于检疫性真菌的检测和分析。由于重组质粒克隆纯度高、易操作、稳定性好，且可以通过微生物进行大量培养获得，被一些学者称为"金标准物质"。本研究关于标准参考物质的构建方法，以检疫性疫霉和腥黑粉菌 DNA 条形码筛选为例，采用克隆技术进行构建。

6.1 材料与方法

6.1.1 供试材料

实验所需菌种材料来自荷兰真菌生物多样性研究中心（CBS）、美国模式菌种保藏中心（ATCC）、国际真菌研究所（IMI）以及深圳海关动植物检验检疫技术中心菌种库保存，共 12 份，包含《中华人民共和国进境植物检疫性有害生物名录》中收录的 11 种检疫性真菌和 1 种检疫性腥黑粉菌种。见表 6-1。

表 6-1 供试菌株

	病原菌	中文名	编号
1	*Phytophtora cambivora*	栗疫霉黑水病菌	IMI 403476
2	*Phytophtora erythroseptica*	马铃薯疫霉绯腐病菌	CBS 129.23
3	*Phytophtora fragariae*	草莓疫霉红心病菌	CBS 209.46
4	*Phytophtora hibernalis*	柑橘冬生疫霉	ATCC 64708
5	*Phytophtora lateralis*	雪松疫霉根腐病菌	CBS 168.42
6	*Phytophtora medicaginis*	苜蓿疫霉根腐病菌	CBS 117685
7	*Phytophtora phaseoli*	菜豆疫霉病菌	CBS 556.88
8	*Phytophtora ramorum*	栎树猝死病菌	CBS 101327
9	*Phytophtora rubi*	树莓疫霉根腐病菌	CBS 109892
10	*Phytophtora sojae*	大豆疫霉病菌	CBS 382.61
11	*Phytophtora syringae*	丁香疫霉病菌	CBS 132.23
12	*Tilletia indica*	小麦印度腥黑粉菌	TIM

6.1.2 试剂

pGM-T vector、琼脂糖凝胶回收试剂盒、质粒 DNA 提取试剂盒、*DH-5α* 均购自天根生物科技有限公司。SYBR green real time Mix 购自 ABI Technologies 公司。实验引物由北京六合华大基因合成。

6.1.3　PCR 扩增

以 *COI* 基因为 DNA 条形码，构建 11 种检疫性疫霉标准参考物质。以 *ITS* 片段为 DNA 条形码，构建 1 种检疫性腥黑粉菌标准参考物质。引物序列、PCR 扩增方法见前述。

6.1.4　胶回收和纯化

采用琼脂糖凝胶电泳切胶回收目的片段产物。制备 1.5％琼脂糖凝胶，每个样本点样 2 个孔，每 2 个样本之间间隔 1 个点样孔。切取长度为 600～700 bp 的目的片段，采用琼脂糖凝胶回收试剂盒回收目的片段。NanoDrop 检测回收 DNA 质量和浓度。

6.1.5　连接和转化

根据 DNA 摩尔浓度，按照载体与片段的摩尔比控制在（1∶3）～（1∶8）确定 PCR 产物上样量。与 pGEM-T 载体连接，16℃过夜，转入感受态细胞 *DH-5α*，涂于 Amp-Xgal/IPTG 抗性平板，37℃培养 12 h，挑选有氨苄青霉素抗性的白色单克隆子。

6.1.6　质粒 DNA 提取与检测

将阳性克隆子放置于 LB 培养基中培养，采用质粒 DNA 提取试剂盒提取质粒 DNA，保存于 −20℃备用。

采用 NanoDrop 检测质粒 DNA 提取质量，测定其纯度和浓度，并按公式：质粒拷贝数＝质粒质量（g）/（质粒分子碱基对数 bp× 660）× $6.02×10^{23}$ 计算拷贝数。pGM-T 载体碱基对数为 3 015 bp。

6.1.7　标准分子测序验证

对疫霉标准分子进行 *COI* 基因扩增，对腥黑粉菌标准分子进行 *ITS* 片段扩增。扩增方法同前，扩增体系为 25 μL。对扩增产物进行测序。采用 DNAstar 软件对获得序列进行拼接。将测得的序列在 GenBank 数据库中进行 BLAST 比对分析，寻找相似序列，用 ClustalX 进行排序。

6.1.8　标准分子均匀性检测

对疫霉和腥黑粉菌的标准分子进行 10 倍、100 倍、1 000 倍、10 000 倍和 100 000 倍共 5 个梯度稀释，采用 SYBR green 染料进行实时荧光 PCR 检测，建立各检疫性物种的标准曲线。扩增程序为 50℃/2 min，95℃/10 min；进入循环阶段，95℃/15 s，60℃/min，共 40 个循环；最后 95℃/15 s，50℃/min。根据样品扩增效率和相关系数对标准分子的均匀性进行分析。

6.1.9　标准分子稳定性检测

分别对标准分子在室温条件下（平均室温 25℃）放置 24 h、48 h、72 h、1 周和 2 周 5 个时间段后进行实时荧光 PCR 检测，对获得的 *Ct* 值进行统计分析，以此判断标准分子稳定性。

6.2　结果与分析

6.2.1　标准分子测序

对获得的标准分子进行浓度和质量检测，根据公式换算出拷贝数，见表 6 - 2。将获得的标准分子与 GenBank 数据库进行 BLAST 比对分析。测序获得的 *COI* 序列片段长度，相似度和差异碱基数见表 6 - 3。在对检疫性疫霉的 BLAST 比对时发现，同 1 个物种不同菌株之间的 *CO1* 基因序列碱基存在一定差异。如，*P. erythroseptica* 的 2 条 *CO I* 序列 JX524161.1 和 HQ643228.1 存在 1 个碱基位点差异；*P. hibernalis* 的 2 条 *CO I* 序列 HQ708303.1 和 HQ708302.1 存在 1 个碱基位点差异。因此，检疫性疫霉标准分子与数据库中比对结果出现了 1 个碱基位点的差异是可以接受的。对于腥黑粉菌，不同菌株之间 *ITS* 序列也存在碱基差异，如 JQ245339.1、JQ245336.1 与 JQ245334.1、JQ245335.1、JQ245338.1、JQ245341.1、JQ245342.1 都存在 2 个碱基位点的差异。所以，检疫性腥黑粉菌标准分子与数据库中比对结果出现 1 个碱基位点差异的情况是可以接受的。

对 DNA 条形码的相关研究结果表明，线粒体 *CO I* 基因和核糖体 *ITS* 片段的进化速度较快，同种不同个体之间存在一定差异。Song 等（2012）在对 178 个植物物种 DNA 条形码 *ITS2* 片段高通量测序后发现了种内变异的特性，平均每个物种有 35 个变异。

表 6-2 标准分子浓度、质量及拷贝数

菌种	浓度/（ng/μL）	OD_{260}/OD_{280}	OD_{260}/OD_{230}	拷贝数
P. cambivora	6.1	1.90	0.49	1.845×10^9
P. erythroseptica	9.7	2.08	0.85	2.935×10^9
P. fragariae	7.8	1.86	1.06	2.359×10^9
P. hibernalis	5.3	1.93	0.37	1.603×10^9
P. lateralis	5.0	1.82	0.65	1.513×10^9
P. medicaginis	7.0	1.89	0.69	2.118×10^9
P. phaseoli	6.8	1.81	0.60	2.057×10^9
P. ramorum	11.2	1.92	0.72	3.381×10^9
P. rubi	13.7	2.07	0.86	4.140×10^9
P. sojae	9.7	1.92	0.84	2.935×10^9
P. syringae	6.4	1.86	0.33	1.210×10^9
T. indica	11.2	1.86	0.35	3.388×10^9

表 6-3 疫霉和腥黑粉菌标准分子 BLAST 比对分析结果

菌种	长度/bp	相似菌株	相似度	差异碱基数
P. cambivora	712	*P. cambivora* voucher P0592 HQ161263.1	99%	1
P. erythroseptica	700	*P. erythroseptica* voucher P10382 HQ261301.1	99%	1
P. fragariae	682	*P. fragariae* voucher P6406	99%	1
P. hibernalis	703	*P. hibernalis* AY129170.1	100%	0
P. lateralis	703	*P. lateralis* isolate p51 GU945487.1	100%	0
P. medicaginis	703	*P. medicaginis* voucher P10127 HQ261355.1	100%	0
P. phaseoli	727	*P. phaseoli* HM590418.1	100%	0
P. ramorum	703	*P. ramorum* voucher P10301 HQ261409.1	100%	0
P. rubi	693	*P. rubi* voucher P3316 HQ261412.1	100%	0
P. sojae	703	*P. sojae* voucher P7061 HQ261422.1	100%	0
P. syringae	703	*P. syringae* isolate PSY-06-099 HQ917883.1	99%	1
T. indica	653	*T. indica* AF135434.1	99%	2

6.2.2 标准分子均匀性检测

由 ABI7900 实时荧光 PCR 仪自动绘制标准曲线，见图 6-1，计算出标准样品相关系数（R^2）、斜率（slope）、截距（Y-Inter）和误差值等参数，见表 6-4。根据定量分析要求，相关系数需要达到 0.98 以上，可见，构建的标准分子均匀性能满足定量分析要求。对于 R^2 较低的样品，分析可能的原因是 2 个。一是操作误差，稀释过程不充分。第二个原因可能是使用的 SYBR green 染料，特异性和

灵敏度较 *Taq* Man 探针略差，增加循环次数或设计特异性的 *Taq* Man 探针等方法，可提高检测的灵敏度和特异性。

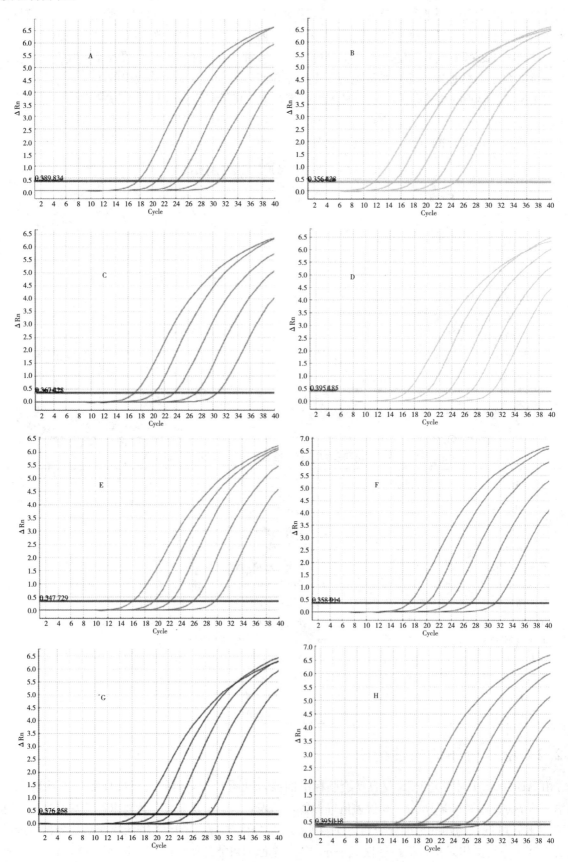

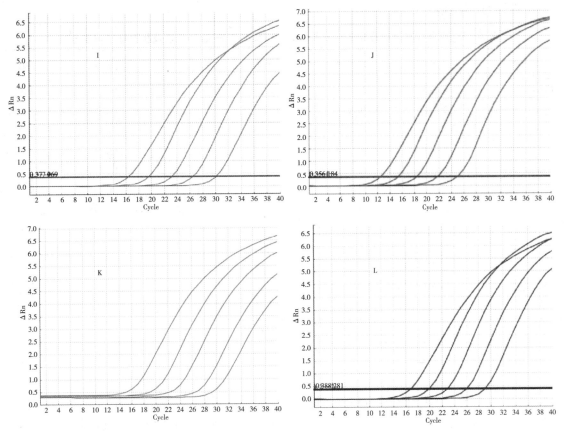

图 6 - 1 标准分子均匀性检测

注：A 为 *P. cambivora*，B 为 *P. erythroseptica*，C 为 *P. fragariae*，D 为 *P. hibernalis*，E 为 *P. lateralis*，F 为 *P. medicaginis*，G 为 *P. phaseoli*；H 为 *P. ramorum*，I 为 *P. rubi*，J 为 *P. sojae*，K 为 *P. syringae*，L 为 *T. indica*。

表 6 - 4　疫霉和腥黑粉菌标准分子标准曲线相关参数

病原菌	R^2	斜率	截距	误差
P. cambivora	0.993	20.903	19.594	1.577
P. erythroseptica	0.986	19.692	13.675	1.273
P. fragariae	0.991	15.891	16.84	1.399
P. hibernalis	0.989	20.534	32.79	0.074
P. lateralis	0.994	21.341	14.126	1.855
P. medicaginis	0.993	17.759	14.962	1.487
P. phaseoli	0.995	20.051	10.276	2.464
P. ramorum	0.993	16.271	23.701	1.713
P. rubi	0.989	16.816	24.696	1.379
P. sojae	0.990	17.273	31.565	1.879
P. syringae	0.981	19.188	15.803	1.222
T. indica	0.989	18.946	15.629	1.778

6.2.3　标准分子稳定性检测

统计分析标准分子放置 2 周内 5 个时间节点的实时荧光检测 Ct 值，表 6 - 5 显示分别放置 24 h、48 h、72 h、1 周和 2 周各节点 Ct 值重复性良好，相对标准偏差均小于 5%。根据文献报道数据，相对标准偏差小于 35% 均可以接受，可见本研究的标准分子在室温下放置 2 周，其 Ct 值没有显著差异，具有很好的稳定性。

表 6-5　疫霉和腥黑粉菌标准分子不同时间段实时荧光检测 *Ct* 值及相对标准偏差分析

病原菌	24 小时	48 小时	72 小时	1 周	2 周	RSD/%
P. cambivora	14.459	14.201	14.211	13.909	14.398	1.510
P. erythroseptica	10.551	10.294	10.143	10.531	10.108	2.024
P. fragariae	13.624	13.692	13.955	13.234	13.517	1.930
P. hibernalis	13.946	13.883	13.351	13.929	13.065	2.957
P. lateralis	11.876	12.274	11.938	11.989	12.374	1.820
P. medicaginis	14.211	14.042	14.121	14.194	14.234	0.555
P. phaseoli	14.656	14.347	14.471	14.090	17.871	2.052
P. ramorum	11.916	11.465	11.687	11.202	11.934	2.673
P. rubi	13.546	13.206	13.805	13.960	13.761	2.136
P. sojae	10.865	10.733	11.378	11.038	10.958	2.207
P. syringae	12.787	12.836	13.074	12.938	12.821	0.905
T. indica	12.876	13.274	12.938	12.989	13.374	1.681

6.3　结论

　　本研究将标准分子的构建与疫霉和腥黑粉菌 DNA 条形码技术相结合，构建了两类检疫性真菌检测标准分子，并进行了测序验证、均匀性和稳定性验证，得到了理想的 DNA 条形码检测标准分子，该研究对该两类菌实际检验检疫工作具有重要应用价值。

下篇 重要检疫性真菌 DNA条形码

7 链格孢属 DNA 条形码

7.1 小麦叶疫病菌 *Alternaria triticina*

7.1.1 基本信息

中文名称：小麦链格孢。

拉丁学名：*Alternaria triticina* Prasada & Prabhu，Indian Phytopath. 15（3-4）：292（1963）

英文名：Leaf blight of wheat

分类地位：真菌界（Fungi）子囊菌门（Ascomycota）座囊菌纲（Dothideomycetes）格孢腔菌目（Pleosporales）格孢腔菌科（Pleosporaceae）链格孢属（*Alternaria*）。

7.1.2 生物学特性及危害症状

病害首先从小麦植株下部叶片发病，逐步向上位叶片发展。病叶初现卵圆形褪绿斑，后扩大为褐色病斑，呈椭圆形、梭形、长条形或不规则形。病斑周边常生黄色晕圈。有时叶片由叶尖向下枯黄。潮湿时病斑上敷生黑色霉状物。病斑表面可生灰黑色霉状物。后期多个病斑汇合成大型坏死斑，导致整叶枯死。分蘖期发病严重减少穗粒数，降低粒重，缩短穗长。孕穗至扬花期发病，穗粒数、穗粒重和千粒重减少，籽粒瘦，蛋白质含量减低（王春江，1999；张天宇，2003）。

7.1.3 检疫及限定现状

已被中国、印度、尼日利亚、墨西哥、意大利等列为有害生物检疫对象。

7.1.4 凭证样本信息及材料来源

分析所用基因片段信息：CBS 763.84、CBS 763.84、CGMCC 3.9868、ATCC 36205 ATCC36205、IA245、HUMV 59512（Zhao et al.，2021）。经过 BOLD SYTEM 数据库查询，参考序列共有 5 条参考序列：KR013208、AY278834、AY154695、GU318225、DQ117960。

7.1.5 DNA 条形码标准序列

rDNA 序列信息及图像化条形码（illustrative barcode）

ACAGGTCNNNNNNGCCCTTAGATGTTCTGGGCCGCACGCGCGCTACACTGACAGAGCC
AACGAGTTCTTCACCTTGACCGAAAGGTCTGGGTAATCTTGTTAAACTCTGTCGTGCTGGG
GATAAAGCATTGCAATTATTGCTTTTCAACGAGGAATGCCTAGTAAGCGCGTGTCATCAG
CATGCGTTGATTACGTCCCTGACCTTTGTACACACCGCCCGTCGCTACTACCGATTGAATGG
CTCAGTGAGGCGTTTGGACTGGCTCGGGGAGGTTGGCAACGACCACCCCAAGCCGGAAAGT
TCTCCAAACTCGGTCATTTAGAGGAAGTAAAAGTCGTAACAAGGTCTCCGTAGGTGAACC
TGCGGAGGGATCATTACACAATAACAAGGCGGGCTGGACACCCCAGCCGGGCACTGCTTC
ACCGCGTGCGCGGCTGGGCCGGCCCTGCTGAATTATTCACCCGTGTCTTTTGCGTACTTCTT
GTTTCCTGGGTGGGCTCGCCGCCATCAGGACCAACCAAACCTTTTGCAATAGCAATCA
GCGTCAGTAACAACGTAATTAATTACAACTTTCAACAACGGATCTCTTGGTTCTGGCATCG
ATGAAGAACGCAGCGAAATGCGATACGTAGTGTGAATTGCAGAATTCAGTGAATCATCGA

ATCTTTGAACGCACATTGCGCCCTTTGGTATTCCAAAGGGCATGCCTGTTCGAGCGTCATT
TGTACCCTCAAGCTTTGCTTGGTGTTGGGCGTCTTTTGTCTCCAGTTCGCTGGAGACTCGC
CTTAAAGTCATTGGCAGCGGCCTACTGGTTTCGGAGCGCAGCACAAGTCGCGCTCTTTGC
CAGCCAAGGTCAGCGTCCAGCAAGCCTTTTTTCAACCTTTGACCTCGGATCAGGTAGGGAT
ACCCGCTGAACTTAAGCATATCAATAAGCGGAGGTAAAAGAAACCAACAGGGATTGCCCT
AGTAACGGCGAGTGAAGCGGCAACAGCTCAAATTTGAAATCTGGCTCTTTTAGAGTCCGA
GTTGTAATTTGCAGAGGGCGCTTTGGCTTTGGCAGCGGTCCAAGTTCCTTGGAACAGGACG
TCACAGAGGGTGAGAATCCCGTACGTGGTCGCTGGCTATTGCCGTGTAAAGCCCCTTCGAC
GAGTCGAGTTGTTTGGGAATGCAGCTCTAAATGGGAGGTACATTTCTTCTAAAGCTAAAT
ATTGGCCAGAGACCGATAGCGCACAAGTAGAGTGATCGAAAGATGAAAAGCACTTTGGAA
AGAGAGTCAAACAGCACGTGAAATTGTTGAAAGGGAAGCGCTTGCAGCCAGACTTGCTTG
CAGTTGCTCATCCGGGCTTTTGCCCGGTGCACTCTTCTGCAGGCAGGCCAGCATCAGTTTGG
GCGGTAAGATAAAGGTCTCTGTCACGTACCTCTCTTCGGGGAGGCCTTATAGGGGAGACGA
CATATTACCAGCCTGGACTGAGGTCCGCGCATCTGCTAGGATGCTGGCGTAATGGCTGTAA

0   1 193

7.1.6 种内 rDNA *ITS* 序列差异

从 BOLD SYTEM 里获得序列分析，差异位点 6 个，*ITS* 条形码 consensus 序列长度为 520bp。
如下：

```
KR013208   CCC CCA GCC GGG CAC TGC TTC ACC GCG TGC GCG GCT GGG CCG GCC CTG
AY278834   ... ..C ..T ... ... ... ...G ... ... ... ..G ... ... ...
AY154695   ... ... ... ... ... ... ... ... ... ... ... ... ... ...
GU318225   ... ... ... ... ... ... ...G ... ... ... ... ... ... ...
DQ117960   ... ..C ..T ... ... ... ...G ... ... ... ..G ... ... ...

KR013208   CTG AAT TAT TCA CCC GTG TCT TTT GCG TAC TTC TTG TTT CCT GGG TGG
AY278834   ... ... ... ... ... ... ... ... ... ... ... ... ... ... ... ...
AY154695   ... ... ... ... ... ... ... ... ... ... ... ... ... ... ... ...
GU318225   ... ... ... ... ... ... ... ... ... ... ... ... ... ... ... ...
DQ117960   ... ... ... ... ... ... ... ... ... ... ... ... ... ... ... ...

KR013208   GCT CGC CCG CCA TCA GGA CCA ACC ACA AAC CTT TTG CAA TAG CAA TCA
AY278834   ... ... ... ..C ... ... ... ... ... ... ... ... ... ... ... ...
AY154695   ... ... ... ... ... ... ... ... ... ... ... ... ... ... ... ...
GU318225   ... ... ... ... ... ... ... ... ... ... ... ... ... ... ... ...
DQ117960   ... ... ... ..C ... ... ... ... ... ... ... ... ... ... ... ...

KR013208   GCG TCA GTA ACA ACG TAA TTA ATT ACA ACT TTC AAC AAC GGA TCT CTT
AY278834   ... ... ... ... ... ... ... ... ... ... ... ... ... ... ... ...
AY154695   ... ... ... ... ... ... ... ... ... ... ... ... ... ... ... ...
GU318225   ... ... ... ... ... ... ... ... ... ... ... ... ... ... ... ...
DQ117960   ... ... ... ... ... ... ... ... ... ... ... ... ... ... ... ...

KR013208   GGT TCT GGC ATC GAT GAA GAA CGC AGC GAA ATG CGA TAC GTA GTG TGA
AY278834   ... ... ... ... ... ... ... ... ... ... ... ... ... ... ... ...
AY154695   ... ... ... ... ... ... ... ... ... ... ... ... ... ... ... ...
GU318225   ... ... ... ... ... ... ... ... ... ... ... ... ... ... ... ...
DQ117960   ... ... ... ... ... ... ... ... ... ... ... ... ... ... ... ...
```

```
KR013208   ATT GCA GAA TTC AGT GAA TCA TCG AAT CTT TGA ACG CAC ATT GCG CCC
AY278834   ... ... ... .. ... ... ... .. ... ... ... ... ... .. ... ...
AY154695   ... ... ... .. ... ... ... .. ... ... ... ... ... .. ... ...
GU318225   ... ... ... .. ... ... ... .. ... ... ... ... ... .. ... ...
DQ117960   ... ... ... .. ... ... ... .. ... ... ... ... ... .. ... ...
```

```
KR013208   TTT GGT ATT CCA AAG GGC ATG CCT GTT CGA GCG TCA TTT GTA CCC TCA
AY278834   ... ... ... ... ... ... ... ... ... ... ... ... ... ... .. ...
AY154695   ... ... ... ... ... ... ... ... ... ... ... ... ... ... .. ...
GU318225   ... ... ... ... ... ... ... ... ... ... ... ... ... ... .. ...
DQ117960   ... ... ... ... ... ... ... ... ... ... ... ... ... ... .. ...
```

```
KR013208   AGC TTT GCT TGG TGT TGG GCG TCT TTT GTC TCC AGT TCG CTG GAG ACT
AY278834   ... ... ... ... ... .. ... ... ... ... ... ... ... .. ... ...
AY154695   ... ... ... ... ... .. ... ... ... ... ... ... ... .. ... ...
GU318225   ... ... ... ... ... .. ... ... ... ... ... ... ... .. ... ...
DQ117960   ... ... ... ... ... .. ... ... ... ... ... ... ... .. ... ...
```

```
KR013208   CGC CTT AAA GTC ATT GGC AGC CGG CCT ACT GGT TTC GGA GCG CAG CAC
AY278834   ... ... ... ... ... ... ... ... ... ... ... ... ... ... ... ...
AY154695   ... ... ... ... ... ... ... ... ... ... ... ... ... ... ... ...
GU318225   ... ... ... ... ... ... ... ... ... ... ... ... ... ... ... ...
DQ117960   ... ... ... ... ... ... ... ... ... ... ... ... ... ... ... ...
```

```
KR013208   AAG TCG CGC TCT TTG CCA GCC AAG GTC AGC GTC CAG CAA GCC TTT TTT
AY278834   ... ... ... ... ... ... ... ... ... ... ... ... ... ... ... .
AY154695   ... ... ... ... ... ... ... ... ... ... ... ... ... ... ... .
GU318225   ... ... ... ... ... ... ... ... ... ... ... ... ... ... ... .
DQ117960   ... ... ... ... ... ... ... ... ... ... ... ... ... ... ... .
```

```
KR013208   ――C AAC CTT TGA CCT CGG ATC AGG TAG GGA TAC CCG CTG A
AY278834   T―. ... ... ... ... ... ... ... ... ... ... ... ... .
AY154695   ――. ... ... ... ... ... ... ... ... ... ... ... ... .
GU318225   TT. ... ..A ... ... ... ... ... ... ... ... ... ... .
DQ117960   T―. ... ... ... ... ... ... ... ... ... ... ... ... .
```

7.1.7　近缘种

经过文献查找，近缘种有细极链格孢 *A. tenuissima*、*A. ventricosa*。

7.1.8　种间 rDNA *ITS* 序列差异

小麦叶疫病菌 *Alternaria triticina* 与近缘种种间变异位点较多，有83个，如下：

```
Alternaria triticina | ITS | KR013208    CAG GTA GGG ATA CCC GCT GAA CTT AAG CAT ATC AAT AAG CGG AGG AGA
Alternaria tenuissima | ITS | KF051241   G. A ... AAA G.C GTA A.A AGG TC. CC. T.G G.G ..C CT. ... ...   GAT
```

```
Alternaria triticina | ITS | KR013208    CAC CCC C―― ―AG CCG GGC ACT GCT TCA CCG CGT GCG CGG CTG GGC CGG
Alternaria tenuissima | ITS | KF051241   ..T TA. ACA A.T AT. AAG G.G .GC .GG AAC .TC T.. G.. T.A ――.A.
```

```
Alternaria triticina | ITS | KR013208    CCC TGC TGA ATT ATT CAC CCG TGT CTT TTG CGT ACT CTT TGT TTC CTG
Alternaria tenuissima | ITS | KF051241   ..T ... ... ... ... ... ... ... T.. ... ... ... ... ... ... ..T
```

```
Alternaria triticina | ITS | KR013208    GGT GGG CTC GCC CGC CAT CAG GAC CAA CCA CAA ACC TTT TGC AAT AGC
Alternaria tenuissima | ITS | KF051241   ... ... T. ... .. .A. .. C T.. ... ―.. A.. T.. ... .. ... T ... T..
```

```
Alternaria triticina | ITS | KR013208    AAT CAG CGT CAG TAA CAA CGT AAT TAA TTA CAA CTT TCA ACA ACG GAT
```

Alternaria tenuissima | *ITS* | KF051241   ... ... AT. ... —.. ... ...

Alternaria triticina | *ITS* | KR013208   CTC TTG GTT CTG GCA TCG ATG AAG AAC GCA GCG AAA TGC GAT ACG TAG
Alternaria tenuissima | *ITS* | KF051241   ... ... .A. ...

Alternaria triticina | *ITS* | KR013208   TGT GAA TTG CAG AAT TCA GTG AAT CAT CGA ATC TTT GAA CGC ACA TTG
Alternaria tenuissima | *ITS* | KF051241   ... ...

Alternaria triticina | *ITS* | KR013208   CGC CCT TTG GTA TTC CAA AGG GCA TGC CTG TTC TAG CGT CAT TTG TAC
Alternaria tenuissima | *ITS* | KF051241   ... ... G.. ... ...

Alternaria triticina | *ITS* | KR013208   CCT CAA GCT TTG CTT GGT GTT GGG CGC CTT TTG TCT CCA G—T TCG CTG
Alternaria tenuissima | *ITS* | KF051241   ... ... .T ... ——.... .T. .C. .T. ...

Alternaria triticina | *ITS* | KR013208   GAG ACT CGG CCT TAG AAG TCA TTG GCA GCC GGC CTA CTG GTT TCG GAG
Alternaria tenuissima | *ITS* | KF051241   ... .— ... ..— ... .A. ... ...

Alternaria triticina | *ITS* | KR013208   CGC AGC ACA AGT CGC GCT CTT TGC CAG CCA AGG TC— AGC GCC CAG CAA
Alternaria tenuissima | *ITS* | KF051241   ... ... A.. .C. .AT ... .A. ... ..T ... AT. ..T T..

Alternaria triticina | *ITS* | KR013208   GCC T
Alternaria tenuissima | *ITS* | KF051241   ... .

7.1.9 条形码蛋白质序列

PPAGHCFTACAAGPALLNYSPVSFAYFLFPGWARPPSGPTTNLLQ＊QSASVTT＊LITTFN
NGSLGSGIDEERSEMRYVV＊IAEFSESSNL＊THIAPFGIPKGMPVRASFVPSSFAWCWASFVSSS
LETRLKVIGSRPTGFGAQHKSRSLPAKVSVQQAFF? NL＊PRIR＊GYPL

8 葡萄座腔菌属 DNA 条形码

8.1 苹果壳色单隔孢溃疡病菌 *Botryosphaeria stevensii*

8.1.1 基本信息

中文名称：史蒂文斯葡萄座腔菌。

拉丁学名：*Botryosphaeria stevensii* Shoemaker, Can. J. Bot. 42：1299（1964）。

异名：*Botryosphaeria quercuum* sensu Dingley；fide NZfungi（2008）；

Sphaeria mutila Fr., Syst. mycol.（Lundae）2（2）：424（1823）；

Diplodia mutila（Fr.）Mont., Annls Sci. Nat., Bot., sér. 2 1：302（1834）；

Dothidea mutila（Fr.）P. Crouan & H. Crouan, Florule Finistère（Paris）：34（1867）；

Dothiora mutila（Fr.）Fuckel, Jb. nassau. Ver. Naturk. 23-24：275（1870）；

Camarosporium mutilum（Fr.）Sacc. & Traverso, Syll. fung.（Abellini）19：219（1910）；

Hyalothyridium mutilum（Fr.）Sacc. & Trotter, Syll. fung.（Abellini）22（2）：1085（1913）；

Physalospora mutila（Fr.）N. E. Stevens, Mycologia 28（4）：333（1936）；

Metadiplodia mutila（Fr.）Zambett., Bull. trimest. Soc. mycol. Fr. 70（3）：284（1955）；

Sphaeria malorum Berk., in Smith, Engl. Fl., Fungi（Edn 2）（London）5（2）：257（1836）；

Sphaeropsis malorum（Berk.）Berk., Outl. Brit. Fung.（London）：316（1860）；

Phoma malorum（Berk.）Sacc., Syll. fung.（Abellini）3：152（1884）；

Macrophoma malorum（Berk.）Berl. & Voglino, Atti Soc. Veneto-Trent. Sci. Nat. 10（1）：184（1886）；

Macroplodia malorum（Berk.）Kuntze, Revis. gen. pl.（Leipzig）3（3）：492（1898）；

Botryodiplodia malorum（Berk.）Petr. & Syd., Feddes Repert. Spec. Nov. Regni Veg., Beih. 42：148（1926）；

Diplodia quercina Westend., Bull. Acad. R. Sci. Belg., Cl. Sci., sér. 2 2（7）：560（1857）；

Diplodia samararum Sacc., Mycotheca veneta：no. 1396（1879）；

Diplodia mutila var. *major* Wollenw. & Hochapfel, Centbl. Bakt. ParasitKde, Abt. II 12（2）：186（1941）；

Sphaeropsis malorum f. *caucasica* Pestinsk., Sb. Vsesojuzn. Inst. Zašć. Rast. 3：221（1951）；

Sphaeropsis malorum f. *ucrainica* Pestinsk., Sb. Vsesojuzn. Inst. Zašć. Rast. 3：221（1951）；

Sphaeropsis malorum subsp. *colorata* Pestinsk., Sb. Vsesojuzn. Inst. Zašć. Rast. 3：220（1951）；

Sphaeropsis malorum subsp. *hyalina* Pestinsk., Sb. Vsesojuzn. Inst. Zašć. Rast. 3：221（1951）。

英文名：Botryosphaeria disease。

分类地位：真菌界（Fungi）子囊菌门（Ascomycota）座囊菌目（Dothideales）葡萄座腔菌科（Botryosphaeriaceae）葡萄座腔菌属（*Botryosphaeria*）。

8.1.2 生物学特性及危害症状

Botryosphaeria stevensii 主要危害寄主植物的叶和枝干，危害症状较相似。橡树被其侵染后，主

要引起树皮坏死或在枝条上形成直径 2～6 cm 的溃疡，尤其是枝条的顶端，并伴有流胶症状。当病斑包围了枝干以后，其顶端很快萎蔫随后枯死。叶子变黄最后萎蔫，通常依旧黏附在死亡的枝干上。在病部有可能观察到分生孢子器，看起来像黑色的脓包。坏死的树皮很容易被剥掉，露出黑色的韧皮部。在其他阔叶树上，*B. stevensii* 可引起类似的症状。例如，在欧洲白蜡的嫩枝上，树皮上形成黑褐色坏死斑，有时会引起叶子变色及萎蔫。在意大利西西里岛上，5～7 年树龄的花楸枝条坏死并开裂，溃疡下面的嫩条和顶端坏死。在柏树上，被 *B. stevensii* 感染后，会引起新枝基部溃疡，顶端变为黄色或褐色。在苹果和梨上，主要引起枝干溃疡及干枯症状。在致病性测定时，接种 7～14 d 的苹果果实表现出腐烂病斑，田间接种苹果树 6 周后，枝条出现溃疡症状。

8.1.3　检疫及限定现状

在墨西哥、新西兰、中国列为检疫性有害生物。

8.1.4　凭证样本信息及材料来源

CBS112553、 CBS230.30、 UCP130、 UCD288Ma、 FG10、 UASWS0898、 UASWS0894、UASWS0892、STE-U5038 等。参考序列：AY259093.2、JN595832.1、AY787689.2。

8.1.5　DNA 条形码标准序列

rDNA *ITS* 序列信息及图像化条形码（illustrative barcode）

TCCGTAGGTGAACCTGCGGAAGGATCATTACCGAGTTGATTCGGGCTCCGGCCCGATCC
TCCCACCCTTTGTGTACCTACCTCTGTTGCTTTGGCGGGCCGCGGTCCTCCGCGGCCGCCCCC
CTCCCCGGGGGGTGGCCAGCGCCCGCCAGAGGACCATCAAACTCCAGTCAGTAAACGATGCA
GTCTGAAAAACATTTAATAAACTAAAACTTTCAACAACGGATCTCTTGGTTCTGGCATCG
ATGAAGAACGCAGCGAAATGCGATAAGTAATGTGAATTGCAGAATTCAGTGAATCATCGA
ATCTTTGAACGCACATTGCGCCCTTTGGTATTCCGAAGGGCATGCCTGTTCGAGCGTCATT
ACAACCCTCAAGCTCTGCTTGGTATTGGGCACCGTCCTTTGCGGGCGCGCCTCAAAGACCTC
GGCGGTGGCGTCTTGCCTCAAGCGTAGTAGAACATACATCTCGCTTCGGAGCGCAGGGCGT
CGCCCGCCGGACGAACCTTCTGAACTTTTCTCAAGGTTGACCTCGGATCAGGTAGGGATACC
CGCTGAACTTAAGCATATCAATAAGCGGAGGA

8.1.6　种内 rDNA *ITS* 序列差异

Consensus 序列长度为 440 bp。种内变异位点有 3 个，如下：

AY259093.2	CCC	TTT	GTG	AAC	ATA	CCT	CTG	TTG	CTT	TGG	CGG	CTC	TTG	CCG	CGT	GGA
JN595832.1	...	...	...	...	...	...	...	...	...	...	...	...	...	...	...	...
AY787689.2	...	...	...	...	...	...	...	...	...	...	...	...	...	...	...	...

AY259093.2	GGC	CCT	CAA	AA–	GCC	CCC	CCG	CGC	GCT	TCC	GCC	AGA	GGA	CCT	TCA	AAC
JN595832.1	...	...	...	..–	...	...	...	...	...	...	...	...	...	...	...	...
AY787689.2	...	...	...	..A	...	...	...	T..	...	...	...	...	...	...	...	...

AY259093.2	TCC	AGT	CAG	TAA	ACG	TCG	ACG	TCT	GAA	AAA	CAA	GTT	AAT	AAA	CTA	AAA
JN595832.1	...	...	...	...	...	...	...	...	...	...	...	...	...	...	...	...
AY787689.2	...	...	...	...	...	...	...	...	...	...	...	...	...	...	...	...

AY259093.2	CTT	TCA	ACA	ACG	GAT	CTC	TTG	GTT	CTG	GCA	TCG	ATG	AAG	AAC	GCA	GCG
JN595832.1	...	...	...	...	...	...	...	...	...	...	...	...	...	...	...	...
AY787689.2	...	...	...	...	...	...	...	...	...	...	...	...	...	...	...	...

AY259093.2	AAA	TGC	GAT	AAG	TAA	TGT	GAA	TTG	CAG	AAT	TCA	GTG	AAT	CAT	CGA	ATC
JN595832.1	...	...	...	...	...	...	...	...	...	...	...	...	...	...	...	...
AY787689.2	...	...	...	...	...	...	...	...	...	...	...	...	...	...	...	...

AY259093.2	TTT	GAA	CGC	ACA	TTG	CGC	CCC	TTG	GCA	TTC	CGA	GGG	GCA	TGC	CTG	TTC
JN595832.1	...	...	...	...	...	...	...	...	...	...	...	...	...	...	...	...
AY787689.2	...	...	...	...	...	...	...	...	...	...	...	...	...	...	...	...

AY259093.2	GAG	CGT	CAT	TAC	AAC	CCT	CAA	GCT	CTG	CTT	GGT	ATT	GGG	CGC	CGT	CCT
JN595832.1	...	...	...	...	...	...	...	...	...	...	...	...	...	...	...	...
AY787689.2	...	...	...	...	...	...	...	...	...	...	...	...	..A	...	...	...

AY259093.2	CTC	TGC	GGA	CGC	GCC	TCA	AAG	ACC	TCG	GCG	GTG	GCT	GTT	CAG	CCC	TCA
JN595832.1	...	...	...	...	...	...	...	...	...	...	...	...	...	...	...	...
AY787689.2	...	...	...	...	...	...	...	...	...	...	...	...	...	...	...	...

AY259093.2	AGC	GTA	GTA	GAA	TAC	ACC	TCG	CTT	TGG	AGT	GGT	TGG	CGT	CGC	CCG	CCG
JN595832.1	...	...	...	...	...	...	...	...	...	..C	...	...	...	...	...	...
AY787689.2	...	...	...	...	...	...	...	...	...	..C	...	...	...	...	...	...

AY259093.2	GAC	GAA	CC
JN595832.1	...	...	..
AY787689.2	...	...	..

8.1.7　近缘种

苹果上 *Botryosphaeria* 属病原菌有 *B. australis*、*B. dothidea*、*B. iberica*、*B. lutea*、*B. parva*、*B. quercuum*、*B. rhodina*、*B. ribis*、*B. sinensis*。

8.1.8　种间 rDNA *ITS* 序列差异

将寄主为苹果的 *Botryosphaeria* 进行种间差异分析，得出变异位点共82个，如下：

B. stevensii AY259093.2	GAA	TCT	CCC	ACC	CTT	TGT	GAA	CAT	ACC	TCT	GTT	GCT	TTG	GCG	GCT	C——
B. stevensii JN595832.1	...	...	...	...	...	...	...	...	...	...	...	...	...	...	...	.——
B. stevensii AY787689.2	...	...	...	...	...	...	...	...	...	...	...	...	...	...	...	——
B. australis DQ093201.1	..C	...	...	...	.CA	...	.T.	.C.	...	...	...	...	...	...	.GC	.-G
B. australis DQ316087.1	..C	...	...	...	.CA	...	.T.	.C.	...	...	...	...	...	...	.GC	.-G
B. dothidea KF270057.1	..T	C..	...	...	...	...	.T.	.C.	...	...	...	...	...	...	.GC	.-G
D. iberica FM955383.1	..C	...	...	...	...	...	.T.	.C.	...	...	...	...	...	...	.GC	.CG
B. lutea EF173915.1	..C	...	...	...	.CA	...	.T.	.C.	...	...	...	...	...	...	.GC	.-G
B. parva EF173928.1	..C	...	...	...	.AA	...	.T.	.C.	...	...	...	...	...	...	.GC	.-G
B. parva EF173926.1	..C	...	...	...	.AA	...	.T.	.C.	...	...	...	...	...	...	.GC	.-G
B. quercuum KU848199.1	..T	C..	...	...	...	...	.T.	.C.	...	...	...	...	...	...	.GC	.-G
B. rhodina DQ852315.1	..C	...	...	...	...	...	...	.G.	...	...	...	...	...	...	...	.——
B. rhodina DQ852314.1	..C	...	...	...	...	...	...	.G.	...	...	...	...	...	..C	...	.——
B. ribis DQ852308.1	..C	...	...	...	.AA	...	.T.	.C.	...	...	...	...	...	...	.GC	.-G

B. sinensis KT343258.1	..T	C..	...	...	...	...	.T.	.C.	...	...	...	...	...	...	.GC	.−G
B. stevensii AY259093.2	−−−−TT	GCC	GCG	−−T	GGA	GGC	CCT	CAA	AA−	GCC	CCC	CCG	CGC	GCT	TCC	
B. stevensii JN595832.1	−−−−..	...	...	−−..	...	...	...	...	..−	...	...	...	...	...	...	
B. stevensii AY787689.2	−−−−..	...	...	−−.	...	...	...	...	..A	...	...	...	T..	...	...	
B. australis DQ093201.1	CGG	TCC	T..	..A	−CC	.AC	CC.	.G.	TCG	GGG	.−−	..G	G.C	A..	..−	−..
B. australis DQ316087.1	CGG	TCC	T..	..A	−CC	.AC	CC.	.G.	TCG	GGG	.−−	..G	G.C	A..	..−	−..
B. dothidea KF270057.1	CGG	TCC	T..	...	GCC	.CC	CC.	.TC	.CC	GGG	.GG	−TG	G.C	A..	..−	−..
D. iberica FM955383.1	CGG	T.C	−−−−−−−−	..C	−−−	−..	.GT	G−−−−−	..G	T.C	A..	A.−	−..			
B. lutea EF173915.1	CGG	TCC	T..	..A	−CC	.AC	CC.	.G.	TCG	GGG	.G−	..G	G.C	A..	..−	−..
B. parva EF173928.1	CGG	TCC	T..	..A	−CC	..C	.C.	.T.	.GG	GGG	.−−	.TG	G.C	A..	..−	−..
B. parva EF173926.1	CGG	TCC	T..	..A	−CC	..C	.C.	.T.	.GG	GGG	.−−	.TG	G.C	A..	..−	−..
B. quercuum KU848199.1	CGG	TCC	T..	...	GCC	.C	CC.	...	.CC	GGG	.GG	GTG	G.C	A..	..−	−..
B. rhodina DQ852315.1	−−−−CG	...	..−	−−−												
B. rhodina DQ852314.1	...	..−	−−													
B. ribis DQ852308.1	CGG	TCC	T..	..A	−CC	..C	.C.	.T.	.GG	GGG	.GG	.TG	G.C	A..	..−	−..
B. sinensis KT343258.1	CGG	TCC	T..	...	GCC	.CC	CC.	.TC	.CC	GGG	.GG	GTG	G.C	A..	..−	−..
B. stevensii AY259093.2	GCC	AGA	GGA	CCT	TCA	AAC	TCC	AGT	CAG	TAA	ACG	TCG	ACG	TCT	GAA	AAA
B. stevensii JN595832.1	...	...	...	...	...	...	...	...	...	...	...	...	...	...	...	...
B. stevensii AY787689.2	...	...	...	...	...	...	...	...	...	...	...	...	...	...	...	...
B. australis DQ093201.1	...	...	...	..A	CA.	...	...	...	...	...	...	CA.	...	..G	...	
B. australis DQ316087.1	...	...	...	..A	CA.	...	...	...	...	...	...	CA.	...	..G	...	
B. dothidea KF270057.1	...	...	...	..A	...	...	...	...	...	AT.	CA.	...	...			
D. iberica FM955383.1	...	...	...	..A	CA.	...	...	.G.	..T	CA.	...	...				
B. lutea EF173915.1	...	...	...	..A	CA.	...	...	...	...	...	CA.	...	..G	...		
B. parva EF173928.1	...	...	...	..A	.A.	...	.G.	..T	...	CA.	...	...				
B. parva EF173926.1	...	...	...	..A	.A.	...	.G.	..T	...	CA.	...	...				
B. quercuum KU848199.1	...	...	...	..A	...	...	...	...	AT.	CA.	...	...				
B. rhodina DQ852315.1	.A.	...	...	...	...	...	CA.	...	...	..T	...					
B. rhodina DQ852314.1	.A.	...	...	...	...	...	CA.	...	...	..T	...					
B. ribis DQ852308.1	...	...	...	..A	.A.	...	.G.	..T	...	CA.	...	...				
B. sinensis KT343258.1	...	...	...	..A	...	...	...	...	AT.	CA.	...	...				
B. stevensii AY259093.2	CAA	GTT	AAT	AAA	CTA	AAA	CTT	TCA	ACA	ACG	GAT	CTC	TTG	GTT	CTG	GCA
B. stevensii JN595832.1	...	...	...	...	...	...	...	...	...	...	...	...	...	...	...	...
B. stevensii AY787689.2	...	...	...	...	...	...	...	...	...	...	...	...	...	...	...	...
B. australis DQ093201.1	...	...	...	...	...	...	...	...	...	...	...	...	...	...	...	...
B. australis DQ316087.1	...	...	...	...	...	...	...	...	...	...	...	...	...	...	...	...
B. dothidea KF270057.1	..T	−..	...	...	...	...	...	...	...	...	...	...	...	...	...	...
D. iberica FM955383.1	...	...	...	...	...	...	...	...	...	...	...	...	...	...	...	...
B. parva EF173928.1	...	...	...	...	...	...	...	...	...	...	...	...	...	...	...	...
B. parva EF173926.1	...	...	...	...	...	...	...	...	...	...	...	...	...	...	...	...
B. quercuum KU848199.1	..T	−..	...	...	...	...	...	...	...	...	...	...	...	...	...	...
B. rhodina DQ852315.1	...	...	...	...	...	...	...	...	...	...	...	...	...	...	...	...
B. rhodina DQ852314.1	...	...	...	...	...	...	...	...	...	...	...	...	...	...	...	...
B. ribis DQ852308.1	...	...	...	...	...	...	...	...	...	...	...	...	...	...	...	...
B. sinensis KT343258.1	..T	−..	...	...	...	...	...	...	...	...	...	...	...	...	...	...
B. stevensii AY259093.2	TCG	ATG	AAG	AAC	GCA	GCG	AAA	TGC	GAT	AAG	TAA	TGT	GAA	TTG	CAG	AAT
B. stevensii JN595832.1	...	...	...	...	...	...	...	...	...	...	...	...	...	...	...	...
B. stevensii AY787689.2	...	...	...	...	...	...	...	...	...	...	...	...	...	...	...	...
B. australis DQ093201.1	...	...	...	...	...	...	...	...	...	...	...	...	...	...	...	...
B. australis DQ316087.1	...	...	...	...	...	...	...	...	...	...	...	...	...	...	...	...
B. dothidea KF270057.1	...	...	...	...	...	...	...	...	...	...	...	...	...	...	...	...
D. iberica FM955383.1	...	...	...	...	...	...	...	...	...	...	...	...	...	...	...	...

B. lutea EF173915. 1	...	...	...	...	...	...	...	...	...	...	...	...	...	...	...
B. parva EF173928. 1	...	...	...	...	...	...	...	...	...	...	...	...	...	...	...
B. parva EF173926. 1	...	...	...	...	...	...	...	...	...	...	...	...	...	...	...
B. quercuum KU848199. 1	...	...	...	...	...	...	...	...	...	...	...	...	...	...	...
B. rhodina DQ852315. 1	...	...	...	...	...	...	...	...	...	...	...	...	...	...	...
B. rhodina DQ852314. 1	...	...	...	...	...	...	...	...	...	...	...	...	...	...	...
B. ribis DQ852308. 1	...	...	...	...	...	...	...	...	...	...	...	...	...	...	...
B. sinensis KT343258. 1	...	...	...	...	...	...	...	...	...	...	...	...	...	...	...

B. stevensii AY259093. 2	TCA	GTG	AAT	CAT	CGA	ATC	TTT	GAA	CGC	ACA	TTG	CGC	CCC	TTG	GCA	TTC
B. stevensii JN595832. 1	...	...	...	...	...	...	...	...	...	...	...	...	...	...	...	...
B. stevensii AY787689. 2	...	...	...	...	...	...	...	...	...	...	...	...	...	...	...	...
B. australis DQ093201. 1	...	...	...	...	...	...	...	...	...	...	...	...	...	...	.T.	...
B. australis DQ316087. 1	...	...	...	...	...	...	...	...	...	...	...	...	...	...	.T.	...
B. dothidea KF270057. 1	...	...	...	...	...	...	...	...	...	...	...	...	..T	...	.T.	...
D. iberica FM955383. 1	...	...	...	...	...	...	...	...	...	...	...	...	...	...	.T.	...
B. lutea EF173915. 1	...	...	...	...	...	...	...	...	...	...	...	...	...	...	.T.	...
B. parva EF173928. 1	...	...	...	...	...	...	...	...	...	...	...	...	...	...	.T.	...
B. parva EF173926. 1	...	...	...	...	...	...	...	...	...	...	...	...	...	...	.T.	...
B. quercuum KU848199. 1	...	...	...	...	...	...	...	...	...	...	...	...	..T	...	.TC	...
B. rhodina DQ852315. 1	...	...	...	...	...	...	...	...	...	...	...	...	...	...	.T.	...
B. rhodina DQ852314. 1	...	...	...	...	...	...	...	...	...	...	...	...	...	...	.T.	...
B. ribis DQ852308. 1	...	...	...	...	...	...	...	...	...	...	...	...	...	...	.T.	...
B. sinensis KT343258. 1	...	...	...	...	...	...	...	...	...	...	...	...	..T	...	.T.	...

B. stevensii AY259093. 2	CGA	GGG	GCA	TGC	CTG	TTC	GAG	CGT	CAT	TAC	AAC	CCT	CAA	GCT	CTG	CTT
B. stevensii JN595832. 1	...	...	...	...	...	...	...	...	...	...	...	...	...	...	...	...
B. stevensii AY787689. 2	...	...	...	...	...	...	...	...	...	...	...	...	...	...	...	...
B. australis DQ093201. 1	...	...	...	...	...	...	...	...	.T.	...	...	...	...	...	...	...
B. australis DQ316087. 1	...	...	...	...	...	...	...	...	.T.	...	...	...	...	...	...	...
B. dothidea KF270057. 1	...	A..	...	...	...	...	...	...	...	...	...	...	...	...	...	...
D. iberica FM955383. 1	..G	...	...	...	...	...	...	...	.T.	...	...	...	...	...	...	...
B. lutea EF173915. 1	...	...	...	...	...	...	...	...	.T.	...	...	...	...	...	...	...
B. parva EF173928. 1	...	...	...	...	...	...	...	...	.T.	...	...	...	...	...	...	...
B. parva EF173926. 1	...	...	...	...	...	...	...	...	.T.	...	...	...	...	...	...	...
B. quercuum KU848199. 1	...	A..	...	...	...	...	...	...	...	...	...	...	...	...	...	...
B. rhodina DQ852315. 1	..G	...	...	...	...	...	...	...	...	...	...	...	...	...	...	...
B. rhodina DQ852314. 1	..G	...	...	...	...	...	...	...	...	...	...	...	...	...	...	...
B. ribis DQ852308. 1	...	...	...	...	...	...	...	...	.T.	...	...	...	...	...	...	...
B. sinensis KT343258. 1	...	A..	...	...	...	...	...	...	...	...	...	...	...	...	...	...

B. stevensii AY259093. 2	GGT	ATT	GGG	CGC	CGT	CCT	CTC	TGC	GGA	CGC	GCC	TCA	AAG	ACC	TCG	GCG
B. stevensii JN595832. 1	...	...	...	...	...	...	...	...	...	...	...	...	...	...	...	...
B. stevensii AY787689. 2	...	...	...	..A	...	...	...	...	...	...	...	...	...	...	...	...
B. australis DQ093201. 1	...	...	...	.T.	...	...	.－－	C..	...	...	...	..G	...	...	...	...
B. australis DQ316087. 1	...	...	...	.T.	...	...	.－－	C..	...	...	...	..G	...	...	...	...
B. dothidea KF270057. 1	...	...	...	.A.	...	...	T－－	...	..G	...	...	...	...	...	...	...
D. iberica FM955383. 1	...	...	...	.T.	...	...	.－－	..－	...	...	...	...	...	...	...	...
B. lutea EF173915. 1	...	...	...	.T.	...	...	.－－	..T	...	...	...	..G	...	...	...	...
B. parva EF173928. 1	...	...	...	.C.	...	...	.－－	CA.	...	...	...	.T.	...	...	...	...
B. parva EF173926. 1	...	...	...	.C.	...	...	.－－	CA.	...	...	...	.TG	...	...	...	...
B. quercuum KU848199. 1	...	...	...	.A.	...	...	T－－	...	..G	...	...	...	...	...	...	...
B. rhodina DQ852315. 1	..A	...	...	.A.	...	...	.A.	...	...	...	...	...	...	...	...	...
B. rhodina DQ852314. 1	..A	...	...	.A.	...	...	.A.	...	...	...	...	...	...	...	...	...
B. ribis DQ852308. 1	...	...	...	.T.	...	...	.－－	CA.	...	...	...	.T.	...	...	...	...
B. sinensis KT343258. 1	...	...	...	.A.	...	...	T－－	...	..G	...	...	...	...	...	...	...

B. stevensii AY259093.2	GTG	GCT	GTT	CAG	CCC	TCA	AGC	GTA	GTA	GAA	TAC	AC—	—CT	CGC	TTT	GGA
B. stevensii JN595832.1	...	...	...	...	...	...	...	...	...	...	...	..—	—..	...	...	...
B. stevensii AY787689.2	...	...	...	...	...	...	...	...	...	...	...	..—	—..	...	...	...
B. australis DQ093201.1	...	..G	TC.	TG—	—..	...	...	...	...	...	A..	..—	—..	...	...	...
B. australis DQ316087.1	...	..G	TC.	TG—	—..	...	...	...	...	...	A..	..—	—..	...	...	...
B. dothidea KF270057.1	...	..G	TC.	TG—	—..	...	...	...	...	...	C.T	..A	T..	...	..C	...
D. iberica FM955383.1	..	...G	TC.	TG—	—..	...	...	...	...	...	A..	..—	—..	...	...	...
B. lutea EF173915.1	...	..G	TC.	TG—	—..	...	...	...	...	...	A..	..—	—..	...	...	...
B. parva EF173928.1	...	..G	TC.	TG—	—..	...	...	...	...	...	A..	..—	—..	...	...	...
B. parva EF173926.1	...	..G	TC.	TG—	—..	...	...	...	...	...	A..	..—	—..	...	...	...
B. quercuum KU848199.1	...	..G	TC.	TG—	—..	...	...	...	...	...	C.T	..A	T..	...	..C	...
B. rhodina DQ852315.1	...	...	...	...	...	...	...	...	...	...	...	..—	—..	...	...	...
B. rhodina DQ852314.1	...	...	...	...	...	...	...	...	...	...	...	..—	—..	...	...	...
B. ribis DQ852308.1	...	..G	TC.	TG—	—..	...	...	...	...	...	A..	..—	—..	...	...	...
B. sinensis KT343258.1	...	..G	TC.	TG—	—..	...	...	...	...	...	C.T	..A	T..	...	..C	...

B. stevensii AY259093.2	GTG	GTT	GGC	GTC	GCC	CGC	CGG	ACG	AAC	CTT	CTG	AAC	TTT	TCT	CAA	GGT
B. stevensii JN595832.1	.C.	...	...	...	...	...	...	...	...	...	...	...	...	...	...	...
B. stevensii AY787689.2	.C.	...	...	...	...	...	...	...	...	——	——	——	——	——	——	——
B. australis DQ093201.1	.C.	CA.	...	...	...	...	...	...	...	...	TGA	.TT	—..	...	...	...
B. australis DQ316087.1	.C.	CAC	...	...	...	...	...	...	...	...	TGA	.TT	—..	...	...	...
B. dothidea KF270057.1	.C.	CAG	...	...	...	...	...	...	...	...	...	...	...	...	...	...
D. iberica FM955383.1	.C.	CAC	...	...	...	...	...	...	...	...	TGA	.TT	—..	...	...	...
B. lutea EF173915.1	.C.	CAC	...	...	...	...	...	...	...	...	TGA	.TT	—..	...	...	...
B. parva EF173928.1	.C.	CAC	...	...	...	...	...	...	...	...	TGA	.TT	A..	...	...	...
B. parva EF173926.1	.C.	CAC	...	...	...	...	...	...	...	...	TGA	.TT	A..	...	...	...
B. quercuum KU848199.1	.C.	CAG	...	...	...	...	...	...	...	...	...	...	...	...	...	...
B. rhodina DQ852315.1	.C.	...	...	...	...	...	...	...	...	...	...	...	...	...	...	...
B. rhodina DQ852314.1	.C.	...	...	...	...	...	...	...	...	...	...	...	...	...	...	...
B. ribis DQ852308.1	.C.	CAC	...	...	...	...	...	...	...	...	TGA	.TT	A..	...	...	...
B. sinensis KT343258.1	.C.	CAG	...	...	...	...	...	...	...	...	...	...	...	...	...	...

8.1.9 条形码蛋白质序列

PFVNIPLLLWRLLPRGGPQKPPRALPPEDLQTPVSKRRRLKNKLIN * NFQQRISWFWHR *
RTQRNAISNVNCRIQ * IIESLNAHCAPWHSEGHACSSVITTLKLCLVLGAVLSADAPQRPRRW
LFSPQA * * NTPRFGVVGVARRTN

9 明长喙壳属 DNA 条形码

9.1 栎枯萎病菌 *Ceratocystis fagacearum*

9.1.1 基本信息

中文名称：橡木布雷茨菌。

拉丁学名：*Bretziella fagacearum* （Bretz） Z. W. de Beer, Marinc., T. A. Duong & M. J. Wingf., MycoKeys 27：10 （2017）（现用名）。

异名：*Endoconidiophora fagacearum* Bretz, Phytopathology 42：437 （1952）；

Ceratocystis fagacearum （Bretz） J. Hunt, Lloydia 19：21 （1956）；

Chalara quercina B. W. Henry, Phytopathology 34：635 （1944）；

Thielaviopsis quercina （B. W. Henry） A. E. Paulin, T. C. Harr. & McNew, Mycologia 94 （1）：70 （2002）。

分类地位：真菌界（Fungi）子囊菌门（Ascomycota）粪壳菌纲（Sordariomycetes）微囊菌目（Microascales）长喙壳科（Ceratocystidaceae）布雷茨属（*Bretziella*）。

9.1.2 生物学特性及危害症状

每年中春至晚春从树冠上部侧枝开始发病，并向下蔓延。对于红栎类，老叶最初是轻微卷曲、呈水浸状暗绿色，然后从叶尖向叶柄发展，逐渐变为青铜色至褐色。之后，病叶便纷纷脱落。幼叶则直接变为黑色并卷曲下垂，但不脱落。当大多数病叶脱落之后，主干及粗枝会长出抽条，基上生出的幼叶也呈现上述症状。病害的发展很快，一般几个星期或一个夏季之后，病树便会枯死。对于白栎类，症状与红栎相似，但发病较慢，一个季节仅有一个或几个枝条枯死，2～4 年后，病株枯死或康复。剥去病枝树皮，可见到长短不一的黑褐色条纹，且白栎比红栎更明显。病树死后，在树皮和木质部之间形成菌垫，其上产生分生孢子梗及分生孢子，菌垫不断加厚，最终可导致树皮开裂、菌丝层外露，同时还散发出一种水果香味。

9.1.3 检疫及限定现状

欧盟、EPPO、阿尔巴尼亚、阿尔及利亚、保加利亚、比利时、波兰、丹麦、俄罗斯、厄瓜多尔、荷兰、加拿大、捷克、克罗地亚、拉脱维亚、罗马尼亚、北马其顿、秘鲁、摩洛哥、挪威、瑞士、塞尔维亚、黑山、斯洛伐克、斯洛文尼亚、突尼斯、土耳其、乌克兰、匈牙利、约旦、智利和中国将其列为检疫性真菌。

9.1.4 凭证样本信息及材料来源

模式标本：美国，寄生于栎属（*Quercus* sp.），选模式标本 FP 97476，附加模式标本 BPI 893238，附加模式菌株 CBS 138363＝CMW 2656。

其他凭证样本：CMW 2039＝CBS 130770、CMW 2658、CMW 38759＝CBS 129241。

9.1.5 DNA 条形码标准序列

菌株编号 CBS 138363，序列数据来源于 GenBank。

（1）*ITS* rDNA 序列信息（KU042044）。

CTCGGTCATCTAGAGGAAGTAAAAGTCGTAACAAGGTCTCCGTTGGTGAACCAGCGGA
GGGATCATTACTGAGTTTTCAACTCTTTAAAACCATTTGTGAACATACCATTTTTTTTTCT
CTAATACTGCTTTGGCAGGGACTTCTTTCTTCAGGGGATGTTTCTGCCAGTAGTATTTACA
AACTCTTTTTAATTTCTAGAGAATTATTCATTGCTGAGTTGCATTTAACAAAATAGTTAA
AACTTTCAACAACGGATCTCTTGGCTCTAGCATCGATGAAGAACGCAGCGAAATGCGATAA
GTAATGTGAATTGCAGAATTCAGTGAATCATCGAATCTTTGAACGCACATTGCGCCTAGC
AGTATTCTGCTAGGCATGCCTGTCCGAGCGTCATTTCACCACTCAAGCCTTGCTTGGTGTTG
GAGGACCCCGCTTGTCACAAGCGGGCCACCGAAATGCATCGGCTGTAGTATTTGCAGCTTCC
CTGCGTAGTAAAACTTTTGTGTTACGCTTCGAAACTCTTGTACGACATTGCCGTAAAACAA
ACCACTTTTTTGAAAAAGGTTGACCTCGGATCAGGTAGGAATACCCGCTGAACTTAAGCAT
ATCAATAAGCGGAGGA

（2）*TEF* 序列信息（KU042043）。

CATTGAGAAGTTCGAGAATAAGTCTTCCCCATCCTCCTCTCCGATCGATTGTCCATTTA
CACATTCTGATGATGAAAGCCTCGTGTGAACTTGGGTACTTTTCGCCCGCTTCATTTGTGG
TTGGTGTGATTTTTCTTGCATGTTCTGGGGCTGTTTCTTTTCGCTCGTTTTAGCGAGCGGG
GCAGCCTTGTCAGTTGTGCAGAAATTTCACCCCTCGCTATGTGGGGCACTTGTGTGGCAAT
TTTTTTTCCTGGTTCTGCTTTGTGCCCTGCCATAAGCCCCACTTTTGTGGTCGCTCACCCTG
GTTTCCCGCCATCACCACCCTGCACAAGCATGCTCTGTATGCACGTCAGTTGTGTGTTGTAG
ACGACGTTTTTTTCTTTTTCTTTTTCGCTAGCATCGTGCATGTACTGACCTTCTTTGCACA
GGAGGCCGCCGAGCTCGGTAAGGGTTCTTTCAAGTATGCCTGGGTTCTTGACAAGCTCAAG
GCCGAGCGTGAGCGTGGTATCACTATCGACATTGCCCTCTGGAAGTTCGAGACCCCCAAGT
ACTACGTCACCGTCATTGGTAAGTTTTATCACTCCATTCTTTACTACAACCGTAACTTTAG
ACGGTTGTCCAGTTACTTCTTATTTCGAACTAGACACTGACTATTTCCCCCTTCTACAGAC
GCTCCCGGTCACAGAGATTTCATCAAGAACATGATCACTGGTACCTCGCAGGCTGACTGCG
CTATCCTGATCATTGCTGCCGGTACTGGTGAGTTCGAGGCTGGTATCTCCAAGGACGGCCA
GACCCGTGAGCACGCTCTGCTGGCTTTTACTCTCGGTGTCAAGCAGCTCATCGTTGCCATCA
ACAAGATGGACACCACCAAGTGGTCTGAGGCCCGTTACCAGGAGATCATCAAGGAGACCTC
TTCTTTCATCAAGAAGGTCGGCTACAACCCTCTGTCTGTTCCCTTCGTCCCCATCTCCGGCTT
CCACGGCGACAACATGCTCGAGCCTTCCACGAACTGCTTGTGGTACAAGGGCTGGAACAAGA
CGACCAAGGCTGGCTCTGTTACCGGTAAGACTCTTCTGGAGGCCATCGATGCCATCGAGAC
CCCCAAGCGTCCCACCGAGAAGCCTCTCCGTCTGCCCCTCCAGGATGTGTACAAGATCGGTG
GTATCGGCACGGTTCCCGTCGGCCGTATCGAGACTGGTGTCCTGAAGCCCGGAATGGTCGT
TACCTTTGCTCCCTCCAACGTGACCACTGAGGTCAAGTCCGTTGAGATGCACCACGAGCAG
CTTACCGAGGGTCTCCCCGGTGACAACGTTGGTTTCAACGTCAAGAACGTCTCTGTCAAGG
ATATCCGCCGTGGTAACGTTGCCGGTGACTCGAAGAACGACCCTCCCCAGGGCTGCGCTTCC
TTCACCGCTCAGGTCATTGTTCTGAACCACCCCGGTCAGATTGGTGCTGGTTACGCTCCCGT
CCTGGATTGCCACACTGCCCACATTGCCTGCAAGTTTTCTGAGCTTCTGGAGAAGATCGAC

CGCCGTACCGGTAAGTCGGTTGAAGCTACGCCCAAGTTTGTCAAGTCGGGTGATGCTTGCA
TCGTCAAGATGATTCCCTCCAAGCCCATGTGCGTTGAGGCTTTCACCGACTACCCTCCTCTG
GGCCGTTTTGCCGTCCGCGACATGCGCCAGACCGTCGCTGTCGGTGTCAT

（3）*28S* 序列信息（KM495341）。

TAAGCGGAGGAAAAGAAACCAACAGGGATTGCCCTAGTAACGGCGAGTGAAGCGGCAA
CAGCTCAAATTTGAAATCTGGCTACTTTTGTAGTCCCGAGTTGTAATTTGTAGAGGATGCT
TTTGGTGAGGTGCTTTCTGAGTTCCCTGGAACGGGACGCCAAAGAGGGTGAGAGCCCCGTA
CAGTTAGATACCAAACCTTTGTATAGCTCCTTCGACGAGTCGAGTAGTTTGGGAATGCTGC
TCTAAATGGGAGGTATATCTCTTCTAAAGCTAAATATAGGCTAGAGACCGATAGCGCACA
AGTAGAGTGATCGAAAGATGAAAAGCACTTTGAAAAGAGAGTTAAACAGCACGTGAAAT
TGTTGAAAGGGAAGCGCCTATGACCAGACTTGTCTCTATCAGTTTTGGTAGTTTTCGGACT
GCTTACTCTGTTAGTACAGGCCAACATCAGTTTGTTGTTGGGGAGAAAGGCTTAGGGAA
TGTGGCTCCTTTCGTGGGAGTGTTATAGCCCTTTGCATAATACCCTTCGGCAGACTGAGGA
CCGCGCTTCGGCAAGGATGTTGGCGTAATGGTCATCAGCGACCCGTCTTGAAACACGGACC
AAGGAGTCAACCTTATGTGCAAGTGTTTGGGTGTAAAACCCCAGCGCGTAATGAACGTGA
ACGTAGGTGAGAGCTTCGGCGCATCATCGACCGATTCTGATGTTCTCGGATGGATTTGAGT
AAGAGCACACAG

（4）*MCM7* 序列信息（KM495430）。

AAGCCTGTTGTGCAGGTCAATGCCTATGCGTGTGAACGCTGTGGTTGTGAAGTTTTCCA
GCCTATTACCGACAAGAACTTTACCCCGCTGGTGACGTGCCCGTCAGAGGAGTGCAAGGCAA
TGCAAAGTGTTGGCCAGCTGTACTGGTCCGTTCGAGCTAGCAAGTTTATGGCTTTCCAGGAG
GTCAAGGTGCAGGAGCTGGCGGACCAGGTGCCCATTGGCCAGATTCCCCGTTCGTTGACAG
TGTTGTGTTATGGCAGTTTGGTGCGCCAGATCAATCCCGGTGATGTTGTGGATTTGGCGGG
TATCTTCTTGCCGACGCCGTACACTGGCTTCAAGGCGATGCGTGCTGGTCTATTGACTGAT
ACTTACCTGGAGGCACACTATGTCAATCAACACAAGAAGGCGTACTCGGAGATGGTCATTG
ACCCTACTCTGACGCATCGCATTGACCAGTACCGCGCTAGTGGGCAGGCTTACGAGCTTCTG
GCTCGGTCTATTGCTCCTGAAATCTATGGCCATCTTGATGTCAAGAAGGCTCTACTTTTGC
TTCTCATTGGTGGTGTCACCAAGGAAATGGGCGACGGTATGAAGATTCGTGGTGACATCA
ACGTCTGCCTGATGGGTG

其他 *ITS* 参考序列（GenBank）：FJ411344、KC305153、KC305152、KC305151、KC305150、KC305149、DQ318193、FJ347031、FJ411345、FJ411344。

9.1.6　种内序列差异

无种内变异位点。

9.1.7　种间序列差异

栎枯萎病菌与近缘种种间变异位点较多，有 75 个，如下：

```
Ceratocystis fagacearum    TTGGTGAACC AGCGGAGGGA TCATTACTGA GTTTTCAACT CTTTAAAACC ATTTGTGAAC
Ceratocystis norvegica     .......... .......... .......... .......... ..--.T.... ..........
Ceratocystis adiposa       .......C-- -......... .......... .......... ..--...... ..........
Ceratocystis fimbriata     .......... .......... .......TC.. ......T.... ..--T..... ..A.......

Ceratocystis fagacearum    ATACCATTTT TTTTTCTCTA ATACTGCTTT GGCAGGGACT TCTTTCTTCA GGGGATGTTT
Ceratocystis norvegica     .....T...C .--------- G......... .....AT--- --G.....G .AT.-----.
Ceratocystis adiposa       .....TA.C. .--------- -......... ...GT..--- ---.C...G ..A-----..
Ceratocystis fimbriata     .....T...C .--------- -AG....... ......C--- ----CT...G...-----.

Ceratocystis fagacearum    CTGCCAGTAG TATTTACAAA CTCTTTTTAA TTTCTAGAGA ATTATTCATT GCTGAGTTGC
Ceratocystis norvegica     .....G.... .......... ......-.. .......... .......... ..........
Ceratocystis adiposa       G....G.... .......... ......-.. .......... .......... ..........
Ceratocystis fimbriata     .....G.... C.....A... ......A-T. ......T... .......... ........G..

Ceratocystis fagacearum    ATTTAACAAA ATAGTTAAAA CTTTCAACAA CGGATCTCTT GGCTCTAGCA TCGATGAAGA
Ceratocystis norvegica     .......... -......... .......... .......... .......... ..........
Ceratocystis adiposa       .......... -......... .......... .......... .......... ..........
Ceratocystis fimbriata     ...A.CT... TA........ .......... .......... .......... ..........

Ceratocystis fagacearum    ACGCAGCGAA ATGCGATAAG TAATGTGAAT TGCAGAATTC AGTGAATCAT CGAATCTTTG
Ceratocystis norvegica     .......... .......... .......... .......... .......... ..........
Ceratocystis adiposa       .......... .......... .......... .......... .......... ..........
Ceratocystis fimbriata     .......... .......... .......... .......... .......... ..........

Ceratocystis fagacearum    AACGCACATT GCGCCTAGCA GTATTCTGCT AGGCATGCCT GTCCGAGCGT CATTTCACCA
Ceratocystis norvegica     .......... .......... .......... .......... .......... ..........
Ceratocystis adiposa       .......... .......... .......... .......... .......... ..........
Ceratocystis fimbriata     .......... ......G... .........C .......... .......... ..........

Ceratocystis fagacearum    CTCAAGCCTT GCTTGGTGTT GGAGGACCCC GCTTGTCACA AGCGGGCCAC CGAAATGCAT
Ceratocystis norvegica     .......T.C .......... .....T...G --C....... .......G. ..........
Ceratocystis adiposa       .......T.C .......... .........G --C....-- .......G. ..........
Ceratocystis fimbriata     .......TC. .......... .........G ---C..T..- C......G. ..........

Ceratocystis fagacearum    CGGCTGTAGT ATTTGCAGCT TCCCTGCGTA GTAAAACTTT TGTGTTACGC TTCGAAACTC
Ceratocystis norvegica     .......... TCAA...... .......... .......... -......... ..........
Ceratocystis adiposa       .......... .......... .......... .......... -......... ..T...C...
Ceratocystis fimbriata     .......T.. .......... .......T... ...TG...A --GC....A. ..T...G...

Ceratocystis fagacearum    TTGTACGACA TTGCCGTAAA ACAAACCACT TTTTTGAAAA AGGTTGACCT CGGATCAGGT
Ceratocystis norvegica     .......... .-........ .......C.. ...GA----. .......... ..........
Ceratocystis adiposa       .......A.. .-........ .......C.. ...G.----. .......... ..........
Ceratocystis fimbriata     ..A..T.... .-....GT.. ..CCT.A.T. ...GA----. .......... ..........
```

Ceratocystis fagacearum	AGGAATACCC	GCTGAACTTA	AGCATAT
Ceratocystis norvegica	....	....	....
Ceratocystis adiposa	....	....	....
Ceratocystis fimbriata	....	....	....

10 金锈菌属 DNA 条形码

10.1 云杉帚锈病菌 *Chrysomyxa arctostaphyli*

10.1.1 基本信息

中文名称：熊果金锈菌。

拉丁学名：*Chrysomyxa arctostaphyli* Dietel，Botanical Gazette Crawfordsville 19（8）：303（1894）。

异名：*Melampsoropsis arctostaphyli*（Dietel）Arthur，Resultats Scientifiques du Congres International de Botanique Vienne 1905：338（1906）。

英文名：Spruce broom rust。

分类地位：真菌界（Fungi）担子菌门（Basidiomycota）柄锈菌纲（Pucciniomycetes）柄锈菌目（Pucciniales）金锈菌科（Chrysomyxaceae）金锈菌属（*Chrysomyxa*）。

10.1.2 生物学特性及危害症状

云杉帚锈病菌在云杉上形成明显、紧凑的扫帚状丛枝病病症，外观黄色，有时会在树枝和树干上形成腐烂、纺锤形肿胀和次生帚状物，其中产生锈孢子。该病原菌在熊果属植物叶背产生紫褐色、胶状的冬孢子堆，冬孢子堆集生或散生在叶背。

10.1.3 检疫及限定现状

欧盟、EPPO、阿尔巴尼亚、比利时、冰岛、波兰、丹麦、荷兰、捷克、克罗地亚、拉脱维亚、罗马尼亚、北马其顿、摩洛哥、挪威、塞尔维亚、黑山、斯洛伐克、突尼斯、乌克兰、匈牙利、约旦和中国将其列为检疫性真菌。

10.1.4 凭证样本信息及材料来源

GenBank 数据库样本为 *Chrysomyxa arctostaphyli* CharPe-1、AFTOL-ID142、1186CHA _ PC _ BC、1299CHA _ PCE _ WY、1300CHA _ PCM _ YU、1301CHA _ ARU _ KE、501CHA _ PCM _ YU8、503CHA _ PCG _ NO1 及 CHITS041-08，序列数据来源于 GenBank 及 BOLD 数据库。

10.1.5 DNA 条形码标准序列

（1）rDNA *28S* 序列信息及图像化条形码（illustrative barcode）。

CCGTATATGATATGGACTACCAGGGCAATGTGATACAGTCTCTAAGAGTCGAGTTGTT
TGGGAATGCAGCTCAAAGTGGGTGGTAAATTCCATCTAAGGCTAAATATAGGTGAGAGACC
GATAGCAAACAAGTACCGTGAGGGAAAGATGAAAAGAACTTTGGAAAGAGAGTTAACAGT
ACGTGAAATTGTTAAAAGGGAAACATTTGAAGTTAGACTTGTTATTGTTGGTTCAGCTCT
TTTTATAAGGGTGTATTCCGATGGTTAACAGACCAGCATCAATTTTTGAGTGTTAGATAA
GGGTCTTGAGAATGTAGCAACCTTGGTTGTGTTATAGATCTTGACTTGATATAATGCTTA
GGATTGAGGAATGCAGTGAGCTTCTCTTTTGAAGTGGATGTTTTTAATGTCTTCTCACTA
CGGATGTTGGTGTAATAGCTTTAAATGACCCGTCTTGAAACACGGACCAAGGAGTCTAAC
ATGCTTGCGAGTATTTGGGTGTTGAAACCCTTATGCGTAATGAAAGTGAATGTAAATGAG

ATCCTTAACGGGTGCATCATTGACCAGTCCTGATTATTTATATGAAGGTACTGAGTAAGA
GCAAGTATGTTGGGACCCGAAAGATGGTGAACTATGCCTGAATAGGGTGAAGCCAGAGGA
AACTCTGGTGGAAGCTCGTAGCGGTTCTGACGTGCA

（2）rDNA *ITS* 序列信息及图像化条形码（illustrative barcode）。

TTTTAAGAGTGCACTTCATTGTGGCTCTAACCTTTTACAATGTACTTTTCACCCTTTTT
TTTAAACCCAAAACTGTTATGTGTACCTTTTTTTGGTATAGCATCTCAGTAGTACGCATCA
TGTGAATTTTTAATTCACAAGTTGCATTACCCCCTTTTTTGAAATTAACACTATAAAAAGT
TCTAAGAATGTAAACCCCCTTTAAATTATATAACTTTTAACAATGGATCTCTTGGCTCTC
ACATCGATGAAGAACACAGTGAAATGTGATAAGTAATGTGAATTGCAGAATTCAGTGAA
TCATCAAATCTTTGAACGCACCTTGCACCTTTTGGATATTCCGAAAGGTACACCTGTTTGA
GTGTCATGAAACCCTCTCATTTCAATTTTATATATATAATATTGAGAAGTTGAAATGGAT
GTTGGGTGTTGCTGTTATTGGCTCACCTTAAATATATAAGTACTTTTATTGCAAAAATAA
ATGGATATACTTGGTGTAATATTTATTATTCATTGAGGAGTGTGGTGCCTGAAAAATAC
TACAGCCATTTGACTTTTGATAGATAGCTTCCGAACCCCAATGTATATTATATTTTTAGA
CCTCAAATCAGGTGGGACTACCCGCTGAACTTAAGCATATCAATAAGCGGAGGAAAAGAA
ACTAACAAGGATTCCCCTAGTAACGGCGAGTGAAGAGGGAAAAGCC

10.1.6 物种内 *ITS* 序列差异

参考序列 consensus 序列长度为 705 bp，种内变异位点 1 个。如下：

```
GU049491   TTTTAAGAGT GCACTTCATT GTGGCTCTAA CCTTTTACAA TGTACTTTTC ACCCTTTTTT TTAAACCCAA
GU049492   .......... .......... .......... .......... .......... .......... ..........
GU049493   .......... .......... .......... .......... .......... .......... ..........
GU049494   .......... .......... .......... .......... .......... .......... ..........
GU049495   .......... .......... .......... .......... .......... .......... ..........
GU049496   .......... .......... .......... .......... .......... .......... ..........
CHITS040   .......... .......... .......... .......... .......... .......... ..........
CHITS041   .......... .......... .......... .......... .......... .......... ..........
CHITS050   .......... .......... .......... .......... .......... .......... ..........
CHITS051   .......... .......... .......... .......... .......... .......... ..........
CHITS053   .......... .......... .......... .......... .......... .......... ..........
CHITS095   .......... .......... .......... .......... .......... .......... ..........

GU049491   AACTGTTATG TGTACCTTTT TTTGGTATAG CATCTCAGTA GTACGCATCA TGTGAATTTT TAATTCACAA
GU049492   .......... .......... .......... .......... .......... .......... ..........
GU049493   .......... .......... .......... .......... .......... .......... ..........
GU049494   .......... .......... .......... .......... .......... .......... ..........
GU049495   .......... .......... .......... .......... .......... .......... ..........
GU049496   .......... .......... .......... .......... .......... .......... ..........
```

```
CHITS040   .........  .........  .........  .........  .........  .........  .........
CHITS041   .........  .........  .........  .........  .........  .........  .........
CHITS050   .........  .........  .........  .........  .........  .........  .........
CHITS051   .........  .........  .........  .........  .........  .........  .........
CHITS053   .........  .........  .........  .........  .........  .........  .........
CHITS095   .........  .........  .........  .........  .........  .........  .........


GU049491.1 GTTGCATTAC CCCCTTTTTT GAAATTAACA CTATAAAAAG TTCTAAGAAT GTAAACCCCC TTTAAATTAT
GU049492   .........  .........  .........  .........  .........  .........  .........
GU049493   .........  .........  .........  .........  .........  .........  .........
GU049494   .........  .........  .........  .........  .........  .........  .........
GU049495   .........  .........  .........  .........  .........  .........  .........
GU049496   .........  .........  .........  .........  .........  .........  .........
CHITS040   .........  .........  .........  .........  .........  .........  .........
CHITS041   .........  .........  .........  .........  .........  .........  .........
CHITS050   .........  .........  .........  .........  .........  .........  .........
CHITS051   .........  .........  .........  .........  .........  .........  .........
CHITS053   .........  .........  .........  .........  .........  .........  .........
CHITS095   .........  .........  .........  .........  .........  .........  .........


GU049491   ATAACTTTTA ACAATGGATC TCTTGGCTCT CACATCGATG AA-AACACAG TGAAATGTGA TAAGTAATGT
GU049492   .........  .........  .........  .........  ..G......  .........  .........
GU049493   .........  .........  .........  .........  ..G......  .........  .........
GU049494   .........  .........  .........  .........  ..G......  .........  .........
GU049495   .........  .........  .........  .........  ..G......  .........  .........
GU049496   .........  .........  .........  .........  ..G......  .........  .........
CHITS040   .........  .........  .........  .........  ..G......  .........  .........
CHITS041   .........  .........  .........  .........  ..G......  .........  .........
CHITS050   .........  .........  .........  .........  ..G......  .........  .........
CHITS051   .........  .........  .........  .........  ..G......  .........  .........
CHITS053   .........  .........  .........  .........  ..G......  .........  .........
CHITS095   .........  .........  .........  .........  ..-......  .........  .........


GU049491   GAATTGCAGA ATTCAGTGAA TCATCAAATC TTTGAACGCA CCTTGCACCT TTTGGATATT CCGAAAGGTA
GU049492   .........  .........  .........  ......A...  .........  .........  .........
GU049493   .........  .........  .........  .........  .........  .........  .........
GU049494   .........  .........  .........  .........  .........  .........  .........
GU049495   .........  .........  .........  .........  .........  .........  .........
GU049496   .........  .........  .........  .........  .........  .........  .........
CHITS040   .........  .........  .........  .........  .........  .........  .........
CHITS041   .........  .........  .........  .........  .........  .........  .........
CHITS050   .........  .........  .........  ......A...  .........  .........  .........
CHITS051   .........  .........  .........  .........  .........  .........  .........
CHITS053   .........  .........  .........  .........  .........  .........  .........
CHITS095   .........  .........  .........  .........  .........  .........  .........


GU049491   CACCTGTTTG AGTGTCATGA AACCCTCTCA TTTCAATTTT ATATATATAA TATTGAGAAG TTGAAATGGA
GU049492   .........  .........  .........  .........  .........  .........  .........
GU049493   .........  .........  .........  .........  .........  .........  .........
GU049494   .........  .........  .........  .........  .........  .........  .........
GU049495   .........  .........  .........  .........  .........  .........  .........
GU049496   .........  .........  .........  .........  .........  .........  .........
CHITS040   .........  .........  .........  .........  .........  .........  .........
CHITS041   .........  .........  .........  .........  .........  .........  .........
CHITS050   .........  .........  .........  .........  .........  .........  .........
CHITS051   .........  .........  .........  .........  .........  .........  .........
```

```
CHITS053    .........  .........  .........  .........  .........  .........  .........
CHITS095    .........  .........  .........  .........  .........  .........  .........


GU049491   TGTTGGGTGT TGCTGTTATT GGCTCACCTT AAATATATAA GTACTTTTAT TGCAAAAATA AATGGATATA
GU049492    .........  .........  .........  .........  .........  .........  .........
GU049493    .........  .........  .........  .........  .........  .........  .........
GU049494    .........  .........  .........  .........  .........  .........  .........
GU049495    .........  .........  .........  .........  .........  .........  .........
GU049496    .........  .........  .........  .........  .........  .........  .........
CHITS040    .........  .........  .........  .........  .........  .........  .........
CHITS041    .........  .........  .........  .........  .........  .........  .........
CHITS050    .........  .........  .........  .........  .........  .........  .........
CHITS051    .........  .........  .........  .........  .........  .........  .........
CHITS053    .........  .........  .........  .........  .........  .........  .........
CHITS095    .........  .........  .........  .........  .........  .........  .........


GU049491   CTTGGTGTAA TATTTATTAT TCATTGAGGA GTGTGGTGCC TGAAAAATAC TACAGCCATT  TGACTTTTGA
GU049492    .........  .........  .........  .........  .........  .........  .........
GU049493    .........  .........  .........  .........  .........  .........  .........
GU049494    .........  .........  .........  .........  .........  .........  .........
GU049495    .........  .........  .........  .........  .........  .........  .........
GU049496    .........  .........  .........  .........  .........  .........  .........
CHITS040    .........  .........  .........  .........  .........  .........  .........
CHITS041    .........  .........  .........  .........  .........  .........  .........
CHITS050    .........  .........  .........  .........  .........  .........  .........
CHITS051    .........  .........  .........  .........  .........  .........  .........
CHITS053    .........  .........  .........  .........  .........  .........  .........
CHITS095    .........  .........  .........  .........  .........  .........  .........


GU049491   TAGATAGCTT CCGAACCCCA ATGTATATTA TATTTTTAGA CCTCAAATCA GGTGGGACTA  CCCGCTGAAC
GU049492    .........  .........  .........  .........  .........  .........  .........
GU049493    .........  .........  .........  .........  .........  .........  .........
GU049494    .........  .........  .........  .........  .........  .........  .........
GU049495    .........  .........  .........  .........  .........  .........  .........
GU049496    .........  .........  .........  .........  .........  .........  .........
CHITS040    .........  .........  .........  .........  .........  .........  .........
CHITS041    .........  .........  .........  .........  .........  .........  .........
CHITS050    .........  .........  .........  .........  .........  .........  .........
CHITS051    .........  .........  .........  .........  .........  .........  .........
CHITS053    .........  .........  .........  .........  .........  .........  .........
CHITS095    .........  .........  .........  .........  .........  .........  .........


GU049491   TTAAGCATAT CAATAAGCGG AGGAAAAGAA ACTAACAAGG ATTCCCCTAG TAACGGCGAG TGAAGAGGGA
GU049492    .........  .........  .........  .........  .........  .........  .........
GU049493    .........  .........  .........  .........  .........  .........  .........
GU049494    .........  .........  .........  .........  .........  .........  .........
GU049495    .........  .........  .........  .........  .........  .........  .........
GU049496    .........  .........  .........  .........  .........  .........  .........
CHITS040    .........  .........  .........  .........  .........  .........  .........
CHITS041    .........  .........  .........  .........  .........  .........  .........
CHITS050    .........  .........  .........  .........  .........  .........  .........
CHITS051    .........  .........  .........  .........  .........  .........  .........
CHITS053    .........  .........  .........  .........  .........  .........  .........
CHITS095    .........  .........  .........  .........  .........  .........  .........


GU049491     AAAGCC
```

GU049492 ⋯⋯
GU049493 ⋯⋯
GU049494 ⋯⋯
GU049495 ⋯⋯
GU049496 ⋯⋯
CHITS040 ⋯⋯
CHITS041 ⋯⋯
CHITS050 ⋯⋯
CHITS051 ⋯⋯
CHITS053 ⋯⋯
CHITS095 ⋯⋯

10.1.7 近缘种

经过文献查找，近缘种为 *Chrysomyxa woroninii*。

10.1.8 种间序列差异

云杉帚锈病菌与近似种种间变异位点较多，为 32 个，如下：

```
Chrysomyxa woroninii    TTCAAGAGTG  CACTTCATTG  TGGCTCTAAA  CCTTTTCAAT  ATACCTTTCA  CCCATTTTT−
Chrysomyxa arctostaphyli  ..T.......   ..........  ........C   .T...A....   G...T.....   ...T.....T

Chrysomyxa woroninii    −AAACCCAAA  GCTGTTATGT  GTACCTTTTT  G−GGTATAGC  ATCTCAGTAG  TACGCATCAT
Chrysomyxa arctostaphyli  T.........   A.........  ..........  TT........   ..........  .........

Chrysomyxa woroninii    GTGGATTT−−  −ATTCACAAG  TTGCATTACC  CCACCCCACC  ?CCTTTTTGA  AATTAACGCT
Chrysomyxa arctostaphyli  ...A....TT   A.........  ........−   −−−−−−−−..   C.T.......  .......A..

Chrysomyxa woroninii    ATATAAAGTT  TTTAGAATGT  AAACCCCCTT  GAAATTATAT  AACTTTTAAC  AATGGATCTC
Chrysomyxa arctostaphyli  ...A......   C.A.......  ..........  T.........  ..........  .........

Chrysomyxa woroninii    TTGGCTCTCA  CATCGATGAA  GAACACAGTG  AAATGTGATA  AGTAATGTGA  ATTGCAGAAT
Chrysomyxa arctostaphyli  ..........   ..........  ..........  ..........  ..........  .........

Chrysomyxa woroninii    TCAGTGAATC  ATCGAATCTT  TGAACGCACC  TTGCACCTTT  TGGATATTCC  GAAAGGTACA
Chrysomyxa arctostaphyli  ..........   ...A......  ...A......  ..........  ..........  .........

Chrysomyxa woroninii    CCTGTTTGAG  TGTCATGAAA  CCCTCTCATT  CCAATTTTTT  TTG−−−−−−A  TTAAGAAGTT
Chrysomyxa arctostaphyli  ..........   ..........  ..........  T.......A.   A.ATATAAT.   ..G......

Chrysomyxa woroninii    GAGATGGATG  TTGGGTGTTG  CCGTTATTGG  CTCACCTTAA  ATATATAAGT  ACTTTTATTG
Chrysomyxa arctostaphyli  ..A.......   ..........  .T........  ..........  ..........  .........

Chrysomyxa woroninii    −AAAAATAAA  TGGATATACT  TGGTGTAATA  TTTATTATTC  ATTGAGGAGT  GTGGTGCGTT
Chrysomyxa arctostaphyli  C.........   ..........  ..........  ..........  ..........  .......C.G

Chrysomyxa woroninii    AAAAACACTG  CAGCCATTTG  ACTTTTGATA  GATAGCTTCC  AAACCCCAAT  ACATAT−−−A
Chrysomyxa arctostaphyli  .....T...A   ..........  ..........  ..........  G.........   GT....TAT.

Chrysomyxa woroninii    TTTTTAGACC  TCAAATCAGG  TGGGACTACC  CGCTGAACTT  AAGCATATCA  ATAAGCGGAG
Chrysomyxa arctostaphyli  ..........   ..........  ..........  ..........  ..........  .........

Chrysomyxa woroninii    GAAAAGAAAC  TAACAAGGAT  TCCCCTAGTA  ACGGCGAGTG  AAGAGGGAAA       AGCC
Chrysomyxa arctostaphyli  ..........   ..........  ..........  ..........  ..........      ...
```

10.1.9　条形码蛋白质序列

FECTSLWLPFTMYFSPFFLNPKLLCVPFFGIASQYASCEFLIHKLHYPLFNHYKKFECKPPL
NYITFNNGSLGSHIDENTVKCDKCELQNSVNHQIFERTLHLLDIPKGTPVVSNPLISILYIYEVEM
DVGCCCYWLTLNIVLLLQKMDILGVIFIIHGVWCLKNTTAILLIDSFRTPMYIIFLDLKSGGTTRT
AYQAEEKKLTRIPLVTASEEGKA

11 小杯盘菌属 DNA 条形码

11.1 山茶花腐病菌 *Ciborinia camelliae*

11.1.1 基本信息

中文名称：山茶叶杯菌。

拉丁学名：*Ciborinia camelliae* L. M. Kohn，Mycotaxon 9（2）：399（1979）。

异名：*Sclerotinia camelliae* Hara，Dainippon Sanrin Kwacho（J. Forest. Assoc. Japan）463：31（1919）；

Sclerotinia camelliae H. N. Hansen & H. E. Thomas，Phytopathology 30：170（1940）。

英文名：Camellia flower blight。

分类地位：真菌界（Fungi）子囊菌门（Ascomycota）锤舌菌纲（Leotiomycetes）柔膜菌目（Helotiales）核盘菌科（Sclerotiniaceae）小杯盘菌属（*Ciborinia*）。

11.1.2 生物学特性及危害症状

山茶花腐病菌只侵染山茶的花。病菌侵染花瓣、雄蕊和萼片，使其上出现褐色斑，直至整个花朵变褐色。最初症状表现为花瓣上的脉变黑，随即出现褐色斑并扩展，直到整朵花都变褐色并脱落，脱落后许多天内仍能保持其形状和硬度。被侵染组织不立即分解。潮湿条件下，病菌在脱落的花上形成小分生孢子。小分生孢子堆呈黑滴状，与被侵染花瓣上的锈褐色形成对比。随着病害的发展，病菌在每个花瓣的基部产生菌核。不同菌核在大小和形状上有所变化，并可在花瓣以外的部位扩展。该病对欧洲和美国的花卉种植危害较大，在美国某些花圃发病率达 67%，经济影响大。成熟的菌核，外部深褐色或黑色，菌核边缘因为与花瓣寄主组织结合而呈褐色，菌核薄片状、盘状或浅杯状，多单独产生，但在花朵基部，由于寄主花萼作用可将多个菌核粘连在一起。切开后可见菌核内部为白色或浅褐色。

11.1.3 检疫及限定现状

欧盟、EPPO、保加利亚、比利时、荷兰、捷克、罗马尼亚、塞尔维亚、黑山、斯洛伐克、土耳其、约旦和中国将其列为检疫性真菌。

11.1.4 凭证样本信息及材料来源

GenBank 数据库样本为 *Ciborinia camelliae* CM-2，EFA-2，EFA-4 及 GBHEL765-13，序列数据来源于 GenBank 及 BOLD 数据库。

11.1.5 DNA 条形码标准序列：GBHEL765-13

rDNA *ITS* 序列信息及图像化条形码（illustrative barcode）。

CCTCCCACCCTTGTGTATTATTACTTTGTTGCTTTGGCGAGCTGCCCTTGGGCCTTGTAT
GCTCGCCAGAGAATATCAAAACTCTTTTTATTAATGTCGTCTGAGTACTATATAATAGTTA
AAACTTTCAACAACGGATCTCTTGGTTCTGGCATCGATGAAGAACGCAGCGAAATGCGATA
AGTAATGTGAATTGCAGAATTCAGTGAATCATCGAATCTTTGAACGCACATTGCGCCCCT

TGGTATTCCGGGGGGCATGCCTGTTCGAGCGTCATTTCAACCCTCAAGCTCAGCTTGGTAT
TGAGTCCATGTCAGTAATGGCAGGCTCTAAAAACAGTGGCGGCGCCGCTGGGTCCTGAACG
TAGTAATATCTCTCGTTACAGGTTCTCGGTGTGCTTCTGCCAAAACCCAAATTTTTCTATG
GTTGACCTCGGATCAGGTAGGGATACCCGCTGAACT

参考序列：FJ959095、FJ959096、FJ959097、FJ959098

11.1.6　种内 *ITS* 序列差异

参考序列 consensus 序列长度为 444 bp，种内变异位点 2 个。如下：

```
FJ959095    CCTCCCACCC TTGTGTATTA TTACTTTGTT GCTTTGGCGA GCTGCCCTTG GGCCTTGTAT GCTCGCCAGA
FJ959096    .......... .......... .......... .......... .......... .......... ..........
FJ959097    .......... .......... .......... .......... .......... .......... ..........
FJ959098    .......... .......... .......... .......... .......... .......... ..........
AB516659    .......... .......... .......... .......... ........C. .......... ..........

FJ959095    GAATATCAAA ACTCTTTTTA TTAATGTCGT CTGAGTACTA TATAATAGTT AAAACTTTCA ACAACGGATC
FJ959096    .......... .......... .......... .......... .......... .......... ..........
FJ959097    .......... .......... .......... .......... .......... .......... ..........
FJ959098    .......... .......... .......... .......... .......... .......... ..........
AB516659    .......... .......... .......... .......... .......... .......... ..........

FJ959095    TCTTGGTTCT GGCATCGATG AAGAACGCAG CGAAATGCGA TAAGTAATGT GAATTGCAGA ATTCAGTGAA
FJ959096    .......... .......... .......... .......... .......... .......... ..........
FJ959097    .......... .......... .......... .......... .......... .......... ..........
FJ959098    .......... .......... .......... .......... .......... .......... ..........
AB516659    .......... .......... .......... .......... .......... .......... ..........

FJ959095    TCATCGAATC TTTGAACGCA CATTGCGCCC CTTGGTATTC CGGGGGGCAT GCCTGTTCGA GCGTCATTTC
FJ959096    .......... .......... .......... .......... .......... .......... ..........
FJ959097    .......... .......... .......... .......... .......... .......... ..........
FJ959098    .......... .......... .......... .......... .......... .......... ..........
AB516659    .......... .......... .......... .......... .......... .......... ..........

FJ959095    AACCCTCAAG CTCAGCTTGG TATTGAGTCC ATGTCAGTAA TGGCAGGCTC TAAAAACAGT GGCGGCGCCG
FJ959096    .......... .......... .......... .......... .......... .......... ..........
FJ959097    .......... .......... .......... .......... .......... .......... ..........
FJ959098    .......... .......... .......... .......... .......... .......... ..........
AB516659    .......... .......... ........T .......... .......... .......... ..........

FJ959095    CTGGGTCCTG AACGTAGTAA TATCTCTCGT TACAGGTTCT CGGTGTGCTT CTGCCAAAAC CCAAATTTTT
FJ959096    .......... .......... .......... .......... .......... .......... ..........
FJ959097    .......... .......... .......... .......... .......... .......... ..........
FJ959098    .......... .......... .......... .......... .......... .......... ..........
AB516659    .......... .......... .......... .......... .......... .......... ..........

FJ959095    CTATGGTTGA CCTCGGATCA    GGTA
FJ959096    .......... ..........    ....
FJ959097    .......... ..........    ....
```

FJ959098　　　.......... 　.......... 　　....
AB516659　　　.......... 　.......... 　　....

11.1.7　近缘种

经过文献查找，近缘种有 *C. erythronii*、*C. foliicola*、*C. gentianae*、*C. shirainana* 和 *C. whetzelii*。

11.1.8　种间 rDNA *ITS* 序列差异

山茶花腐病菌与近缘种种间变异位点较多，有 96 个，如下：

Ciborinia camelliae	CCTCCCACCC	TTGTGTATT−	−ATTACTTTG	TTGCTTTGGC	GAGCTGCCCT	TGGGCCTTGT
Ciborinia erythronii	....	...C....C−	−.........	....	.C..GC...C	C....−−−−
Ciborinia foliicola	....	...CC...G−	−.A.......	....	....C....C	CC..G..−−−
Ciborinia whetzelii	....	.......GT	C.A..T....	....	..CTC.....	C.T.GGC−−−

Ciborinia camelliae	ATGCTCGC−C	AGAGAATATC	AAAACTCTTT	TT−ATTAATG	TCGTCTGAGT	ACTATAT−AA
Ciborinia erythronii	.C.G...−.	....GTG.AT	C.........	.−−G.AC...	C	.....T.−..
Ciborinia foliicola	CC..G.T.G.	....G..GCA	C.......G.	??−..C..A	....	.....TA−−.
Ciborinia whetzelii	TC..−−−−−.	..T.G..CAT	C......A.	C.T..C...A	......A...C	.T...TAT..

Ciborinia camelliae	TAGTTAAAAC	TTTCAACAAC	GGATCTCTTG	GTTCTGGCAT	CGATGAAGAA	CGCAGCGAAA
Ciborinia erythronii	....	....	....	....	....	....
Ciborinia foliicola	....	....	....	....	....	....
Ciborinia whetzelii	....	....	....	....	....	....

Ciborinia camelliae	TGCGATAAGT	AATGTGAATT	GCAGAATTCA	GTGAATCATC	GAATCTTTGA	ACGCACATTG
Ciborinia erythronii	....	....	....	....	....	....
Ciborinia foliicola	....	....	....	....	....	....
Ciborinia whetzelii	....	....	....	....	....	....

Ciborinia camelliae	CGCCCCTTGG	TATTCCGGGG	GGCATGCCTG	TTCGAGCGTC	ATTT−CAACC	CTCAAGCTCA
Ciborinia erythronii	....	....	....	....	...A−.....	....
Ciborinia foliicola	....	....	....	....	..CAA.....	A......A.C
Ciborinia whetzelii	....	....	....	....	...AAT.T..	A......A.C

Ciborinia camelliae	GCTTGGTATT	GAGTCCATGT	CAGT−−−AAT	GGCAGGCTCT	AAAAACAGTG	GCGGCGCCGC
Ciborinia erythronii	.......C..	...C..−C.C	.G.C−−−G..	...G.....C	....T.....	.........T
Ciborinia foliicola	....	....	..TCTCGG..	.......C..	....T.....	...T.....
Ciborinia whetzelii	....	...C....C	..TCATCG..	C	...GCT....	.........G

Ciborinia camelliae	TGGGTCCTGA	ACGTAGTAAT	ATCTCTCGTT	ACAGGTTCTC	GGTGTGCTTC	TGCCAAAACC
Ciborinia erythronii	C.........	...C....CG	..A.T.....	......G..	...C.C...C	.C........
Ciborinia foliicola	....	.......CA	..A.......	.....CG−..	A.C.C....	.....TTA.
Ciborinia whetzelii	....G.....	....	....	.......C....	A.C.C.....	....C.TTA.

Ciborinia camelliae	CAAATTTTTC	TATGGTTGAC	CTCGGATCAG		GTA
Ciborinia erythronii	..−−.C....	....	....		...
Ciborinia foliicola	AC−−A.CGCA	C.G.A.....	....		
Ciborinia whetzelii	ATT.AC.CCT	...G.A.....	....		

11.1.9　条形码蛋白质序列

PPTLVYYYFVALASCPWALYARQRISKLFLLMSSEYYIIVKTFNNGSLGSGIDEERSEMRVM
IAEFSESSNLTHIAPLGIPGGMPVRASFQPSSSAWYVHVSNGRLKQWRRRWVLNVVISLVTGSR
CASAKTQIFLWLTSDQV

12　枝孢属 DNA 条形码

12.1　黄瓜黑星病菌 *Cladosporium cucumerinum*

12.1.1　基本信息

中文名称：黄瓜枝孢霉。

拉丁学名：*Cladosporium cucumerinum* Ellis & Arthur, Bull. Indiana Agric. Stat. 19：10 (1889)。

异名：*Scolicotrichum melophthorum* Prill. & Delacr. , Bull. Soc. mycol. Fr. 7 (1)：219 (1891)；
Macrosporium melophthorum (Prill. & Delacr.) Rostr. , Gartner-Tidende 24：189 (1893)；
Cladosporium cucumeris A. B. Frank, Z. PflKrankh. 3：31 (1893)；
Cladosporium scabies Cooke, Gard. Chron. , Ser. 3 34：100 (1903)。

英文名：Scab of cucurbits。

分类地位：真菌界（Fungi）子囊菌门（Ascomycota）座囊菌纲（Dothideomycetes）煤炱目（Capnodiales）煤炱科 Cladosporiaceae）枝孢属（*Cladosporium*）。

12.1.2　生物学特性及危害症状

黄瓜黑星病是世界性病害，除澳大利亚、南美洲尚未见报道外，已广布欧洲、北美、东南亚。我国从 20 世纪 80 年代开始，随着大棚、温室面积的扩大，黄瓜黑星病一般造成减产 20%～30%，严重时可达 80%～100%，而且降低质量和商品价值。寄生于黄瓜和其他葫芦科植物的叶、茎、果实上，可危害叶片、茎、卷须及瓜条，以幼嫩部分如嫩叶、嫩茎、幼果被害严重。黄瓜整个生育期和植株各地上部分均可发病，尤以幼叶、嫩蔓和幼果受害最重。幼苗期发病，全株叶片、幼茎均出现病斑，严重时心叶枯萎，植株停止生长和枯死。定植后，叶片受害初为褪绿斑点，后呈近圆形病斑，直径 1～2mm，淡黄色，后期病斑易呈星状开裂，病斑部分脱落穿孔，病斑多时，叶片破碎不堪。叶脉受害则造成组织坏死，周围健全部分继续生长，致使病部周围组织扭皱。卷须受害变黑褐色坏死。叶柄、果柄和茎蔓受害，病斑长梭形，大小不等，淡黄褐色，中间开裂、下陷。病部有透明分泌物，随即变为琥珀色胶状物。瓜条被害初期产生暗绿色圆形至椭圆形病斑，也溢出透明胶状物，后变为琥珀色。病斑直径一般为 2～4mm，凹陷，胶状物脱落后，病斑星状龟裂呈疮痂状，病组织停止生长，致使瓜条畸形。在空气湿度大时，各发病部位的病斑上都可长出会黑色霉层。瓜条被害后，一般不造成全瓜软腐。病斑部位堆积琥珀色胶状物和长出灰黑色霉层可作为本病的主要诊断特征。

12.1.3　检疫及限定现状

巴拉圭、秘鲁和中国将其列为检疫性真菌。

12.1.4　凭证样本信息及材料来源

GenBank 数据库菌株为 ATCC 38727、ATCC 26211、strain 870067、870381、871915、CBS 108.23、CBS 109.08、CBS 123.44、CBS 171.52（模式）、CBS 172.54、CBS 173.54、CBS 174.54、CBS 174.62、CBS 175.54、CBS 176.54、strain 0310ARD14M＿1、strain L04、strain L05、strain

L06、strain L16、isolate A10D、isolate J1-7、strain FF26，序列数据来源于提交者。

12.1.5　DNA 条形码标准序列：CBS 172.54

rDNA *ITS* 序列信息及图像化条形码（illustrative barcode）。

ATGGCTCGGTGAGGCCTTCGGACTGGCCCAGGGAGGTCGGCAACGACCACCCAGGGCCG
GAAAGTTGGTCAAACCCGGTCATTTAGAGGAAGTAAAAGTCGTAACAAGGTCTCCGTAGGT
GAACCTGCGGAGGGATCATTACAAGTGACCCCGGTCTAACCACCGGGATGTTCATAACCCTT
TGTTGTCCGACTCTGTTGCCTCCGGGGCGACCCTGCCTTCGGGCGGGGGCTCCGGGTGGACA
CTTCAAACTCTTGCGTAACTTTGCAGTCTGAGTAAACTTAATTAATAAATTAAAACTTTT
AACAACGGATCTCTTGGTTCTGGCATCGATGAAGAACGCAGCGAAATGCGATAAGTAATG
TGAATTGCAGAATTCAGTGAATCATCGAATCTTTGAACGCACATTGCGCCCCCTGGTATTC
CGGGGGGCATGCCTGTTCGAGCGTCATTTCACCACTCAAGCCTCGCTTGGTATTGGGCAAC
GCGGTCCGCCGCGTGCCTCAAATCGACCGGCTGGGTCTTCTGTCCCTAAGCGTTGTGGAAA
CTATTCGCTAAAGGGTGTTCGGGAGGCTACGCCGTAAAACAACCCCATTTCTAAGGTTGAC
CTCGGATCAGGTAGGGATACCCGCTGAACTT

参考序列：AF393697、AF393696、DQ681347、GU594745、GU594746、GU594747、HM148068、HM148069、HM148070、HM148073、HM148074、HM148075、HM148076、HM148077、HM148078、FR799478、JQ946387、JQ946388、JQ946389、JQ946393、JQ781722、KF986443、KR912311。

12.1.6　种内 rDNA *ITS* 序列差异

参考序列 consensus 序列种内变异位点 1 个。如下：

AF393697	GGGATGTTCA	TAACCCTTTG	TTGTCCGACT	CTGTTGCCTC	CGGGGCGACC	CTGCCTTCGG	GCGGGGGCTC
AF393696	....	....	....	....	....	....	....
DQ681347	....	....	....	....	....	....	....
GU594745	....	....	....	....	....	....	....
GU594746	....	....	....	....	....	....	....
GU594747	....	....	....	....	....	....	....
HM148068	....	....	....	....	....	....	....
HM148069	....	....	....	....	....	....	....
HM148070	....	....	....	....	....	....	....
HM148073	....	....	....	....	....	....	....
HM148074	....	....	....	....	....	....	....
HM148075	....	....	....	....	....	....	....
HM148076	....	....	....	....	....	....	....
HM148077	....	....	....	....	....	....	....
HM148078	....	....	....	....	....	....	....
FR799478	....	....	....	....	....	....	....
JQ946387	....	....	....	....	....	....	....
JQ946388	....	....	....	....	....	....	....
JQ946389	....	....	....	....	....	....	....
JQ946393	....	....	....	....	....	....	....
JQ781722	....	....	....	....	....	....	....
KF986443	....	....	....	....	....	....	....
KR912311	....	....	....	....	....	....	....

AF393697	CGGGTGGACA	CTTCAAACTC	TTGCGTAACT	TTGCAGTCTG	AGTAAACTTA	ATTAATAAAT	TAAAACTTTT
AF393696	....	....	....	....	....	....	....
DQ681347	....	....	....	....	....	....	....
GU594745	....	....	....	....	....	....	....

GU594746	....	....	....	....	....	....	....
GU594747	....	....	....	....	....	....	....
HM148068	....	....	....	....	....	....	....
HM148069	....	....	....	....	....	....	....
HM148070	....	....	....	....	....	....	....
HM148073	....	....	....	....	....	....	....
HM148074	....	....	....	....	....	....	....
HM148075	....	....	....	....	....	....	....
HM148076	....	....	....	....	....	....	....
HM148077	....	....	....	....	....	....	....
HM148078	....	....	....	....	....	....	....
FR799478	....	....	....	....	....	....	....
JQ946387	....	....	....	....	....	....	....

0   639

JQ946388	....	....	....	....	....	....	....
JQ946389	....	....	....	....	....	....	....
JQ946393	....	....	....	....	....	....	....
JQ781722	....	....	....	....	....	....	....
KF986443	....	....	....	....	....	....	....
KR912311	....	....	....	....	....	....	....

AF393697	AACAACGGAT	CTCTTGGTTC	TGGCATCGAT	GAAGAACGCA	GCGAAATGCG	ATAAGTAATG	TGAATTGCAG
AF393696	....	....	....	....	....	....	....
DQ681347	....	....	....	....	....	....	....
GU594745	....	....	....	....	....	....	....
GU594746	....	....	....	....	....	....	....
GU594747	....	....	....	....	....	....	....
HM148068	....	....	....	....	....	....	....
HM148069	....	....	....	....	....	....	....
HM148070	....	....	....	....	....	....	....
HM148073	....	....	....	....	....	....	....
HM148074	....	....	....	....	....	....	....
HM148075	....	....	....	....	....	....	....
HM148076	....	....	....	....	....	....	....
HM148077	....	....	....	....	....	....	....
HM148078	....	....	....	....	....	....	....
FR799478	....	....	....	....	....	....	....
JQ946387	....	....	....	....	....	....	....
JQ946388	....	....	....	....	....	....	....
JQ946389	....	....	....	....	....	....	....
JQ946393	....	....	....	....	....	....	....
JQ781722	....	....	....	....	....	....	....
KF986443	....	....	....	....	....	....	....
KR912311	....	....	....	....	....	....	....

AF393697	AATTCAGTGA	ATCATCGAAT	CTTTGAACGC	ACATTGCGCC	CCCTGGTATT	CCGGGGGGCA	TGCCTGTTCG
AF393696	....	....	....	....	....	....	....
DQ681347	....	....	....	....	....	....	....
GU594745	....	....	....	....	....	....	....
GU594746	....	....	....	....	....	....	....
GU594747	....	....	....	....	....	....	....

HM148068	....	....	....	....	....	....	....
HM148069	....	....	....	....	....	....	....
HM148070	....	....	....	....	....	....	....
HM148073	....	....	....	....	....	....	....
HM148074	....	....	....	....	....	....	....
HM148075	....	....	....	....	....	....	....
HM148076	....	....	....	....	....	....	....
HM148077	....	....	....	....	....	....	....
HM148078	....	....	....	....	....	....	....
FR799478	....	....	....	....	....	....	....
JQ946387	....	....	....	....	....	....	....
JQ946388	....	....	....	....	....	....	....
JQ946389	....	....	....	....	....	....	....
JQ946393	....	....	....	....	....	....	....
JQ781722	....	....	....	....	....	....	....
KF986443	....	....	....	....	....	....	....
KR912311	....	....	....	....	....	....	....

AF393697	AGCGTCATTT	CACCACTCAA	GCCTCGCTTG	GTATTGGGCA	ACGCGGTCCG	CCGCGTGCCT	CAAATCGACC
AF393696	....	....	....	....	....	....	....
DQ681347	....	....	....	....	....	....	.......T..
GU594745	....	....	....	....	....	....	.......T..
GU594746	....	....	....	....	....	....	.......T..
GU594747	....	....	....	....	....	....	.......T..
HM148068	....	....	....	....	....	....	....
HM148069	....	....	....	....	....	....	....
HM148070	....	....	....	....	....	....	....
HM148073	....	....	....	....	....	....	....
HM148074	....	....	....	....	....	....	....
HM148075	....	....	....	....	....	....	....
HM148076	....	....	....	....	....	....	....
HM148077	....	....	....	....	....	....	....
HM148078	....	....	....	....	....	....	....
FR799478	....	....	....	....	....	....	.......T..
JQ946387	....	....	....	....	....	....	.......T..
JQ946388	....	....	....	....	....	....	.......T..
JQ946389	....	....	....	....	....	....	.......T..
JQ946393	....	....	....	....	....	....	.......T..
JQ781722	....	....	....	....	....	....	.......T..
KF986443	....	....	....	....	....	....	.......T..
KR912311	....	....	....	....	....	....	.......T..

AF393697	GGCTGGGTCT	TCTGTCCCCT	AAGCGTTGTG	GAAACTATTC	GCTAAAGGGT	GTTCGGGAGG	CTACGCCGTA
AF393696	....	....	....	....	....	....	....
DQ681347	....	....	....	....	....	....	....
GU594745	....	....	....	....	....	....	....
GU594746	....	....	....	....	....	....	....
GU594747	....	....	....	....	....	....	....
HM148068	....	....	....	....	....	....	....
HM148069	....	....	....	....	....	....	....
HM148070	....	....	....	....	....	....	....
HM148073	....	....	....	....	....	....	....
HM148074	....	....	....	....	....	....	....
HM148075	....	....	....	....	....	....	....
HM148076	....	....	....	....	....	....	....
HM148077	....	....	....	....	....	....	....

HM148078	....	....	....	....	....	....
FR799478	....	....	....	....	....	....
JQ946387	....	....	....	....	....	....
JQ946388	....	....	....	....	....	....
JQ946389	....	....	....	....	....	....
JQ946393	....	....	....	....	....	....
JQ781722	....	....	....	....	....	....
KF986443	....	....	....	....	....	....
KR912311	....	....	....	....	....	....

AF393697	AAACAACCC
AF393696	....
DQ681347	....
GU594745	....
GU594746	....
GU594747	....
HM148068	....
HM148069	....
HM148070	....
HM148073	....
HM148074	....
HM148075	....
HM148076	....
HM148077	....
HM148078	....
FR799478	....
JQ946387	....
JQ946388	....
JQ946389	....
JQ946393	....
JQ781722	....
KF986443	....
KR912311	....

12.1.7 近缘种

经过文献查找，近缘种有 *Cladosporium cladosporioides* 和 *Cladosporium vignae*。Species and ecological diversity within the *Cladosporium cladosporioides* complex (*Davidiellaceae*, *Capnodiales*)。

12.1.8 种间 rDNA *ITS* 序列差异

黄瓜黑星病菌与近缘种种间变异位点为 13 个，如下：

Cladosporium cucumerinum	GGGATGTTCA	TAACCCTTTG	TTGTCCGACT	CTGTTGCCTC	CGGGGCGACC
Cladosporium cladosporioides	....	....	....	....	....
Cladosporium vignae	....	....	....	....	....
Cladosporium cucumerinum	CTGCCTTTTC	ACGGGCGGGG	GCCCCGGGTG	GACACATCAA	AACTCTTGCG
Cladosporium cladosporioides	.......————	——.......	..T.......	.....T....	.—........
Cladosporium vignae	.......————	——.......	..T.......	.....T....	.—........
Cladosporium cucumerinum	TAACTTTGCA	GTCTGAGTAA	ATTTAATTAA	TAAATTAAAA	CTTTCAACAA
Cladosporium cladosporioides	....	....	.C........	....	....T.....
Cladosporium vignae	....	....	.C........	....	....T.....

Cladosporium cucumerinum	CGGATCTCTT	GGTTCTGGCA	TCGATGAAGA	ACGCAGCGAA	ATGCGATAAG
Cladosporium cladosporioides	....	....	....	....	....
Cladosporium vignae	....	....	....	....	....
Cladosporium cucumerinum	TAATGTGAAT	TGCAGAATTC	AGTGAATCAT	CGAATCTTTG	AACGCACATT
Cladosporium cladosporioides	....	....	....	....	....
Cladosporium vignae	....	....	....	....	....
Cladosporium cucumerinum	GCGCCCCCTG	GTATTCCGGG	GGGCATGCCT	GTTCGAGCGT	CATTTCACCA
Cladosporium cladosporioides	....	....	....	....	....
Cladosporium vignae	....	....	....	....	....
Cladosporium cucumerinum	CTCAAGCCTC	GCTTGGTATT	GGGCGACGCG	GTCCGCCGCG	CGCCTCAAAT
Cladosporium cladosporioides	....	....	....AT....	....	T.........
Cladosporium vignae	....	....	....A.....	....	T.........
Cladosporium cucumerinum	CGACCGGCTG	GGTCTTCTGT	CCCCTCAGCG	TTGTGGAAAC	TATTCGCTAA
Cladosporium cladosporioides	....	....	.....A....	....	....
Cladosporium vignae	....	....	.....A....	....	....
Cladosporium cucumerinum	AGGGTGCCAC	GGGAGGCCAC	GCCGAAAAAC	AAACCC	
Cladosporium cladosporioides	......TT—.	.......T..	....T.....	..C...	
Cladosporium vignae	......TT—.	.......T..	....T.....	..C...	

12.1.9　条形码蛋白质序列

GMFITLCCPTLLPPGRPCLFTGGGPGWTHQNSCVTLQSEILINNFQQRISWFWHR＊RTQR
NAISNVNCRIQIIESLNAHCAPWYSGGHACSSVISPLKPRLVLGDAVRRAPQIDRLGLLSPQRCG
NYSLKGATGGHAEKQTX

13 柱锈菌属 DNA 条形码

13.1 油松疱锈病菌 *Cronartium coleosporioides*

13.1.1 基本信息

中文名称：鞘锈状柱锈菌。

拉丁学名：*Cronartium coleosporioides*（Dietel & Holw.）Arthur，N. Amer. Fl.（New York）7（2）：123（1907）。

异名：*Uredo coleosporioides* Dietel & Holw.，Erythea 1：247（1893）；

Peridermium stalactiforme Arthur & F. Kern，Bull. Torrey bot. Club 33：419（1906）；

Cronartium stalactiforme（Arthur & F. Kern）Arthur & F. Kern，Bull. Torrey bot. Club 49：191（1922）；

Cronartium coleosporioides f. *album* Ziller，Can. J. Bot. 48（7）：1315（1970）。

英文名：Pine cow rust。

分类地位：真菌界（Fungi）担子菌门（Basidiomycota）柄锈菌纲（Pucciniomycetes）柄锈菌目（Pucciniales）柱锈菌科（Cronartiaceae）柱锈菌属（*Cronartium*）。

13.1.2 生物学特性及危害症状

受侵染小枝上的坏死斑或溃疡斑可与嗜松枝干溃疡病病菌（*Atropellis piniphila*）所致病害一起发生，多年的溃疡病斑长度大约是宽度的 10 倍。受侵染的树皮经常被啮齿动物啃咬，造成严重的流脂。在转主寄生后的寄主火焰草上，病菌可造成淡黄色的叶斑。该病通常能造成树木畸形，降低树的活力，甚至造成树苗和成林树的死亡（严进等，2013）。

13.1.3 检疫及限定现状

EPPO、韩国、克罗地亚、罗马尼亚、马达加斯加、约旦、中国将其列为检疫性有害生物。乌克兰、新西兰将其列为限制性病害。

13.1.4 凭证样本信息及材料来源

分析所用基因片段信息来自菌株：437CRC-MEL-NB1、437CRC-MEL-NB1、Ccol-yh3-FP、SHmC-9、RNPB2、RNPB1、RNCast2，标本来自美国。参考序列共有 8 条参考序列：CRITS018-08、GBPLU1068-13、GBPLU1099-13、GBPLU1691-15、GBPLU214-13、GBPLU215-13、GBPLU221-13、GBPLU374-13。

13.1.5 DNA 条形码标准序列

rDNA *ITS* 序列信息及图像化条形码（illustrative barcode）。

AAGTCGTAACAAGGTTTCCGTAGGTGAACCTGCGGAAGGATCATTATTAAAAAGCAAA
GGAGTGCACTTTATTGTGGCTCTGAACCTTTTAAATATATTCTAACCCATTTTAAAACCCAA
AGTTGTTATGTGTACCTTTTTTGGGTATAGCATCTCAACAGTACGTTAACTTGTGTTGTTG
TTTCACATGAGCTCTGACATTACCCCCCCTTTATAAGTGACCTTTTTTATTATTATTAATT

ACTCAAAATGTTTTTAAGAATGTAAACCCCTTTAAAAAATATATATATAACTTTTAACA
ATGGATCTCTTGGCTCTCACATCGATGAAGAACACAGTGAAATGTGATAAGTAATGTGAA
TTGCAGAATTCAGTGATCATCAAATCTTTGAACGCACCTTGCACCTTTTGGTATTCCAAA
AGGTACACCTGTTTGAGTGTCATGAAACCCTCTCATTCCAATTCATTATTTTATATAATG
ATTTGTGTAATGGATGTTGAGTGTTGCTGTCATTAGCTCACTTTAAATATATAAGTACTT
TTATTTGAAAAAAATAAATGGAGTAATACTTGGTGTAATATTTATTATTCATTGAGGAG
TGTAGTTTATACTACAGCCATTTGTTTCAGATAAATAGCTTCCTAACCCTCATTATTTTTT
TTTTCAATTTTAGACCTCAAATCAGGTGGGACTACCCGCTGAACTTAA

13.1.6　条形码蛋白质序列

SHR＊RTQ＊NVISNVNCRIQ＊IIKSLNAPCTFWYSKRYTCLSVMKPSHSNSLFYIMICVMD
VECCCH＊LTLNI＊VLLFEKNKWSNTWCNIYY

13.2　松瘤锈病菌 *Cronartium harknessii*

13.2.1　基本信息

中文名称：哈克尼西柱锈菌。

拉丁学名：*Cronartium harknessii* E. Meinecke，Phytopathology 10：282（1920）。

异名：*Peridermium harknessii* J. P. Moore［as 'harknessi'］，in Harkness，Bull. Calif. Acad. Sci. 1（no. 1）：37（1884）；

Aecidium harknessii（J. P. Moore）Dietel，in Engler & Prantl，Nat. Pflanzenfam.，Teil. I（Leipzig）1：79（1897）；

Endocronartium harknessii（J. P. Moore）Y. Hirats.，Can. J. Bot. 47（9）：1493（1969）；

Peridermium cerebroides E. Meinecke，Phytopathology 19：327（1929）。

英文名：Western gall rust。

分类地位：真菌界（Fungi）担子菌门（Basidiomycota）柄锈菌纲（Pucciniomycetes）柄锈菌目（Pucciniales）柱锈菌科（Cronartiaceae）柱锈菌属（*Cronartium*）。

13.2.2　生物学特性及危害症状

树枝上可形成直径为 5～10cm 的巨型瘤。病瘤为球形或不规则形、表面可见许多裂缝，病部可产生橘黄色的孢子团。春季产生光亮的、具黏性的液滴。随后，形成淡黄色的锈子器，直径 1～8 mm，内含粉状的橘黄色孢子。每次新的侵染后，即形成边缘明显的、球形至长椭圆形病瘤，可达 8 cm，有时伴有丛枝形成。在 1～2 年的嫩枝上形成的小病瘤常呈梨形。表皮呈大鳞片状脱落，最后露出光滑的木质部，由老树皮支撑的环状物环绕在病瘤上下两端（严进等，2013）。

13.2.3　检疫及限定现状

EPPO、阿尔及利亚、冰岛、厄瓜多尔、克罗地亚、罗马尼亚、马达加斯加、秘鲁、摩洛哥、瑞士、土耳其、约旦、中国将其列为检疫性病害。乌克兰、新西兰将其列为限定性病害。

13.2.4 凭证样本信息及材料来源

分析所用基因片段信息来自菌株：424PEH-PN-MW1、425PEH-PN-X15、426PEH-PN-X16、427PEH-PN-X17、429PEH-PN-X18、430PEH-PN-X19、431PEH-PN-X20、432PEH-PN-X21、40CR-PNB-LP1、795CR-PNB-LI1、424PEH-PN-MW1 等，菌株来源于加拿大。

13.2.5 DNA 条形码标准序列

rDNA *ITS* 序列信息及图像化条形码（illustrative barcode）。

AAGTCGTAACAAGGTTTCCGTAGGTGAACCTGCGGAAGGATCATTATTAAAAAGCAAA
GGAGTGCACTTAATTGTGGCTCTGAACCTTTTAAATATATTTCAACCCATTTTAAAAATCA
AAGTTGTTATGTGTGCCTTTTTTTTGGTATAGCATCTCAGCAGTAATGTCACCCTTGTGCTG
TTATTTCACATAAGCCCTGACAATTACCCCCCTTTATAAGTGACCCCTTTTTTGTTAAATA
CTCTTTATAAAAATGTTTTTAAGAATGTAAACCCCTGTAAAAAATAATATAACTTTTAAC
AATGGATCTCTTGGCTCTCACATCGATGAAGAACACAGTGAAATGTGATAAGTAATGTGA
ATTGCAGAATTCAGTGAATCATCGAATCTTTGAACGCACCTTGCACCTTTTGGTATTCCAA
AAGGTACACCTGTTTGAGTGTCATGAAACCCTCTCATTCCAATTCTTTATTTTATATAAGG
ATTTGTGTAATGGATGTTGAGTGTTGCTGTCATTGGCTCACTTTAAATATATGAGTACTT
TTATTTGAAAAATAAATAAATGGAGTAATACTTGGTGTAATATTTATTATTCATTGAGG
AGTGTAGTTTAATTACTACAGCCATTTGTTTCAGATAAATAGCTTCCTAACCCCATTTTAT
CTTCAATTTTAGACCTCAAATCAGGTGGGACTACCCGCTGAACTTAA

0   710

13.2.6 条形码蛋白质序列

KS * QGFRR * TCGRIIKKQRSALNCGSEPFKYISTHFKNQSCYVCLFFGIASQQYNVTLCC
YFT * ALTITPLYK * PLFC * ILFIKMFLRM * TPVKNNITFNNGSLGSHIDEEHSEM * * VM *
IAEFSESSNL * THLAPFGIPKGTPV * VS * NPLIPILYFI * GFV * WMLSVAVIGSL * IYEYF
YLKNK * ME * YLV * YLLFIEECSLITTAICFR * IAS * PHFIFNFRPQIRWDYPLNLSISISGGK
ETNKDSPSNGE * RGKSPNL * SGSFRVRVVILRTVFCAGPCTSLLKNS

13.3 松疱锈病菌 *Cronartium ribicola*

13.3.1 基本信息

中文名称：茶藨生柱锈菌。

拉丁学名：*Cronartium ribicola* J. C. Fisch.，Hedwigia 11：182（1872）。

异名：*Cronartium ribicola* H. A. Dietr.，in Rabenhorst, Fungi europ. exsicc.：no. 1595（1856），

Cronartium ribicola H. A. Dietr.，Arch. Naturk. Liv- Ehst- Kurlands, Ser. 2, Biol. Naturk. 1：287（1856），

Peridermium strobi Kleb.，Hedwigia 27：119（1888），

Peridermium indicum Colley & M. W. Taylor，J. Agric. Res. 34（4）：329（1927）。

英文名：White pine blister rust。

分类地位：真菌界（Fungi）担子菌门（Basidiomycota）柄锈菌纲（Pucciniomycetes）柄锈菌目

（Pucciniales）柱锈菌科（Cronartiaceae）柱锈菌属（*Cronartium*）。

13.3.2 生物学特性及危害症状

病害发生在枝干皮部，但不危害木质部，先在侧枝基部发病，然后向枝干皮部扩展，有时枝干同时发病。发病部位常在地上 150cm 以内的枝干上。病初期，皮部略肿变软，于 5 月初开始生裂纹，并从中生黄白色疱囊，6 月上中旬成熟呈橘黄色。疱囊的形状、生长方向和破裂方式都不一定。自 5 月中旬起，囊破，飞散粉状锈孢子，最后留下膜状白色包被并逐渐散落消失。至 6 月末大部分疱囊已破散，老病皮粗糙，且常生一层煤污菌类，显黑色。8 月末、9 月初，在病皮的上下两端或仅在上端出现混有性孢子的蜜滴，初乳白色，后变橘黄色，带甜味。剥下树皮时，可见皮层中的性孢子器，干后呈血迹状，暗红色（袁嗣令等，1997）。

13.3.3 检疫及限定现状

中国、厄瓜多尔、马来西亚、马达加斯加、摩洛哥、美国等国家将其列为检疫性对象；捷克、印度、匈牙利、瑞典、英国、北爱尔兰、苏格兰等国家将其列为限制性病害。

13.3.4 凭证样本信息及材料来源

凭证标本清单：HMAS 172046、HMAS 66843、HMAS 67777、MICH 253525、HMAS 86824、MICH 253553、NY00 267051、NY00267052、NY00267053、NY00267056、NY00267057、NY00267059、NY00267061、NY03106213、TSH-R14230。

13.3.5 DNA 条形码标准序列

rDNA 序列信息及图像化条形码（illustrative barcode）。

GGTATTCCAAAAGGTACACCTGTTTGAGTGTCATGAAACCCTCTCATTCCAATTCTTTA
TTTTATATAAGGAGTTGTGTAATGGATGTTGAGTGTTGCTGTCATTGGCTCACTTTAAATA
TATAAGTACTTTTATTTGAAAAAAATAAATGGAGTAATACTTGGTGTAATATTTATTATT
CATTGAGGAGTGTAGTTTAATTACTACAGCCATTTGTTTCAGATAAATAGCTTCCTAACC
ACATTTTCAATTTTAGACCTCAAATCAGGTGGGACTACCCGCTGAACTTAAGCATATCAAT
AAGCGGAGGAAAAGAAACTAACAAGGATTCCCCTAGTAACGGCGAGTGAAGAGGGAAAAG
CCCAAATTTGTAATCTGGCTCTTTTAGAGTCCGAGTTGTAATTTTAAGAACTGTTTTCCGT
GCTGGACCATGTACAAGTCTGTTGAAAACAGCATCATTGAGGGTGAAAATCCCGTACAT
GATATGGACTACCAGTGCAATGTGATACAGTCTCTAAGAGTCGAGTTGTTTGGGAATGCA
GCTCAAAGTGGGTGGTAAATTCCATCTAAGGCTAAATATAGGTGAGAGACCGATAGCAAA
CAAGTACCGTGAGGGAAAGATGAAAAGAACTTTGGAAAGAGAGTTAACAGTACGTGAAA
TTGTTAAAAGGGAAACATTTGAAGTTAGACTTGTTATTGTTGGTTCAACTTTTTTTAAAA
GGTGTATTCCAATGGTTAACAGACCAGCATCAATTTTTGGGTGTTAGATAAGGGTCTTGA
GAATGTAGCAATTTTGGTTGTGTTATAGCTCATGACTTTGATATAATGCTTAGGATTGAG
GAACGCAGTGAGCTTTTCATTAAGTGGATGCCTTTGGGGATCTTCTCACTATGGATGTTGG
TGTAATAGCTTTAAATGACCCGTCTTGAAACACGGACCAAGGAGTCTAACATGCTTGCGAG
TATTTGGGTGTTGAAACCCTTATGCGTAATGAAAGTGAATGTAAATGAGATCCGTAGCAG
GTGCATCATTGACCAGTCCTGATTATTTATATGAAGGTACTGAGTAAGAGCAAGTATGTT
GGGACCCGAAAGATGGTGAACTATGCCTGAATAGGGTGAAGCCAGAGGAAACTCTGGTGG
AAGCTCGTAGCGGTTCTGACGTGCAAATCGATCGTCGAATTTGGGTATAGGGGCGAAAGA
CTAATCGAACCATCTAGTAGCTGGTTCCTGCCGAAGTTTCCCTCAGGATAGCAGAGATTCA

TATCAGTTTTATGAGGTAAAGCGAATGATTAGAGGCCTTGGGGATGTAATATCCTTAACC
TATTCTCAAACTTTAAATATGTAAGACGCTCCTGTTTCTTAATTGAATGTGAGCATGTGA
ATGAGAGTCTCTAGTGGGCCATTTTTGGTAAGC

0   1 199

BOLD 中参考序列：672CRR-RIG-BI16.1、756X-RI-SC2.1、906CRR-PNS-SLZ、907CRR-PNS-SLZ2、908CRR-PNS-SLZ3、909CRR-PNS-SLZ4、913CRR-PNS-SMW、1037CRR-RIS-BI、JN943256、JN943231、JN943230、JN943228、JN943227、JN943226、JN943225、JN943224、JN943190、JN943189、JN943188、JN943187、JN943186、JN943185、JN943184、JN943183、JN943182、HM156044、HM156043、JN587805、HQ317529、HQ317509、KF387533、DQ445908、DQ017954、AY955833、AY955832、AY955831、AY955830、AY955829、AY955827、EU826973、EU826972、EU826971、EU826970、EU826969、EU826968、GU727732、GU727731、GU727730。

13.3.6 rDNA *ITS* 条形码蛋白质序列

TF * IYFNPF * NPKLLCVPFLV * HLNSTLTCVVVSHEL * HYPPL * VTPLFC * * LFIKMF
LRM * TPLKKKYNF * QWISWLSHR * RTQ * NVISNVNCRIQ * IIESLNAPCTFWYSKRYTC
LSVMKPSHSNSLFYIRSCVMDVECCCHWLTLNI * VLLFEKNKWSNTWCNIYYSLRSVV * LLQ
PFVS

13.4 北美松疱锈病菌 *Cronartium comandrae*

13.4.1 基本信息

中文名称：假柳穿鱼柱锈菌。

拉丁学名：*Cronartium comandrae* Peck，Bot. Gaz. 4（2）：128（1879）。

异名：*Peridermium pyriforme* Peck [as 'piriforme']，Bull. Torrey bot. Club 6（2）：13（1875）；*Cronartium pyriforme*（Peck）Hedgc. & Long，Privately printed at Washington D. C.，June 12，1914：3（1914）。

英文名：Comandra blister rust。

分类地位：真菌界（Fungi）担子菌门（Basidiomycota）柄锈菌纲（Pucciniomycetes）柄锈菌目（Pucciniales）柱锈菌科（Cronartiaceae）柱锈菌属（*Cronartium*）。

13.4.2 生物学特性及危害症状

松树上形成细小的纺锤形肿胀，接着被侵染的树皮裂开。病菌在树皮内扩展，很快环绕整个茎部。在大枝条或主干上常见有大量树脂流出的大型溃疡斑，尤其是在柳叶松和西黄松上。大的、红黄色的性子器（直径 4～8mm）在初侵染后 2～3 年内出现在肿胀的树皮上。在转主寄主上，被侵染的叶和茎出现淡黄色斑点（严进等，2013）。

13.4.3 检疫及限定现状

EPPO、厄瓜多尔、克罗地亚、罗马尼亚、马达加斯加、约旦、中国将其列为检疫性病害，乌克兰、新西兰将其列为限定性病害。

13.4.4　凭证样本信息及材料来源

凭证标本清单：HMAS 38375、MICH 253330、MICH 253364、MICH 253419、MICH 253516、MICH 253517、NY 00267638、NY 03106199、NY 03106200、MICH 253506、MICH 253360、MICH 253420、1195CRM-GEL-BC、JN943251、394CRM-PNB-X13、42CR-PNB-RN6、448CRM-COU-BC17、449CRM-COU-BC18、44CRT-PNB-BJ4、484CRM-COP-SKA1、485CRM-COU-NB5、518CRM-COU-MA6、MV-J9-FP、HC-H5-FP，标本来自美国、加拿大。

13.4.5　DNA 条形码标准序列

rDNA 序列信息及图像化条形码（illustrative barcode）。

AAGTCGTAACAAGGTTTCCGTAGGTGAACCTGCGGAAGGATCATTATTAAAAAGCAAA
GGAGTGCACTTTATTGTGGCTCTGAACCTTTTAAATATAATTTAACCCATTTTAAAAACCC
AAAGTTGTTATGTGTGCCTTTTTTTGGTATAGCATCTCAACAGTACGTTAACTTGTGTTGT
TGTTTCACATGAGCTCTGACATTACACCCCTTTATAAGTGACCCTTTTTTTGTTAATTACT
CTTTATAAAAATGTTATTAAGAATGTAAACCCCTTTAAAAAAAATAATATAACTTTTAA
CAATGGATCTCTTGGCTCTCACATCGATGAAGAACACAGTGAAATGTGATAAGTAATGTG
AATTGCAGAATTCAGTGAATCATCGAATCTTTGAACGCACCTTGCACCTTTTGGTATTCCA
AAAGGTACACCTGTTTGAGTGTCATGAAACCCTCTCATTCCAATTCTTTATTTTATATAAG
GATTTGTGTAATGGATTTTGAGTGTTGCTGTCATTAGCTCACTTTAAATATATAAGTACT
TTTATTTGTAACAAATGGAGCAATACTTGGTGTAATATTTATTATTCATTGAGGAGTGTA
GTTTAACAACTACAGCCATTTGATTCAGATAAATAGCTTCCTAACCCCATTTTCAATTTTA
GACCTCAAATCAGGTGGGACTACCCGCTGAACTTAAGCATATCAATAAGCGGAGGAAAAG
AAACTAACAAGGATTCCCCTAGTAACGGCGAGTGAAGAGGGAAAAGCCCAAATTTGTAAT
CTGGCTCTTTTAGAGTCCGAGTTGTAATTTTAAGAACTGTTTTCCGTGCTGGACCATGTAC
AAGTCTGTTGAAAAACAGC

0   862

经过 BOLD SYTEM 数据库查询，参考序列共有 22 条：CRITS012-08、CRITS013-08、CRITS016-08、CRITS017-08、CRITS019-08、CRITS020-08、CRITS021-08、CRITS022-08、CRITS027-08、CRITS050-09、GBPLU1053-13、GBPLU1055-13、GBPLU1056-13、GBPLU1064-13、GBPLU1069-13、GBPLU1070-13、GBPLU1071-13、GBPLU1072-13、GBPLU1073-13、GBPLU1074-13、GBPLU1095-13、GBPLU1096-13。

13.4.6　柱锈菌属内近缘种种间条形码序列差异

柱锈菌属内近缘种 *Cronartium ribicola*、*Cronartium coleosporioides*、*Cronartium comandrae* 种间变异位点有 18 个，如下：

CRITS001-08|*Endocronartium _ harknessii*|ITS　TCA CAT CGA TGA AGA ACA CAG TGA AAT GTG ATA AGT AAT GTG AAT TGC
CRITS029-08|*Cronartium _ ribicola*|ITS　…　…　…　…　…　…　…　…　…　…　…　…　…　…　…　…　…
CRITS018-08|*Cronartium _ coleosporioides*|ITS　…　…　…　…　…　…　…　…　…　…　…　…　…　…　…　…　…
CRITS012-08|*Cronartium _ comandrae*|ITS　…　…　…　…　…　…　…　…　…　…　…　…　…　…　…　…　…

CRITS001-08|*Endocronartium _ harknessii*|ITS　AGA ATT CAG TGA ATC ATC GAA TCT TTG AAC GCA CCT TGC ACC TTT TGG

```
CRITS029-08|Cronartium _ ribicola |ITS      ... ... ... ... ... ..T ... ... ... ... ... ...
CRITS018-08|Cronartium _ coleosporioides |ITS ... ... ... ... ... A.. ... ... ... ... ... ...
CRITS012-08|Cronartium _ comandrae |ITS     ... ... ... ... ... ... ... ... ... ... ... ...


CRITS001-08|Endocronartium _ harknessii |ITS TAT TCC AAA AGG TAC ACC TGT TTG AGT GTC ATG AAA CCC TCT CAT TCC
CRITS029-08|Cronartium _ ribicola |ITS        ... ... ... ... ... ... ... ... ... ... ... ... ... ... ... ...
CRITS018-08|Cronartium _ coleosporioides |ITS ... ... ... ... ... ... ... ... ... ... ... ... ... ... ... ...
CRITS012-08|Cronartium _ comandrae |ITS       ... ... ... ... ... ... ... ... ... ... ... ... ... ... ... ...


CRITS001-08|Endocronartium _ harknessii |ITS AAT TCT TTA TTT TAT ATA AGG ATT TGT GTA ATG GAT GTT GAG TGT TGC
CRITS029-08|Cronartium _ ribicola |ITS        ... ... ... ... ... ... ... .G. ... ... ... ... ... ... ... ...
CRITS018-08|Cronartium _ coleosporioides |ITS ... ... ... ... ... ... .T. ... ... ... ... ... ... ... ... ...
CRITS012-08|Cronartium _ comandrae |ITS       ... ... ... ... ... ... ... ... ... ... T.. ... ... ... ... ...


CRITS001-08|Endocronartium _ harknessii |ITS TGT CAT TGG CTC ACT TTA AAT ATA TGA GTA CTT TTA TTT GAA AAA TAA
CRITS029-08|Cronartium _ ribicola |ITS        ... ... ... ... ... ... ... ... .A. ... ... ... ... ..— —..
CRITS018-08|Cronartium _ coleosporioides |ITS ... ... .A. ... ... ... ... ... .A. ... ... ... ... ..— —..
CRITS012-08|Cronartium _ comandrae |ITS       ... ... .A. ... ... ... ... ... .A. ... ... ... ... .T. ——————


CRITS001-08|Endocronartium _ harknessii |ITS ATA AAT GGA GTA ATA CTT GGT GTA ATA TTT ATT ATT CAT TGA GGA GTG
CRITS029-08|Cronartium _ ribicola |ITS        ... ... ... ... ... ... ... ... ... ... ... ... ... ... ... ...
CRITS018-08|Cronartium _ coleosporioides |ITS ... ... ... ... ... ... ... ... ... ... ... ... ... ... ... ...
CRITS012-08|Cronartium _ comandrae |ITS       .C. ... ... ... .C. ... ... ... ... ... ... ... ... ... ... ...


CRITS001-08|Endocronartium _ harknessii |ITS TAG TTT AAT TAC TAC AGC CAT TTG TTT CAG ATA AAT AGC TTC CTA ACC
CRITS029-08|Cronartium _ ribicola |ITS        ... ... ... ... ... ... ... ... ... ... ... ... ... ... ... ...
CRITS018-08|Cronartium _ coleosporioides |ITS ... ... .—— ... ... ... ... ... ... ... ... ... ... ... ... ...
CRITS012-08|Cronartium _ comandrae |ITS       ... ... ..C A.. ... ... ... ... A.. ... ... ... ... ... ... ...


CRITS001-08|Endocronartium _ harknessii |ITS C—C ATT TTA TCT TCA ATT TTA GAC CTC AAA TCA GGT GGG ACT ACC CGC
CRITS029-08|Cronartium _ ribicola |ITS        A————— —C. .T. ... ... ... ... ... ... ... ... ... ... ... ... ...
CRITS018-08|Cronartium _ coleosporioides |ITS .T. ... A.T .T. ... ... ... ... ... ... ... ... ... ... ... ...
CRITS012-08|Cronartium _ comandrae |ITS       .————— —C. .T. ... ... ... ... ... ... ... ... ... ... ... ...


CRITS001-08|Endocronartium _ harknessii |ITS TGA ACT TAA GCA TAT CAA TAA GCG GAG GAA AAG AAA CTA ACA AGG ATT
CRITS029-08|Cronartium _ ribicola |ITS        ... ... ... ... ... ... ... ... ... ... ... ... ... ... ... ...
CRITS018-08|Cronartium _ coleosporioides |ITS ... ... ... ... ... ... ... ... ... ... ... ... ... ... ... ...
CRITS012-08|Cronartium _ comandrae |ITS       ... ... ... ... ... ... ... ... ... ... ... ... ... ... ... ...


CRITS001-08|Endocronartium _ harknessii |ITS CCC CTA GTA ACG GCG AGT GAA GAG GGA AAA GCC CAA ATT TGT AAT CTG
CRITS029-08|Cronartium _ ribicola |ITS        ... ... ... ... ... ... ... ... ... ... ... ... ... ... ... ...
CRITS018-08|Cronartium _ coleosporioides |ITS ... ... ... ... ... ... ... ..‚ ... ... ... ... ... ... ... ...
CRITS012-08|Cronartium _ comandrae |ITS       ... ... ... ... ... ... ... ... ... ... ... ... ... ... ... ...


CRITS001-08|Endocronartium _ harknessii |ITS GCT CTT TTA GAG TCC GAG TTG TAA TTT
CRITS029-08|Cronartium _ ribicola |ITS        ... ... ... ... ... ... ... ... ...
CRITS018-08|Cronartium _ coleosporioides |ITS ... ... ... ... ... ... ... ... ...
CRITS012-08|Cronartium _ comandrae |ITS       ... ... ... ... ... ... ... ... ...
```

14 间座壳属 DNA 条形码

14.1 向日葵茎溃疡病菌 *Diaporthe helianthi*

14.1.1 基本信息

中文名称：向日葵间座壳。

拉丁学名：*Diaporthe helianthi* Munt. -Cvetk. ，Mihaljč. & M. Petrov，Nova Hedwigia 34（3 & 4）：433（1981）。

异名：*Phomopsis helianthi* Munt. -Cvetk. ，Mihaljč. & M. Petrov，Nova Hedwigia 34（3 & 4）：433（1981）。

英文名：Stem canker of sunflower。

分类地位：真菌界（Fungi）子囊菌门（Ascomycota）粪壳菌纲（Sordariomycetes）间座壳目（Diaporthales）间座壳科（Diaporthaceae）间座壳属（*Diaporthe*）。

14.1.2 生物学特性及危害症状

茎秆和叶柄结合处有枯黄色至淡褐色大型病斑，病斑可溃疡，边缘呈日烧状；发病严重时，病斑逐步扩展并包围茎秆，导致茎秆上部干枯，易折断，茎秆和叶柄的髓部腐烂坏死。叶片病斑棕色或褐色，可整叶萎蔫、干枯变黑。花盘受害后发育不良，不能形成成熟的种子，或干枯败育。发病严重时可导致整个植株死亡。

14.1.3 检疫及限定现状

被欧亚经济联盟、俄罗斯、吉尔吉斯斯坦、匈牙利、约旦、智利、中国列为检疫性有害生物。

14.1.4 凭证样本信息及材料来源

CBS 592. 81（TYPE）、JK58、STE-U 5354 、STE-U 5356、STE-U 5344、STE-U 5353 、PH1 、CBS 592. 81、CBS 344. 94 、ATCC 62680 、ATCC 52472、USH1 及 FR001。

14.1.5 DNA 条形码标准序列

rDNA *ITS* 序列信息及图像化条形码（illustrative barcode）。

GTAACAAGGTCTCCGTTGGTGAACCAGCGGAGGGATCATTGCTGGAACGCGCCCCCGGC
GCACCCAGAAACCCTTTGTGAACTTATACCTATCTGTTGCCTCGGCGCAGGCCGGCCCCCCCT
GGGGGCCCCCTGGGAACAGGGAGCAGCCCGCCGGCGGCCGACCAAACTCTTGTTTCTACAGTG
GATCTCTGAGTTAAAAACACAAATGAATCAAAACTTTCAACAACGGATCTCTTGGTTCTG
GCATCGATGAAGAACGCAGCGAAATGCGATAAGTAATGTGAATTGCAGAATTCAGTGAAT
CATCGAATCTTTGAACGCACATTGCGCCCTCTGGTATTCCGGAGGGCATGCCTGTTCGAGC
GTCATTTCAACCCTCAAGCCTGGCTTGGTGATGGGGCACTGCCTGTGACAGGGCAGGCCCT
GAAATCCAGCGGCGAGCCGCCGGGACCCGAGCGTAGTAGTAACTTCTCGCTCCGGAAGGC
CCTGGCGGCGCCCTGCCGTTAAACCCCCAACTCCTGAAAATTTGACCTCGGATCAGGTAGGA
ATACCCGCTGAACTTAAGCATATC

参　考　序　列：NR103698、JN854227、AY485749、AY485748、AY485747、AY485746、JF430484、KC343115、KC343114、AY705844、AY705843、AY705841、AY705840。

14.1.6　种内序列差异

参考序列 consensus 序列长度为490bp，差异位点31个。如下：

NR103698	CTG	GAA	CGC	GCC	CCC	GGC	GCA	CCC	AGA	AAC	CCT	TTG	TGA	ACT	TAT	ACC
JN854227	...	...	...	..T	T.—	...	...	...	...	...	...	...	...	...	...	...
AY485749	...	...	...	..T	T.—	...	...	...	...	...	...	...	...	...	...	...
AY485748	...	...	...	..T	T.—	...	...	...	...	...	...	...	...	...	...	...
AY485747	...	...	...	..T	T.—	...	...	...	...	...	...	...	...	...	...	...
AY485746	...	...	...	..T	T.—	...	...	...	...	...	...	...	...	...	...	...
JF430484	...	...	...	...	...	...	...	...	...	...	...	...	...	...	...	...
KC343115	...	...	...	...	...	...	...	...	...	...	...	...	...	...	...	...
KC343114	...	...	...	...	...	...	...	...	...	...	...	...	...	...	...	...
AY705844	...	...	...	...	...	...	...	...	...	...	...	...	...	...	...	...
AY705843	...	...	...	...	...	...	...	...	...	...	...	...	...	...	...	...
AY705841	...	...	...	...	...	...	...	...	...	...	...	...	...	...	...	...
AY705840	...	...	...	...	...	...	...	...	...	...	...	...	...	...	...	...

NR103698	TAT	CTG	TTG	CCT	CGG	CGC	AGG	CCG	GCC	CCC	CCT	GGG	GG—	CCC	CCT	GGG
JN854227	C.—	...	...	...	...	...	...	...	...	T.T	T.A	CT.	A.G	...	...	..A
AY485749	C.—	...	...	...	...	...	...	...	...	T.T	T.A	CT.	A.G	...	...	..A
AY485748	C.—	...	...	...	...	...	...	...	...	T.T	T.A	CT.	A.G	...	...	..A
AY485747	C.—	...	...	...	...	...	...	...	...	T.T	T.A	CT.	A.G	...	...	..A
AY485746	C.—	...	...	...	...	...	...	...	...	T.T	T.A	CT.	A.G	...	...	..A
JF430484	...	...	...	...	...	...	...	...	...	...	...	...	—	...	...	...
KC343115	...	...	...	...	...	...	...	...	...	...	...	...	—	...	...	...
KC343114	...	...	...	...	...	...	...	...	...	...	...	...	—	...	...	...
AY705844	...	...	...	...	...	...	...	...	...	...	...	T..	..G	...	...	...
AY705843	...	...	...	...	...	...	...	...	...	...	...	T..	..G	...	...	...
AY705841	...	...	...	...	...	...	...	...	...	...	...	...	—	...	...	...
AY705840	...	...	...	...	...	...	...	...	...	...	...	...	..G	...	...	...

NR103698	AAC	AGG	GAG	CAG	CCC	GCC	GGC	GGC	CGA	CCA	AAC	TCT	TGT	TTC	TAC	AGT
JN854227	...	...	...	...	...	...	..T	...	.A.	.T.	...	...	—..	...	..T	...
AY485749	...	...	...	...	...	...	..T	...	.A.	.T.	...	...	—..	...	..T	...
AY485748	...	...	...	...	...	...	..T	...	.A.	.T.	...	...	—..	...	..T	...
AY485747	...	...	...	...	...	...	..T	...	.A.	.T.	...	...	—..	...	..T	...
AY485746	...	...	...	...	...	...	..T	...	.A.	.T.	...	...	—..	...	..T	...
JF430484	...	...	...	...	...	...	...	...	...	...	...	...	...	...	...	...
KC343115	...	...	...	...	...	...	...	...	...	...	...	...	...	...	...	...
KC343114	...	...	...	...	...	...	...	...	...	...	...	...	...	...	...	...
AY705844	...	...	...	...	...	...	...	...	...	...	...	...	...	...	...	...
AY705843	...	...	...	...	...	...	...	...	...	...	...	...	...	...	...	...
AY705841	...	...	...	...	...	...	...	...	...	...	...	...	...	...	...	...
AY705840	...	...	...	...	...	...	...	...	...	...	...	...	...	...	...	...

NR103698	GGA	TCT	CTG	AGT	TAA	AAA	CAC	AAA	TGA	ATC	AAA	ACT	TTC	AAC	AAC	GGA

JN854227	. A.	...	...	...	A..	...	..T	...	...	...	...	...	...	...	...	...
AY485749	. A.	...	...	...	A..	...	..T	...	...	...	...	...	...	...	...	...
AY485748	. A.	...	...	...	A..	...	..T	...	...	...	...	...	...	...	...	...
AY485747	. A.	...	...	...	A..	...	..T	...	...	...	...	...	...	...	...	...
AY485746	. A.	...	...	...	A..	...	..T	...	...	...	...	...	...	...	...	...
JF430484	...	...	...	...	...	...	...	...	...	...	...	...	...	...	...	...
KC343115	...	...	...	...	...	...	...	...	...	...	...	...	...	...	...	...
KC343114	...	...	...	...	...	...	...	...	...	...	...	...	...	...	...	...
AY705844	...	...	...	...	A..	...	...	...	...	...	...	...	...	...	...	...
AY705843	...	...	...	...	A..	...	...	...	...	...	...	...	...	...	...	...
AY705841	...	...	...	...	...	...	...	...	...	...	...	...	...	...	...	...
AY705840	...	...	...	...	A..	...	...	...	...	...	...	...	...	...	...	...

NR103698	TCT	CTT	GGT	TCT	GGC	ATC	GAT	GAA	GAA	CGC	AGC	GAA	ATG	CGA	TAA	GTA
JN854227	...	...	...	...	...	...	...	...	...	...	...	...	...	...	...	...
AY485749	...	...	...	...	...	...	...	...	...	...	...	...	...	...	...	...
AY485748	...	...	...	...	...	...	...	...	...	...	...	...	...	...	...	...
AY485747	...	...	...	...	...	...	...	...	...	...	...	...	...	...	...	...
AY485746	...	...	...	...	...	...	...	...	...	...	...	...	...	...	...	...
JF430484	...	...	...	...	...	...	...	...	...	...	...	...	...	...	...	...
KC343115	...	...	...	...	...	...	...	...	...	...	...	...	...	...	...	...
KC343114	...	...	...	...	...	...	...	...	...	...	...	...	...	...	...	...
AY705844	...	...	...	...	...	...	...	...	...	...	...	...	...	...	...	...
AY705843	...	...	...	...	...	...	...	...	...	...	...	...	...	...	...	...
AY705841	...	...	...	...	...	...	...	...	...	...	...	...	...	...	...	...
AY705840	...	...	...	...	...	...	...	...	...	...	...	...	...	...	...	...

NR103698	ATG	TGA	ATT	GCA	GAA	TTC	AGT	GAA	TCA	TCG	AAT	CTT	TGA	ACG	CAC	ATT
JN854227	...	...	...	...	...	...	...	...	...	...	...	...	...	...	...	...
AY485749	...	...	...	...	...	...	...	...	...	...	...	...	...	...	...	...
AY485748	...	...	...	...	...	...	...	...	...	...	...	...	...	...	...	...
AY485747	...	...	...	...	...	...	...	...	...	...	...	...	...	...	...	...
AY485746	...	...	...	...	...	...	...	...	...	...	...	...	...	...	...	...
JF430484	...	...	...	...	...	...	...	...	...	...	...	...	...	...	...	...
KC343115	...	...	...	...	...	...	...	...	...	...	...	...	...	...	...	...
KC343114	...	...	...	...	...	...	...	...	...	...	...	...	...	...	...	...
AY705844	...	...	...	...	...	...	...	...	...	...	...	...	...	...	...	...
AY705843	...	...	...	...	...	...	...	...	...	...	...	...	...	...	...	...
AY705841	...	...	...	...	...	...	...	...	...	...	...	...	...	...	...	...
AY705840	...	...	...	...	...	...	...	...	...	...	...	...	...	...	...	...

NR103698	GCG	CCC	TCT	GGT	ATT	CCG	GAG	GGC	ATG	CCT	GTT	CGA	GCG	TCA	TTT	CAA
JN854227	...	...	...	...	...	...	...	...	...	...	...	...	...	...	...	...
AY485749	...	...	...	...	...	...	...	...	...	...	...	...	...	...	...	...
AY485748	...	...	...	...	...	...	...	...	...	...	...	...	...	...	...	...
AY485747	...	...	...	...	...	...	...	...	...	...	...	...	...	...	...	...
AY485746	...	...	...	...	...	...	...	...	...	...	...	...	...	...	...	...
JF430484	...	...	...	...	...	...	...	...	...	...	...	...	...	...	...	...
KC343115	...	...	...	...	...	...	...	...	...	...	...	...	...	...	...	...
KC343114	...	...	...	...	...	...	...	...	...	...	...	...	...	...	...	...
AY705844	...	...	...	...	...	...	...	...	...	...	...	...	...	...	...	...
AY705843	...	...	...	...	...	...	...	...	...	...	...	...	...	...	...	...
AY705841	...	...	...	...	...	...	...	...	...	...	...	...	...	...	...	...
AY705840	...	...	...	...	...	...	...	...	...	...	...	...	...	...	...	...

| NR103698 | CCC | TCA | AGC | CTG | GCT | TGG | TGA | TGG | GGC | ACT | GCC | TGT | GAC | AGG | GCA | GGC |

JN854227	...	...	...	...	...	...	...	...	...	...	...	A.A	...	...	...
AY485749	...	...	...	...	...	...	...	...	...	...	...	A.A	...	...	...
AY485748	...	...	...	...	...	...	...	...	...	...	...	A.A	...	...	...
AY485747	...	...	...	...	...	...	...	...	...	...	...	A.A	...	...	...
AY485746	...	...	...	...	...	...	...	...	...	...	...	A.A	...	...	...
JF430484	...	...	...	...	...	...	...	...	...	...	...	...	...	...	...
KC343115	...	...	...	...	...	...	...	...	...	...	...	...	...	...	...
KC343114	...	...	...	...	...	...	...	...	...	...	...	...	...	...	...
AY705844	...	...	...	...	...	...	...	...	...	...	...	...	...	...	...
AY705843	...	...	...	...	...	...	...	...	...	...	...	...	...	...	...
AY705841	...	...	...	...	...	...	...	...	...	...	...	...	...	...	...
AY705840	...	...	...	...	...	...	...	...	...	...	...	...	...	...	...

NR103698	CCT	GAA	ATC	CAG	CGG	CGA	GCC	CGC	CGG	GAC	CCC	GAG	CGT	AGT	AGT	AAC
JN854227	...	...	...	T..	T..	...	..T	...	.A.	...	...	...	...	...	...	T.T
AY485749	...	...	...	T..	T..	...	..T	...	.A.	...	...	...	...	...	...	T.T
AY485748	...	...	...	T..	T..	...	..T	...	.A.	...	...	...	...	...	...	T.T
AY485747	...	...	...	T..	T..	...	..T	...	.A.	...	...	...	...	...	...	T.T
AY485746	...	...	...	T..	T..	...	..T	...	.A.	...	...	...	...	...	...	T.T
JF430484	...	...	...	...	...	...	...	...	...	...	...	...	...	...	...	...
KC343115	...	...	...	...	...	...	...	...	...	...	...	...	...	...	...	...
KC343114	...	...	...	...	...	...	...	...	...	...	...	...	...	...	...	...
AY705844	...	...	...	...	...	...	...	...	...	...	...	...	...	...	...	T..
AY705843	...	...	...	...	...	...	...	...	...	...	...	...	...	...	.T.	T..
AY705841	...	...	...	...	...	...	...	...	...	...	...	...	...	...	...	...
AY705840	...	...	...	...	...	...	...	...	...	...	...	...	...	...	...	...

NR103698	TTC	TCG	CTC	CGG	AAG	GCC	CTG	GCG	GCG	CCC	TGC	CGT	TAA	ACC	CCC	AAC
JN854227	A..	...	...	T..	...	...	...	...	.T.	...	...	...	...	...	...	...
AY485749	A..	...	...	T..	...	...	...	...	.T.	...	...	...	...	...	...	...
AY485748	A..	...	...	T..	...	...	...	...	.T.	...	...	...	...	...	...	...
AY485747	A..	...	...	T..	...	...	...	...	.T.	...	...	...	...	...	...	...
AY485746	A..	...	...	T..	...	...	...	...	.T.	...	...	...	...	...	...	...
JF430484	...	...	...	...	...	...	...	...	...	...	...	...	...	...	...	...
KC343115	...	...	...	...	...	...	...	...	...	...	...	...	...	...	...	...
KC343114	...	...	...	...	...	...	...	...	...	...	...	...	...	...	...	...
AY705844	...	...	...	...	...	...	...	...	...	...	...	...	...	...	...	...
AY705843	...	...	...	...	...	...	...	...	...	...	...	...	...	...	...	...
AY705841	...	...	...	...	...	...	...	...	...	...	...	...	...	...	...	...
AY705840	...	...	...	...	...	...	...	...	...	...	...	...	...	...	...	...

NR103698	TCC	TGA	AAA	T
JN854227	.T.	...	...	.
AY485749	.T.	...	...	.
AY485748	.T.	...	...	.
AY485747	.T.	...	...	.
AY485746	.T.	...	...	.
JF430484	...	...	...	.
KC343115	...	...	...	.
KC343114	...	...	...	.
AY705844	...	...	...	.
AY705843	...	...	...	.
AY705841	...	...	...	.
AY705840	...	...	...	.

14.1.7　条形码蛋白质序列

LERAPGAPRNPL＊TYTYLLPRRRPAPPG？PPGNREQPAGGRPNSCFYSGSLS＊KHK＊IKTFN
NGSLGSGIDEERSEMR＊VM＊IAEFSESSNL＊THIAPSGIPEGMPVRASFQPSSLAW＊WGTACD
RAGPEIQRRARRDPERSSNFSLRKALAAPCR＊TPNS＊K

14.2　大豆南方茎溃疡病菌 *Diaporthe phaseolorum*

14.2.1　基本信息

中文名称：菜豆间座壳。

拉丁学名：*Diaporthe helianthi* Munt.-Cvetk.，Mihaljč.& M. Petrov，Nova Hedwigia 34（3 &
4）：433（1981）。

异名：*Chorostate batatas*（Harter & E. C. Field）Sacc.［as ′batatae′］，in Trotter，Syll. fung.
(Abellini) 24（2）：749（1928）；

Diaporthe aspalathi E. Jansen，Castl.& Crous，in Janse van Rensburg，Lamprecht，
Groenewald，Castlebury & Crous，Stud. Mycol. 55：71（2006）；

Diaporthe batatas Harter & E. C. Field，Phytopathology 2：121，124（1912）；

Diaporthe caulivora（Athow & Caldwell）J. M. Santos，Vrandečić & A. J. L. Phillips，in Santos，
Vrandečić，čosić，Duvnjak & Phillips，Persoonia 27：13（2011）；

Diaporthe phaseolorum f. sp. *caulivora* Kulik，Mycologia 76（2）：288（1984）；

Diaporthe phaseolorum var. *batatae*（Harter & E. C. Field）Wehm.，Monogr. Gen. Diaporthe
Nitschke & Segreg.，Univ. Mich. Stud.，Sci. Ser. 9：48（1933）；

Diaporthe phaseolorum var. *caulivora* Athow & Caldwell，Phytopathology 14：323（1954）；

Diaporthe phaseolorum var. *meridionalis* F. A. Fernández，Mycologia 88（3）：438（1996）；

Diaporthe phaseolorum var. *sojae*（Lehman）Wehm.，Monogr. Gen. Diaporthe Nitschke &
Segreg.，Univ. Mich. Stud.，Sci. Ser. 9：47（1933）；

Diaporthe sojae Lehman，Ann. Mo. bot. Gdn 10：128（1923）；

Phoma phaseoli Desm.，Annls Sci. Nat.，Bot.，sér. 2 6：247（1836）；

Phoma subcircinata Ellis & Everh.，Proc. Acad. nat. Sci. Philad. 45：158（1893）；

Phomopsis phaseoli（Desm.）Sacc.，G. bot. ital.，n. s. 22（1）：47（1915）；

Phomopsis phaseoli f. sp. *caulivora* Kulik，Mycologia 76（2）：289（1984）；

Phomopsis sojae Lehman，J. Elisha Mitchell scient. Soc. 38：13（1922）；

Septomazzantia phaseolorum（Cooke & Ellis）Lar. N. Vassiljeva，Nizshie Rasteniya，Griby i
Mokhoobraznye Dalnego Vostoka Rossii，Griby. Tom 4. Pirenomitsety i Lokuloaskomitsety（Sankt-
Peterburg）：44（1998）；

Sphaeria phaseolorum Cooke & Ellis，Grevillea 6（no. 39）：93（1878）；

英文名：Stem canker of sunflower。

分类地位：真菌界（Fungi）子囊菌门（Ascomycota）粪壳菌纲（Sordariomycetes）间座壳目
（Diaporthales）间座壳科（Diaporthaceae）拟茎点霉属（*Diaporthe*）。

14.2.2　生物学特性及危害症状

侵染大豆植株的叶片和茎秆。最初的症状出现在下部叶片的节点或叶痕处，形成小的红褐色病
斑，随着病害的发展，病斑纵向扩展形成溃疡并轻微下陷，老的溃疡斑边缘红褐色，中央呈灰褐色。

叶片症状为沿叶脉褪绿和坏死，植株死亡后叶片并不脱落。病斑长形，很少环剥茎秆（Harman GL et al.，2000）。

14.2.3 检疫及限定现状

被中国列入禁止入境的检疫性有害生物。

14.2.4 凭证样本信息及材料来源

Ar2、PSu1、PS03、PS8、LGMF941、LGMF927、CBS 257.80、CBS 127465、CBS 116020、CBS 116019、CBS 113425、STAM-30、STAM-31、STAM-29、STAM 195、STAM 167、STAM 128、STAM 74、STAM 68。

14.2.5 DNA 条形码标准序列

rDNA *ITS* 序列信息及图像化条形码（illustrative barcode）。

GAAGTAAAAAGTCGTAACAAGGTCTCCGTTGGTGAACCAGCGGAGGGATCATTGCTGG
AACGCGCTTCGGCGCACCCAGAAACCCTTTGAGAACTTATACCTATCTGTTGCCTCGGCGCAG
GCCGGCCTCTTCACTGAGGCCCCCTGGAAACAGGGAGCAGCCCGCCGGCGGCCAACTAAACTC
TTGTTTCTATAGTGAATCTCTGAGTAAAAAACATAAATGAATCAAAACTTTCAACAACGG
ATCTCTTGGTTCTGGCATCGATGAAGAACGCAGCGAAATGCGATAAGTAATGTGAATTGC
AGAATTCAGTGAATCATCGAATCTTTGAACGCACATTGCGCCCTCTGGTATTCCGGAGGGC
ATGCCTGTTCGAGCGTCATTTCAACCCTCAAGCCTGGCTTGGTGATGGGGCACTGCCTTCT
AACGAGGGCAGGCCCTGAAATCTAGTGGCGAGCTCGCTAGGACCCCGAGCGTAGTAGTTAT
ATCTCGTTCTGGAAGGCCCTGGCGGTGCCCTGCCGTTAAACCCCCAACTTCTGAAAATTTG
ACCTCGGATCAGGTAGGAATACCCGCTGAACTTAAGCAT

参考序列：HM347705、HM347707、HM347702、HM347701、KC343180、KC343179、KC343178、KC343177、KC343176、KC343175、KC343174、AY745024、AY745018、AY745017、FJ785445、FJ785444、FJ785443、FJ785442、FJ785441。

14.2.6 种内序列差异

参考序列 consensus 序列长度为 491bp，差异位点 4 个。如下：

	GCT	GGA	ACG	CGC	TTC	GGC	GCA	CCC	AGA	AAC	CCT	TTG	TGA	ACT	TAT	ACC
HM347705																
HM347707	...	...	...	...	...	...	...	...	...	...	...	...	...	...	...	...
HM347702	...	...	...	...	...	...	...	...	...	...	...	...	...	...	...	...
HM347701	...	...	...	...	...	...	...	...	...	...	...	...	...	...	...	...
KC343180	...	...	...	...	...	...	...	...	...	...	...	...	...	...	...	...
KC343179	...	...	...	...	...	...	...	...	...	...	...	...	...	...	...	...
KC343178	...	...	...	...	...	...	...	...	...	...	...	...	...	...	...	...
KC343177	...	...	...	...	...	...	...	...	...	...	...	...	...	...	...	...
KC343176	...	...	...	...	...	...	...	...	...	...	...	...	...	...	...	...
KC343175	...	...	...	...	...	...	...	...	...	...	...	...	...	...	...	...
KC343174	...	...	...	...	...	...	...	...	...	...	...	...	...	...	...	...

AY745024	...	...	...	...	...	...	...	...	...	...	...	...	...	...	...
AY745018	...	...	...	...	...	...	...	...	...	...	...	...	...	...	...
AY745017	...	...	...	...	...	...	...	...	...	...	...	...	...	...	...
FJ785445	...	...	...	...	...	...	...	...	...	...	...	...	...	...	...
FJ785444	...	...	...	...	...	...	...	...	...	...	...	...	...	...	...
FJ785443	...	...	...	...	...	...	...	...	...	...	...	...	...	...	...
FJ785442	...	...	...	...	...	...	...	...	...	...	...	...	...	...	...
FJ785441	...	...	...	...	...	...	...	...	...	...	...	...	...	...	...

HM347705	TAT	TGT	TGC	CTC	GGC	GTA	GGC	CGG	CCT	CTT	CAC	TGA	GGC	CCC	CTG	GAA
HM347707	...	...	...	...	...	...	...	...	...	...	...	...	...	...	...
HM347702	...	...	...	...	...	...	...	...	...	...	...	...	...	...	...
HM347701	...	...	...	...	...	...	...	...	...	...	...	...	...	...	...
KC343180	...	...	...	...	...	...	...	...	...	. . C	...	...	...	...	...
KC343179	...	...	...	...	...	...	...	...	...	. . C	...	...	...	...	...
KC343178	...	...	...	...	...	...	...	...	...	...	...	...	...	...	...
KC343177	...	...	...	...	...	...	...	...	...	...	...	...	...	...	...
KC343176	...	...	...	...	...	...	...	...	...	...	...	...	...	...	...
KC343175	...	...	...	...	...	...	...	...	...	...	...	...	...	...	...
KC343174	...	...	...	...	...	...	...	...	...	...	...	...	...	...	...
AY745024	...	...	...	...	...	...	...	...	...	...	...	...	...	...	...
AY745018	...	...	...	...	...	...	...	...	...	...	...	...	...	...	...
AY745017	...	...	...	...	...	...	...	...	...	...	...	...	...	...	...
FJ785445	...	...	...	...	...	...	...	...	...	...	...	...	...	...	...
FJ785444	...	...	...	...	...	...	...	...	...	...	...	...	...	...	...
FJ785443	...	...	...	...	...	...	...	...	...	...	...	...	...	...	...
FJ785442	...	...	...	...	...	...	...	...	...	...	...	...	...	...	...
FJ785441	...	...	...	...	...	...	...	...	...	...	...	...	...	...	...

HM347705	ACA	GGG	AGC	AGC	CCG	CCG	GCG	GCC	AAC	CAA	ACT	CTT	GTT	TCT	ACA	GTG
HM347707	...	...	...	...	...	...	...	...	...	...	...	...	...	...	...
HM347702	...	...	...	...	...	...	...	...	...	...	...	...	...	...	...
HM347701	...	...	...	...	...	...	...	...	...	...	...	...	...	...	...
KC343180	...	...	...	...	...	...	...	...	...	...	...	...	...	...	...
KC343179	...	...	...	...	...	...	...	...	...	...	...	...	...	...	...
KC343178	...	...	...	...	...	...	...	...	...	...	...	...	...	...	...
KC343177	...	...	...	...	...	...	...	...	...	...	...	...	...	...	...
KC343176	...	...	...	...	...	...	...	...	...	...	...	...	...	...	...
KC343175	...	...	...	...	...	...	...	...	...	...	...	...	...	...	...
KC343174	...	...	...	...	...	...	...	...	...	...	...	...	...	...	...
AY745024	...	...	...	...	...	...	...	...	...	...	...	...	...	...	...
AY745018	...	...	...	...	...	...	...	...	...	...	...	...	...	...	...
AY745017	...	...	...	...	...	...	...	...	...	...	...	...	...	...	...
FJ785445	...	...	...	...	...	...	...	...	...	...	...	...	...	...	...
FJ785444	...	...	...	...	...	...	...	...	...	...	...	...	...	...	...
FJ785443	...	...	...	...	...	...	...	...	...	...	...	...	...	...	...
FJ785442	...	...	...	...	...	...	...	...	...	...	...	...	...	...	...
FJ785441	...	...	...	...	...	...	...	...	...	...	...	...	...	...	...

HM347705	AAT	CTC	TGA	GTA	AAA	AAC	ATA	AAT	GAA	TCA	AAA	CTT	TCA	ACA	ACG	GAT
HM347707	...	...	...	...	...	...	...	...	A. .	...	...	...	...	...	...
HM347702	...	...	...	...	...	...	...	...	...	...	...	...	...	...	...
HM347701	...	...	...	...	...	...	...	...	...	...	...	...	...	...	...
KC343180	...	...	...	...	...	...	...	...	...	...	...	...	...	...	...
KC343179	...	...	...	...	...	...	...	...	...	...	...	...	...	...	...
KC343178	...	...	...	...	...	...	...	...	...	...	...	...	...	...	...

ID															
KC343177	...	...	...	...	...	...	...	...	...	...	...	...	...	...	...
KC343176	...	...	...	...	...	...	...	...	...	...	...	...	...	...	...
KC343175	...	...	...	...	...	...	...	...	...	...	...	...	...	...	...
KC343174	...	...	...	...	...	...	...	...	...	...	...	...	...	...	...
AY745024	...	...	...	...	...	...	...	...	...	...	...	...	...	...	...
AY745018	...	...	...	...	...	...	...	...	...	...	...	...	...	...	...
AY745017	...	...	...	...	...	...	...	...	...	...	...	...	...	...	...
FJ785445	...	...	...	...	...	...	...	...	...	...	...	...	...	...	...
FJ785444	...	...	...	...	...	...	...	...	...	...	...	...	...	...	...
FJ785443	...	...	...	...	...	...	...	...	...	...	...	...	...	...	...
FJ785442	...	...	...	...	...	...	...	...	...	...	...	...	...	...	...
FJ785441	...	...	...	...	...	...	...	...	...	...	...	...	...	...	...

ID															
HM347705	CTC	TTG	GTT	CTG	GCA	TCG	ATG	AAG	AAC	GCA	GCG	AAA	TGC	GAT	AAG	TAA
HM347707	...	...	...	...	...	...	...	...	...	...	...	...	...	...	...
HM347702	...	...	...	...	...	...	...	...	...	...	...	...	...	...	...
HM347701	...	...	...	...	...	...	...	...	...	...	...	...	...	...	...
KC343180	...	...	...	...	...	...	...	...	...	...	...	...	...	...	...
KC343179	...	...	...	...	...	...	...	...	...	...	...	...	...	...	...
KC343178	...	...	...	...	...	...	...	...	...	...	...	...	...	...	...
KC343177	...	...	...	...	...	...	...	...	...	...	...	...	...	...	...
KC343176	...	...	...	...	...	...	...	...	...	...	...	...	...	...	...
KC343175	...	...	...	...	...	...	...	...	...	...	...	...	...	...	...
KC343174	...	...	...	...	...	...	...	...	...	...	...	...	...	...	...
AY745024	...	...	...	...	...	...	...	...	...	...	...	...	...	...	...
AY745018	...	...	...	...	...	...	...	...	...	...	...	...	...	...	...
AY745017	...	...	...	...	...	...	...	...	...	...	...	...	...	...	...
FJ785445	...	...	...	...	...	...	...	...	...	...	...	...	...	...	...
FJ785444	...	...	...	...	...	...	...	...	...	...	...	...	...	...	...
FJ785443	...	...	...	...	...	...	...	...	...	...	...	...	...	...	...
FJ785442	...	...	...	...	...	...	...	...	...	...	...	...	...	...	...
FJ785441	...	...	...	...	...	...	...	...	...	...	...	...	...	...	...

ID															
HM347705	TGT	GAA	TTG	CAG	AAT	TCA	GTG	AAT	CAT	CGA	ATC	TTT	GAA	CGC	ACA	TTG
HM347707	...	...	...	...	...	...	...	...	...	...	...	...	...	...	...
HM347702	...	...	...	...	...	...	...	...	...	...	...	...	...	...	...
HM347701	...	...	...	...	...	...	...	...	...	...	...	...	...	...	...
KC343180	...	...	...	...	...	...	...	...	...	...	...	...	...	...	...
KC343179	...	...	...	...	...	...	...	...	...	...	...	...	...	...	...
KC343178	...	...	...	...	...	...	...	...	...	...	...	...	...	...	...
KC343177	...	...	...	...	...	...	...	...	...	...	...	...	...	...	...
KC343176	...	...	...	...	...	...	...	...	...	...	...	...	...	...	...
KC343175	...	...	...	...	...	...	...	...	...	...	...	...	...	...	...
KC343174	...	...	...	...	...	...	...	...	...	...	...	...	...	...	...
AY745024	...	...	...	...	...	...	...	...	...	...	...	...	...	...	...
AY745018	...	...	...	...	...	...	...	...	...	...	...	...	...	...	...
AY745017	...	...	...	...	...	...	...	...	...	...	...	...	...	...	...
FJ785445	...	...	...	...	...	...	...	...	...	...	...	...	...	...	...
FJ785444	...	...	...	...	...	...	...	...	...	...	...	...	...	...	...
FJ785443	...	...	...	...	...	...	...	...	...	...	...	...	...	...	...
FJ785442	...	...	...	...	...	...	...	...	...	...	...	...	...	...	...
FJ785441	...	...	...	...	...	...	...	...	...	...	...	...	...	...	...

ID															
HM347705	CGC	CCT	CTG	GTA	TTC	CGG	AGG	GCA	TGC	CTG	TTC	GAG	CGT	CAT	TTC	AAC
HM347707	...	...	...	...	...	...	...	...	...	...	...	...	...	...	...
HM347702	...	...	...	...	...	...	...	...	...	...	...	...	...	...	...

HM347701	...	...	...	...	...	...	...	...	...	...	...	...	...	...	...	...
KC343180	...	...	...	...	...	...	...	...	...	...	...	...	...	...	...	...
KC343179	...	...	...	...	...	...	...	...	...	...	...	...	...	...	...	...
KC343178	...	...	...	...	...	...	...	...	...	...	...	...	...	...	...	...
KC343177	...	...	...	...	...	...	...	...	...	...	...	...	...	...	...	...
KC343176	...	...	...	...	...	...	...	...	...	...	...	...	...	...	...	...
KC343175	...	...	...	...	...	...	...	...	...	...	...	...	...	...	...	...
KC343174	...	...	...	...	...	...	...	...	...	...	...	...	...	...	...	...
AY745024	...	...	...	...	...	...	...	...	...	...	...	...	...	...	...	...
AY745018	...	...	...	...	...	...	...	...	...	...	...	...	...	...	...	...
AY745017	...	...	...	...	...	...	...	...	...	...	...	...	...	...	...	...
FJ785445	...	...	...	...	...	...	...	...	...	...	...	...	...	...	...	...
FJ785444	...	...	...	...	...	...	...	...	...	...	...	...	...	...	...	...
FJ785443	...	...	...	...	...	...	...	...	...	...	...	...	...	...	...	...
FJ785442	...	...	...	...	...	...	...	...	...	...	...	...	...	...	...	...
FJ785441	...	...	...	...	...	...	...	...	...	...	...	...	...	...	...	...
HM347705	CCT	CAA	GCC	TGG	CTT	GGT	GAT	GGG	GCA	CTG	CTT	TCG	TCC	AGA	AAG	CAG
HM347707	...	...	...	...	...	...	...	...	...	...	...	...	...	...	...	...
HM347702	...	...	...	...	...	...	...	...	...	...	...	...	...	...	...	...
HM347701	...	...	...	...	...	...	...	...	...	...	...	...	...	...	...	...
KC343180	...	...	...	...	...	...	...	...	...	...	...	...	...	T..	...	...
KC343179	...	...	...	...	...	...	...	...	...	...	...	...	...	T..	...	...
KC343178	...	...	...	...	...	...	...	...	...	...	...	...	...	...	...	...
KC343177	...	...	...	...	...	...	...	...	...	...	...	...	...	...	...	...
KC343176	...	...	...	...	...	...	...	...	...	...	...	...	...	...	...	...
KC343175	...	...	...	...	...	...	...	...	...	...	...	...	...	...	...	...
KC343174	...	...	...	...	...	...	...	...	...	...	...	...	...	...	...	...
AY745024	...	...	...	...	...	...	...	...	...	...	...	...	...	...	...	...
AY745018	...	...	...	...	...	...	...	...	...	...	...	...	...	...	...	...
AY745017	...	...	...	...	...	...	...	...	...	...	...	...	...	...	...	...
FJ785445	...	...	...	...	...	...	...	...	...	...	...	...	...	...	...	...
FJ785444	...	...	...	...	...	...	...	...	...	...	...	...	...	...	...	...
FJ785443	...	...	...	...	...	...	...	...	...	...	...	...	...	...	...	...
FJ785442	...	...	...	...	...	...	...	...	...	...	...	...	...	...	...	...
FJ785441	...	...	...	...	...	...	...	...	...	...	...	...	...	...	...	...
HM347705	GCC	CTG	AAA	TCT	AGT	GGC	GAG	CTC	GCC	AGG	ACC	CCG	AGC	GTA	GTA	GTT
HM347707	...	...	...	...	...	...	...	...	...	...	...	...	...	...	...	...
HM347702	...	...	...	...	...	...	...	...	...	...	...	...	...	...	...	...
HM347701	...	...	...	...	...	...	...	...	...	...	...	...	...	...	...	...
KC343180	...	...	...	...	...	...	...	...	...	...	...	...	...	...	...	...
KC343179	...	...	...	...	...	...	...	...	...	...	...	...	...	...	...	...
KC343178	...	...	...	...	...	...	...	...	...	...	...	...	...	...	...	...
KC343177	...	...	...	...	...	...	...	...	...	...	...	...	...	...	...	...
KC343176	...	...	...	...	...	...	...	...	...	...	...	...	...	...	...	...
KC343175	...	...	...	...	...	...	...	...	...	...	...	...	...	...	...	...
KC343174	...	...	...	...	...	...	...	...	...	...	...	...	...	...	...	...
AY745024	...	...	...	...	...	...	...	...	...	...	...	...	...	...	...	...
AY745018	...	...	...	...	...	...	...	...	...	...	...	...	...	...	...	...
AY745017	...	...	...	...	...	...	...	...	...	...	...	...	...	...	...	...
FJ785445	...	...	...	...	...	...	...	...	...	...	...	...	...	...	...	...
FJ785444	...	...	...	...	...	...	...	...	...	...	...	...	...	...	...	...
FJ785443	...	...	...	...	...	...	...	...	...	...	...	...	...	...	...	...
FJ785442	...	...	...	...	...	...	...	...	...	...	...	...	...	...	...	...
FJ785441	...	...	...	...	...	...	...	...	...	...	...	...	...	...	...	...

HM347705	ATA	TCT	CGC	TCT	GGA	AGG	CCC	TGG	CGG	TGC	CCT	GCC	GTT	AAA	CCC	CCA
HM347707	...	...	...	...	...	...	...	...	...	...	...	...	...	...	...	...
HM347702	...	...	...	...	...	...	...	...	...	...	...	...	...	...	...	...
HM347701	...	...	...	...	...	...	...	...	...	...	...	...	...	...	...	...
KC343180	...	...	...	...	...	...	...	...	...	...	...	...	...	...	...	...
KC343179	...	...	...	...	...	...	...	...	...	...	...	...	...	...	A..	...
KC343178	...	...	...	...	...	...	...	...	...	...	...	...	...	...	...	...
KC343177	...	...	...	...	...	...	...	...	...	...	...	...	...	...	...	...
KC343176	...	...	...	...	...	...	...	...	...	...	...	...	...	...	...	...
KC343175	...	...	...	...	...	...	...	...	...	...	...	...	...	...	...	...
KC343174	...	...	...	...	...	...	...	...	...	...	...	...	...	...	...	...
AY745024	...	...	...	...	...	...	...	...	...	...	...	...	...	...	...	...
AY745018	...	...	...	...	...	...	...	...	...	...	...	...	...	...	...	...
AY745017	...	...	...	...	...	...	...	...	...	...	...	...	...	...	...	...
FJ785445	...	...	...	...	...	...	...	...	...	...	...	...	...	...	...	...
FJ785444	...	...	...	...	...	...	...	...	...	...	...	...	...	...	...	...
FJ785443	...	...	...	...	...	...	...	...	...	...	...	...	...	...	...	...
FJ785442	...	...	...	...	...	...	...	...	...	...	...	...	...	...	...	...
FJ785441	...	...	...	...	...	...	...	...	...	...	...	...	...	...	...	...

HM347705	ACT	TCT	GAA	AA
HM347707	...	...	...	..
HM347702	...	...	...	..
HM347701	...	...	...	..
KC343180	...	...	...	..
KC343179	...	...	...	..
KC343178	...	...	...	..
KC343177	...	...	...	..
KC343176	...	...	...	..
KC343175	...	...	...	..
KC343174	...	...	...	..
AY745024	...	...	...	..
AY745018	...	...	...	..
AY745017	...	...	...	..
FJ785445	...	...	...	..
FJ785444	...	...	...	..
FJ785443	...	...	...	..
FJ785442	...	...	...	..
FJ785441	...	...	...	..

14.2.7　ITS 条形码蛋白质序列

AGTRFGAPRNPL * TYTYCCLGVGRPLH * GPLETGSSPPAANQTLVSTVNL * VKNINESKLST
TDLLVLASMKNAAKCDK * CELQNSVNHRIFERTLRPLVFRRACLFERHFNPQAWLGDGALLS
SRKQALKSSGELARTPSVVVISRSGRPWRCPAVKPPTSE

14.3　蓝莓果腐病菌 *Diaporthe vaccinii*

14.3.1　基本信息

中文名称：越橘间座壳。

拉丁学名：*Diaporthe vaccinii* Shear, in Shear, Stevens & Bainier, Tech. Bull. U. S. Dep. Agric. 258：1 (1931)。

异名：*Phomopsis vaccinii* Shear，N.E. Stevens & H.F. Bain，United States Department of Agriculture Technical Bulletin 258：7（1931）。

英文名：Blueberry canker。

分类地位：真菌界（Fungi）子囊菌门（Ascomycota）粪壳菌纲（Sordariomycetes）间座壳目（Diaporthales）间座壳科（Diaporthaceae）拟茎点霉属（*Diaporthe*）。

14.3.2 生物学特性及危害症状

病菌在枝、果、繁殖材料等中越冬。侵染发生在当年生的多汁的叶子上，出现细小的病斑，枝尖逐渐萎蔫，病菌顺着枝干传播，在枝条上出现狭长的溃疡，上面覆盖着表皮组织。病菌侵染新枝条后，导致花芽死亡。侵染果实后，果实变为粉棕色，变软，糊状，由枝叶流出（国家农业科学数据共享中心，2007）。

14.3.3 检疫及限定现状

欧盟、欧亚经济联盟、EPPO、保加利亚、厄瓜多尔、荷兰、捷克、马达加斯加、秘鲁、挪威、塞尔维亚、黑山、斯洛伐克、斯洛文尼亚、乌拉圭、约旦、中国将其列为检疫性有害生物。比利时将其列为限定性有害生物。

14.3.4 凭证样本信息及材料来源

凭证菌株信息：CBS 160.32、CBS 122116、CBS 122115、CBS 122114、CBS 122112、CBS 118571、CBS 160.32、CBS 160.32 来自荷兰 CBS。

14.3.5 DNA 条形码标准序列

rDNA *ITS* 序列信息及图像化条形码（illustrative barcode）。

AACAAGGTCTCCGTTGGTGAACCAGCGGAGGGATCATTGCTGGAACGCGCCCCAGGCGC
ACCCAGAAACCCTTTGTGAACTTATACCTTACTGTTGCCTCGGCGCTAGCTGGCCCCTCGGGG
CCCCTCACCCTCGGGTGTTGAGACGGCCCGCCGGCGGCCAACCCAACTCTTGTTTTTACACTG
AAACTCTGAGAATAAAACATAAATGAATCAAAACTTTCAACAACGGATCTCTTGGTTCTG
GCATCGATGAAGAACGCAGCGAAATGCGATAAGTAATGTGAATTGCAGAATTCAGTGAAT
CATCGAATCTTTGAACGCACATTGCGCCCTCTGGTATTCCGGAGGGCATGCCTGTTCGAGC
GTCATTTCAACCCTCAAGCCTGGCTTGGTGATGGGGCACTGCCTTTACCCAAAGGCAGGCC
CTGAAATTCAGTGGCGAGCTCGCCAGGACCCCGAGCGCAGTAGTTAAACCCTCGCTTTGGA
AGGCCCTGGCGGTGCCCTGCCTTTAAACCCCCAACTTCTGAAAATTTGACCTCGGATCAGGT
AGGAATACCCGCTGAACTTAAGCATA

经过 BOLD SYTEM 数据库查询，共有 8 条参考序列：KC343228、KC343227、KC343226、KC343225、KC343224、KC343223、NR103701、AF317578。

14.3.6 种内序列差异

从 BOLD SYTEM 里获得序列分析，无差异位点，*ITS* 条形码 consensus 序列长度为 576bp。

14.3.7 *ITS* 条形码蛋白质序列

NKVSVGEPAEGSLLERAPGAPRNPL * TYTLLLPRR * LAPRGPSPSGVETARRRPTQLLF LH * NSENKT * MNQNFQQRISWFWHR * RTQRNAISNVNCRIQ * IIESLNAHCALWYSGGH ACSSVISTLKPGLVMGHCLYPKAGPEIQWRARQDPERSS * TLALEGPGGALPLNPQLLKI * PR IR * EYPLNLSI

14.4 黄瓜黑色根腐病菌 *Diaporthe sclerotioides*

14.4.1 基本信息

中文名称：黄瓜黑色根腐病菌。

拉丁学名：*Diaporthe sclerotioides* （Kesteren）Udayanga, Crous & K. D. Hyde, Fungal Diversity 56：166（2012）。

异名：*Phomopsis sclerotioides* Kesteren, Neth. J. Pl. Path.：115（1967）。

英文名：Cucumber Black Root Rot。

分类地位：真菌界（Fungi）子囊菌门（Ascomycota）粪壳菌纲（Sordariomycetes）间座壳目 （Diaporthales）间座壳科（Diaporthaceae）拟茎点霉属（*Diaporthe*）。

14.4.2 生物学特性及危害症状

主要侵染根及茎部，初呈水浸状，后于茎基或根部产生褐斑，逐渐扩大后凹陷，严重时病斑绕茎基部或根部一周，地上部逐渐枯萎。纵剖茎基或根部，导管变为深褐色，后根茎腐烂，不长新根，植株枯萎而死。茎缢缩不明显，病部腐烂处的维管束变褐，不向上发展，有别于枯萎病。后期病症加重，留下丝状维管束。严重的则多数不能恢复而枯死。

14.4.3 检疫及限定现状

被中国、巴林、哥伦比亚、韩国、伊朗、马达加斯加列为检疫性有害生物。

14.4.4 凭证样本信息及材料来源

14.4.4.1 凭证样本信息

CBS 296.67、CBS 710.76 来自荷兰 CBS。

14.4.4.2 DNA 条形码标准序列

rDNA *ITS* 序列信息及图像化条形码（illustrative barcode）。

GGTGAACCAGCGGAGGGATCATTGCTGGAACGCGCTTCGGCGCACCCAGAAACCCTTTG TGAACTTATACCTTACTGTTGCCTCGGCGCAGGCCGGCCTCACCGAGGCCCCTCGGAAACGAG GAGCAGCCCGCCGGCGGCCGACCAAACTCTTGTTTCTCAGTGGATCTCTGAGTAAAAAAAAA AATGAATCAAAACTTTCAACAACGGATCTCTTGGTTCTGGCATCGATGAAGAACGCAGCG AAATGCGATAAGTAATGTGAATTGCAGAATTCAGTGAATCATCGAATCTTTGAACGCACA TTGCGCCCTCTGGTATTCCGGAGGGCATGCCTGTTCGAGCGTCATTTCAACCCTCAAGCACT GCTTGGTGTTGGGGCACCGCCTGTAAAAGGGCGGGCCCTGAAATCTAGTGGCGAGCTCGCC GGGACCCCGAGCGTAGTAAATTATATTTCGTTCTGGAAGGCCCCGGCGGTGCCCTGCCGTT AAACCCCCAACTCCTGAAAATTTGACCTCGGATCAGGTAGGAATACCCGCTGAACT

经过 BOLD SYTEM 和 Genebank 数据库查询，选取以下参考序列：NR111069、KC343194。

14.4.4.3　种内序列差异

从 BOLD SYTEM 里获得序列分析，无差异位点，*ITS* 条形码 consensus 序列长度为 544bp。

14.4.4.4　*ITS* 条形码蛋白质序列

GEPAEGSLLERASAHPETLCELILTVASAQAGLTEAPRKRGAARRRRPNSCFSVDL ＊ VKK
KMNQNFQQRSLGSGIDEERSEMR ＊ VM ＊ IAEFSNHRIFERTLRPLVFRRACLFERHSTLKHCLV
LGHRL ＊ KGGP ＊ NLVAARRDPERSKLYFVLEGPGGALPLTPNS ＊ KFDLGSGRNTR ＊ T

15 *Gremmeniella* 属 DNA 条形码

15.1 冷杉枯梢病菌 *Gremmeniella abietina*

15.1.1 基本信息

中文名称：冷杉长孢盘菌。

拉丁学名：*Gremmeniella abietina*（Lagerb.）M. Morelet，Ann. Soc. Sci. Nat. Arch. Toulon et du Var 183：9（1969）。

异名：*Crumenula abietina* Lagerb.，Svensk Skogsvårdsförening Tidskr. 10：204（1913）；

Scleroderris abietina（Lagerb.）Gremmen，Acta bot. neerl. 2（2）：234（1953）；

Ascocalyx abietina（Lagerb.）Schläpf.-Bernh.，Sydowia 22（1-4）：44（1969）；

Lagerbergia abietina（Lagerb.）J. Reid ex Dennis，Kew Bull. 25（2）：350（1971）；

Septoria pinea P. Karst.，Hedwigia 23（4）：58（1884）；

Excipulina pinea（P. Karst.）Höhn.，Annls mycol. 1（6）：526（1903）；

Brunchorstia pinea（P. Karst.）Höhn.，Sber. Akad. Wiss. Wien，Math.-naturw. Kl.，Abt. 1124：143（1915）；

Crumenula pinea（P. Karst.）Ferd. & C. A. Jørg.，Skovtraeernes Sygdomme 2：196（1939）；

Brunchorstia destruens Erikss.，Botan. Centralbl. 47：298（1891）；

Scleroderris abietina Ellis & Everh.，Am. Nat. 31：427（1897）；

Godronia abietina（Ellis & Everh.）Seaver，North American Cup-fungi，（Inoperculates）（New York）：332（1951）；

Pragmopora abietina（Ellis & Everh.）J. W. Groves，Can. J. Bot. 45：170（1967）；

Scleroderris lagerbergii Gremmen，Sydowia 9（1-6）：232（1955）；

Brunchorstia pinea var. *cembrae* M. Morelet，Eur. J. For. Path. 10（5）：272（1980）；

Gremmeniella abietina var. *balsamea* Petrini，L. E. Petrini，Lafl. & Ouell.，Can. J. Bot. 67（9）：2813（1989）。

英文名：Brunchorstia disease，Scleroderris canker。

分类地位：真菌界（Fungi）子囊菌门（Ascomycota）盘菌亚门（Pezizomycotina）锤舌菌纲（Leotiomycetes）柔膜菌目（Helotiales）长孢盘菌属（*Gremmeniella*）。

15.1.2 生物学特性及危害症状

病菌最初在春天侵染生长梢，到冬季有松脂浸出时可在芽上见到首次症状，褐色病斑在芽基部发展，在春天丧失萌发力，1 年的针叶变橙色至褐色，由茎部扩展至顶部，最后坏死，木质部组织也呈黄色，芽部分受害可发出不良的枝条，枝条感病也可存活。如树冠受侵的枝条很多，树就会死亡。年幼的欧洲赤松发病可产生带状溃疡，松苗被害后针叶基部变橙色至褐色，且易脱落，幼树上常有小的带状溃疡，在春季和初秋，在死的针叶基部或死枝顶部可产生黑色分生孢子器或浅褐色子囊盘（CABI /EPPO，1992）。

15.1.3 检疫及限定现状

被欧盟、保加利亚、冰岛、厄瓜多尔、荷兰、马来西亚、秘鲁、塞尔维亚、黑山、智利、中国列为检疫性有害生物；被比利时、加拿大、新西兰列为检疫性有害生物。

15.1.4　凭证样本信息

Hedmark P. C. 1. 4、DAOM：170372、DAOM：170368、Kankaah、Kai 1. 6、DAOM：170402、DAOM：170402、DAOM：170387、Asia 5. 1、02-29-3、ATCC 34573。

15.1.5　DNA 条形码标准序列

rDNA *ITS* 序列信息及图像化条形码 (illustrative barcode)。

ATTAGAGGAAGTAAAAGTCGTAACAAGGTTTCCGTAGGTGAACCTGCGGAAGGATCAT
TAAGGAGTAACCGCGGGAAATCGCAAGAAAGTACCGCTCTCCCACCCGTGCCTATATTACTC
TGTTGCTTCCCGGGCCTCAACCCCCGGGGAGGACCCCAACCTATGAATTATTTACCGTCTGAG
TACTATATAATAGTTAAAACTTTCAACAACGGATCTCTTGGTTCTGGCATCGATGAAGAA
CGCAGCGAAATGCGATAAGTAATGTGAATTGCAGAATTCAGTGAATCATCGAATCTTTGA
ACGCACATTGCGCCCCTTGGTATTCCGGGGGGCATGCCTGTTCGAGCGTCATTTAATACCA
ATCCCTTCGGGGGTCTTGGGGTATACCGTCTGGTAGCCCTTAAAATCAGTGGCGGTGCCTC
TCGGCTCTAAGCGTAGTAATTCTTCTCGCTACAGGGCTCGGGAGACCACCCGCCAGAACCCC
CATACTTCTTAAGGTTGACCTCGGATCAGGTAGGGATACCCGCTGAACTTAAGCATATCAA
TAA

0　　　　　　　　　　　　　　　　　　　　550

参考序列：KC352995、KC352992、KC352991、KC352990、KC352970、KC352966、KC352957、KC352953、KC352952、DQ116559、FJ746661。

15.1.6　种内序列差异

从 BOLD SYTEM 里获得 47 条序列，使用 Mega 软件分析，38 条序列无差异，9 条序列有变异位点，变异位点 18 个，*ITS* 条形码 consensus 序列长度为 433bp。如下。

KC352995	CGC	AAG	AAA	GTA	CCG	CTC	TCC	CAC	CCG	TGC	CTA	TAT	TAC	TCT	GTT	GCT
KC352992	...	...	...	...	...	...	...	...	...	...	...	...	...	...	...	...
KC352991	...	...	...	...	...	...	...	...	...	...	...	...	...	...	...	...
KC352989	...	...	...	...	...	...	...	...	...	...	...	...	...	...	...	...
KC352970	...	...	...	...	...	...	...	...	...	...	...	...	...	...	...	...
KC352966	...	...	...	...	...	...	...	...	...	...	...	...	...	...	...	...
KC352953	...	...	...	...	...	.C.	...	...	...	...	...	..C	...	A..	...	...
KC352952	...	...	...	...	...	.C.	...	...	...	...	...	..C	...	A..	...	...
DQ116559	...	..C	...	...	...	...	...	...	...	...	...	...	...	...	...	...
FJ746661	...	...	...	...	...	.C.	...	...	...	...	...	..C	...	A..	...	...
KC352995	TCC	CGG	GCC	TCA	ACC	CCC	GGG	GAG	GAC	CCC	AAC	CTA	TGA	ATT	—AT	TTA
KC352992	...	...	...	...	...	...	...	...	...	...	...	...	...	—..	...	
KC352991	...	...	...	...	...	...	...	...	...	...	...	...	...	—..	...	
KC352989	...	...	...	...	...	...	...	...	...	...	...	...	...	—..	...	
KC352970	...	...	...	...	...	...	...	...	...	...	...	...	...	—..	...	
KC352966	...	...	...	...	...	...	...	...	...	...	...	...	...	—..	...	
KC352953	.T.	...	...	...	.T.	C..	...	...	..A	...	...	...	TC.	—..	...	
KC352952	.T.	...	...	...	.T.	C..	...	...	..A	...	...	...	TC.	—..	...	

| DQ116559 | ... | ... | ... | ... | ... | ... | ... | ... | ... | ... | ... | ... | ... | ... | —.. | ... |
| FJ746661 | .T. | ... | ... | .T. | C. | ... | ..A | ... | ... | ... | ... | TC. | ... | ... | —.. | ... |

KC352995	CCG	TCT	GAG	TAC	TAT	ATA	ATA	GTT	AAA	ACT	TTC	AAC	AAC	GGA	TCT	CTT
KC352992	.T.	...	...	...	...	...	...	...	...	...	...	...	...	...	...	...
KC352991	.T.	...	...	...	...	...	...	...	...	...	...	...	...	...	...	...
KC352989	.T.	...	...	...	...	...	...	...	...	...	...	...	...	...	...	...
KC352970	.T.	...	...	...	...	...	...	...	...	...	...	...	...	...	...	...
KC352966	.T.	...	...	...	...	...	...	...	...	...	...	...	...	...	...	...
KC352953	.T.	...	...	...	...	...	...	...	...	...	...	...	...	...	...	...
KC352952	.T.	...	...	...	...	...	...	...	...	...	...	...	...	...	...	...
DQ116559	...	...	...	...	...	...	...	...	...	...	...	...	...	...	...	...
FJ746661	.T.	...	...	...	...	...	...	...	...	...	...	...	...	...	...	...

KC352995	GGT	TCT	GGC	ATC	GAT	GAA	GAA	CGC	AGC	GAA	ATG	CGA	TAA	GTA	ATG	TGA
KC352992	...	...	...	...	...	...	...	...	...	...	...	...	...	...	...	...
KC352991	...	...	...	...	...	...	...	...	...	...	...	...	...	...	...	...
KC352989	...	...	...	...	...	...	...	...	...	...	...	...	...	...	...	...
KC352970	...	...	...	...	...	...	...	...	...	...	...	...	...	...	...	...
KC352966	...	...	...	...	...	...	...	...	...	...	...	...	...	...	...	...
KC352953	...	...	...	...	...	...	...	...	...	...	...	...	...	...	...	...
KC352952	...	...	...	...	...	...	...	...	...	...	...	...	...	...	...	...
DQ116559	...	...	...	...	...	...	...	...	...	...	...	...	...	...	...	...
FJ746661	...	...	...	...	...	...	...	...	...	...	...	...	...	...	...	...

KC352995	ATT	GCA	GAA	TTC	AGT	GAA	TCA	TCG	AAT	CTT	TGA	ACG	CAC	ATT	GCG	CCC
KC352992	...	...	...	...	...	...	...	...	...	...	...	...	...	...	...	...
KC352991	...	...	...	...	...	...	...	...	...	...	...	...	...	...	...	...
KC352989	...	...	...	...	...	...	...	...	...	...	...	...	...	...	...	...
KC352970	...	...	...	...	...	...	...	...	...	...	...	...	...	...	...	...
KC352966	...	...	...	...	...	...	...	...	...	...	...	...	...	...	...	...
KC352953	...	...	...	...	...	...	...	...	...	...	...	...	...	...	...	...
KC352952	...	...	...	...	...	...	...	...	...	...	...	...	...	...	...	...
DQ116559	...	...	...	...	...	...	...	...	...	...	...	...	...	...	...	...
FJ746661	...	...	...	...	...	...	...	...	...	...	...	...	...	...	...	...

KC352995	CTT	GGT	ATT	CCG	GGG	GGC	ATG	CCT	GTT	CGA	GCG	TCA	TTT	AAT	ACC	AAT
KC352992	...	...	...	...	...	...	...	...	...	...	...	...	...	...	...	...
KC352991	...	...	...	...	...	...	...	...	...	...	...	...	...	...	...	...
KC352989	...	...	...	...	...	...	...	...	...	...	...	...	...	...	...	...
KC352970	...	...	...	...	...	...	...	...	...	...	...	...	...	...	...	...
KC352966	...	...	...	...	...	...	...	...	...	...	...	...	...	...	...	...
KC352953	...	...	...	...	...	...	...	...	...	...	...	...	...	...	...	...
KC352952	...	...	...	...	...	...	...	...	...	...	...	...	...	...	...	...
DQ116559	...	...	...	...	...	...	...	...	...	...	...	...	...	...	...	...
FJ746661	...	...	...	...	...	...	...	...	...	...	...	...	...	...	...	...

KC352995	CCC	TTC	GGG	GGT	CTT	GGG	GTA	TAC	CGT	CT—	GGT	AGC	CCT	TAA	AAT	CA—
KC352992	...	...	...	...	...	...	...	...	..—	...	...	...	...	...	..—
KC352991	...	...	...	...	...	...	...	...	..—	...	...	...	...	...	..—
KC352989	...	...	...	...	...	...	...	...	..—	...	...	...	...	...	..—
KC352970	...	...	...	...	...	...	...	...	..—	...	...	...	...	...	..—
KC352966	...	...	...	...	...	...	...	...	..—	...	...	...	...	...	..—
KC352953	...	.C.	...	...	...	...	..C	...	..C	..C	...	...	...	...	..—
KC352952	...	.C.	...	...	...	...	..C	...	..C	..C	...	...	...	...	..—
DQ116559	...	...	...	...	...	...	...	...	..—	...	...	...	...	...	..A

```
FJ746661        ...  .C.  ...  ...  ...  ...  ..C  ...  ..C  ..C  ...  ...  ...  ...  ...  ..—

KC352995        GTG  GCG  GTG  CCT  CTC  GGC  TCT  AAG  CGT  AGT  AAT  TCT  TCT  CGC  TAC  AGG
KC352992        ...  ...  ...  ...  ...  ...  ...  ...  ...  ...  ...  ...  ...  ...  ...  ...
KC352991        ...  ...  ...  ...  ...  ...  ...  ...  ...  ...  ...  ...  ...  ...  ...  ...
KC352989        ...  ...  ...  ...  ...  ...  ...  ...  ...  ...  ...  ...  ...  ...  ...  ...
KC352970        ...  ...  ...  ...  ...  ...  ...  ...  ...  ...  ...  ...  ...  ...  ...  ...
KC352966        ...  ...  ...  ...  ...  ...  ...  ...  ...  ...  ...  ...  ...  ...  ...  ...
KC352953        ...  ...  ...  ...  ...  ...  ...  ...  ...  ...  ...  ...  ...  ...  ..T  ...
KC352952        ...  ...  ...  ...  ...  ...  ...  ...  ...  ...  ...  ...  ...  ...  ..T  ...
DQ116559        ...  ...  ...  ...  ...  ...  ...  ...  ...  ...  ...  ...  ...  ...  ...  ...
FJ746661        ...  ...  ...  ...  ...  ...  ...  ...  ...  ...  ...  ...  ...  ...  ..T  ...

KC352995        GCT  CGG  GAG  ACC  ACC  CGC  CAG  AAC  CCC  CAT  ACT  TCT  TAA  GGT  TGA  CCT
KC352992        ..C  ...  ...  ...  ...  ...  ...  ...  ...  ...  ...  ...  ...  ...  ...  ...
KC352991        ..C  ...  ...  ...  ...  ...  ...  ...  ...  ...  ...  ...  ...  ...  ...  ...
KC352989        ..C  ...  ...  ...  ...  ...  ...  ...  ...  ...  ...  ...  ...  ...  ...  ...
KC352970        ..C  ...  ...  ...  ...  ...  ...  ...  ...  ...  ...  ...  ...  ...  ...  ...
KC352966        ..C  ...  ...  ...  ...  ...  ...  ...  ...  ...  ...  ...  ...  ...  ...  ...
KC352953        ..C  ...  ...  ...  ...  ...  ...  ...  ...  ..C  ...  ...  .C.  ...  ...  ...
KC352952        ..C  ...  ...  ...  ...  ...  ...  ...  ...  ..C  ...  ...  .C.  ...  ...  ...
DQ116559        ...  ...  ...  ...  ...  ...  ...  ...  ...  ...  ...  ...  ...  ...  ...  ...
FJ746661        ..C  ...  ...  ...  ...  ...  ...  ...  ...  ..C  ...  ...  .C.  ...  ...  ...

KC352995        C
KC352992        .
KC352991        .
KC352989        .
KC352970        .
KC352966        .
KC352953        .
KC352952        .
DQ116559        .
FJ746661        .
```

15.1.7　近缘物种间序列差异

经过文献查找，近缘种有 Sphaeropsis sapinea、Gremmeniella laricina 等。冷杉枯梢病菌 Gremmeniella abietina 与近缘种种间变异位点较多，有 166 个，如下：

```
GBBOT001-13|Sphaeropsis sapinea|ITS|AY156722    ACC GAG TTC TCG GGC TTC GGC TCG AAT CTC CCA CCC TTT GTG AAC ATA
GBBOT002-13|Sphaeropsis sapinea|ITS|AY156721    ... ... ... ... ... ... ... ... ... ... ... ... ... ... ... ...
1428-13|Gremmeniella laricina|ITS|JN131830      .AG T.A AAG ... TAA CAA ..T .TC CG. AGG TG. A.. .GC .GA .GG ..C
1641-13|Gremmeniella laricina|ITS|KC352997      .AG T.A AAG ... TAA CAA ..T .TC CG. AGG TG. A.. .GC .GA .GG ..C
GBHEL1644-13|Gremmeniella abietina|ITS|KC352994 .AG T.A AAG ... TAA CAA ..T .TC CG. AGG TG. A.. .GC .GA .GG ..C
GBHEL1645-13|Gremmeniella abietina|ITS|KC352993 .AG T.A AAG ... TAA CAA ..T .TC CG. AGG TG. A.. .GC .GA .GG ..C

GBBOT001-13|Sphaeropsis sapinea|ITS|AY156722    CCT CTG TTG CTT TGG CGG CTC TTT GCC GCG AGG AGG CCC TCG CGG GCC
GBBOT002-13|Sphaeropsis sapinea|ITS|AY156721    ... ... ... ... ... ... ... ... ... ... ... ... ... ... ... ...
1428-13|Gremmeniella laricina|ITS|JN131830      AT. AA. GA. TAA CC. ... GAA A.C .AA AGA .A. TAC .G. ..T .CC A..
1641-13|Gremmeniella laricina|ITS|KC352997      AT. AA. GA. TAA CC. ... GAA A.C .AA AGA .A. TAC .G. ..T .CC A..
GBHEL1644-13|Gremmeniella abietina|ITS|KC352994 AT. AA. GA. TAA CC. ... GAA A.C .AA AGA .A. TAC .G. ..T .CC A..
GBHEL1645-13|Gremmeniella abietina|ITS|KC352993 AT. AA. GA. TAA CC. ... GAA A.C .AA AGA .A. TAC .G. ..T .CC A..

GBBOT001-13|Sphaeropsis sapinea|ITS|AY156722    CCC CCG CGC ——————————G CTT TCC GCC AGA GGA CCT TCA A—————
GBBOT002-13|Sphaeropsis sapinea|ITS|AY156721    ... ... ... ——————————. ... ... ... ... ... ... ... ... .—————
```

```
1428-13|Gremmeniella laricina |ITS |JN131830          .GT G.C TA. ATT ACT CTG TT.  ...  ...  .GG CCT CA.  ..C C.G GAG AGG
1641-13|Gremmeniella laricina |ITS |KC352997          .GT G.C TA. ATT ACT CTG TT.  ...  ...  .GG CCT CA.  ..C C.G GAG AGG
GBHEL1644-13|Gremmeniella abietina |ITS |KC352994     .GT G.C TAT ATT ACT CTG TT.  ...  C..  .GG CCT CA.  ..C C.G GGG AGG
GBHEL1645-13|Gremmeniella abietina |ITS |KC352993     .GT G.C TAT ATT ACT CTG TT.  ...  C..  .GG CCT CA.  ..C C.G GGG AGG


GBBOT001-13|Sphaeropsis sapinea |ITS |AY156722        ACT CCA GTC AGT AAA C−− GTC GAC GTC TGA TAA ACA AGT TAA TAA ACT
GBBOT002-13|Sphaeropsis sapinea |ITS |AY156721        ...  ...  ...  ...  ... −−  ...  ...  ...  ...  ...  ...  ...  ...  ..  ...
1428-13|Gremmeniella laricina |ITS |JN131830          ..C T−.  ACT CA.  G..  TTT A.T ACT  ...  ...  −GT ..T .TA  ...  ..G −T.
1641-13|Gremmeniella laricina |ITS |KC352997          ..C T−.  ACT CA.  G..  TTT A.T ACT  ...  ...  −GT ..T .TA  ...  ..G −T.
GBHEL1644-13|Gremmeniella abietina |ITS |KC352994     ..C  ...  AC. TA.  G..  TTA T.T AC.  ...  ...  −GT ..T .TA  ...  ..G −T.
GBHEL1645-13|Gremmeniella abietina |ITS |KC352993     ..C  ...  AC. TA.  G..  TTA T.T AC.  ...  ...  −GT ..T .TA  ...  ..G −T.


GBBOT001-13|Sphaeropsis sapinea |ITS |AY156722        AAA ACT TTC AAC AAC GGA TCT CTT GGT TCT GGC ATC GAT GAA GAA CGC
GBBOT002-13|Sphaeropsis sapinea |ITS |AY156721        ...  ...  ...  ...  ...  ...  ...  ...  ...  ...  ...  ...  ...  ...  ...
1428-13|Gremmeniella laricina |ITS |JN131830          ...  ...  ...  ...  ...  ...  ...  ...  ...  ...  ...  ...  ...  ...  ...
1641-13|Gremmeniella laricina |ITS |KC352997          ...  ...  ...  ...  ...  ...  ...  ...  ...  ...  ...  ...  ...  ...  ...
GBHEL1644-13|Gremmeniella abietina |ITS |KC352994     ...  ...  ...  ...  ...  ...  ...  ...  ...  ...  ...  ...  ...  ...  ...
GBHEL1645-13|Gremmeniella abietina |ITS |KC352993     ...  ...  ...  ...  ...  ...  ...  ...  ...  ...  ...  ...  ...  ...  ...


GBBOT001-13|Sphaeropsis sapinea |ITS |AY156722        AGC GAA ATG CGA TAA GTA ATG TGA ATT GCA GAA TTC AGT GAA TCA TCG
GBBOT002-13|Sphaeropsis sapinea |ITS |AY156721        ...  ...  ...  ...  ...  ...  ...  ...  ...  ...  ...  ...  ...  ...  ...
1428-13|Gremmeniella laricina |ITS |JN131830          ...  ...  ...  ...  ...  ...  ...  ...  ...  ...  ...  ...  ...  ...  ...
1641-13|Gremmeniella laricina |ITS |KC352997          ...  ...  ...  ...  ...  ...  ...  ...  ...  ...  ...  ...  ...  ...  ...
GBHEL1644-13|Gremmeniella abietina |ITS |KC352994     ...  ...  ...  ...  ...  ...  ...  ...  ...  ...  ...  ...  ...  ...  ...
GBHEL1645-13|Gremmeniella abietina |ITS |KC352993     ...  ...  ...  ...  ...  ...  ...  ...  ...  ...  ...  ...  ...  ...  ...


GBBOT001-13|Sphaeropsis sapinea |ITS |AY156722        AAT CTT TGA ACG CAC ATT GCG CCC CTT GGC ATT CCG AGG GGC ATG CCT
GBBOT002-13|Sphaeropsis sapinea |ITS |AY156721        ...  ...  ...  ...  ...  ...  ...  ...  ...  ...  ...  ...  ...  ...  ...
1428-13|Gremmeniella laricina |ITS |JN131830          ...  ...  ...  ...  ...  ...  ...  ..T  ...  ...  G..  ...  ...
1641-13|Gremmeniella laricina |ITS |KC352997          ...  ...  ...  ...  ...  ...  ...  ..T  ...  ...  G..  ...  ...
GBHEL1644-13|Gremmeniella abietina |ITS |KC352994     ...  ...  ...  ...  ...  ...  ...  .T   ...  ...  G..  ...  ...
GBHEL1645-13|Gremmeniella abietina |ITS |KC352993     ...  ...  ...  ...  ...  ...  ...  ..T  ...  ...  G..  ...  ...


GBBOT001-13|Sphaeropsis sapinea |ITS |AY156722        GTT CGA GCG TCA TTA CAA CCC TCA AGC TCT GCT TGG TAT TGG GCG CCG
GBBOT002-13|Sphaeropsis sapinea |ITS |AY156721        ...  ...  ...  ...  ...  ...  ...  ...  ...  ...  ...  ...  ...  ...  ...
1428-13|Gremmeniella laricina |ITS |JN131830          ...  ...  ...  ...  ..−  T..  TA. CA.  TC. C.C CGG G..  .C.  ...  .GT ATA
1641-13|Gremmeniella laricina |ITS |KC352997          ...  ...  ...  ...  ..−  T..  TA. CA.  TC. C.C CGG G..  .C.  ...  .GT ATA
GBHEL1644-13|Gremmeniella abietina |ITS |KC352994     ...  ...  ...  ...  ..−  T..  TA. CA.  TC. CT.  CGG G..  .C.  ...  .GT ATA
GBHEL1645-13|Gremmeniella abietina |ITS |KC352993     ...  ...  ...  ...  ..−  T..  TA. CA.  TC. CT.  CGG G..  .C.  ...  .GT ATA


GBBOT001-13|Sphaeropsis sapinea |ITS |AY156722        TCC TCT CTG CGG ACG CGC CTT AAA GAC CTC GGC GGT GGC TGT TCA GCC
GBBOT002-13|Sphaeropsis sapinea |ITS |AY156721        ...  ...  ...  ...  ...  ...  ...  ...  ...  ...  ...  ...  ...  ...  ...
1428-13|Gremmeniella laricina |ITS |JN131830          C.G  ...  −−−−.  GTA GC.  ...  ...  AT.  AGT  ...  ...  .C.  ...  −.G ..T
1641-13|Gremmeniella laricina |ITS |KC352997          C.G  ...  −−−−.  GTA GC.  ...  ...  AT.  AGT  ...  ...  .C.  ...  −.G ..T
GBHEL1644-13|Gremmeniella abietina |ITS |KC352994     C.G  ...  −−−−.  GTA GC.  ...  ...  AT.  AGT  ...  ...  .C.  .C.  −.G ..T
GBHEL1645-13|Gremmeniella abietina |ITS |KC352993     C.G  ...  −−−−.  GTA GC.  ...  ...  AT.  AGT  ...  ...  .C.  .C.  −.G ..T


GBBOT001-13|Sphaeropsis sapinea |ITS |AY156722        CTC AAG CGT AGT AGA ATA CAC CTC GCT TTG GAG CGG TTG GCG TCG CCC
GBBOT002-13|Sphaeropsis sapinea |ITS |AY156721        ...  ...  ...  ...  ...  ...  ...  ...  ...  ...  ...  ...  ...  ...  ...
1428-13|Gremmeniella laricina |ITS |JN131830          ..−  ...  ...  ...  .−− ..T .TT  ...  A.A .G.  .TC GGC AGA C.A .T.
1641-13|Gremmeniella laricina |ITS |KC352997          ..−  ...  ...  ...  .−− ..T .TT  ...  A.A .G.  .TC GGC AGA C.A .T.
GBHEL1644-13|Gremmeniella abietina |ITS |KC352994     ..−  ...  ...  ...  .−− ..T .TT  ...  ACA .G.  .TC GG.  AGA C.A  ...
GBHEL1645-13|Gremmeniella abietina |ITS |KC352993     ..−  ...  ...  ...  .−− ..T .TT  ...  ACA .G.  .TC GG.  AGA C.A  ...


GBBOT001-13|Sphaeropsis sapinea |ITS |AY156722        GCC GGA CGA ACC TTC TGA ACT TTT CTC AAG GTT GAC CTC GGA TCA  GG
GBBOT002-13|Sphaeropsis sapinea |ITS |AY156721        ...  ...  ...  ...  ...  ...  ...  ...  ...  ...  ...  ...  ...  ...  ...
```

1428-13|*Gremmeniella laricina*|*ITS*|JN131830	...	A. .	———	...	CC.	———	. TA	C. .	..T	...	...	...	...	...	..
1641-13|*Gremmeniella laricina*|*ITS*|KC352997	...	A. .	———	...	CC.	———	. TA	C. .	..T	...	...	...	...	...	..
GBHEL1644-13|*Gremmeniella abietina*|*ITS*|KC352994	...	A. .	———	...	CC.	———	. TA	C. .	..T	...	...	...	...	...	..
GBHEL1645-13|*Gremmeniella abietina*|*ITS*|KC352993	...	A. .	———	...	CC.	———	. TA	C. .	..T	...	...	...	...	...	..

15.1.8 条形码蛋白质序列

RKKVPLSHPCLYYSVASRASTPGEDPNL * I? LPSEYYIIVKTFNNGSLGSGIDEERSEMR * VM * IAEFSESSNL * THIAPLGIPGGMPVRASFNTNPFGGLGVYR? GSP * N? VAVPLGSKRSN SSRYRARETTRQNPHTS * G * P

16 长蠕孢属 DNA 条形码

16.1 马铃薯银屑病菌 *Helminthosporium solani*

16.1.1 基本情况

中文名称：茄长蠕孢。

拉丁学名：*Helminthosporium solani* Durieu & Mont.，in Durieu，Expl. Sci. Alg.，Fl. Algér. 1 (livr. 9)：356（1849）。

异名：*Sphaeria sapinea* Fr.，Syst. mycol.（Lundae）2（2）：491（1823）。

英文名：Potato silver scurf。

分类地位：真菌界（Fungi）子囊菌门（Ascomycota）座囊菌纲（Dothideomycetes）格孢腔菌目 9Pleosporales）孢黑团壳科（Massarinaceae）长蠕孢属（*Helminthosporium*）。

16.1.2 生物学特性及危害症状

块茎周皮上会形成褐灰色的圆形病变，病变只发生在周皮内部和块茎匍匐枝的顶端，在病变部位的内部组织可能会出现轻微的褪色。初期病斑小，局部发生，淡褐色，圆形，具有不明显的边缘，病害发展可覆盖大部分块茎。被侵染部分有明显的银色光泽，特别是在表面潮湿的时候。颜色可以随着老化变深；如果块茎表面大部分被侵染，储藏时将因过度失水而皱缩。由于分生孢子的存在，新病变的边缘经常是乌黑的。在储存的过程中，症状的严重性会增加，部分块茎周皮甚至可能会脱落。同时，块茎周皮的恶化会导致新鲜水分的流失（严进等，2013；姚文国等，2001）。

16.1.3 检疫及限定现状

被中国列为检疫性有害生物，被新西兰列为非限定性有害生物。

16.1.4 凭证样本信息

分析所用基因片段信息来自：CBS 275.30、CBS 359.49、CBS 365.75、CBS 640.85；分析所用基因片段信息来自菌株：HSND23、2007-106。

16.1.5 DNA 条形码标准序列

rDNA *ITS* 序列信息及图像化条形码（illustrative barcode）。

TCNTAACAGGTTTCCGTAGGTGAACCTGCGGAAGGATCATTACACTTAGGTGCTCCGAA
AGGACCCTCTGCTGCCGCAAGGTGGCAACCACACCCTCTGTCTACCTGTACCTCTTGTTGTTT
CCTCGGCCGGCCGCTTACGCCAGCCGCTAGGAATACCTTAAACCCTTGTATCTGAAGTATCTA
AAGCTCTGATAACAAAACAAACAAATCACAACTTTCAACAATGGATCTCTTGGTTCTGGC
ATCNATGAAGAACGCAGCGAAATGCGAAAGTAATGTGAATTGCAAAATTCCGTGAATCA
TCAAATCTTNGAACNCACATTGNGCCCCTNGGTATNNCGNGGGGCATGCCNGTTCGAGCGT
NATTATCACCNTCAAGCTCTGCTNGGGGTTGNGGGTNTGTCNNGCNNCAGTGCANGGACT
CGNCCCAAAGCNANTGGCAGCGGTNTGCCAGCTTATAGCGCAGCACATNTGCTCTTCTTG
AAGCAANGGTGGATCAGCGTCCANAAAGNNNTGTACAGTTTGACCGNGGATCANGTANGG

ATACNTGCTGAACTTAAGCATATCAANANNNCGGAGAAA

经过 BOLD SYTEM 数据库查询，共有 4 条参考序列：AF073904、KC106739、DQ865112、DQ865090。

16.1.6　种内 rDNA *ITS* 序列差异

从 BOLD SYTEM 里获得 4 条序列，使用 Mega 软件分析，无差异位点，ITS 条形码 consensus 序列长度为 491bp。

16.1.7　条形码蛋白质序列

KDHYVSAAARLQPPAARWGRNPLSTCTTCCFLGRLACRQESLKPLYLKHIKTLITT * LSQ
LSTMDLLVLASMKNAAKCEK * CELQNSVNHRIFERTLRPSVFRGACLFERHLHPQALLGVGR
LSRFPAWTRPKVIGSGRASFSCSTLRFLKPWWTSVQQAFFH

17 栅锈菌属 DNA 条形码

17.1 杨叶锈病菌 *Melampsora medusae*

17.1.1 基本信息

中文名称：美杜莎栅锈菌。

拉丁学名：*Melampsora medusae* Thüm.，Bull. Torrey bot. Club 6：216（1878）。

异名：*Melampsora populina* subsp. *medusae*（Thüm.）Sacc.，in Berlese，De Toni & Fischer，Syll. fung.（Abellini）7（2）：591（1888）；

Uredo medusae（Thüm.）Arthur，Résult. Sci. Congr. Bot. Wien 1905：338（1906）；

Melampsora albertensis Arthur，Bull. Torrey bot. Club 33：517（1906）；

Uredo albertensis（Arthur）Arthur，N. Amer. Fl.（New York）7（2）：101（1907）。

英文名：Conifer/poplar rust，Leaf rust of poplar。

分类地位：真菌界（Fungi）担子菌门（Basidiomycota）柄锈菌纲（Pucciniomycetes）柄锈菌目（Pucciniales）栅锈菌科（Melampsoraceae）栅锈菌属（*Melampsora*）。

17.1.2 生物学特性及危害症状

在杨树上，侵染后 2~3 周内，在叶片的背面形成夏孢子堆（严重受害叶，叶片两面均可产生），随后，叶片上出现黄色斑，即为侵染出现的最初症状。下部叶片首先被侵染，然后扩展至全树，叶片干枯脱落。在 3 周内，可脱去全部叶片。在针叶树上，当年的针叶褪色并坏死，产生性子器和锈子器；这些产孢结构偶尔能在球果上找到，极少在嫩枝上。被侵染的叶死亡，脱落（严进等，2013）。

17.1.3 检疫及限定现状

被欧盟、EPPO、阿尔巴尼亚、阿尔及利亚、保加利亚、比利时、冰岛、波兰、厄瓜多尔、荷兰、捷克、克罗地亚、拉脱维亚、罗马尼亚、北马其顿、秘鲁、摩洛哥、挪威、塞尔维亚、黑山、斯洛伐克、斯洛文尼亚、约旦、中国列为检疫性有害生物；被乌克兰列为限定性有害生物；被新西兰列为非限定性有害生物。

17.1.4 凭证样本信息

MEM PNM TW1、MEM PNM TW1、98D10、99W3、97CN5、583ME-LAL-MT5、761MMD-POD-BA2、760MMD-POD-BA1、610ME-LAL-LE7、1028ME-LAL-LJ、414MMT-POT-VA11、1017MMT-POT-NB、897MMT-POT-QC12、796ME-POT-LI2 等标本（Vialle et al.，2013）。

17.1.5 DNA 条形码标准序列

（1）rDNA *28S* 序列信息及图像化条形码（illustrative barcode）。

GGCATTTGTGATACGGTTTCTAAGAGT-CGAGTTGTTTGGGAATGCAGCTCAAAGTGGG
TGGTAAATTCCATCTAAGGCTAAATATAAGTGAGAGACCGATAGCATACAAGTACCGTGAG
GGAAAGATGAAAAGAACTTTGAAAATAGAGTTAACAGTACGTGAAATTGCTGAAAGGGAA
ACGTTTGAAGTTAGTATTGTATTCGTTGGATCAGCTTCGCAAGAGGTCTATTCCGATGATA

AGCAAGTCAACATCAGTCTATGAGTGTTGGAAAAAGGGCTCGAGAATGTAGCAAT-----TTA
ATTGTGTTATAGCTTGGGACCTCGAATACAACGCTCTTGATTGAGGAACGCGTAGTAAGC
TTTGAGCGGGTTCGAAAGAGCCTCCTTACTATGGATGTTGGTGAAATAACTTTAAGCGAC
CCGTCTTGAAACACGGACCAAGGAGTCTAACATGCTTGCGAGTATTAGGGCGTTGAAACCC
GAATGCGTAATGAAAGTG-ATTTCAGATGTGATCCGCAAGGTGCAACATCGGCCGGTCCTG
ATTATTTATATGACGGTACTGAGCAAGAGCAAGTATGTTAGGACCCGAAAGATGGTGAAC
TATGCCTGGATAGGGTGAAGTCAGAGGAAACTCTGATGGAAGCT-CGTAGCGGTTCTGACG
TGCAAATCGATCGTAGAATCTGGGTATAGGGGCGAAAGAC

（2）rDNA *ITS* 序列信息及图像化条形码（illustrative barcode）。

CATTAATACATGTTGAGTTGCTTAAATGCGATTCTTTGTATACTATTTACCCCCACCAA
CCCAGAGGTGCATTGTGGCCTTTAATTAGGTTAGCAGTGTATCAGTACGTATGACAAAGGC
AACTTTGGCTTACATTACATATAAGTTACCCCCCATTTACACTTAAGAAGTTTTAAGAATG
ATACCTATAACTATATAACTTTCAGCAATGGATCTCTAGGCTCTCACGTCGATGAAGAACA
CAGTGAAATGTGATACGTAATGTGAATTGCATAATTCAGTGAATCATCGAATCTTTGAAC
GCACTTTGCACCTTTTGGTTATTCCGAGAGGTACGCCTGTTTGAATGTCACGAAACCCCCC
TCGTCTTTAACGCTTTCTAAAAGAGTTATTGACGGATTCTGAGTGTTGGCGTGTCAACGCC
TCGCTTTAAATATATCAGCACTTTTGGATGGTTACATGTTAGTTCAAAAGACGTACTTGA
TGTCGTATTTATACAATTCATCGAGATGGTCTTTGGTCGTATCGACTATCCGCTAATATGA
CGACTTGAAGAATAGCTTCCTAACCCCATTGAATTTACCTTTAGACTTCAAATCAGGTGGG
ACTACCCGCTGAACTTAAGCATATCAATAAGCGGAGGAAAAGAAAATAACTATGATTCCC
TTAGTAACGGCGAGTGAACAGGGAAAAGCCCAAATTTGTAATCTGGCATTGTTTACCAAT
GTCCGAGTT

参考序列：MEBC058-09、MEFRA054-09、MEFRA055-09、MEFRA056-09、MEFRA057-09、MEFRA058-09、MEFRA059-09、MEFRA060-09、MEFRA061-09、MEFRA062-09、MEFRA063-09、MPITS145-09、MPITS151-09 、MPITS153-09。

17.1.6　种内序列差异

参考序列无变异位点。

17.1.7　近缘种种间序列差异

经过文献查找，近缘种有阿尔伯塔杨树叶锈病 *Melampsora albertensis* 和青杨叶锈病菌 *Melampsora larici-populina*。杨树叶锈病菌 *Melampsora medusae* 与近缘种种间变异位点，有 34 个，如下：

MPITS129-09|*Melampsora albertensis*|28S　　　TAA GAG TCG AGT TGT TTG GGA ATG CAG CTC AAA GTG GGT GGT AAA TTC

MPITS130-09 | *Melampsora albertensis* | *28S*   ... ...
MEFRA055-09 | *Melampsora medusae_deltoidaea* | *28S*   ... ...
MEFRA056-09 | *Melampsora medusae_deltoidaea* | *28S*   ... ...
MEFRA044-09 | *Melampsora laricipopulina* | *28S*   ... ...
MEFRA045-09 | *Melampsora laricipopulina* | *28S*   ... ...

MPITS129-09 | *Melampsora albertensis* | *28S*   CAT CTA AGG CTA AAT ATA AGT GAG AGA CCG ATA GCA AAC AAG TAC CGT
MPITS130-09 | *Melampsora albertensis* | *28S*   ... ...
MEFRA055-09 | *Melampsora medusae_deltoidaea* | *28S*   ... ... T.. ... ...
MEFRA056-09 | *Melampsora medusae_deltoidaea* | *28S*   ... ... T.. ... ...
MEFRA044-09 | *Melampsora laricipopulina* | *28S*   ... ...
MEFRA045-09 | *Melampsora laricipopulina* | *28S*   ... ...

MPITS129-09 | *Melampsora albertensis* | *28S*   GAG GGA AAG ATG AAA AGA ACT TTG AAA ATA GAG TTA ACA GTA CGT GAA
MPITS130-09 | *Melampsora albertensis* | *28S*   ... ...
MEFRA055-09 | *Melampsora medusae_deltoidaea* | *28S*   ... ...
MEFRA056-09 | *Melampsora medusae_deltoidaea* | *28S*   ... ...
MEFRA044-09 | *Melampsora laricipopulina* | *28S*   ... ...
MEFRA045-09 | *Melampsora laricipopulina* | *28S*   ... ...

MPITS129-09 | *Melampsora albertensis* | *28S*   ATT GCT GAA AGG GAA ACG TTT GAA GTT AGT ATT GTA TTC GTT GGA TCA
MPITS130-09 | *Melampsora albertensis* | *28S*   ... ...
MEFRA055-09 | *Melampsora medusae_deltoidaea* | *28S*   ... ...
MEFRA056-09 | *Melampsora medusae_deltoidaea* | *28S*   ... ...
MEFRA044-09 | *Melampsora laricipopulina* | *28S*   ... ... T.. ... ...
MEFRA045-09 | *Melampsora laricipopulina* | *28S*   ... ... T.. ... ...

MPITS129-09 | *Melampsora albertensis* | *28S*   GCT TCG CAA GAG GTC TAT TCC GAT GAT AAG CAA GTC AAC ATC AGT CTA
MPITS130-09 | *Melampsora albertensis* | *28S*   ... ...
MEFRA055-09 | *Melampsora medusae_deltoidaea* | *28S*   ... ...
MEFRA056-09 | *Melampsora medusae_deltoidaea* | *28S*   ... ...
MEFRA044-09 | *Melampsora laricipopulina* | *28S*   ... ... .GA ..G ... ..T ... ... .A. ...
MEFRA045-09 | *Melampsora laricipopulina* | *28S*   ... ... .GA ..G ... ..T ... ... .A. ...

MPITS129-09 | *Melampsora albertensis* | *28S*   TGA GTG TTG GAA AAA GGG CTC GAG AAT GTA GCA ATT T————AAT TGT
MPITS130-09 | *Melampsora albertensis* | *28S*   ... ...———— ... ...
MEFRA055-09 | *Melampsora medusae_deltoidaea* | *28S*   ... ...———— ... ...
MEFRA056-09 | *Melampsora medusae_deltoidaea* | *28S*   ... ...———— ... ...
MEFRA044-09 | *Melampsora laricipopulina* | *28S*   ... ... .C. ..G ..G ..T T.T ... ... .TT ATT ... ...
MEFRA045-09 | *Melampsora laricipopulina* | *28S*   ... ... .C. ..G ..G ..T T.T ... ... .TT ATT ... ...

MPITS129-09 | *Melampsora albertensis* | *28S*   GTT ATA GCT TGG GAC TTT GAA TAC AAC GCT CTT GAT TGA GGA ACG CGT
MPITS130-09 | *Melampsora albertensis* | *28S*   ... ...
MEFRA055-09 | *Melampsora medusae-deltoidaea* | *28S*   ... ... C.C ... ...
MEFRA056-09 | *Melampsora medusae-deltoidaea* | *28S*   ... ... C.C ... ...
MEFRA044-09 | *Melampsora larici-populina* | *28S*   ... ...A ... ..— .G. ... G.T ... T.G ... ...
MEFRA045-09 | *Melampsora larici-populina* | *28S*   ... ...A ... ..— .G. ... G.T ... T.G ... ...

MPITS129-09 | *Melampsora albertensis* | *28S*   AGT AAG CTT TGA GCG GGT TCG AAA GAG CCT CCT TAC TAT GGA TGT TGG
MPITS130-09 | *Melampsora albertensis* | *28S*   ... ...
MEFRA055-09 | *Melampsora medusae_deltoidaea* | *28S*   ... ...
MEFRA056-09 | *Melampsora medusae_deltoidaea* | *28S*   ... ...
MEFRA044-09 | *Melampsora laricipopulina* | *28S*   ... ...A ... ... .GA T.. ... ...
MEFRA045-09 | *Melampsora laricipopulina* | *28S*   ... ...A ... ... .GA T.. ... ...

MPITS129-09 | *Melampsora albertensis* | *28S*   TGA AAT AAC TTT AAG CGA CCC GTC TTG AAA CAC GGA CCA AGG AGT CTA
MPITS130-09 | *Melampsora albertensis* | *28S*   ... ...
MEFRA055-09 | *Melampsora medusae-deltoidaea* | *28S*   ... ...
MEFRA056-09 | *Melampsora medusae-deltoidaea* | *28S*   ... ...
MEFRA044-09 | *Melampsora laricipopulina* | *28S*   ... ...
MEFRA045-09 | *Melampsora laricipopulina* | *28S*   ... ...

MPITS129-09 | *Melampsora albertensis* | *28S*   ACA TGC TTG CGA GTA TTA GGG CGT TGA AAC CCG AAT GCG TAA TGA AAG

MPITS130-09 | *Melampsora albertensis* | *28S*	…	…	…	…	…	…	…	…	…	…	…	…	…	…	…
MEFRA055-09 | *Melampsora medusae-deltoidaea* | *28S*	…	…	…	…	…	…	…	…	…	…	…	…	…	…	…
MEFRA056-09 | *Melampsora medusae-deltoidaea* | *28S*	…	…	…	…	…	…	…	…	…	…	…	…	…	…	…
MEFRA044-09 | *Melampsora laricipopulina* | *28S*	…	…	…	…	…	…	…	…	T..	…	…	…	…	…	…
MEFRA045-09 | *Melampsora laricipopulina* | *28S*	…	…	…	…	…	…	…	…	T..	…	…	…	…	…	…

MPITS129-09 | *Melampsora albertensis* | *28S*	TGA	−TT	TCA	GAT	GTG	ATC	CGC	AAG	GTG	CAA	CAT	CGG	CCG	GTC	CTG	ATT
MPITS130-09 | *Melampsora albertensis* | *28S*	…	−..	…	…	…	…	…	…	…	…	…	…	…	…	…	…
MEFRA055-09 | *Melampsora medusae-deltoidaea* | *28S*	…	−..	…	…	…	…	…	…	…	…	…	…	…	…	…	…
MEFRA056-09 | *Melampsora medusae-deltoidaea* | *28S*	…	−..	…	…	…	…	…	…	…	…	…	…	…	…	…	…
MEFRA044-09 | *Melampsora laricipopulina* | *28S*	…	A..	…	…	…	…	…	…	…	…	..A	..A	…	TG.	..C	
MEFRA045-09 | *Melampsora laricipopulina* | *28S*	…	A..	…	…	…	…	…	…	…	…	..A	..A	…	TG.	..C	

MPITS129-09 | *Melampsora albertensis* | *28S*	ATT	TAT	ATG	ACG	GTA	CTG	AGC	AAG	AGC	AAG	TAT	GTT	AGG	ACC	CGA	AAG
MPITS130-09 | *Melampsora albertensis* | *28S*	…	…	…	…	…	…	…	…	…	…	…	…	…	…	…	…
MEFRA055-09 | *Melampsora medusae-deltoidaea* | *28S*	…	…	…	…	…	…	…	…	…	…	…	…	…	…	…	…
MEFRA056-09 | *Melampsora medusae-deltoidaea* | *28S*	…	…	…	…	…	…	…	…	…	…	…	…	…	…	…	…
MEFRA044-09 | *Melampsora laricipopulina* | *28S*	…	…	G..	.A.	…	…	..T	…	…	…	…	…	…	…	…	…
MEFRA045-09 | *Melampsora laricipopulina* | *28S*	…	…	G..	.A.	…	…	..T	…	…	…	…	…	…	…	…	…

MPITS129-09 | *Melampsora albertensis* | *28S*	ATG	GTG	AAC	TAT	GCC	TGG	ATA	GGG
MPITS130-09 | *Melampsora albertensis* | *28S*	…	…	…	…	…	…	…	…
MEFRA055-09 | *Melampsora medusae-deltoidaea* | *28S*	…	…	…	…	…	…	…	…
MEFRA056-09 | *Melampsora medusae-deltoidaea* | *28S*	…	…	…	…	…	…	…	…
MEFRA044-09 | *Melampsora laricipopulina* | *28S*	…	…	…	…	…	…	…	…
MEFRA045-09 | *Melampsora laricipopulina* | *28S*	…	…	…	…	…	…	…	…

17.1.8　条形码蛋白质序列

（1）rDNA *28S*。

* ESSCLGMQLKVGGKFHLRLNISERPIAYKYREGKMKRTLKIELTVREIAERETFEVSIVFV GSASQEVYSDDKQVNISL * VLEKGLENVAI * LCYSLGPRIQRS * LRNA * * ALSGFERASLL WMLVK * L * ATRLETRTKESNMLASIRALKPECVMKVISDVIRKVQHRPVLIIYMTVLSKSKY VRTRKMVNYAWIG * SQRKL * WKLVAVLTCKSIVESGYRG

（2）rDNA *ITS*。

H * YMLSCLNAILCILFTPTNPEVHCGL * LG * QCISTYDKGNFGLHYI * VTPHLHLRSF KNDTYNYITFSNGSLGSHVDEEHSEM * YVM * IA * FSESSNL * THFAPFGYSERYACLNV TKPPSSLTLSKRVIDGF * VLACQRLALNISALLDGYMLVQKTYLMSYLYNSSRWSLVVSTIR * YDDLKNSFLTPLNLPLDFKSGGTTR * T * AYQ * AEEKKITMIPLVTASEQGKAQICNLALFTN VRV

18 链核盘菌属 DNA 条形码

18.1 美澳型核果褐腐病菌 *Monilinia fructicola*

18.1.1 基本信息

中文名称：果生链核盘菌。

拉丁学名：*Monilinia fructicola* (G. Winter) Honey，Mycologia 20 (4)：153 (1928)。

异名：*Ciboria fructicola* G. Winter，Hedwigia 22：131 (1883)；

Sclerotinia fructicola (G. Winter) Rehm，in Saccardo & Saccardo，Syll. fung. (Abellini) 18：41 (1906)；

Sclerotinia fructigena sensu auct. NZ；fide NZfungi (2008)；

Sclerotinia cinerea sensu auct. NZ；fide NZfungi (2008)；

Sclerotinia cinerea f. *americana* Wormald，Ann. Bot.，Lond. 33 (no. 131)：374 (1919)；

Sclerotinia americana (Wormald) Norton & Ezekiel，Phytopathology 14：31 (1924)；

Monilia fructicola L. R. Batra，Mycol. Mem. 16：110 (1991)。

英文名：Brown rot。

分类地位：真菌界（Fungi）子囊菌门（Ascomycota）盘菌亚门（Pezizomycotina）锤舌菌纲（Leotiomycetes）柔膜菌目（Helotiales）核盘菌科（Sclerotiniacea）链核盘菌属（*Monilinia*）。

18.1.2 生物学特性及危害症状

病害发生初期，果实表面形成灰褐色圆形病斑，随后病斑迅速蔓延扩展至全果，并使果肉变软腐，病部表面散生灰褐色绒球状霉层，最后病果大部分或完全腐烂脱落，或干缩成僵果悬挂枝条上经久不落。在低湿度条件下，不形成分生孢子小疱；但整个果实皱缩，干瘪。受侵染的花和叶变褐色，形成一个典型的枯萎状。在茎上造成褐色的凹陷区域（溃疡斑），通常其表面聚集着树胶。潮湿条件下，在这些受侵染的组织上产生分生孢子梗束。

18.1.3 检疫及限定现状

欧盟、EPPO、阿尔巴尼亚、保加利亚、波兰、荷兰、捷克、克罗地亚、拉脱维亚、罗马尼亚、马达加斯加、北马其顿、挪威、塞尔维亚、黑山、斯洛伐克、斯洛文尼亚、突尼斯、土耳其、约旦、智利、中国将其列为检疫性有害生物。比利时将其列为限定性有害生物。

18.1.4 凭证样本信息

CBS 101508、CBS 101509、CBS 101510、CBS 101511、CBS 101512、CBS 127251、CBS 127252、CBS 127253、CBS 127254、CBS 127255、CBS 127256、CBS 127257、CBS 127259、CBS 144849、CBS 144850、CBS 165.24、CBS 166.24、CBS 167.24、CBS 203.25、CBS 204.25、CBS 205.25、CBS 228.72、CBS 301.31、CBS 329.35、CBS 350.49、DAOM 231119、HAG7、99.2.G5.04 及 DL.133.04。

18.1.5 DNA 条形码标准序列

rDNA *ITS* 序列信息及图像化条形码（illustrative barcode）。

TGGAAGTAAAAGTCGTAACAAGGTTTCCGTAGGTGAACCTGCGGAAGGATCATTACAG
AGTTCATGCCCGAAAGGGTAGACCTCCCACCCTTGTGTATTATTACTTTGTTGCTTTGGCGA
GCTGCCTTCGGGCCTTGTATGCTCGCCAGAGGATAATTAAACTCTTTTTATTAATGTCGTCT
GAGTACTATATAATAGTTAAAACTTTCAACAACGGATCTCTTGGTTCTGGCATCGATGAA
GAACGCAGCGAAATGCGATAAGTAATGTGAATTGCAGAATTCAGTGAATCATCGAATCTT
TGAACGCACATTGCGCCCCTTGGTATTCCGGGGGGCATGCCTGTTCGAGCGTCATTTCAACC
CTCAAGCACAGCTTGGTATTGAGTCTATGTCAGTAATGGCAGGCTCTAAAATCAGTGGCGG
CGCCGCTGGGTCCTGAACGTAGTAATATCTCTCGTTACAGGTTCTCAGTGTGCTTCTGCCA
AAACCCAAATTTTCTATGGTTGACCTCGGATCAGGTAGGGATACCCGCTGAACTTAAGCAT
ATCAATAAGCGGAGGAAAAGAAACAACTGGGATTGCCCCAGTAACGGC

参考序列：AY289185、HQ846933、DQ314730、DQ314729 等。

18.1.6　种内序列差异

从 BOLD SYTEM 里获得序列分析，36 条序列无差异，3 条序列有变异位点，变异位点 3 个。如下：

AY289185	CCT	CCC	ACC	CTT	GTG	TAT	TAT	TAC	TTT	GTT	GCT	TTG	GCG	AGC	TGC	CTT
HQ846933	...	...	...	...	.G.	...	...	...	...	...	...	...	...	...	...	...
DQ314730	...	...	...	...	...	...	...	...	...	...	...	...	...	...	...	...
DQ314729	...	...	...	...	...	...	...	...	...	...	...	...	...	...	...	...

AY289185	CGG	GCC	TT−	GTA	TGC	TCG	CCA	GAG	GAT	AAT	TAA	ACT	CTT	TTT	ATT	AAT
HQ846933	...	...	..−	...	...	...	...	...	...	...	...	...	...	...	...	...
DQ314730	...	...	..−	...	...	...	...	...	...	...	...	...	...	...	...	...
DQ314729	...	...	..−	...	...	...	...	...	...	...	...	...	...	...	...	...

AY289185	GTC	GTC	TGA	GTA	CTA	TAT	AAT	AGT	TAA	AAC	TTT	CAA	CAA	CGG	ATC	TCT
HQ846933	...	...	...	...	...	...	...	...	...	...	...	...	...	...	...	...
DQ314730	...	...	...	...	...	...	...	...	...	...	...	...	...	...	...	...
DQ314729	...	...	...	...	...	...	...	...	...	...	...	...	...	...	...	...

AY289185	TGG	TTC	TGG	CAT	CGA	TGA	AGA	ACG	CAG	CGA	AAT	GCG	ATA	AGT	AAT	GTG
HQ846933	...	...	...	...	...	...	...	...	...	...	...	...	...	...	...	...
DQ314730	...	...	...	...	...	...	...	...	...	...	...	...	...	...	...	...
DQ314729	...	...	...	...	...	...	...	...	...	...	...	...	...	...	...	...

AY289185	AAT	TGC	AGA	ATT	CAG	TGA	ATC	ATC	GAA	TCT	TTG	AAC	GCA	CAT	TGC	GCC
HQ846933	...	...	...	...	...	...	...	...	...	...	...	...	...	...	...	...
DQ314730	...	...	...	...	...	...	...	...	...	...	...	...	...	...	...	...
DQ314729	...	...	...	...	...	...	...	...	...	...	...	...	...	...	...	...

AY289185	CCT	TGG	TAT	TCC	GGG	GGG	CAT	GCC	TGT	TCG	AGC	GTC	ATT	TCA	ACC	CTC
HQ846933	...	...	...	...	...	...	...	...	...	...	...	...	...	...	...	...
DQ314730	...	...	...	...	...	...	...	...	...	...	...	...	...	...	...	...
DQ314729	...	...	...	...	...	...	...	...	...	...	...	...	...	...	...	...

AY289185	AAG	CAC	AGC	TTG	GTA	TTG	AGT	CTA	TGT	CAG	TAA	TGG	CAG	GCT	CTA	AAA
HQ846933	…	…	…	…	…	…	…	…	…	…	…	…	…	…	…	…
DQ314730	…	..T	…	…	…	…	…	…	…	…	…	…	…	…	…	…
DQ314729	…	.G.	…	…	…	…	…	…	…	…	…	…	…	…	…	…

AY289185	TCA	GTG	GCG	GCG	CCG	CTG	GGT	CCT	GAA	CGT	AGT	AAT	ATC	TCT	CGT	TAC
HQ846933	…	…	…	…	…	…	…	…	…	…	…	…	…	…	…	…
DQ314730	…	…	…	…	…	…	…	…	…	…	…	…	…	…	…	…
DQ314729	…	…	…	…	…	…	…	…	…	…	…	…	…	…	…	…

AY289185	AGG	TTC	TCA	GTG	TGC	TTC	TGC	CAA	AAC	C
HQ846933	…	…	…	…	…	…	…	…	…	.
DQ314730	…	…	…	…	…	…	…	…	…	.
DQ314729	…	…	…	…	…	…	…	…	…	.

18.1.7　rDNA *ITS* 条形码蛋白质序列

PPTLVYYYFVALASCLRALYARQRIIKLFLLMSSEYYIIVKTFNNGSLGSGIDEERSEMR * V
M * IAEFSESSNL * THIAPLGIPGGMPVRASFQPSSTAWY * VYVSNGRL * NQWRRRWVLNVV
ISLVTGSQCASAKTQIF

18.1.8　近缘种种间序列差异

经过文献查找，近缘种有核果链核盘菌 *Monilinia laxa*、果生链核盘菌 *Monilinia fructigena*。美澳型核果褐腐病菌 *Monilinia fructicola* 与近缘种种间变异位点有 6 个，如下：

GBHEL1150-13|*Monilinia fructigena*|*ITS*|HQ846965	CCT	CCC	ACC	CTT	GTG	TAT	TAT	TAC	TTT	GTT	GCT	TTG	GCG	AGC	TGC	CTT
GBHEL1151-13|*Monilinia fructigena*|*ITS*|HQ846964	…	…	…	…	…	…	…	…	…	…	…	…	…	…	…	…
GBHEL1152-13|*Monilinia fructigena*|*ITS*|HQ846963	…	…	…	…	…	…	…	…	…	…	…	…	…	…	…	…
GBHEL1160-13|*Monilinia laxa*|*ITS*|HQ846955	…	…	…	…	…	…	…	…	…	…	…	…	…	…	…	…
GBHEL1161-13|*Monilinia laxa*|*ITS*|HQ846954	…	…	…	…	…	…	…	…	…	…	…	…	…	…	…	…
GBHEL1162-13|*Monilinia laxa*|*ITS*|HQ846953	…	…	…	…	…	…	…	…	…	…	…	…	…	…	…	…
GBHEL056-13|*Monilinia fructicola*|*ITS*|AY289185	…	…	…	…	…	…	…	…	…	…	…	…	…	…	…	…
GBHEL1057-13|*Monilinia fructicola*|*ITS*|GU967379	…	…	…	…	…	…	…	…	…	…	…	…	…	…	…	…
GBHEL1147-13|*Monilinia fructicola*|*ITS*|HQ846919	…	…	…	…	…	…	…	…	…	…	…	…	…	…	…	…

GBHEL1150-13|*Monilinia fructigena*|*ITS*|HQ846965	TGG	GCC	TTG	TAT	GCT	CGC	CAG	AGA	ATA	ACC	AAA	CTC	TTT	TTA	TTA	ATG
GBHEL1151-13|*Monilinia fructigena*|*ITS*|HQ846964	…	…	…	…	…	…	…	…	…	…	…	…	…	…	…	…
GBHEL1152-13|*Monilinia fructigena*|*ITS*|HQ846963	…	…	…	…	…	…	…	…	…	…	…	…	…	…	…	…
GBHEL1160-13|*Monilinia laxa*|*ITS*|HQ846955	C..	…	…	C..	…	…	…	…	…	.T.	…	…	…	—	…	…
GBHEL1161-13|*Monilinia laxa*|*ITS*|HQ846954	C..	…	…	C..	…	…	…	…	…	.T.	…	…	…	—	…	…
GBHEL1162-13|*Monilinia laxa*|*ITS*|HQ846953	C..	…	…	C..	…	…	…	…	…	.T.	…	…	…	—	…	…
GBHEL056-13|*Monilinia fructicola*|*ITS*|AY289185	C..	…	…	…	…	…	..G	…	…	.TT	…	…	…	…	…	…
GBHEL1057-13|*Monilinia fructicola*|*ITS*|GU967379	C..	…	…	…	…	…	..G	…	…	.TT	…	…	…	…	…	…
GBHEL1147-13|*Monilinia fructicola*|*ITS*|HQ846919	C..	…	…	…	…	…	..G	…	…	.TT	…	…	…	…	…	…

GBHEL1150-13|*Monilinia fructigena*|*ITS*|HQ846965	TCG	TCT	GAG	TAC	TAT	ATA	ATA	GTT	AAA	ACT	TTC	AAC	AAC	GGA	TCT	CTT
GBHEL1151-13|*Monilinia fructigena*|*ITS*|HQ846964	…	…	…	…	…	…	…	…	…	…	…	…	…	…	…	…
GBHEL1152-13|*Monilinia fructigena*|*ITS*|HQ846963	…	…	…	…	…	…	…	…	…	…	…	…	…	…	…	…
GBHEL1160-13|*Monilinia laxa*|*ITS*|HQ846955	…	…	…	…	…	…	…	…	…	…	…	…	…	…	…	…
GBHEL1161-13|*Monilinia laxa*|*ITS*|HQ846954	…	…	…	…	…	…	…	…	…	…	…	…	…	…	…	…
GBHEL1162-13|*Monilinia laxa*|*ITS*|HQ846953	…	…	…	…	…	…	…	…	…	…	…	…	…	…	…	…
GBHEL056-13|*Monilinia fructicola*|*ITS*|AY289185	…	…	…	…	…	…	…	…	…	…	…	…	…	…	…	…
GBHEL1057-13|*Monilinia fructicola*|*ITS*|GU967379	…	…	…	…	…	…	…	…	…	…	…	…	…	…	…	…
GBHEL1147-13|*Monilinia fructicola*|*ITS*|HQ846919	…	…	…	…	…	…	…	…	…	…	…	…	…	…	…	…

GBHEL1150-13|*Monilinia fructigena*|*ITS*|HQ846965　GGT TCT GGC ATC GAT GAA GAA CGC AGC GAA ATG CGA TAA GTA ATG　TGA
GBHEL1151-13|*Monilinia fructigena*|*ITS*|HQ846964　... ... ...
GBHEL1152-13|*Monilinia fructigena*|*ITS*|HQ846963　... ... ...
GBHEL1160-13|*Monilinia laxa*|*ITS*|HQ846955　... ... ...
GBHEL1161-13|*Monilinia laxa*|*ITS*|HQ846954　... ... ...
GBHEL1162-13|*Monilinia laxa*|*ITS*|HQ846953　... ... ...
GBHEL056-13|*Monilinia fructicola*|*ITS*|AY289185　... ... ...
GBHEL1057-13|*Monilinia fructicola*|*ITS*|GU967379　... ... ...
GBHEL1147-13|*Monilinia fructicola*|*ITS*|HQ846919　... ... ...

GBHEL1150-13|*Monilinia fructigena*|*ITS*|HQ846965　ATT GCA GAA TTC AGT GAA TCA TCG AAT CTT TGA ACG CAC ATT GCG　CCC
GBHEL1151-13|*Monilinia fructigena*|*ITS*|HQ846964　... ... ...
GBHEL1152-13|*Monilinia fructigena*|*ITS*|HQ846963　... ... ...
GBHEL1160-13|*Monilinia laxa*|*ITS*|HQ846955　... ... ...
GBHEL1161-13|*Monilinia laxa*|*ITS*|HQ846954　... ... ...
GBHEL1162-13|*Monilinia laxa*|*ITS*|HQ846953　... ... ...
GBHEL056-13|*Monilinia fructicola*|*ITS*|AY289185　... ... ...
GBHEL1057-13|*Monilinia fructicola*|*ITS*|GU967379　... ... ...
GBHEL1147-13|*Monilinia fructicola*|*ITS*|HQ846919　... ... ...

GBHEL1150-13|*Monilinia fructigena*|*ITS*|HQ846965　CTT GGT ATT CCG GGG GGC ATG CCT GTT CGA GCG TCA TTT CAA CCC　TCA
GBHEL1151-13|*Monilinia fructigena*|*ITS*|HQ846964　... ... ...
GBHEL1152-13|*Monilinia fructigena*|*ITS*|HQ846963　... ... ...
GBHEL1160-13|*Monilinia laxa*|*ITS*|HQ846955　... ... ...
GBHEL1161-13|*Monilinia laxa*|*ITS*|HQ846954　... ... ...
GBHEL1162-13|*Monilinia laxa*|*ITS*|HQ846953　... ... ...
GBHEL056-13|*Monilinia fructicola*|*ITS*|AY289185　... ... ...
GBHEL1057-13|*Monilinia fructicola*|*ITS*|GU967379　... ... ...
GBHEL1147-13|*Monilinia fructicola*|*ITS*|HQ846919　... ... ...

GBHEL1150-13|*Monilinia fructigena*|*ITS*|HQ846965　AGC ACA GCT TGG TAT TGA GTC TAT GTC AGT AAT GGC AGG CTC TAA　AAT
GBHEL1151-13|*Monilinia fructigena*|*ITS*|HQ846964　... ... ...
GBHEL1152-13|*Monilinia fructigena*|*ITS*|HQ846963　... ... ...
GBHEL1160-13|*Monilinia laxa*|*ITS*|HQ846955　... ... ...
GBHEL1161-13|*Monilinia laxa*|*ITS*|HQ846954　... ... ...
GBHEL1162-13|*Monilinia laxa*|*ITS*|HQ846953　... ... ...
GBHEL056-13|*Monilinia fructicola*|*ITS*|AY289185　... ... ...
GBHEL1057-13|*Monilinia fructicola*|*ITS*|GU967379　... ... ...
GBHEL1147-13|*Monilinia fructicola*|*ITS*|HQ846919　... ... ...

GBHEL1150-13|*Monilinia fructigena*|*ITS*|HQ846965　CAG TGG CGG CGC CGC TGG GTC CTG AAC GTA GTA ATA TCT CTC GTT　ACA
GBHEL1151-13|*Monilinia fructigena*|*ITS*|HQ846964　... ... ...
GBHEL1152-13|*Monilinia fructigena*|*ITS*|HQ846963　... ... ...
GBHEL1160-13|*Monilinia laxa*|*ITS*|HQ846955　... ... ...
GBHEL1161-13|*Monilinia laxa*|*ITS*|HQ846954　... ... ...
GBHEL1162-13|*Monilinia laxa*|*ITS*|HQ846953　... ... ...
GBHEL056-13|*Monilinia fructicola*|*ITS*|AY289185　... ... ...
GBHEL1057-13|*Monilinia fructicola*|*ITS*|GU967379　... ... ...
GBHEL1147-13|*Monilinia fructicola*|*ITS*|HQ846919　... ... ...

GBHEL1150-13|*Monilinia fructigena*|*ITS*|HQ846965　GGT TCT CAG TGT GCT TCT GCC AAA ACC CAA ATT TTC T
GBHEL1151-13|*Monilinia fructigena*|*ITS*|HQ846964　... ... ...
GBHEL1152-13|*Monilinia fructigena*|*ITS*|HQ846963　... ... ...
GBHEL1160-13|*Monilinia laxa*|*ITS*|HQ846955　... ... .G. ... ...
GBHEL1161-13|*Monilinia laxa*|*ITS*|HQ846954　... ... .G. ... ...
GBHEL1162-13|*Monilinia laxa*|*ITS*|HQ846953　... ... .G. ... ...

GBHEL056-13|*Monilinia fructicola*|*ITS*|AY289185 ... ...
GBHEL1057-13|*Monilinia fructicola*|*ITS*|GU967379 ... ...
GBHEL1147-13|*Monilinia fructicola*|*ITS*|HQ846919 ... ...

19 孢囊菌属 DNA 条形码

19.1 甜瓜黑点根腐病菌 *Monosporascus cannonballus*

19.1.1 基本信息

中文名称：坎诺单孢囊菌。

拉丁学名：*Monosporascus cannonballus* Pollack & Uecker，Mycologia 66（2）：348（1974）。

异名：无。

英文名：Cucurbits vine decline（Crown Blight）。

分类地位：真菌界（Fungi）子囊菌门（Ascomycota）粪壳菌纲（Sorariomycetes）炭角菌目（Xylariales）胶孢壳科（Diatrypaceae）单孢囊菌属（*Monosporascus*）。

19.1.2 生物学特性及危害症状

病菌由伤口或从生活力衰弱部位侵入，能分泌大量果胶酶，破坏力大，能引起多种多汁蔬菜、瓜果及薯类腐烂。病菌在腐烂部产生孢子囊，散放出孢囊孢子，借气流传播蔓延。病菌以子囊壳随病残体在土壤中越冬，据试验在 PDA 平面培养基上生长 8d 的菌丝体切碎后拌入灭菌土壤中后，栽植农友香兰甜瓜幼苗，经 35d 后植株发病死亡，病部又形成子囊壳，进行再侵染。病根用自来水冲净后吸干，置于琼脂平板上，25℃培养 72h 后长出菌丝，在病根上的子囊壳直径 300～400μm；子囊初为棍棒状，后变卵形，大小（60～80）×（40～50）μm，初期子囊内生出 2 个子囊孢子，大都只有 1 个能继续发育；子囊孢子球形，未成熟时无色至褐色，成熟后变黑色，30～50μm，每个子囊壳里生有 11～61 个子囊孢子。在 PDA 培养基上，产生少量初为白色、后变灰色至暗灰色的气生菌丝，30d 后可形成黑色子囊壳，每厘米可形成 19～25 个。该菌在 5～30℃都能生长，菌丝生长最适温度 30℃，子囊壳形成所需温度 20～30℃，25℃最适。

19.1.3 检疫及限定现状

中国将其列为检疫性有害生物，新西兰将其列为限定性有害生物。

19.1.4 凭证样本信息及材料来源

凭证样本菌株信息：BPI 71820（Holotype）、CBS 586.93、CBS 609.92K2、HON980076-2、MT5、TX3942-3、CA941029-3A、MC0404、MC2103、MC1903、IS980126-1、MT7、19-3、18-2、MC0105、MC0504、MT44、MT6、CA921458-3、MC14、MC2403、MC1103、MC30、CMM2365、CMM2429、MT38、MC0603 、I3、CMM2401、MCS、CBS 58693、HON980085、GT60051、MT27 等。

19.1.5 DNA 条形码标准序列

rDNA *ITS* 序列信息及图像化条形码（illustrative barcode）。

GAAGTAAAAGTCGTAACAAGGTCTCCGTTGGTGAACCAGCGGAGGGATCATTAAAGAG
TTATCCAACTCCCAAAACCATGTGAACTTACCTATGTTGCCTCGGCGGGGAACCTACCCGGG
AGCTACTCTAGAGTAGCCTACCCGGTAGCTACCCTGTAGTTGTGGCCTTACCCGCCGGTGGAC
CATCTAAACTCTTTTTTTCTCTTTTGGCACTTCTGAATAATTATCATAATAAGTTAAAACT

TTCAACAACGGATCTCTTGGTTCTGGCATCGATGAAGAACGCAGCGAAATGCGATAAGTA
ATGTGAATTGCAGAATTCAGTGAATCATCGAATCTTTGAACGCACATTGCGCCCATTAGT
ATTCTAATGGGCATGCCTGTTCGAGCGTCATTTCAACCCTCAAGCCTTAGTTGCTTGGTGT
TGGGAGCTTATCCCGCCGGAAGGCGGGACAACTCCTTAAAATTATTGGCGGAGTCGCGGTG
ACCCCAAGCGCAGTAATTCTTTTTCTCGCTTTAGGTGTTAACGCTGGCTTCTGGCCACTAA
ACCCCCCCTATTCCTAATGGTTGACCTCGGATCAGGTAGGACTACCCGCTGAACTTAAGCA
TATC

参考序列：JQ266370、JQ762394、JQ762393、JQ762392、JQ762391、JQ762390、JQ762389、JQ762388、JQ762386、JQ762384、JQ762383、JQ762382、JQ762381、JQ762379、JQ762378、JQ762376、JQ762375、JQ762374、JQ762372、JQ762369、JQ762368、JQ762367、JQ762366、JQ762365、JQ762364、JQ762363、JQ762362、JQ771931、JQ771930、JQ771929、JQ771928、JQ771927 等。

19.1.6 种内序列差异

参考序列 consensus 序列长度为 514bp，无差异位点。

19.1.7 条形码蛋白质序列

KSYPTPKTM * TYLCCLGGEPTRELL * SSLPGSYPVVVALPAGGPSKLFFLFWHF * IIIIIS * NFQQRISWFWHR * RTQRNAISNVNCRIQ * IIESLNAHCAH * YSNGHACSSVISTLKP * LLG VGSLSRRKAGQLLKIIGGVAVTPSAVILFLALGVNAGFWPLNPPYS * W

20　明孢盘菌属 DNA 条形码

20.1　苹果牛眼果腐病菌 *Neofabraea kienholzii*

20.1.1　基本信息

中文名称：明孢盘菌。

拉丁学名：*Neofabraea kienholzii*（Seifert，Spotts & Lévesque）Spotts，Lévesque & Seifert，Index Fungorum 28：1（2013）。

异名：*Cryptosporiopsis kienholzii* Seifert，Spotts & Lévesque，Mycol. Res. 113（11）：1305（2010）。

英文名：Apple bull's-eye rot。

分类地位：真菌界（Fungi）子囊菌门（Ascomycota）盘菌亚门（Pezizomycotina）锤舌菌纲（Leotiomycetes）柔膜菌目（Helotiales）皮盘菌科（Dermataceae）明孢盘菌属（*Neofabraea*）。

20.1.2　生物学特性及危害症状

病菌不仅侵害苹果等果实，产生牛眼状的烂果，在储存期危害较重，病菌还可侵染树木的枝干和枝条而导致树皮发生溃疡，甚至枝条枯死，幼树死亡，发病较重的年份，在华盛顿州、俄勒冈州梨产区的采后损失超过 40%，在加拿大不列颠哥伦比亚省的苹果产区金冠品种采后果实腐烂率也达 40%。在有些果园即使不发生树皮溃疡，采后果腐病发生仍然严重。

20.1.3　检疫及限定现状

中国将其列为检疫性有害生物。

20.1.4　凭证样本信息

BOLD 数据库中，*N. kienholzii* 菌株编号有：CBS 126461，CBS 144251，CBS 144252，DAOM 240213，UASWS0327。参考序列：GBHEL801-13、GBHEL802-13。

20.1.5　DNA 条形码标准序列：UASWS0327

rDNA *ITS* 序列信息及图像化条形码（illustrative barcode）。

TCGTAACAAGGTCTCCGTAGGTGAACCTGCGGAGGGATCATTACAGAGTTCATGCCCT
TCGGGGTAGATCTCCCACCCGTGTTATCATACCATTGTTGCTTTGGCGGGCCCGCCTCGGCC
ACCGGCTCCGGCTGGTGAGCGCCCGCCAGAGGACCCCAAACTCTGAAATTTAGTGTCGTCTG
AGTACTATATAATAGTTAAAACTTTCAACAACGGATCTCTTGGTTCTGGCATCGATGAAG
AACGCAGCGAAATGCGATAAGTAATGTGAATTGCAGAATTCAGTGAATCATCGAATCTTT
GAACGCACATTGCGCCCCTTGGTATTCCGGGGGGCATGCCTGTTCGAGCGTCATTACAACCC
TCAAGCTCTGCTTGGTATTGGGCGTCCCCGGCAACGGGGTGCCCTAAAATCAGTGGCGGTGC
CGTCTGGCTCTAAGCGTAGTAAATCTCTCGCTCTGGACGCCCGGTGGATGCTCGCCAGTAAC
CCCCAATTTTTTACAGGTTGACCTCGGATCAGGTAGGGATACCCGCTGAACTTAAGCATAT
CAA

0 526

20.1.6 *Neofabraea perennans*、*Neofabraea vagabunda* 及 *Neofabraea kienholzii* 种内序列差异

3 个种互为近缘种，种间变异位点为 12 个，如下：

GBF155-08|*Neofabraea alba*	TTC GGG GTA GAT CTC CCA CCC GTG TCA TCA CAC CTT TGT TGC TTT GGC
GBHEL1727-13|*Neofabraea alba*	... ...
GBHEL423-13|*Neofabraea alba*	... ...
GBHEL558-13|*Neofabraea alba*	... ...
GBHEL561-13|*Neofabraea alba*	... ...
GBHEL562-13|*Neofabraea alba*	... ...
GBHEL756-13|*Neofabraea alba*	... ...
GBHEL801-13|*Neofabraea malicorticis*	... ... .T. ... T.. .A. ... ...
GBHEL802-13|*Neofabraea malicorticis*	... ... .T. ... T.. .A. ... ...
GBHEL849-13|*Neofabraea perennans*	... ... .T. ... T.. .A. ... ...
GBHEL850-13|*Neofabraea perennans*	... ... .T. ... T.. .A. ... ...
GBHEL851-13|*Neofabraea perennans*	... ... .T. ... T.. .A. ... ...
GBHEL852-13|*Neofabraea perennans*	... ... .T. ... T.. .A. ... ...
GBHEL853-13|*Neofabraea perennans*	... ... .T. ... T.. .A. ... ...
GBHEL854-13|*Neofabraea perennans*	... ... .T. ... T.A .A. ... ...
GBHEL855-13|*Neofabraea perennans*	... ... .T. ... T.. .A. ... ...
GBHEL856-13|*Neofabraea perennans*	... ... .T. ... T.. .A. ... ...

GBF155-08|*Neofabraea alba*	GGG CCC GCC TCG GCC ACC GGC TCC GGC TGG TGA GCG CCC GCC AGA GGA
GBHEL1727-13|*Neofabraea alba*	... ...
GBHEL423-13|*Neofabraea alba*	... ...
GBHEL558-13|*Neofabraea alba*	... ...
GBHEL561-13|*Neofabraea alba*	... ...
GBHEL562-13|*Neofabraea alba*	... ...
GBHEL756-13|*Neofabraea alba*	... ...
GBHEL801-13|*Neofabraea malicorticis*	... ...
GBHEL802-13|*Neofabraea malicorticis*	... ...
GBHEL849-13|*Neofabraea perennans*	... ...
GBHEL850-13|*Neofabraea perennans*	... ...
GBHEL851-13|*Neofabraea perennans*	... ...
GBHEL852-13|*Neofabraea perennans*	... ...
GBHEL853-13|*Neofabraea perennans*	... ...
GBHEL854-13|*Neofabraea perennans*	... ...
GBHEL855-13|*Neofabraea perennans*	... ...
GBHEL856-13|*Neofabraea perennans*	... ...

GBF155-08|*Neofabraea alba*	CCC CAA ACT CTG AAA TTT AGT GTC GTC TGA GTA CTA TAT AAT AGT TAA
GBHEL1727-13|*Neofabraea alba*	... ...
GBHEL423-13|*Neofabraea alba*	... ...
GBHEL558-13|*Neofabraea alba*	... ...
GBHEL561-13|*Neofabraea alba*	... ...
GBHEL562-13|*Neofabraea alba*	... ...

GBHEL756-13	*Neofabraea alba*	...	...	...	...	...	...	...	...	...	...	...	...	...	...	...
GBHEL801-13	*Neofabraea malicorticis*	...	...	...	...	...	...	...	...	...	...	...	...	...	...	...
GBHEL802-13	*Neofabraea malicorticis*	...	...	...	...	...	...	..C	...	...	...	...	...	...	...	...
GBHEL849-13	*Neofabraea perennans*	...	...	...	...	...	...	...	...	...	...	...	...	...	...	...
GBHEL850-13	*Neofabraea perennans*	...	...	...	...	...	...	..C	...	...	...	...	...	...	...	...
GBHEL851-13	*Neofabraea perennans*	...	...	...	...	...	...	...	...	...	...	...	...	...	...	...
GBHEL852-13	*Neofabraea perennans*	...	...	...	...	...	...	...	...	...	...	...	...	...	...	...
GBHEL853-13	*Neofabraea perennans*	...	...	...	...	...	...	...	...	...	...	...	...	...	...	...
GBHEL854-13	*Neofabraea perennans*	...	...	...	...	...	...	...	...	...	...	...	...	...	...	...
GBHEL855-13	*Neofabraea perennans*	...	...	...	...	...	...	...	...	...	...	...	...	...	...	...
GBHEL856-13	*Neofabraea perennans*	...	...	...	...	...	...	..C	...	...	...	...	...	...	...	...

GBF155-08	*Neofabraea alba*	AAC	TTT	CAA	CAA	CGG	ATC	TCT	TGG	TTC	TGG	CAT	CGA	TGA	AGA	ACG	CAG
GBHEL1727-13	*Neofabraea alba*	...	...	...	...	...	...	...	...	...	...	...	...	...	...	...
GBHEL423-13	*Neofabraea alba*	...	...	...	...	...	...	...	...	...	...	...	...	...	...	...
GBHEL558-13	*Neofabraea alba*	...	...	...	...	...	...	...	...	...	...	...	...	...	...	...
GBHEL561-13	*Neofabraea alba*	...	...	...	...	...	...	...	...	...	...	...	...	...	...	...
GBHEL562-13	*Neofabraea alba*	...	...	...	...	...	...	...	...	...	...	...	...	...	...	...
GBHEL756-13	*Neofabraea alba*	...	...	...	...	...	...	...	...	...	...	...	...	...	...	...
GBHEL801-13	*Neofabraea malicorticis*	...	...	...	...	...	...	...	...	...	...	...	...	...	...	...
GBHEL802-13	*Neofabraea malicorticis*	...	...	...	...	...	...	...	...	...	...	...	...	...	...	...
GBHEL849-13	*Neofabraea perennans*	...	...	...	...	...	...	...	...	...	...	...	...	...	...	...
GBHEL850-13	*Neofabraea perennans*	...	...	...	...	...	...	...	...	...	...	...	...	...	...	...
GBHEL851-13	*Neofabraea perennans*	...	...	...	...	...	...	...	...	...	...	...	...	...	...	...
GBHEL852-13	*Neofabraea perennans*	...	...	...	...	...	...	...	...	...	...	...	...	...	...	...
GBHEL853-13	*Neofabraea perennans*	...	...	...	...	...	...	...	...	...	...	...	...	...	...	...
GBHEL854-13	*Neofabraea perennans*	...	...	...	...	...	...	...	...	...	...	...	...	...	...	...
GBHEL855-13	*Neofabraea perennans*	...	...	...	...	...	...	...	...	...	...	...	...	...	...	...
GBHEL856-13	*Neofabraea perennans*	...	...	...	...	...	...	...	...	...	...	...	...	...	...	...

GBF155-08	*Neofabraea alba*	CGA	AAT	GCG	ATA	AGT	AAT	GTG	AAT	TGC	AGA	ATT	CAG	TGA	ATC	ATC	GAA
GBHEL1727-13	*Neofabraea alba*	...	...	...	...	...	...	...	...	...	...	...	...	...	...	...
GBHEL423-13	*Neofabraea alba*	...	...	...	...	...	...	...	...	...	...	...	...	...	...	...
GBHEL558-13	*Neofabraea alba*	...	...	...	...	...	...	...	...	...	...	...	...	...	...	...
GBHEL561-13	*Neofabraea alba*	...	...	...	...	...	...	...	...	...	...	...	...	...	...	...
GBHEL562-13	*Neofabraea alba*	...	...	...	...	...	...	...	...	...	...	...	...	...	...	...
GBHEL756-13	*Neofabraea alba*	...	...	...	...	...	...	...	...	...	...	...	...	...	...	...
GBHEL801-13	*Neofabraea malicorticis*	...	...	...	...	...	...	...	...	...	...	...	...	...	...	...
GBHEL802-13	*Neofabraea malicorticis*	...	...	...	...	...	...	...	...	...	...	...	...	...	...	...
GBHEL849-13	*Neofabraea perennans*	...	...	...	...	...	...	...	...	...	...	...	...	...	...	...
GBHEL850-13	*Neofabraea perennans*	...	...	...	...	...	...	...	...	...	...	...	...	...	...	...
GBHEL851-13	*Neofabraea perennans*	...	...	...	...	...	...	...	...	...	...	...	...	...	...	...
GBHEL852-13	*Neofabraea perennans*	...	...	...	...	...	...	...	...	...	...	...	...	...	...	...
GBHEL853-13	*Neofabraea perennans*	...	...	...	...	...	...	...	...	...	...	...	...	...	...	...
GBHEL854-13	*Neofabraea perennans*	...	...	...	...	...	...	...	...	...	...	...	...	...	...	...
GBHEL855-13	*Neofabraea perennans*	...	...	...	...	...	...	...	...	...	...	...	...	...	...	...
GBHEL856-13	*Neofabraea perennans*	...	...	...	...	...	...	...	...	...	...	...	...	...	...	...

GBF155-08	*Neofabraea alba*	TCT	TTG	AAC	GCA	CAT	TGC	GCC	CCT	TGG	TAT	TCC	GGG	GGG	CAT	GCC	TGT
GBHEL1727-13	*Neofabraea alba*	...	...	...	...	...	...	...	...	...	...	...	...	...	...	...
GBHEL423-13	*Neofabraea alba*	...	...	...	...	...	...	...	...	...	...	...	...	...	...	...
GBHEL558-13	*Neofabraea alba*	...	...	...	...	...	...	...	...	...	...	...	...	...	...	...
GBHEL561-13	*Neofabraea alba*	...	...	...	...	...	...	...	...	...	...	...	...	...	...	...
GBHEL562-13	*Neofabraea alba*	...	...	...	...	...	...	...	...	...	...	...	...	...	...	...
GBHEL756-13	*Neofabraea alba*	...	...	...	...	...	...	...	...	...	...	...	...	...	...	...
GBHEL801-13	*Neofabraea malicorticis*	...	...	...	...	...	...	...	...	...	...	...	...	...	...	...

GBHEL802-13 | *Neofabraea malicorticis*	…	…	…	…	…	…	…	…	…	…	…	…	…	…	…	…
GBHEL849-13 | *Neofabraea perennans*	…	…	…	…	…	…	…	…	…	…	…	…	…	…	…	…
GBHEL850-13 | *Neofabraea perennans*	…	…	…	…	…	…	…	…	…	…	…	…	…	…	…	…
GBHEL851-13 | *Neofabraea perennans*	…	…	…	…	…	…	…	…	…	…	…	…	…	…	…	…
GBHEL852-13 | *Neofabraea perennans*	…	…	…	…	…	…	…	…	…	…	…	…	…	…	…	…
GBHEL853-13 | *Neofabraea perennans*	…	…	…	…	…	…	…	…	…	…	…	…	…	…	…	…
GBHEL854-13 | *Neofabraea perennans*	…	…	…	…	…	…	…	…	…	…	…	…	…	…	…	…
GBHEL855-13 | *Neofabraea perennans*	…	…	…	…	…	…	…	…	…	…	…	…	…	…	…	…
GBHEL856-13 | *Neofabraea perennans*	…	…	…	…	…	…	…	…	…	…	…	…	…	…	…	…

GBF155-08 | *Neofabraea alba*	TCG	AGC	GTC	ATT	ACA	ACC	CTC	AAG	CTC	TGC	TTG	GTA	TTG	GGC	GTC	CCC
GBHEL1727-13 | *Neofabraea alba*	…	…	…	…	…	…	…	…	…	…	…	…	…	…	…	…
GBHEL423-13 | *Neofabraea alba*	…	…	…	…	…	…	…	…	…	…	…	…	…	…	…	…
GBHEL558-13 | *Neofabraea alba*	…	…	…	…	…	…	…	…	…	…	…	…	…	…	…	…
GBHEL561-13 | *Neofabraea alba*	…	…	…	…	…	…	…	…	…	…	…	…	…	…	…	…
GBHEL562-13 | *Neofabraea alba*	…	…	…	…	…	…	…	…	…	…	…	…	…	…	…	…
GBHEL756-13 | *Neofabraea alba*	…	…	…	…	…	…	…	…	…	…	…	…	…	…	…	…
GBHEL801-13 | *Neofabraea malicorticis*	…	…	…	…	…	…	…	…	…	…	…	..G	…	…	…	…
GBHEL802-13 | *Neofabraea malicorticis*	…	…	…	…	…	…	…	…	…	…	…	..G	…	…	…	…
GBHEL849-13 | *Neofabraea perennans*	…	…	…	…	…	…	…	…	…	…	…	..G	…	…	…	…
GBHEL850-13 | *Neofabraea perennans*	…	…	…	…	…	…	…	…	…	…	…	..G	…	…	…	…
GBHEL851-13 | *Neofabraea perennans*	…	…	…	…	…	…	…	…	…	…	…	..G	…	…	…	…
GBHEL852-13 | *Neofabraea perennans*	…	…	…	…	…	…	…	…	…	…	…	..G	…	…	…	…
GBHEL853-13 | *Neofabraea perennans*	…	…	…	…	…	…	…	…	…	…	…	..G	…	…	…	…
GBHEL854-13 | *Neofabraea perennans*	…	…	…	…	…	…	…	…	…	…	…	..G	…	…	…	…
GBHEL855-13 | *Neofabraea perennans*	…	…	…	…	…	…	…	…	…	…	…	..G	…	…	…	…
GBHEL856-13 | *Neofabraea perennans*	…	…	…	…	…	…	…	…	…	…	…	..G	…	…	…	…

GBF155-08 | *Neofabraea alba*	GGC	GAC	GGG	GTG	CCC	TAA	AAT	CAG	TGG	CGG	TGC	CGT	CTG	GCT	CTA	AGC
GBHEL1727-13 | *Neofabraea alba*	…	…	…	…	…	…	…	…	…	…	…	…	…	…	…	…
GBHEL423-13 | *Neofabraea alba*	…	…	…	…	…	…	…	…	…	…	…	…	…	…	…	…
GBHEL558-13 | *Neofabraea alba*	…	…	…	…	…	…	…	…	…	…	…	…	…	…	…	…
GBHEL561-13 | *Neofabraea alba*	…	…	…	…	…	…	…	…	…	…	…	…	…	…	…	…
GBHEL562-13 | *Neofabraea alba*	…	…	…	…	…	…	…	…	…	…	…	…	…	…	…	…
GBHEL756-13 | *Neofabraea alba*	…	…	…	…	…	…	…	…	…	…	…	…	…	…	…	…
GBHEL801-13 | *Neofabraea malicorticis*	…	A..	…	…	…	…	…	…	…	…	…	…	…	…	…	…
GBHEL802-13 | *Neofabraea malicorticis*	…	A..	…	…	…	…	…	…	…	…	…	…	…	…	…	…
GBHEL849-13 | *Neofabraea perennans*	…	A..	…	…	…	…	…	…	…	…	…	…	…	…	…	…
GBHEL850-13 | *Neofabraea perennans*	…	A..	…	…	…	…	…	…	…	…	…	…	…	…	…	…
GBHEL851-13 | *Neofabraea perennans*	…	A..	…	…	…	…	…	…	…	…	…	…	…	…	…	…
GBHEL852-13 | *Neofabraea perennans*	…	A..	…	…	…	…	…	…	…	…	…	…	…	…	…	…
GBHEL853-13 | *Neofabraea perennans*	…	A..	…	…	…	…	…	…	…	…	…	…	…	…	…	…
GBHEL854-13 | *Neofabraea perennans*	…	A..	…	…	…	…	…	…	…	…	…	…	…	…	…	…
GBHEL855-13 | *Neofabraea perennans*	…	A..	…	…	…	…	…	…	…	…	…	…	…	…	…	…
GBHEL856-13 | *Neofabraea perennans*	…	A..	…	…	…	…	…	…	…	…	…	…	…	…	…	…

GBF155-08 | *Neofabraea alba*	GTA	GTA	AAT	CTC	TCG	CTC	TGG	ATG	CCC	GGT	GGA	TGC	TCG	CCA	GAA	CCC
GBHEL1727-13 | *Neofabraea alba*	…	…	…	…	…	…	…	…	…	…	…	…	…	…	…	…
GBHEL423-13 | *Neofabraea alba*	…	.—	——	——	——	——	——	——	——	——	——	——	——	——	——	——
GBHEL558-13 | *Neofabraea alba*	…	…	…	…	…	…	…	…	…	…	…	…	…	…	…	…
GBHEL561-13 | *Neofabraea alba*	…	…	…	…	…	…	…	…	…	…	…	…	…	…	…	…
GBHEL562-13 | *Neofabraea alba*	…	…	…	…	…	…	…	…	…	…	…	…	…	…	…	…
GBHEL756-13 | *Neofabraea alba*	…	…	…	…	…	…	…	…	…	…	…	…	…	…	…	…
GBHEL801-13 | *Neofabraea malicorticis*	…	…	…	…	…	…	…	…	…	…	…	GA.	.T.	…	.T.	A.
GBHEL802-13 | *Neofabraea malicorticis*	…	…	…	…	…	…	…	…	…	…	…	GA.	.T.	…	.T.	A.
GBHEL849-13 | *Neofabraea perennans*	…	…	…	…	…	…	…	…	…	…	…	GA.	.T.	…	.T.	A.

GBHEL850-13 | *Neofabraea perennans*	...	...	...	...	...	...	...	...	...	...	GA.	.T.	...	.T.	A.
GBHEL851-13 | *Neofabraea perennans*	...	...	...	...	...	...	...	...	...	...	GA.	.T.	...	.T.	A.
GBHEL852-13 | *Neofabraea perennans*	...	...	...	...	...	...	...	...	...	...	GA.	.T.	...	.T.	A.
GBHEL853-13 | *Neofabraea perennans*	...	...	...	...	...	...	...	...	...	...	GA.	.T.	...	.T.	A.
GBHEL854-13 | *Neofabraea perennans*	...	...	...	...	...	...	...	...	...	...	GA.	.T.	...	.T.	A.
GBHEL855-13 | *Neofabraea perennans*	...	...	...	...	...	...	...	...	...	...	GA.	.T.	...	.T.	A.
GBHEL856-13 | *Neofabraea perennans*	...	...	...	...	...	...	...	...	...	...	GA.	.T.	...	.T.	A.

GBF155-08 | *Neofabraea alba*	CCC	ATT	TTT
GBHEL1727-13 | *Neofabraea alba*	...	...	...
GBHEL423-13 | *Neofabraea alba*	---	---	---
GBHEL558-13 | *Neofabraea alba*	...	...	...
GBHEL561-13 | *Neofabraea alba*	...	...	...
GBHEL562-13 | *Neofabraea alba*	...	...	...
GBHEL756-13 | *Neofabraea alba*	...	...	...
GBHEL801-13 | *Neofabraea malicorticis*	...	.A.	...
GBHEL802-13 | *Neofabraea malicorticis*	...	.A.	...
GBHEL849-13 | *Neofabraea perennans*	...	.A.	...
GBHEL850-13 | *Neofabraea perennans*	...	.A.	...
GBHEL851-13 | *Neofabraea perennans*	...	.A.	...
GBHEL852-13 | *Neofabraea perennans*	...	.A.	...
GBHEL853-13 | *Neofabraea perennans*	...	.A.	...
GBHEL854-13 | *Neofabraea perennans*	...	.A.	...
GBHEL855-13 | *Neofabraea perennans*	...	.A.	...
GBHEL856-13 | *Neofabraea perennans*	...	.A.	...

20.1.7　条形码蛋白质序列

（1）*Neofabraea vagabunda*。

FGVDLPPVSSHLCCFGGPASATGSGW ＊ APARGPQTLKFSVV ＊ VLYNS ＊ NFQQRISWF WHR ＊ RTQRNAISNVNCRIQ ＊ IIESLNAHCAPWYSGGHACSSVITTLKLCLVLGVPGDGVP ＊ NQWRCRLALSV

（2）*Neofabraea kienholzii*。

FGVDLPPVLSYHCCFGGPASATGSGW ＊ APARGPQTLKFSVV ＊ VLYNS ＊ NFQQRISWF WHR ＊ RTQRNAISNVNCRIQ ＊ IIESLNAHCAPWYSGGHACSSVITTLKLCLVLGVPGNGVP ＊ N QWRCRLALSVVNLSLWMPGGDLPVTPNFLR

（3）*Neofabraea perennans*。

FGVDLPPVLSYHCCFGGPASATGSGW ＊ APARGPQTLKFSVV ＊ VLYNS ＊ NFQQRISWF WHR ＊ RTQRNAISNVNCRIQ ＊ IIESLNAHCAPWYSGGHACSSVITTLKLCLVLGVPGNGVP ＊ NQWRCRLALSVVNLSLWMPGGDLPVTPNFLRLTSDQVGIP

20.2　苹果牛眼果腐病菌 *Neofabraea perennans*

20.2.1　基本信息

中文名称：明孢盘菌。

拉丁学名：*Neofabraea perennans* Kienholz，J. Agric. Res. 59：662 (1939)。

异名：*Scolicotrichum melophthorum* Prill. & Delacr.，Bull. Soc. mycol. Fr. 7 (1)：219 (1891)；

Macrosporium melophthorum (Prill. & Delacr.) Rostr.，Gartner-Tidende 24：189 (1893)；

Cladosporium cucumeris A. B. Frank，Z. PflKrankh. 3：31 (1893)；

Cladosporium scabies Cooke，Gard. Chron.，Ser. 3 34：100 (1903)。

英文名：Apple bull's-eye rot。

分类地位：真菌界（Fungi）子囊菌门（Ascomycota）盘菌亚门（Pezizomycotina）锤舌菌纲（Leotiomycetes）柔膜菌目（Helotiales）皮盘菌科（Dermataceae）明孢盘菌属（*Neofabraea*）。

20.2.2　生物学特性及危害症状

病菌不仅侵害苹果等果实，产生牛眼状的烂果，在储存期危害较重，病菌还可侵染树木的枝干和枝条而导致树皮发生溃疡，甚至枝条枯死，幼树死亡，发病较重的年份，在华盛顿州、俄勒冈州梨产区的采后损失超过 40%，在加拿大不列颠哥伦比亚省的苹果产区金冠品种采后果实腐烂率也达 40%。在有些果园即使不发生树皮溃疡，采后果腐病发生仍然严重。

20.2.3　检疫及限定现状

中国将其列为检疫性有害生物。

20.2.4　凭证样本信息及材料来源

BOLD 数据库中，*N. perennans* 物种编号为：GU367614、GU367613、GU367612、GU367611、GU367610、GU367609、GU367608、GU367607。菌株编号有：CBS 102869，CBS 275.29，CBS 453.64，NepA 0908 等。参考序列：GBHEL849-13、GBHEL850-13、GBHEL851-13、GBHEL852-13、GBHEL853-13、GBHEL854-13、GBHEL855-13、GBHEL856-13。

20.2.5　DNA 条形码标准序列：NepA 0908

rDNA *ITS* 序列信息及图像化条形码（illustrative barcode）。

TTCGGGGTAGATCTCCCACCCGTGTTATCATACCATTGTTGCTTTGGCGGGCCCGCCTCG
GCCACCGGCTCCGGCTGGTGAGCGCCCGCCAGAGGACCCCAAACTCTGAAATTTAGTGTCGTC
TGAGTACTATATAATAGTTAAAACTTTCAACAACGGATCTCTTGGTTCTGGCATCGATGAA
GAACGCAGCGAAATGCGATAAGTAATGTGAATTGCAGAATTCAGTGAATCATCGAATCTT
TGAACGCACATTGCGCCCCTTGGTATTCCGGGGGGCATGCCTGTTCGAGCGTCATTACAACC
CTCAAGCTCTGCTTGGTGTTGGGCGTCCCCGGCAACGGGGTGCCCTAAAATCAGTGGCGGT
GCCGTCTGGCTCTAAGCGTAGTAAATCTCTCGCTCTGGATGCCCGGTGGAGACTTGCCAGT
AACCCCCAATTTTTTAAGGTTGACCTCGGATCAGGTAGGGATACCC

0　　　　　　　　　　　　　　　　　　　　　　　　　　　　　473

20.3　苹果牛眼果腐病菌 *Neofabraea vagabunda*（previous called *Neofabraea alba*）

20.3.1　基本信息

中文名称：明孢盘菌。

拉丁学名：*Neofabraea vagabunda*（Desm.）Rossman, in Johnston, Seifert, Stone, Rossman & Marvanová, IMA Fungus 5 (1)：103 (2014)。

异名：*Allantozythia alutacea*（Sacc.）Höhn., Annls mycol. 22 (1/2)：203 (1924)；

Cylindrosporium frigidum（Sacc.）Vassiljevsky，Fungi Imperfecti Parasitici 2：515（1950）；

Cylindrosporium olivae Petri，Annls mycol. 5（4）：324（1907）；

Fusarium tortuosum Thüm. & Pass.，in Thümen，Die Pilze des Weinstockes（Wien）：51（1878）；

Gloeosporium album Osterw.，Centbl. Bakt. ParasitKde，Abt. I 18：826（1907）；

Gloeosporium allantoideum Peck，Ann. Rep. Reg. N. Y. St. Mus. 45：81（1893）[1891]；

Gloeosporium allantosporum Fautrey，Revue mycol.，Toulouse 14（no. 55）：97（1892）；

Gloeosporium alutaceum Sacc.，Malpighia 11（6-8）：317（1897）；

Gloeosporium beguinotii Sacc.，in Potebnia，Annls mycol. 5（1）：20（1907）；

Gloeosporium diervillae Grove，J. Bot.，Lond. 60：145（1922）；

Gloeosporium frigidum Sacc.，Michelia 2（no. 6）：168（1880）；

Gloeosporium olivae（Petri）Foschi，Annali Sper. agr.，N. S. 9：911（1955）；

Gloeosporium phillyreae Pass.，Atti Reale Accad. Lincei，Rendic.，Sér. 4 4（2）：103（1888）；

Gloeosporium pyrenoides Sacc. & Malbr.，in Saccardo，Michelia 2（no. 8）：633（1882）；

Gloeosporium riessii（Schulzer）Schulzer & Sacc.，Hedwigia 23：140（1884）；

Gloeosporium tineum Sacc.，Michelia 1（no. 2）：219（1878）；

Gloeosporium tortuosum（Thüm. & Pass.）Sacc.，Michelia 2（no. 6）：117（1880）；

Gloeosporium unedonis Traverso，R. C. Congr. Bot. Palermo，1902：3（extr.）（1902）；

Lituaria riessii Schulzer，Verh. Kaiserl. -Königl. zool. -bot. Ges. Wien 21：1241（1871）；

Myxosporium tortuosum（Thüm. & Pass.）Allesch.，Rabenh. Krypt. -Fl.，Edn 2（Leipzig）1（7）：534（1903）；

Neofabraea alba（E. J. Guthrie）Verkley，Stud. Mycol. 44：125（1999）；

Pezicula alba E. J. Guthrie，Trans. Br. mycol. Soc. 42（4）：504（1959）；

Phlyctema alutacea（Sacc.）Petr.，Annls mycol. 27（5/6）：370（1929）；

Phlyctema vagabunda Desm.，Annls Sci. Nat.，Bot.，sér. 3 8：16（1847）；

Rhabdospora vagabunda（Desm.）Zerov，in Morochkovs' kiy，Radzievs' kiy & Zerova，Vyznachnrk gribov Ukrayini，III. Nezaversheni gribov.（Handbook of Fungi of Ukraine. III Fungi Imperfecti）：501（1971）；

Rhabdospora vagabunda（Desm.）R. S. Mathur，Coelomycetes of India：234（1979）；

Trichoseptoria fructigena Maubl.，Bull. Soc. mycol. Fr. 20：95（1905）。

英文名：Apple bull's-eye rot。

分类地位：真菌界（Fungi）子囊菌门（Ascomycota）盘菌亚门（Pezizomycotina）锤舌菌纲（Leotiomycetes）柔膜菌目（Helotiales）皮盘菌科（Dermataceae）明孢盘菌属（*Neofabraea*）。

20.3.2　生物学特性及危害症状

病菌不仅侵害苹果等果实，产生牛眼状的烂果，在储存期危害较重；还可侵染树木的枝干和枝条而导致树皮发生溃疡，甚至枝条枯死，幼树死亡，发病较重的年份，在华盛顿州、俄勒冈州梨产区的采后损失超过 40%，在加拿大不列颠哥伦比亚省的苹果产区金冠品种采后果实腐烂率也达 40%。在有些果园即使不发生树皮溃疡，采后果腐病发生仍然严重。

20.3.3　检疫及限定现状

中国将其列为检疫性有害生物。

20.3.4 凭证样本信息及材料来源

BOLD 数据库中，*N. perennans* 物种编号为：DAOM227091、KC751540、AM922211、EU098124、EU098118、EU098116、FJ654654、FN386279。菌株编号有：CBS 102871，NYSf192，S-Fungi F45846 等。参考序列：GBF155-08、GBHEL1727-13、GBHEL423-13、GBHEL558-13、GBHEL561-13、GBHEL562-13、GBHEL739-13、GBHEL756-13。

20.3.5 DNA 条形码标准序列：NepA 0908

rDNA *ITS* 序列信息及图像化条形码 (illustrative barcode)。

ATGGCTAAGTGAGGCTTTCGGACTGGCCTAGGGAGAGCGGCAACGTTCACCCAGGGCCG
GAAAGTTGTCCAAACTTGGTCATTTAGAGGAAGTAAAAGTCGTAACAAGGTCTCCGTAGGT
GAACCTGCGGAGGGATCATTACAGAGCATCGTGCCCTCCGGGGTAGATCTCCCACCCTGTGT
CTTATGCTACCAGTGTTGCTTTGGCGGGCCGCCTCGGCCACCGGCCCCCGGGCTGGTGCGTG
CCCGCCAGAGGACCCCAAACTCTGAATGTCAGTGTCGTCTGAGTACTATGTAATAGTTAAA
ACTTTCAACAACGGATCTCTTGGTTCTGGCATCGATGAAGAACGCAGCGAAATGCGATAA
GTAATGTGAATTGCAGAATTCAGTGAATCATCGAATCTTTGAACGCACATTGCGCCCTCTG
GTACTCCGGAGGGCATGCCTGTTCGAGCGTCATTACAACCCTCAAGCTCTGCTTGGCCTTGG
GCCGCACCGGCGACGGTGGGCCTCAAACCCAGTGGCGGTGCCGTCTGGCTCTACGCGTAGTA
ATTCTTCTCGCGTGAGGTGCCCGGCGGACGCTCGCCAGCAACCCCCCATTCTTTCAGGTTGA
CCTCGGATCAGGTAGGGATACCCGCTGAACTTAAGCATATC

0   652

21 蛇口壳属 DNA 条形码

21.1 新榆枯萎病菌 *Ophiostoma novo-ulmi*

21.1.1 基本信息

中文名称：新榆长喙壳。

拉丁学名：*Ophiostoma novo-ulmi* Brasier，Mycopathologia 115（3）：155（1991）。

异名：*Ophiostoma novo-ulmi* subsp. *americana* Brasier & S. A. Kirk，Mycol. Res. 105（5）：550（2001）。

英文名：Dutch elm disease。

分类地位：真菌界（Fungi）子囊菌门（Ascomycota）盘菌亚门（Pezizomycotina）粪壳菌纲（Sordariomycetes）肉座菌亚纲（Hypocreomycetidae）小囊菌目（Microascales）长喙壳科（Ceratocystidaceae）长喙壳属（*Ophiostoma*）。

21.1.2 生物学特性及危害症状

在树干或枝条的横切面上，靠近外面的年轮附近有深褐色斑点或条纹，有时斑点密集，可连成断续的深褐色圆环。去掉树皮，木质部上有深褐色纵向条纹，有时条纹不明显，可轻削一层木质，条纹便显现出来。切开枝权处，常可找到小蠹的蛀食槽（严进等，2013）。

21.1.3 检疫及限定现状

加拿大、新西兰将其列为限定性有害生物；中国将其列为检疫性有害生物。

21.1.4 凭证样本信息

182、C2172、C2167、C2163、C2438、C2435、CMW25033、CMW10573、CMW1463、CMW1461、CMW186、CMW16179、CMW16178、CBS 116558、CBS 116560、CBS 116562、CBS 116563、CBS 116564、CBS 144287、CBS 144288、CBS 144289、CBS 144290 及 CBS 298.87。

21.1.5 DNA 条形码标准序列

rDNA *ITS* 序列信息及图像化条形码（illustrative barcode）。

CATTACAGAGTTTTTTCAACTCCCAACCCTTGCGAACCGTACCCCGTTCTGTTCTCGTTG
CTTCTGGCGGGAGGGGAGGGGCGCGTCCTTCGGGGCGCTGCCTCTCTCTCCCAGGTCCCTTCG
GGGCGCCCGCCAGCGGCCGCGAGCCGCCCGAACCTTTTCCAAACCAGTAACGAAACGTCTGAG
AAACAAACAAAAACAGCCAAAACTTTCAACAACGGATCTCTTGGCTCTGGCATCGATGAA
GAACGCAGCGAAATGCGATACGTAATGCGAATTGCAGAATTCAGCGAGTCATCGAATCTT
TGAACGCACATTGCGCCCGCCAGCATTCTGGCGGGCATGCCTGTCCGAGCGTCATTTCCCCC
CTCAGCATGCCCTTTTGGGTGCGCTGGCGTTGGGGCTCCTCCGCCCTCTGTGGCGGCAGGGC
CTCAAAACCAGTGGCGGGCCGTCTGGTTGGCTCCGAGCGCAGTACCGAACGCAAGTTCTC
TCTCTCGCTCTGCAGCCCCGGTCGGTGCCCAGCCGTCAAGCGCGCAGGCGGCCCTGCTTGCA
GGACCGCCTCGCCACTTTTCACAAGGTTGACCTCGGATCAGGTAG

经过 BOLD SYTEM 数据库查询，共有 13 条参考序列：GBOPH334-13、GBOPH350-13、GBOPH351-13、GBOPH352-13、GBOPH456-13、GBOPH457-13、GBOPH652-13、GBOPH653-13、GBOPH654-13、GBOPH655-13、GBOPH656-13、GBOPH952-13、GBOPH953-13。

21.1.6　种内序列差异

从 BOLD SYTEM 里获得的序列无差异位点。

21.1.7　条形码蛋白质序列

SQPLRTVPRSVLVASGGRGGARPSGRCLSLPGPFGAPASGREPPEPFPNQ * RNV * ETNKN
SQNFQQRISWLWHR * RTQRNAIRNANCRIQRVIESLNAHCARQHSGGHACPSVISPLSMPFWV
RWRWGSSALCGGRALKTSGGPVWLAPSAVPNASSLSRSAAPVGAQPSSRAGGPACRTASHFSQ

21.1.8　种间序列差异

榆枯萎病菌 *Ophiostoma ulmi* 与 *Ophiostoma novo-ulmi* 近缘种种间变异位点，有 5 个，如下：

```
GBOPH334-13|Ophiostoma novo-ulmi|ITS|EF429091 TCC CAA CCC TTG CGA ACC GTA CCC CGT TCT GTT CTC GTT GCT TCT GGC
GBON1316-14|Ophiostoma ulmi|ITS|AB519192 ... ... ... ... ... ... ... ... ... ... ... ... ... ... ... ...

GBOPH334-13|Ophiostoma novo-ulmi|ITS|EF429091 GGG AGG GGA GGG GCG CGT CCT TCG GGG CGC TGC CTC TCT CTC CCA GGT
GBON1316-14|Ophiostoma ulmi|ITS|AB519192 ... ... ... ... ... ... ... ... ... ... ... ... ... ... ... ...

GBOPH334-13|Ophiostoma novo-ulmi|ITS|EF429091 CCC TTC GGG GCG CCC GCC AGC GGC CGC GAG CCG CCC GAA CCT TTT CCA
GGBON1316-14|Ophiostoma ulmi|ITS|AB519192 ... ... ... ... ... ... ... ... ... ... ..T ... ... ... .T.

GBOPH334-13|Ophiostoma novo-ulmi|ITS|EF429091 AAC CAG TAA CGA AAC GTC TGA GAA ACA AAC AAA AAC AGC CAA AAC TTT
GBON1316-14|Ophiostoma ulmi|ITS|AB519192 ... ... ... ... ... ... ... ... ... ... ... ... ... ... ... ...

GBOPH334-13|Ophiostoma novo-ulmi|ITS|EF429091 CAA CAA CGG ATC TCT TGG CTC TGG CAT CGA TGA AGA ACG CAG CGA AAT
G1316-14|Ophiostoma ulmi|ITS|AB519192          ... ... ... ... ... ... ... ... ... ... ... ... ... ... ...

GBOPH334-13|Ophiostoma novo-ulmi|ITS|EF429091 GCG ATA CGT AAT GCG AAT TGC AGA ATT CAG CGA GTC ATC GAA TCT TTG
GBON1316-14|Ophiostoma ulmi|ITS|AB519192 ... ... ... ... ... ... ... ... ... ... ... ... ... ... ... ...

GBOPH334-13|Ophiostoma novo-ulmi|ITS|EF429091 AAC GCA CAT TGC GCC CGC CAG CAT TCT GGC GGG CAT GCC TGT CCG AGC
G1316-14|Ophiostoma ulmi|ITS|AB519192          ... ... ... ... ... ... ... ... ... ... ... ... ... ... ...

GBOPH334-13|Ophiostoma novo-ulmi|ITS|EF429091 GTC ATT TCC CCC CTC AGC ATG CCC TTT T−G GGT GCG CTG GCG TTG GGG
GBON1316-14|Ophiostoma ulmi|ITS|AB519192 ... ... ... ... ... ... ... ... ... .T. ... ... ... ... ...

GBOPH334-13|Ophiostoma novo-ulmi|ITS|EF429091 CTC CTC CGC CCT CTG TGG CGG CAG GGC CCT CAA AAC CAG TGG CGG GCC
G1316-14|Ophiostoma ulmi|ITS|AB519192          ... ... ... ... ... C.. ... ... ... ... ... ... ... ...

GBOPH334-13|Ophiostoma novo-ulmi|ITS|EF429091 CGT CTG GTT GGC TCC GAG CGC AGT ACC GAA CGC AAG TTC TCT CTC TCG
GBON1316-14|Ophiostoma ulmi|ITS|AB519192 ..C ... ... ... ... ... ... ... ... ... ... ... ... ... ... ...

GBOPH334-13|Ophiostoma novo-ulmi|ITS|EF429091 CTC TGC AGC CCC GGT CGG TGC CCA GCC GTC AAG CCG CGC AGG CGG CCC
GBON1316-14|Ophiostoma ulmi|ITS|AB519192 ..A ... ... ... ... ... ... ... ... ... ... ... ... ... ... ...
```

GBOPH334-13|*Ophiostoma novo-ulmi* |*ITS* |EF429091 TGC TTG CAG GAC CGC CTC GCA CTT TTC ACA A
GBON1316-14|*Ophiostoma ulmi* |*ITS* |AB519192 … … … … … … … … … … …

21.2　榆枯萎病菌 *Ophiostoma ulmi*

21.2.1　基本信息

中文名称：榆长喙壳。

拉丁学名：*Ophiostoma ulmi*（Buisman）Nannf., in Melin & Nannfeldt，Svensk Skogsvårdsförening Tidskr. 3-4：408（1934）。

异名：*Ceratostomella ulmi* Buisman，Tidschr. over Plantenziekten 38（1）：1（1932）；

Ceratocystis ulmi（Buisman）C. Moreau，Revue Mycol.，Paris 17（Suppl. Colon. no. 1）：22（1952）；

Graphium ulmi M. B. Schwarz，Meded. Phytopath. Labor. Willie Commelin Scholten Baarn 5：13（1922）；

Pesotum ulmi（M. B. Schwarz）J. L. Crane & Schokn.，Am. J. Bot.，Suppl. 60（4）：348（1973）。

英文名：Dutch elm disease。

分类地位：

真菌界（Fungi）子囊菌门（Ascomycota）盘菌亚门（Pezizomycotina）粪壳菌纲（Sordariomycetes）肉座菌亚纲（Hypocreomycetidae）小囊菌目（Microascales）长喙壳科（Ceratocystidaceae）长喙壳属（*Ophiostoma*）。

21.2.2　生物学特性及危害症状

各龄榆树都可受害，症状最初出现在树冠上部的新梢上，先是枝条表现出萎蔫，接着叶片变成黄褐色，最后死亡。干枯的叶片往往悬挂在枝条上一段时间不脱落。症状从一个枝条迅速蔓延到另一个枝条，逐渐向较大枝条扩展，最后波及全株，导致整株榆树死亡。病害发展很快，病树一般在数周或数月内即死亡。去掉病枝的树皮，与健枝相比，病枝的颜色明显比健枝深。剖开枯死的枝条，横切面上可看到靠近外面几圈年轮上，有深褐色的条纹和斑点，许多斑点形成一个不连续的褐色环。纵剖面上可看到从基部到顶部连续成条的褐色长条纹（严进等，2013）。

21.2.3　检疫及限定现状

阿尔及利亚、冰岛、波兰、摩洛哥、挪威、瑞士、匈牙利、中国将其列为检疫性有害生物；加拿大将其列为限定性有害生物。

21.2.4　凭证样本信息

FFPRI J9、R21、CBS 102.63、CBS 103.63、CBS 105.63、CBS 106.63、CBS 107.63、CBS 115.47、CBS 116559、CBS 119479、CBS 148.53、CBS 151.55、CBS 152.55、CBS 296.87、CBS 297.87、CBS 427.71 及 CBS 505.83。

21.2.5　DNA 条形码标准序列

rDNA *ITS* 序列信息及图像化条形码（illustrative barcode）。
CATTACAGAGTTTTTCAACTCCCAACCCTTGCGAACCGTACCCCGTTCTGTTCTCGTTGC

TTCTGGCGGGAGGGGAGGGGCGCGTCCTTCGGGGCGCTGCCTCTCTCTCCCAGGTCCCTTCGG
GGCGCCCGCCAGCGGCCGCGAGCCGCCTGAACCTTTTCTAAACCAGTAACGAAACGTCTGAGA
AACAAACAAAAACAGCCAAAACTTTCAACAACGGATCTCTTGGCTCTGGCATCGATGAAG
AACGCAGCGAAATGCGATACGTAATGCGAATTGCAGAATTCATCGAGTCATCGAATCTTT
GAACGCACATTGCGCCCGCCAGCATTCTGGCGGGCATGCCTGTCCGAGCGTCATTTCCCCCC
TCAGCATGCCCTTTTTGGGTGCGCTGGCGTTGGGGCTCCTCCGCCCTCTGCGGCGGCAGGGC
CCTCAAAACCAGTGCGGGCCCGCCTGGTTGGCTCCGAGCGCAGTACCGAACGCAAGTTCTCT
CTCTCGCTCTGCAGCCCCGGTCGGTGCCCAGCCGTCAAGCCGCGCAGGCGGCCTGCTTGCAGG
ACCGCCTCGCACTTTTTCACAAGGTTGACCT

21.2.6 种内序列差异

从 BOLD SYTEM 里获得的序列无差异位点。

21.2.7 条形码蛋白质序列

QLPTLANRTPFCSRCFWREGRGASFGALPLSPRSLRGARQRPRAA * TFSKPVTKRLRNKQ
KQPKLSTTDLLALASMKNAAKCDT * CELQNSASHRIFERTLRPPAFWRACLSERHFPPQHAL
FGCAGVGAPPPSAAAGPSKPVAGPPGWLRAQYRTQVLSLA

22 *Phymatotrichopsis* 属 DNA 条形码

22.1 棉根腐病 *Phymatotrichopsis omnivora*

22.1.1 基本信息

中文名称：多主拟瘤梗孢。

拉丁学名：*Phymatotrichopsis omnivora*（Duggar）Hennebert，Persoonia 7（2）：199（1973）。

异名：*Phymatotrichum omnivorum* Duggar，Ann. Mo. bot. Gdn 3：22（1916）；
Ozonium omnivorum Shear，Bull. Torrey bot. Club 34（6）：305（1907）。

英文名：Cotton root rot，Phymatotrichopsis root rot。

分类地位：真菌界（Fungi）子囊菌门（Ascomycota）盘菌亚门（Pezizomycotina）盘菌纲（Pezizomycetes）盘菌亚纲（Pezizomycetidae）盘菌目（Pezizales）根盘菌科（Rhizinaceae）瘤梗孢属（*Phymatotrichopsis*）。

22.1.2 生物学特性及危害症状

受侵染后，根的表面覆盖有棕褐色至金黄色菌丝索，根部变软、腐烂、皮层易剥落，中柱变色或出现红褐色病斑，有时根表面还可以看到棕色至黑色的菌核。根腐病是一种毁灭性病害，可使棉花在成熟前死亡，或造成一部分死铃，因而造成减产并降低品质（沈其益，1992）。

22.1.3 检疫及限定现状

被中国、罗马尼亚列为检疫性病害。

22.1.4 凭证样本信息

分析所用基因片段信息来自菌株：HHB-5969-sp、ATCC MYA-4551、OKAlf13、OKAlf8、TXCO3-9、M. Olsen 5、M. Olsen 4、M. Olsen 3、M. Olsen 2、M. Olsen 1、ATCC 48084、NFAlf、TAMD-C04、Prosper-C04、ATCC 32448、Prosper-P04。

22.1.5 DNA 条形码标准序列

rDNA *ITS* 序列信息及图像化条形码（illustrative barcode）。

GCTTCTTAGAGGGACCATCGGCTCAAGCCGAAGGAAGTTTGAGGCAATAACAGGTCTG
TGATGCCCTTAGATGTTCTGGGCCGCACGCGCGCTACAGTGGCAGAGCCAACGAGTTCATCGC
CTTGGCCGAAAGGTTTGGGTAATCTTGTTAAACTCTGTCGTGTTGGGGATAGAGCATTGCA
ATTATTGCTCTTCAACAAGGAATTCCTAGTAAGCGCAAGTCATCATCTTGCGTTGATTACG
TCCCTGCCCTTTGTACACACCGCCCGTCGCTACTACCGATTGAACGGCCAAGTCAGGCCTTC
GGACGGACACAGGAAGGTCGGCAACGACCGTCCAGTGGCTGAAAGTTGGTCAAACTTGCCC
GTTTAGAGGAAGTAAAAGTCGTAACAAGGTTTCCGTAGGTGAACCTGCGGAAGGATCATT
AAAGAGGCACGGGCGAAAATAAAAAACCCCCAAATGGATGCCCGTAGTCCTATATAAACC
TATCAGTGTACCTCTCCACGTTGCTTCCGTGTGGCCAGGGGCTTTGGCCGGCGATGCCGGCT
CCGCGGGTTTCGCCCCCCCCAATTTGTTGGGGGGGTGAGTTGCCCGGCCCACGGGAGGAATT

CTCCAAACTCTTGATTGTAAAAAGAACGTATGCCATATATAAAGATAACAAAAGTTTAAA
ACTTTCAACAACGGATCTCTTGGTTCTCGCATCGATGAAGAACGCAGCGAAATGCGATAAG
TAATGTGAATTGCAGAATTCAGTGAATCATCGAATCTTTGAACGCACATTGCGCCCTCCGG
TATTCCGGAGGGCATGCCTGTTCGAGCGTCAGCATAACAAAACCTCAAGCACCCTTGTGAA
AGAGGGTTGGCTTGGTCATTGGCGGTGGTAGGGGCGATTTGTGCCCTACTCTGCTGAAATG
TATGGGTGGTGTCTTCCCTCCCTAGGCCTTTGACGTAGTATGGTGGTGAAAATAGTGCACA
AACCCCCTCCGTCTAAACGTTGCCTGCGTGGAGCCTGGACGGGCGCCCTCCCTAACAAAGCT
TTTATTTTGACCTCGGATCAGGTAGGGATACCCGCTGAACTTAAG

经过 BOLD SYTEM 数据库查询，共有 16 条参考序列：FJ914885、AY549457、AY549456、AY549455、AY549454、EF442000、EF441999、EF441998、EF441997、EF441996、EF441995、EF494041、EF494040、EF494039、EF494038、EF494037。

22.1.6 种内序列差异

从 BOLD SYTEM 里获得 16 条序列，使用 Mega 软件分析，变异位点 19 个，*ITS* 条形码 consensus 序列长度为 642bp。如下：

FJ914885	TTT	CCG	TAG	GTG	AAC	CTG	CGG	AAG	GAT	CAT	TAA	AGA	GGC	ACG	GGC	GAA
AY549457	...	...	...	...	...	...	...	...	...	...	...	...	...	...	...	...
AY549456	...	...	...	...	...	...	...	...	...	...	...	...	...	...	...	...
AY549455	...	...	...	...	...	...	...	...	...	...	...	...	...	...	...	...
AY549454	...	...	...	...	...	...	...	...	...	...	...	...	...	...	...	...
EF442000	...	...	...	...	...	...	...	...	...	...	...	...	...	...	...	...
GEF441999	...	...	...	...	...	...	...	...	...	...	...	...	...	...	...	...
EF441998	...	...	...	...	...	...	...	...	...	...	...	...	...	...	...	...
EF441997	...	...	...	...	...	...	...	...	...	...	...	...	...	...	...	...
EF441996	...	...	...	...	...	...	...	...	...	...	...	...	...	...	...	...
GEF441995	...	...	...	...	...	...	...	...	...	...	...	...	...	...	...	...
EF494041	...	...	...	...	...	...	...	...	...	...	...	...	...	...	...	...
EF494040	...	...	...	...	...	...	...	...	...	...	...	...	...	...	...	...
EF494039	...	...	...	...	...	...	...	...	...	...	...	...	...	...	...	...
EF494038	...	...	...	...	...	...	...	...	...	...	...	...	...	...	...	...
EF494037	...	...	...	...	...	...	...	...	...	...	...	...	...	...	...	...

FJ914885	AAT	AAA	AAA	CCC	CCA	AAT	GGA	TGC	CCG	TAG	TCC	TAT	A——	AAC	CTA	TCA
AY549457	...	...	...	...	...	...	...	...	...	...	...	...	.——	...	...	...
AY549456	...	...	...	...	...	...	...	...	...	...	...	...	.——	...	...	...
AY549455	...	...	...	...	...	...	...	...	...	...	...	...	.——	...	...	...
AY549454	...	...	...	...	...	...	...	...	...	...	...	...	.——	...	...	...
EF442000	...	...	...	...	...	...	...	...	...	...	...	...	.TA	...	...	...
GEF441999	...	...	...	...	...	...	...	...	...	...	...	...	.TA	...	...	...
EF441998	...	...	...	...	...	...	...	...	...	...	...	...	.TA	...	...	...
EF441997	...	...	...	...	...	...	...	...	...	...	...	...	.TA	...	...	..G
EF441996	...	...	...	...	...	...	...	...	...	...	...	...	.TA	...	...	..G
GEF441995	...	...	...	...	...	...	...	...	...	...	...	...	——	...	...	...
EF494041	...	...	...	...	...	...	...	...	...	...	...	...	——	...	...	...
EF494040	...	...	...	...	...	...	...	...	...	...	...	...	——	...	...	...
EF494039	...	...	...	...	...	...	...	...	...	...	...	...	——	...	...	...
EF494038	...	...	...	...	...	...	...	...	...	...	...	...	.——	...	...	...

```
EF494037    ...  ...  ...  ...  ...  ...  ...  ...  ...  ...  ...  .－－  TGA  ...  ...

FJ914885    GTG  TAC  CTC  TCC  ACG  TTG  CTT  CCG  TGT  GGC  CAG  GGG  CTT  TGG  CCA  GCG
AY549457    ...  ...  ...  ...  ...  ...  ...  ...  ...  ...  ...  ...  ...  ...  ...  ...
AY549456    ...  ...  ...  ...  ...  ...  ...  ...  ...  ...  ...  ...  ...  ...  ...  ...
AY549455    ...  ...  ...  ...  ...  ...  ...  ...  ...  ...  ...  ...  ...  ...  ...  ...
AY549454    ...  ...  ...  ...  ...  ...  ...  ...  ...  ...  ...  ...  ...  ...  ...  ...
EF442000    ...  ...  ...  ...  ...  ...  ...  ...  ...  ...  ...  ...  ...  ...  ..G  ...
GEF441999   ...  ...  ...  ...  ...  ...  ...  ...  ...  ...  ...  ...  ...  ...  ..G  ...
EF441998    ...  ...  ...  ...  ...  ...  ...  ...  ...  ...  ...  ...  ...  ...  ..G  ...
EF441997    ...  ...  ...  ...  ...  ...  ...  ...  ...  ...  ...  ...  ...  ...  ...  ...
EF441996    ...  ...  ...  ...  ...  ...  ...  ...  ...  ...  ...  ...  ...  ...  ...  ...
GEF441995   ...  ...  ...  ...  ...  ...  ...  ...  ...  ...  ...  ...  ...  ...  ...  ...
EF494041    ...  ...  ...  ...  ...  ...  ...  ...  ...  ...  ...  ...  ...  ...  ...  ...
EF494040    ...  ...  ...  ...  ...  ...  ...  ...  ...  ...  ...  ...  ...  ...  ...  ...
EF494039    ...  ...  ...  ...  ...  ...  ...  ...  ...  ...  ...  ...  ...  ...  ...  ...
EF494037    ...  ...  ...  ...  ...  ...  ...  ...  ...  ...  ...  ...  ...  ...  ...  ...

FJ914885    ATG  CCG  GCT  CCG  CGG  GTT  TCG  －－C  CCC  CCA  －TT  TGT  TGG  GGG  G－－  TGG
AY549457    ...  ...  ...  ...  ...  ...  ...  －－.  ...  ...  －..  ...  ...  ...  .－－  ...
AY549456    ...  ...  ...  ...  ...  ...  ...  －－.  ...  ...  －..  ...  ...  ...  .－－  ...
AY549455    ...  ...  ...  ...  ...  ...  ...  －－.  ...  ...  －..  ...  ...  ...  .－－  ...
AY549454    ...  ...  ...  ...  ...  ...  ...  －－.  ...  ...  －..  ...  ...  ...  .－－  ...
EF442000    ...  ...  ...  ...  ...  ...  ...  CC.  ...  ...  A..  ...  ...  ...  .G－  ..A
GEF441999   ...  ...  ...  ...  ...  ...  ...  CC.  ...  ...  A..  ...  ...  ...  .G－  ..A
EF441998    ...  ...  ...  ...  ...  ...  ...  CC.  ...  ...  A..  ...  ...  ...  .G－  ..A
EF441997    ...  ...  ...  ...  ...  ...  ...  CC.  ...  ...  －..  ...  .T.  ...  .G－  ..A
EF441996    ...  ...  ...  ...  ...  ...  ...  CC.  ...  ...  －..  ...  .T.  ...  .G－  ..A
GEF441995   ...  ...  ...  ...  ...  ...  ...  －－.  ...  ...  －..  ...  ...  ...  .－－  ...
EF494041    ...  ...  ...  ...  ...  ...  ...  －－.  ...  ...  －..  ...  ...  ...  .－－  ...
EF494040    ...  ...  ...  ...  ...  ...  ...  －－.  ...  ...  －..  ...  ...  ...  .－－  ...
EF494039    ...  ...  ...  ...  ...  ...  ...  －－.  ...  ...  －..  ...  ...  ...  .－－  ...
EF494038    ...  ...  ...  ...  ...  ...  .TC  GC.  ...  ...  －..  ...  ...  ...  .GG  ..A
EF494037    ...  ...  ...  ...  ...  ...  ...  －－.  ...  ...  －..  ...  ...  ...  .－－  ...

FJ914885    GTT  GCC  CGG  CCC  ACG  GGA  GGA  ATT  CTC  CAA  ACT  CTT  GAT  TGA  AAA  AAA
AY549457    ...  ...  ...  ...  ...  ...  ...  ...  ...  ...  ...  ...  ...  ...  ...  ...
AY549456    ...  ...  ...  ...  ...  ...  ...  ...  ...  ...  ...  ...  ...  ...  ...  ...
AY549455    ...  ...  ...  ...  ...  ...  ...  ...  ...  ...  ...  ...  ...  ...  ...  .－－
AY549454    ...  ...  ...  ...  ...  ...  ...  ...  ...  ...  ...  ...  ...  ...  ...  .－－
EF442000    ...  ...  ...  ...  ...  ...  ...  ...  ...  ...  ...  ...  ...  ..T  ...  .－－
GEF441999   ...  ...  ...  ...  ...  ...  ...  ...  ...  ...  ...  ...  ...  ..T  ...  .－－
EF441998    ...  ...  ...  ...  ...  ...  ...  ...  ...  ...  ...  ...  ...  ..T  ...  .－－
EF441997    ...  ...  ...  ...  ...  ...  ...  ...  ...  ...  ...  ...  ...  ...  ...  .－－
EF441996    ...  ...  ...  ...  ...  ...  ...  ...  ...  ...  ...  ...  ...  ...  ...  .－－
GEF441995   ...  ...  ...  ...  ...  ...  ...  ...  ...  ...  ...  ...  ...  .G.  ...  .－－
EF494041    ...  ...  ...  ...  ...  ...  ...  ...  ...  ...  ...  ...  ...  ...  ...  .－－
EF494040    ...  ...  ...  ...  ...  ...  ...  ...  ...  ...  ...  ...  ...  ...  ...  .－－
EF494039    ...  ...  ...  ...  ...  ...  ...  ...  ...  ...  ...  ...  ...  ...  ...  ...
EF494038    ...  ...  ...  ...  ...  ...  ...  ...  ...  ...  ...  ...  ...  ...  ...  .－－
EF494037    ...  ...  ...  ...  ...  ...  ...  ...  ...  ...  ...  ...  ...  ...  ...  ...

FJ914885    AAG  AAC  GTA  TGC  C－A  TAT  ATA  AAG  AAA  A－－  AAA  AGT  TTA  AAA  CTT  TCA
AY549457    ...  ...  ...  ...  .－.  ...  ...  ...  ...  .－－  ...  ...  ...  ...  ...  ...
AY549456    ...  ...  ...  ...  .－.  ...  ...  ...  ...  .－－  ...  ...  ...  ...  ...  ...
```

AY549455	—..	...	...	...	.—.	...	...	...	...	.G—	...	...	...	...	...	...
AY549454	—..	...	...	...	.—.	...	...	...	...	.G—	...	...	...	...	...	...
EF442000	—..	...	...	...	.—.	...	...	...	.T.	.C—	...	...	...	...	...	...
GEF441999	—..	...	...	...	.—.	...	...	...	.T.	.C—	...	...	...	...	...	...
EF441998	—..	...	...	...	.—.	...	...	...	.T.	.C—	...	...	...	...	...	...
EF441997	—..	...	...	...	.—.	...	...	...	G..	.AA	...	...	...	...	...	...
EF441996	—..	...	...	...	.—.	...	...	...	G..	.AA	...	...	...	...	...	...
GEF441995	—..	...	...	...	.—.	...	...	...	...	.A—	...	...	...	...	...	...
EF494041	...	...	...	...	.—.	...	...	...	...	.——	...	...	...	...	...	...
EF494040	—..	...	...	...	.—.	...	...	...	...	.G—	...	...	...	...	...	...
EF494039	...	...	...	...	.—.	...	...	...	...	.——	...	...	...	...	...	...
EF494038	—..	...	...	...	.C.	...	...	...	...	.——	...	...	...	...	...	...
EF494037	...	...	...	...	.—.	...	...	...	...	.——	...	...	...	...	...	...

FJ914885	ACA	ACG	GAT	CTC	TTG	GTT	CTC	GCA	TCG	ATG	AAG	AAC	GCA	GCG	AAA	TGC
AY549457	...	...	...	...	...	...	...	...	...	...	...	...	...	...	...	...
AY549456	...	...	...	...	...	...	...	...	...	...	...	...	...	...	...	...
AY549455	...	...	...	...	...	...	...	...	...	...	...	...	...	...	...	...
AY549454	...	...	...	...	...	...	...	...	...	...	...	...	...	...	...	...
EF442000	...	...	...	...	...	...	...	...	...	...	...	...	...	...	...	...
GEF441999	...	...	...	...	...	...	...	...	...	...	...	...	...	...	...	...
EF441998	...	...	...	...	...	...	...	...	...	...	...	...	...	...	...	...
EF441997	...	...	...	...	...	...	...	...	...	...	...	...	...	...	...	...
EF441996	...	...	...	...	...	...	...	...	...	...	...	...	...	...	...	...
GEF441995	...	...	...	...	...	...	...	...	...	...	...	...	...	...	...	...
EF494041	...	...	...	...	...	...	...	...	...	...	...	...	...	...	...	...
EF494040	...	...	...	...	...	...	...	...	...	...	...	...	...	...	...	...
EF494039	...	...	...	...	...	...	...	...	...	...	...	...	...	...	...	...
EF494038	...	...	...	...	...	...	...	...	...	...	...	...	...	...	...	...
EF494037	...	...	...	...	...	...	...	...	...	...	...	...	...	...	...	...

FJ914885	GAT	AAG	TAA	TGT	GAA	TTG	CAG	AAT	TCA	GTG	AAT	CAT	CGA	ATC	TTT	GAA
AY549457	...	...	...	...	...	...	...	...	...	...	...	...	...	...	...	...
AY549456	...	...	...	...	...	...	...	...	...	...	...	...	...	...	...	...
AY549455	...	...	...	...	...	...	...	...	...	...	...	...	...	...	...	...
AY549454	...	...	...	...	...	...	...	...	...	...	...	...	...	...	...	...
EF442000	...	...	...	...	...	...	...	...	...	...	...	...	...	...	...	...
GEF441999	...	...	...	...	...	...	...	...	...	...	...	...	...	...	...	...
EF441998	...	...	...	...	...	...	...	...	...	...	...	...	...	...	...	...
EF441997	...	...	...	...	...	...	...	...	...	...	...	...	...	...	...	...
EF441996	...	...	...	...	...	...	...	...	...	...	...	...	...	...	...	...
GEF441995	...	...	...	...	...	...	...	...	...	...	...	...	...	...	...	...
EF494041	...	...	...	...	...	...	...	...	...	...	...	...	...	...	...	...
EF494040	...	...	...	...	...	...	...	...	...	...	...	...	...	...	...	...
EF494039	...	...	...	...	...	...	...	...	...	...	...	...	...	...	...	...
EF494038	...	...	...	...	...	...	...	...	...	...	...	...	...	...	...	...
EF494037	...	...	...	...	...	...	...	...	...	...	...	...	...	...	...	...

FJ914885	CGC	ACA	TTG	CGC	CCT	CCG	GTA	TTC	CGG	AGG	GCA	TGC	CTG	TTC	GAG	CGT
AY549457	...	...	...	...	...	...	...	...	...	...	...	...	...	...	...	...
AY549456	...	...	...	...	...	...	...	...	...	...	...	...	...	...	...	...
AY549455	...	...	...	...	...	...	...	...	...	...	...	...	...	...	...	...
AY549454	...	...	...	...	...	...	...	...	...	...	...	...	...	...	...	...
EF442000	...	...	...	...	...	...	...	...	...	...	...	...	...	...	...	...
GEF441999	...	...	...	...	...	...	...	...	...	...	...	...	...	...	...	...
EF441998	...	...	...	...	...	...	...	...	...	...	...	...	...	...	...	...

```
EF441997    ...  ...  ...  ...  ...  ...  ...  ...  ...  ...  ...  ...  ...  ...  ...  ...
EF441996    ...  ...  ...  ...  ...  ...  ...  ...  ...  ...  ...  ...  ...  ...  ...  ...
GEF441995   ...  ...  ...  ...  ...  ...  ...  ...  ...  ...  ...  ...  ...  ...  ...  ...
EF494041    ...  ...  ...  ...  ...  ...  ...  ...  ...  ...  ...  ...  ...  ...  ...  ...
EF494040    ...  ...  ...  ...  ...  ...  ...  ...  ...  ...  ...  ...  ...  ...  ...  ...
EF494039    ...  ...  ...  ...  ...  ...  ...  ...  ...  ...  ...  ...  ...  ...  ...  ...
EF494038    ...  ...  ...  ...  ...  ...  ...  ...  ...  ...  ...  ...  ...  ...  ...  ...
EF494037    ...  ...  ...  ...  ...  ...  ...  ...  ...  ...  ...  ...  ...  ...  ...  ...


FJ914885    CAG  CAT  AAC  AAA  ACC  TCA  AGC  ACC  CTT  GTG  AAA  GAG  GGT  TGG  CTT  GGT
AY549457    ...  ...  ...  ...  ...  ...  ...  ...  ...  ...  ...  ...  ...  ...  ...  ...
AY549456    ...  ...  ...  ...  ...  ...  ...  ...  ...  ...  ...  ...  ...  ...  ...  ...
AY549455    ...  ...  ...  ...  ...  ...  ...  ...  ...  ...  ...  ...  ...  ...  ...  ...
AY549454    ...  ...  ...  ...  ...  ...  ...  ...  ...  ...  ...  ...  ...  ...  ...  ...
EF442000    ...  ...  ...  ...  ...  ...  ...  ...  ...  ...  ...  ...  ...  ...  ...  ...
GEF441999   ...  ...  ...  ...  ...  ...  ...  ...  ...  ...  ...  ...  ...  ...  ...  ...
EF441998    ...  ...  ...  ...  ...  ...  ...  ...  ...  ...  ...  ...  ...  ...  ...  ...
EF441997    ...  ...  ...  ...  ...  ...  ...  ...  ...  ...  ...  ...  ...  ...  ...  ...
EF441996    ...  ...  ...  ...  ...  ...  ...  ...  ...  ...  ...  ...  ...  ...  ...  ...
GEF441995   ...  ...  ...  ...  ...  ...  ...  ...  ...  ...  ...  ...  ...  ...  ...  ...
EF494041    ...  ...  ...  ...  ...  ...  ...  ...  ...  ...  ...  ...  ...  ...  ...  ...
EF494040    ...  ...  ...  ...  ...  ...  ...  ...  ...  ...  ...  ...  ...  ...  ...  ...
EF494039    ...  ...  ...  ...  ...  ...  ...  ...  ...  ...  ...  ...  ...  ...  ...  ...
EF494038    ...  ...  ...  ...  ...  ...  ...  ...  ...  ...  ...  ...  ...  ...  ...  ...
EF494037    ...  ...  ...  ...  ...  ...  ...  ...  ...  ...  ...  ...  ...  ...  ...  ...


FJ914885    CAT  TGG  CGG  TGG  T-G  GGG  CGA  TT-  -CG  CCC  TAC  TCT  GCT  GAA  ATG  TAT
AY549457    ...  ...  ...  ...  .—.  ...  ...  ..—  —..  ...  ...  ...  ...  ...  ...  ...
AY549456    ...  ...  ...  ...  .—.  ...  ...  ..—  —..  ...  ...  ...  ...  ...  ...  ...
AY549455    ...  ...  ...  ...  .—.  ...  ...  ..—  —..  ...  ...  ...  ...  ...  ...  ...
AY549454    ...  ...  ...  ...  .—.  ...  ...  ..—  —..  ...  ...  ...  ...  ...  ...  ...
EF442000    ...  ...  ...  ...  .A.  ...  ...  ..T  GT.  ...  ...  ...  ...  ...  ...  ...
GEF441999   ...  ...  ...  ...  .A.  ...  ...  ..T  GT.  ...  ...  ...  ...  ...  ...  ...
EF441998    ...  ...  ...  ...  .A.  ...  ...  ..T  GT.  ...  ...  ...  ...  ...  ...  ...
EF441997    ...  ...  ...  ...  .—.  ...  ...  ..T  —..  ...  ...  ...  ...  ...  ...  ...
EF441996    ...  ...  ...  ...  .—.  ...  ...  ..T  —..  ...  ...  ...  ...  ...  ...  ...
GEF441995   ...  ...  ...  ...  .—.  ...  ...  ..—  —..  ...  ...  ...  ...  ...  ...  ...
EF494041    ...  ...  ...  ...  .—.  ...  ...  ..—  —..  ...  ...  ...  ...  ...  ...  ...
EF494040    ...  ...  ...  ...  .—.  ...  ...  ..—  —..  ...  ...  ...  ...  ...  ...  ...
EF494039    ...  ...  ...  ...  .—.  ...  ...  ..—  —..  ...  ...  ...  ...  ...  ...  ...
EF494038    ...  ...  ...  ...  —.   ...  ...  ..—  —..  ...  ...  ...  ...  ...  ...  ...
EF494037    ...  ...  ...  ...  .—.  ...  ...  ..—  —..  ...  ...  ...  ...  ...  ...  ...


FJ914885    GGG  TGG  TGT  CTT  CCC  TCC  CTA  GGC  CTT  TGA  CGT  AGT  ATG  GTG  GTG  AAA
AY549457    ...  ...  ...  ...  ...  ...  ...  ...  ...  ...  ...  ...  ...  ...  ...  ...
AY549456    ...  ...  ...  ...  ...  ...  ...  ...  ...  ...  ...  ...  ...  ...  ...  ...
AY549455    ...  ...  ...  ...  ...  ...  ...  ...  ...  ...  ...  ...  ...  ...  ...  ...
AY549454    ...  ...  ...  ...  ...  ...  ...  ...  ...  ...  ...  ...  ...  ...  ...  ...
EF442000    ...  ...  ...  ...  ...  ...  ...  ...  ...  ...  ...  ...  ...  ...  ...  ...
GEF441999   ...  ...  ...  ...  ...  ...  ...  ...  ...  ...  ...  ...  ...  ...  ...  ...
EF441998    ...  ...  ...  ...  ...  ...  ...  ...  ...  ...  ...  ...  ...  ...  ...  ...
EF441997    ...  ...  C..  ...  ...  ...  ...  ...  ...  ...  ...  ...  ...  ...  ...  ...
EF441996    ...  ...  C..  ...  ...  ...  ...  ...  ...  ...  ...  ...  ...  ...  ...  ...
GEF441995   ...  ...  ...  ...  ...  ...  ...  ...  ...  ...  ...  ...  ...  ...  ...  ...
EF494041    ...  ...  ...  ...  ...  ...  ...  ...  ...  ...  ...  ...  ...  ...  ...  ...
EF494040    ...  ...  ...  ...  ...  ...  ...  ...  ...  ...  ...  ...  ...  ...  ...  ...
```

EF494039	...	...	...	...	...	...	...	...	...	...	...	...	...	...	...
EF494038	...	...	...	...	...	...	...	...	...	...	...	...	...	...	...
EF494037	...	...	...	...	...	...	...	...	...	...	...	...	...	...	...

FJ914885	ATA	GTA	CAC	AA−	CCC	CCT	CCG	TCT	GAA	CGT	TGC	CTG	CAT	GGA	GCC	TGG
AY549457	...	...	...	..−	...	...	...	...	...	...	...	...	...	...	...	...
AY549456	...	...	...	..−	...	...	...	...	...	...	...	...	...	...	...	...
AY549455	...	...	...	..−	...	...	...	...	...	...	...	...	...	...	...	...
AY549454	...	...	...	..−	...	...	...	...	...	...	...	...	...	...	...	...
EF442000	...	..G	...	..A	...	...	...	...	A.	...	...	...	.G.	...	...	...
GEF441999	...	..G	...	..A	...	...	...	...	A.	...	...	...	.G.	...	...	...
EF441998	...	..G	...	..A	...	...	...	...	A.	...	...	...	.G.	...	...	...
EF441997	...	...	.G.	..−	...	...	...	...	A.	...	...	...	...	...	...	...
EF441996	...	...	.G.	..−	...	...	...	...	A.	...	...	...	...	...	...	...
GEF441995	...	...	...	..−	...	...	...	...	...	...	...	...	.G.	...	...	...
EF494041	...	...	...	−	...	...	...	...	...	...	...	...	...	...	...	...
EF494040	...	...	...	−	...	...	...	...	...	...	...	...	...	...	...	...
EF494039	...	...	...		...	...	...	...	...	...	...	...	...	...	...	...
EF494038	...	...	...	..−	...	...	...	...	...	...	...	...	...	...	...	...
EF494037	...	...	...	..−	...	...	...	...	...	...	...	...	...	...	...	...

FJ914885	ACG	G−C	GCC	CTC	CCT	AAC
AY549457	...	.−.	...	...	...	...
AY549456	...	.−.	...	...	...	...
AY549455	...	.−.	...	...	...	...
AY549454	...	.−.	...	...	...	...
EF442000	...	.G.	...	...	...	...
GEF441999	...	.G.	...	...	...	...
EF441998	...	.G.	...	...	...	...
EF441997	...	.−.	...	T..	...	...
EF441996	...	.−.	...	T..	...	...
GEF441995	...	.G.	...	...	...	...
EF494041	...	.−.	...	...	...	...
EF494040	...	.−.	...	...	...	...
EF494039	...	.−.	...	...	...	...
EF494038	...	.−.	...	...	...	...
EF494037	...	.−.	...	...	...	...

22.1.7　近缘物种

经过文献查找，近缘种有波状根盘菌 *Rhizina undulata*。

22.1.8　种间序列差异

棉根腐病 *Phymatotrichopsis omnivora* 与近缘种种间变异位点较多，有 195 个，如下：

```
GBPEZ2946-15|Rhizina undulata|ITS|EU339123   AAG GAT CAT TAA TAA AAC CCG GGC CAG CGC CCG CAC GTT TCA TAC AAC
Phymatotrichopsis omnivora|ITS|EJ914885       GGC ..A A.. A.. A.. CC. ..A AAT GGA T.. ... T.− ..C CT. ..− ...

GBPEZ2946-15|Rhizina undulata|ITS|EU339123   CCA TCT GTG TAC CTC TCC AAG TTG CTT CCG TGC GGC AAG GGG CGT −−G
Phymatotrichopsis omnivora|ITS|EJ914885       .T. ..A ... ... ... ... .C. ... ... ... ..T ... C.. ... .T. TG.

GBPEZ2946-15|Rhizina undulata|ITS|EU339123   CCA GCC ACG CC− −−− CCG GGG GCT CCG GCC CC− GCC CAC GGG AGG A−−
Phymatotrichopsis omnivora|ITS|EJ914885       ... ... ..G .T. ..G GCT ... C.. .T. T.. C.. ..C ATT TGT T.. G.. GTG

GBPEZ2946-15|Rhizina undulata|ITS|EU339123   −−−−−−−−−−−−−CC CAG CGA ACT CAT GTT TGA ACC TCG CA− −TG TCT GAC
```

Phymatotrichopsis omnivora | ITS | EJ914885	GGT	TGC	CCG	G..	..C	G.G	.GG	A..	TC.	CC.	.A.	..T	TGA	T..	AAA A.A

GBPEZ2946-15|*Rhizina undulata* | ITS | EU339123	AGG	CGT	CTC	CGG	ACG	CGA	AAA	ATG	TAA	ATA	AG—	—TT	AAA	ACT	TTC AAC
Phymatotrichopsis omnivora | ITS | EJ914885	.AA	GAA	.GT	AT.	C.A	TAT	.T.	.A.	A..	.A.	.AG	T..	...	...	... ...

GBPEZ2946-15|*Rhizina undulata* | ITS | EU339123	AAC	GGA	TCT	CTT	GGT	TCT	CGC	ATC	GAT	GAA	GAA	CGC	AGC	GAA	ATG CGA
Phymatotrichopsis omnivora | ITS | EJ914885	...	...	...	...	...	...	...	...	...	...	...	...	...	...	... ...

GBPEZ2946-15|*Rhizina undulata* | ITS | EU339123	TAA	GTA	ATG	TGA	ATT	GCA	GAA	TTC	AGT	GAA	TCA	TCG	AAT	CTT	TGA ACG
Phymatotrichopsis omnivora | ITS | EJ914885	...	...	...	...	...	...	...	...	...	...	...	...	...	...	... ...

GBPEZ2946-15|*Rhizina undulata* | ITS | EU339123	CAC	ATT	GCG	CCC	TCT	GGT	ATT	CCG	GAG	GGC	ATG	CCT	GTT	CGA	GCG TCA
Phymatotrichopsis omnivora | ITS | EJ914885	...	...	...	...	..C	...	...	...	...	...	...	...	...	...	... ...

GBPEZ2946-15|*Rhizina undulata* | ITS | EU339123	GCA	ACA	—AA	CCC	CTC	AAG	CCC	A———————————————G	GCT	TGG	TCA
Phymatotrichopsis omnivora | ITS | EJ914885	...	TA.	C..	AA.	...	...	.A.	CCT TGT GAA AGA GGG TT.	...	...

GBPEZ2946-15|*Rhizina undulata* | ITS | EU339123	T—G	GCG	GCG	GTG	GGT	CAC	TAT	TCG	GTG	GCC	CAC	CCC	AGC	TGA	AAA TCA
Phymatotrichopsis omnivora | ITS | EJ914885	.T.	...	.T.	...	..—	—G.	G..	...	———..	.TA	.T.	T..	...	..T	GT.

GBPEZ2946-15|*Rhizina undulata* | ITS | EU339123	TAG	GCG	GAG	GTC	CCC	TCC	CC—	—GG	CCC	CGG	ACG	TAG	TAA	TAA	ACC ———
Phymatotrichopsis omnivora | ITS | EJ914885	.G.	.T.	.T.	TCT	T..	CT.	..T	A..	.T	TT.	...	...	..T	GGT	GGT GAA

GBPEZ2946-15|*Rhizina undulata* | ITS | EU339123	ATT	CGC	CCA	AAG	GCC	AGG	AAG	CGG	GAA	CG—	——C	CAG	CCT	CTA	ACC CCC
Phymatotrichopsis omnivora | ITS | EJ914885	.A.	A.T	A..	C.A	C..	...	CCT	CC.	TCT	...	..T	TG.	.T.	.A.	GG.	G..	TGG

GBPEZ2946-15|*Rhizina undulata* | ITS | EU339123	AAT	GCA	TTG	ACT	CTC	AGA G
Phymatotrichopsis omnivora | ITS | EJ914885	.CG	..G	CCC	T.C	..A	.C. A

22.1.9　*ITS* 基因条形码蛋白质序列

　　* VNLRKDH * RGTGENKKPPNGCP * SYKPISVPLHVASVWPGALASDAGSAGFAPHLLG
GGLPGPREEFSKLLIEKKRTYAIYKEKKV * NFQQRISWFSHR * RTQRNAISNVNCRIQ * IIESL
NAHCALRYSGGHACSSVSITKPQAPL * KRVGLVIGGGGAIRPTLLKCMGGVFPP * AFDVVW
W * K * YTTPSV * TLPAWSLDGALPN

23　疫霉属 DNA 条形码

23.1　栗疫霉黑水病菌 *Phytophthora cambivora*

23.1.1　基本信息

中文名称：栗黑水疫霉。

拉丁学名：*Phytophthora cambivora*（Petri）Buisman，Mededelingen Phytopathologisch Laboratorium "Willie Commelin Scholten" 11：4（1927）。

异名：*Blepharospora cambivora* Petri，Bot. Zh. SSSR（J. Bot. U. S. S. R.）：297（1917）。

分类地位：色藻界（Chromista）卵菌门（Oomycota）霜霉纲（Peronosporea）霜霉目（Peronosporales）霜霉科（Peronosporaceae）疫霉属（*Phytophthora*）。

23.1.2　生物学特性及危害症状

该病菌通常侵染栗树树干基部和较大的根，引起树干和根腐烂。病害发展较快时，植株顶部叶片出现枯萎，当年栗树枯死；病害发展较慢时，病菌侵染的当年，叶和花变小，第二年冬天通常整棵死亡，有时候果实流出的"黑水"将树干基部的树皮染黑。根部病斑流出的蓝黑色液体将根部附近的土壤染色。此外，病菌还可侵染樱桃、桃、李子、杏、苹果等多种果树，造成根茎腐烂。病菌侵染初期，症状不明显，后期树叶变小、变黄、脱落，或不表现出明显症状，而树木很快死亡。该病菌引起的根部腐烂症状是被侵染的根部变褐、变硬、变脆，与其他根部腐烂病害典型的根部变软、水状腐烂的症状不同。

23.1.3　检疫及限定现状

秘鲁、智利、中国将其列为检疫性有害生物，新西兰将其列为非限定性有害生物。

23.1.4　凭证样本信息及材料来源

模式标本：来自意大利托里诺，寄生于欧洲栗（*Castanea sativa*），模式菌株 CBS 152.24。

其他凭证样本：CPHST BL 155＝P19997（WPC）、CPHST BL 34G＝P0592（WPC）＝CBS 114087、IMI 38995、ATCC 46719，P592、CBS 114094、CBS 114095。

23.1.5　DNA 条形码标准序列

菌株编号 CPHST BL 155，序列数据来源于 GenBank。

（1）rDNA *ITS* 序列信息（MG783387）。

CCACACCTAAAAACTTTCCACGTGAACCGTATCAACCCACTTAGTTGGGGGCTAGTCCC
GGCGGCTGGCTGTCGATGTCAAAGTTGACGGCTGCTGCTGTGTGTCGGGCCCTATCATGGCG
AGCGTTTGGGTCCCTCTCGGGGGAACTGAGCCAGTAGCCCTTATTTTTTAAACCCATTCTTG
AATACTGAATATACTGTGGGGACGAAAGTCTCTGCTTTTAACTAGATAGCAACTTTCAGC
AGTGGATGTCTAGGCTCGCACATCGATGAAGAACGCTGCGAACTGCGATACGTAATGCGA
ATTGCAGGATTCAGTGAGTCATCGAAATTTTGAACGCATATTGCACTTCCGGGTTAGTCCT
GGGAGTATGCCTGTATCAGTGTCCGTACATCAAACTTGGCTCTCTTCCTTCCGTGTAGTCG
GTGGATGGGGACGCCAGACGTGAGGTGTCTTGCGGGTGGTCTTCGGGCTGGCCTGCGAGTC

CCTTGAAATGTACTGAACTGTACTTCTCTTTGCTCGAAAAGCGTGACGTTGTTGGTTGTGG
AGGCTGCCTGTGTGGCCAGTCGGCGACCGGTTTGTCTGCTGCGGCGTTTAATGGAGGAGTG
TTCGATTCGCGGTATGGTTGGCTTCGGCTGAACAATGCGCTTATTGGACGTTCTTCCTGCT
GTGGCGGTACGGATCGGTGAACCGTAGCTGTGCGAGGCTTGGCCTTTGAACCGGCGGTGTT
GGTCGCGAAGTAGGGTGGCGGCTTCGGCTGTCGAGGGGTCGATCCATTTGGGAACTTGTGT
CTCTGCGGCGCGCTTCGGTGTGCTGCGGGTGGCATCTCAATTGGACCTGATATCAGGCAA

　　(2) *COI* 序列信息（MH136860）。

　　ACAAATCATAAAGATATCGGAACTTTATATTTAATTTTTAGTGCTTTTGCTGGTATTG
TTGGTACAACTTTATCACTTTTAATTAGAATGGAATTAGCACAACCTGGTAATCAAATTTT
AATGGGAAATCATCAATTATATAATGTAGTTGTAACTGCACATGCCTTTATAATGGTTTTC
TTTTTAGTTATGCCTGCCTTAATTGGTGGTTTTGGTAATTGGTTTGTGCCTTTAATGATT
GGTGCTCCAGATATGGCTTTTCCACGTATGAATAATATTAGTTTTTGGTTATTACCTCCAG
CTTTATTATTATTAGTTTCATCAGCTATTGTTGAATCTGGTGCGGGTACAGGTTGGACAG
TTTATCCACCATTATCAAGTGTACAAGCACATTCAGGACCTTCAGTAGATTTGGCAATTTT
TAGTTTACATTTAACAGGTATTTCTTCATTATTAGGTGCTATAAATTTTATTTCAACTAT
TTATAATATGAGAGCTCCAGGTTTAAGTTTTCATAGATTACCTTTATTTGTTTGGTCTGT
ATTAATTACAGCATTTCTTTTATTATTAACTTTACCTGTATTAGCGGGAGCAATTACAAT
GTTATTGACTGATAGAAATTTAAATACTTCTTTTTATGATCCTTCTGGGGGGGGAGATCC
TGTACTATATCAACATTTATTTTGGTTTTTTGGTCATCCCGAAGTTTATATTTTAATTTT
ACCAGCATTTGGTATCAT

23.1.6　种内序列差异

　　种内无差异。

23.1.7　种间序列差异

　　将 11 种检疫性疫霉条形码片段的种间序列进行排列，差异位点较多，如下：

P. cambivora	—	—	—	—	—	—	—	—	—	—	ATT	TTT	AGT	GCT	TTT	GCT
P. erythroseptica	—	—	—	—	—	—	—	—T	TTA	...	...	...	...	...	...	..G
P. fragariae	AAT	CAT	AAA	GAT	ATC	GGA	ACT	TTA	TAT	TTA	...	...	...	...	...	..G
P. rubi	—	—	—	—	—	—GA	ACT	TTA	TAT	TTA	...	...	...	...	...	...
P. hibernalis	—	—	—	—	—	—	—	—	—	—	—	—	—	—	—	—
P. lateralis	—	—	—	—	—	—	—	—	—	—	...	...	...	...	...	...
P. medicaginis	—	—	—	—	—	—	—	—T	TTA	...	...	...	...	...	...	..C
P. phaseoli	—	—	—	—	—	—	—	—	TAT	TTA	...	...	...	...	...	...
P. ramorum	—	—CAT	AAA	GAT	ATT	GGA	ACT	TTA	TAT	TTA	...	...	...	...	...	...
P. sojae	—	—	—	—	—	—	—	—	—	—	—	—	—	—	—	—
P. syringae	—	—	—	—	—	—	—	—T	TTA	...	...	...	...	...	...	..A

P. cambivora	GGT	ATT	GTT	GGT	ACA	ACT	TTA	TCA	CTT	TTA	ATT	AGA	ATG	GAA	TTA	GCA

P. erythroseptica	...	G..	...	...	...	..A	...	..T	...	...	..C	C..	...	...	...	...
P. fragariae	...	...	...	...	...	...	...	...	...	...	...	...	...	...	...	...
P. rubi	...	...	...	...	...	...	...	...	...	...	...	...	...	...	...	...
P. hibernalis	———	———	———	———	———	———	———	———	———	———	———	———	———	———	———	———
P. lateralis	...	...	...	...	...	...	...	..T	...	...	...	...	...	...	...	...
P. medicaginis	...	...	..A	...	...	..A	...	..C	...	...	..C	C..	...	...	...	...
P. phaseoli	...	G..	...	...	...	..A	..T	..T	...	...	...	...	...	...	...	...
P. ramorum	...	...	...	...	...	..C	...	..T	...	...	...	...	...	...	...	...
P. sojae	———	———	———	———	———	———	———	———	———	———	———	———	...	...	...	...
P. syringae	...	...	...	...	...	..A	...	..T	...	...	...	C..	...	...	...	...

P. cambivora	CAA	CCT	GGT	AAT	CAA	ATT	TTA	ATG	GGA	AAT	CAT	CAA	TTA	TAT	AAT	GTA
P. erythroseptica	..G	..A	...	...	...	...	..T	...	...	...	...	...	...	...	...	..T
P. fragariae	...	..G	...	...	..G	...	...	...	...	...	...	...	...	...	...	...
P. rubi	...	...	...	...	...	...	...	...	...	...	...	...	...	...	...	...
P. hibernalis	———	———	———	———	———	———	———	———	———	———	———	———	———	———	———	———
P. lateralis	...	..A	...	...	...	...	..T	...	..T	...	...	...	...	...	...	..T
P. medicaginis	...	...	...	...	...	...	..T	...	...	...	...	...	...	...	...	..T
P. phaseoli	...	..A	...	...	...	...	..T	...	...	...	...	...	...	...	...	..T
P. ramorum	...	..A	...	...	...	...	..T	...	..T	...	...	...	...	...	...	..T
P. sojae	...	..A	..A	...	...	...	...	...	...	...	...	...	...	...	...	...
P. syringae	...	..A	...	...	...	...	..T	...	...	...	...	...	...	...	...	..T

P. cambivora	GTT	GTA	ACT	GCA	CAT	GCC	TTT	ATA	ATG	GTT	TTC	TTT	TTA	GTT	ATG	CCT
P. erythroseptica	...	..T	..C	..C	...	..T	...	..T	...	..T	...	...	...	...	...	...
P. fragariae	...	...	...	...	...	...	...	...	...	...	...	...	...	...	...	...
P. rubi	A..	...	...	...	...	...	...	...	...	...	...	...	...	...	...	...
P. hibernalis	———	———	———	———	———	———	———	———	———	———	———	———	———	———	——.	...
P. phaseoli	A..	..T	...	...	...	..T	...	..C	...	...	..T	...	...	...	...	..C
P. medicaginis	...	..T	...	..T	..C	..T	...	..C	...	...	..C	...	...	...	...	..C
P. phaseoli	...	..T	..C	...	...	..T	...	..T	...	...	...	...	...	...	...	...
P. ramorum	...	..T	...	...	...	..T	...	..C	...	...	..T	...	...	...	...	...
P. sojae	...	...	...	...	..C	..T	...	..C	...	...	...	...	...	...	...	...
P. syringae	...	..T	..G	...	..C	..A	...	...	...	...	..C	...	...	...	...	...

P. cambivora	GCC	TTA	ATT	GGT	GGT	TTT	GGT	AAT	TGG	TTT	GTG	CCT	TTA	ATG	ATT	GGT
P. erythroseptica	..A	...	...	...	...	...	...	...	...	...	..T	...	...	...	..A	...
P. fragariae	...	...	...	...	...	...	...	...	...	...	..A	...	...	...	...	...
P. rubi	...	...	...	...	...	...	...	...	...	...	..A	...	...	...	...	...
P. hibernalis	..T	...	...	...	..G	...	...	..C	...	..C	..T	...	...	...	..A	..G
P. lateralis	..T	...	...	..G	...	...	...	...	...	...	..A	...	...	...	..A	...
P. medicaginis	..A	...	...	...	...	...	...	...	...	...	..T	...	...	...	..A	...
P. phaseoli	..T	...	..C	...	...	...	...	...	...	...	..T	...	...	...	..A	...
P. ramorum	..T	...	...	...	..G	...	...	..C	...	...	..A	...	...	...	..A	...
P. sojae	..T	...	..C	...	...	...	...	...	...	...	..T	...	...	...	...	...
P. syringae	..T	...	..C	...	...	...	...	...	...	...	..T	...	...	...	...	...

P. cambivora	GCT	CCA	GAT	ATG	GCT	TTT	CCA	CGT	ATG	AAT	AAT	ATT	AGT	TTT	TGG	TTA
P. erythroseptica	...	..T	...	...	..G	...	...	...	...	...	...	..A	...	...	...	...
P. fragariae	...	...	...	...	...	...	...	...	...	...	...	...	...	...	...	...
P. rubi	...	...	...	...	...	...	...	...	...	...	...	...	...	...	...	...
P. hibernalis	...	...	...	...	...	...	...	...	...	...	...	...	...	...	...	...
P. lateralis	..A	..T	...	...	...	...	...	...	...	...	...	..A	...	...	...	...
P. medicaginis	...	..T	...	...	...	..A	...	...	...	...	...	..A	...	...	...	...
P. phaseoli	...	..G	...	...	...	...	...	..T	...	...	...	...	...	...	...	...
P. ramorum	...	...	...	...	..A	...	...	..T	...	...	...	..A	...	...	...	...

P. sojae	...	...	...	...	...	...	..T	...	...	...	...	...	...	...	...
P. syringae	...	...	...	...	..C	..C	...	...	...	...	..A	...	...	...	...

P. cambivora	TTA	CCT	CCA	GCT	TTA	TTA	TTA	TTA	GTT	TCA	TCA	GCT	ATT	GTT	GAA	TCT
P. erythroseptica	...	..A	...	..A	...	...	...	...	...	..T	...	...	..C	...	...	..A
P. fragariae	...	...	...	...	...	...	...	...	...	...	...	...	...	...	...	...
P. rubi	...	...	...	...	...	...	...	...	...	...	...	..C	...	...	...	...
P. hibernalis	...	...	..C	...	...	...	...	...	..A	...	...	...	...	..G	...	...
P. lateralis	...	...	...	...	...	...	...	...	...	...	..G	...	..A	...	...	..
P. medicaginis	...	..C	..G	..A	...	...	...	...	...	..T	..T	...	...	...	...	...
P. phaseoli	..G	...	..T	T..	...	...	...	...	...	..T	...	...	..C	...	...	...
P. ramorum	...	...	..G	...	...	...	...	...	...	...	...	...	...	..A	...	...
P. sojae	...	...	...	...	...	...	...	...	...	..T	...	...	...	...	...	...
P. syringae	...	...	...	..A	...	...	...	...	...	..T	..A	...	..A	...	...	...

P. cambivora	GGT	GCG	GGT	ACA	GGT	TGG	ACA	GTT	TAT	CCA	CCA	TTA	TCA	AGT	GTA	CAA
P. erythroseptica	..A	..A	...	...	...	..T	...	...	...	...	...	..T	...	...	...
P. fragariae	...	...	...	...	...	...	...	...	...	...	...	...	...	...	...
P. rubi	...	...	...	...	...	...	...	...	...	...	...	...	...	...	...
P. hibernalis	..A	..A	...	..T	...	...	...	...	...	..T	...	...	...	...	...
P. lateralis	...	..A	...	...	...	...	..T	...	...	..G	...	..T	...	...	...
P. medicaginis	...	..T	...	..T	...	...	..C	...	...	...	...	..T	...	...	...
P. phaseoli	..G	..T	...	..T	...	...	...	...	...	...	...	..T	...	..T	...
P. ramorum	..A	..T	...	..T	...	...	...	...	...	..T	...	...	...	...	...
P. sojae	...	..T	...	..T	...	...	..T	...	...	...	...	...	...	...	...
P. syringae	...	..A	...	..T	...	...	...	...	...	...	...	...	...	...	...

P. cambivora	GCA	CAT	TCA	GGA	CCT	TCA	GTA	GAT	TTG	GCA	ATT	TTT	AGT	TTA	CAT	TTA
P. erythroseptica	...	..C	...	..G	..A	...	...	...	..A	..T	...	...	...	...	...
P. fragariae	...	...	...	...	...	...	...	...	...	...	...	...	...	...	...
P. rubi	...	...	...	...	...	...	...	...	...	...	...	...	...	...	...
P. hibernalis	...	...	...	...	...	...	...	...	..A	..T	...	...	...	...	...
P. lateralis	..C	...	...	...	...	...	...	...	..A	..T	...	...	...	...	...
P. medicaginis	...	..C	...	...	...	...	...	...	..A	..T	...	...	...	...	...
P. phaseoli	...	...	...	..T	...	...	...	...	..A	..T	...	...	...	...	...
P. ramorum	...	...	...	..T	...	...	...	...	..A	..T	...	...	...	...	...
P. sojae	..G	...	...	...	...	...	...	...	..A	...	...	...	...	...	...
P. syringae	..C	..C	...	...	...	...	...	...	..A	...	...	...	...	...	...

P. cambivora	ACA	GGT	ATT	TCT	TCA	TTA	TTA	GGT	GCT	ATA	AAT	TTT	ATT	TCA	ACT	ATT
P. erythroseptica	...	...	...	...	..G	...	...	...	..A	..T	..C	...	...	...	...
P. fragariae	...	...	...	...	...	...	...	...	...	...	...	...	...	...	...
P. rubi	...	...	...	.N.	...	...	...	...	...	...	...	...	...	...	...
P. hibernalis	...	...	...	...	..T	...	...	...	..A	..T	...	...	...	...	...
P. lateralis	...	...	...	...	...	...	...	...	..A	..T	...	...	...	...	...
P. medicaginis	...	...	...	...	...	...	...	...	..A	..T	...	...	...	...	...
P. phaseoli	T...	...	...	...	.T	...	...	...	...	..T	...	...	...	..A	...
P. ramorum	...	...	...	...	...	...	...	...	..A	..T	...	...	...	...	...
P. sojae	...	...	...	..A	...	...	...	...	..T	...	...	...	...	...	...
P. syringae	...	...	...	...	...	...	...	...	..A	..T	...	...	...	...	..A

P. cambivora	TAT	AAT	ATG	AGA	GCT	CCA	GGT	TTA	AGT	TTT	CAT	AGA	TTA	CCT	TTA	TTT
P. erythroseptica	...	..C	...	...	...	..T	...	...	...	...	...	C..	...	...	...
P. fragariae	...	...	...	...	...	...	...	...	...	...	...	...	...	...	...
P. rubi	...	...	...	...	...	..C	...	...	...	...	...	C..	...	...	...
P. hibernalis	...	...	...	...	...	..G	...	...	...	...	...	...	...	...	...

```
P. lateralis       ...  ...  ...  C..  ..A  ..C  ...  ...  ...  ...  ...  ...  ...  ...  ...
P. medicaginis     ...  ...  ...  ...  ..A  ..T  ...  ...  ...  ..C  ...  ...  ..C  ...  ..C
P. phaseoli        ...  ...  ...  ...  ..T  ...  ...  ...  ...  ...  ...  ...  ...  ...
P. ramorum         ...  ...  ...  C..  ..T  ...  ...  ...  ..C  ...  ...  ...  ...  ...  ...
P. sojae           ...  ...  ...  ..C  ..T  ...  ...  ...  ...  ...  ...  ...  ...  ...  ...
P. syringae        ...  ...  ...  ...  ...  ...  ...  ...  ...  ...  ...  ...  ...  ...


P. cambivora       GTT  TGG  TCT  GTA  TTA  ATT  ACA  GCA  TTT  CTT  TTA  TTA  TTA  ACT  TTA  CCT
P. erythroseptica  ...  ...  ...  ...  ...  ...  ...  ..T  ...  ...  ...  ...  ...  ..G  ...  ..C
P. fragariae       A..  ...  ...  ...  ...  ...  ...  ...  ...  ...  ...  C..  ...  ...  ..G
P. rubi            ...  ...  ...  ...  ...  ...  ...  ...  ...  ...  ...  ...  ...  ..C
P. hibernalis      ...  ...  ...  ...  ...  ...  ...  ..T  ...  ...  ...  ...  ..C  ...  ...
P. lateralis       ...  ...  ...  ...  ...  ...  ..G  ..T  ...  ...  ...  ...  ..G  ...  ...
P. medicaginis     ...  ...  ...  ...  ...  ...  ...  ..T  ...  ...  ...  ...  ..C  ...  ..G
P. phaseoli        ..A  ...  ...  A..  ...  ...  ..T  ...  ...  ...  ...  ...  ...  ...
P. ramorum         ...  ...  ...  ...  ...  ...  ...  ..T  ...  ...  ...  ...  ..A  ...  ...
P. sojae           ...  ...  ...  ...  ...  ...  ...  ...  ...  ...  ...  ...  ...  ...
P. syringae        ..A  ...  ...  ...  ...  ...  ...  ..T  ...  ...  ...  ...  ..A  ...  ...


P. cambivora       GTA  TTA  GCG  GGA  GCA  ATT  ACA  ATG  TTA  TTG  ACT  GAT  AGA  AAT  TTA  AAT
P. erythroseptica  ...  ...  ..C  ...  ...  ..C  ...  ..G  ..A  ...  ...  ...  ...
P. fragariae       ...  ...  ..T  ...  ...  ...  ...  ..A  ...  ...  ...  ...
P. rubi            ...  ..G  ..A  ...  ...  ...  ..A  ...  ...  ...  ...
P. hibernalis      ..T  ...  ..A  ..T  ...  ..T  ...  ..A  ..A  ...  ...  ...
P. lateralis       ..T  ...  ..T  ...  ..C  ...  ..G  ..A  ..C  ...  ...
P. medicaginis     ...  ...  ..T  ...  ..T  ...  ..G  ..A  ...  ...  ...
P. phaseoli        ...  C..  ..T  ..G  ...  ..T  ...  C.A  ...  ...
P. ramorum         ..T  ...  ..T  ..T  ...  ..T  ...  ..A  ...  ...
P. sojae           ...  ...  ..T  ..T  ...  ..T  ...  ..A  ...  ...
P. syringae        ..T  ...  ..T  ..T  ...  ...  ...  ..A  ..A  ...  ...


P. cambivora       ACT  TCT  TTT  TAT  GAT  CCT  TCT  GGG  GGG  GGA  GAT  CCT  GTA  CTA  TAT  CAA
P. erythroseptica  ...  ...  ...  ...  ..A  ...  ..T  ..T  ..T  ...  ...  T..  ...
P. fragariae       ...  ...  ...  ...  ...  ...  ..T  ...  ...  ..A  ...  ...
P. rubi            ...  ...  ...  ..C  ...  ...  ..G  ...  ...  ...
P. hibernalis      ...  ...  ..C  ..C  ...  ..A  ..T  ..T  ...  ..C  ...  T..  ...
P. lateralis       ...  ...  ..C  ..A  ...  ..T  ..A  ..T  ...  ...  T..  ...
P. medicaginis     ...  ..G  ...  ..A  ..A  ..T  ..A  ..T  ...  ..A  ...  T..  ...
P. phaseoli        ...  ..A  ...  ..A  ..A  ..T  ..A  ..T  ...  ..A  ...  T..  ...
P. ramorum         ...  ...  ...  ..A  ..A  ..C  ..A  ..T  ...  ...  ..G  T..  ...  ...
P. sojae           ...  ...  ..C  ...  ..A  ..─  ─── ─── ─── ─── ─── ─── ─── ─── ─── ───
P. syringae        ...  ...  ...  ..A  ...  ..T  ...  ..T  ...  ...  T..  ...  ...


P. cambivora       ───  ───  ──
P. erythroseptica  CAT  TT─  ──
P. fragariae       CAT  TTA  TT
P. rubi            CAT  TTA  TT
P. hibernalis      CAT  TTA  ──
P. lateralis       CAT  TTA  ──
P. medicaginis     CAT  TTA  TT
P. phaseoli        CAT  TTA  ──
P. ramorum         CAT  TTA  TT
P. sojae           ───  ───  ──
P. syringae        ───  ───  ──
```

23.2　马铃薯疫霉绯腐病菌 *Phytophthora erythroseptica*

23.2.1　基本信息

中文名称：红腐疫霉。

拉丁学名：*Phytophthora erythroseptica* Pethybr.，Scientific Proc. R. Dublin Soc.，N. S. 13：547 (1913) [1911—1913]。

分类地位：色藻界（Chromista）卵菌门（Oomycota）霜霉纲（Peronosporea）霜霉目（Peronosporales）霜霉科（Peronosporaceae）疫霉属（*Phytophthora*）。

23.2.2　生物学特性及危害症状

受侵染植株叶片萎蔫，根部腐烂，茎部内部变色萎蔫，植物器官内部变色，严重时根茎内部表现出管状坏死，整个植株萎蔫死亡。

23.2.3　检疫及限定现状

南锥体区域植保委员会、巴西、中国将其列为检疫性有害生物，新西兰将其列为非限定性有害生物。

23.2.4　凭证样本信息及材料来源

模式标本：来自爱尔兰高威大学寄生于马铃薯（*Solanum tuberosum*），模式菌株为 IMI 34684。

其他凭证样本：CPHST BL 80＝P6180（WPC）、CPHST BL 36G＝P0340（WPC）、BR 464（CFCC）、BR 664（CFCC）、CBS 380. 61、CBS 111343、CBS 23330、CBS 95187、CBS 95687。

23.2.5　DNA 条形码标准序列

菌株编号 CPHST BL 80（＝ P6180 WPC），序列数据来源于 GenBank。

（1）rDNA *ITS* 序列信息（MG865486）。

CCACACCTAAAAAACTTTCCACGTGAACCGTATCAACCTTTTTAAATTGGGGGCTTCCGTCTGGCCGGCCGGTTTTCGGCTGGCTGGGTGGCGGCTCTATCATGGCGACCGCTTGGGCCTCGGCCTGGGCTAGTAGCGTATTTTTAAACCATTCCTAATTACTGAATATACTGTGGGGACGAAAGTCTCTGCTTTTAACTAGATAGCAACTTTCAGCAGTGGATGTCTAGGCTCGCACATCGATGAAGAACGCTGCGAACTGCGATACGTAATGCGAATTGCAGGATTCAGTGAGTCATCGAAATTTTGAACGCATATTGCACTTCCGGGTTAGTCCTGGGAGTATGCCTGTATCAGTGTCCGTACACTAAACTTGGCTCCCTTCCTTCCGTGTAGTCGGTGGATGGGGACGCGCAGATGTGAAGTGTCTTGCGGCTGGTCTTCGGTCCGGCTGCGAGTCCTTTGAAATGTACTACACTGTACTTCTCTTTGCTCGAAAAGCGTGACGTTGCTGGTTGTGGAGGCTGCCTGTGTGGCATGTCGGCGACCGGTTTGTCTGCTGCGGCGTTTAATGGAGGAGTGTTCGATTCGCGGTATGGTTGGCTTCGGCTGAACAGACGCTTATTGGGTGCTTTTCCTGCTGTGGCTGGATGGACTGGTGAACCGTAGCTGTGCTAGGCTTGGCGTTTGAACCGGCGGTGTGGTGCGAAGTAGGGTGTCTGTTCCGGCGTAAGCTGGGGTGGACGAGGGTCGATCCATTTGGGAAACGTTGTGTGCGCTTCGGCGCGCATCTCAATTGGACCTGATATCAGG

0   812

（2）*COI* 序列信息（MH136882）。

CTTTTTTCAACAAATCATAAAGATATTGGGACTTTATATTTAATTTTTAGTGCTTTTG
CGGGTGTTGTTGGTACAACATTATCTCTTTTAATCCGAATGGAATTAGCACAGCCAGGTAA
TCAAATTTTTATGGGAAATCATCAATTATATAATGTTGTTGTTACCGCCCATGCTTTTATT
ATGGTTTTCTTTTTAGTTATGCCTGCATTAATTGGTGGTTTTGGTAATTGGTTTGTTCCT
TTAATGATAGGTGCTCCTGATATGGCGTTTCCACGTATGAATAATATAAGTTTTTGGTTA
TTACCACCAGCATTATTATTATTAGTTTCTTCAGCTATCGTTGAATCAGGAGCAGGTACAG
GTTGGACTGTTTATCCACCATTATCTAGTGTACAAGCACACTCAGGGCCATCAGTAGATTT
AGCTATTTTTAGTTTACATTTAACAGGTATTTCTTCGTTATTAGGTGCAATTAACTTTAT
TTCAACTATTTATAACATGAGAGCTCCTGGTTTAAGTTTTCATCGATTACCTTTATTTGT
TTGGTCTGTATTAATTACAGCTTTTCTTTTATTATTAACGTTACCCGTATTAGCCGGAGCA
ATTACCATGTTGTTAACTGATAGAAATTTAAATACTTCTTTTTATGATCCATCTGGTGGT
GGTGATCCTGTATTATATCAACATTTATTTTGGTTTTTCGGTCACCCTGAAGTTTATATT
TTAATTTTACCAGCTTTTGGTATCATCAG

0   751

23.2.6 种内序列差异

种内无差异。

23.3 草莓疫霉红心病菌 *Phytophthora fragariae*

23.3.1 基本信息

中文名称：草莓疫霉。

拉丁学名：*Phytophthora fragariae* Hickman，Journal of hort. Sci. 18：2（1940）。

分类地位：色藻界（Chromista）卵菌门（Oomycota）霜霉纲（Peronosporea）霜霉目（Peronosporales）霜霉科（Peronosporaceae）疫霉属（*Phytophthora*）。

23.3.2 生物学特性及危害症状

受侵染植株常停止发育或生长矮化，在结实期前可能死亡或产生少量小果实。嫩叶为蓝绿色，而老叶则变为黄色或红色。挖出病株可见发育不良的腐烂根系。侧根通常高度腐败，一般在挖出植株时看不见侧根。不定根从尖端向上腐烂，末端常呈灰色至褐色，类似"鼠尾状"，上端未腐烂部分可见中柱由白色变成紫红色至砖红色，故得名"红心病"。这种颜色在根的腐烂部分以上能延伸很长一段距离，在高度感病品种上甚至可延伸至植株顶部。病害暴发通常从草莓中心株开始，范围不断扩大，尤其是在低坡地，病菌能随水流快速扩散造成大面积危害。从晚秋起根部症状明显，但地上部分的症状一般在春末或初夏以前不明显，此时很难从根部发现病菌。

23.3.3 检疫及限定现状

EPPO、阿尔及利亚、立陶宛、马耳他、北马其顿、美国、秘鲁、突尼斯、乌克兰、乌拉圭、匈牙利、印度尼西亚、约旦、中国将其列为检疫性有害生物。新西兰将其列为非限定性有害生物。

23.3.4　凭证样本信息

CPHST BL 18（Abad）＝P19539（WPC）＝P6231（WPC）＝CBS 209. 46，CPHST BL 18＝P19539（WPC）、P10752（WPC）、IMI 181417，61J3（Yang）、DAOM 229202。

23.3.5　DNA 条形码标准序列

菌株编号 CBS 209. 46 和 CPHST BL 18，序列数据来源于 GenBank。

（1）*28S* 序列信息（HQ665150，来源于 CBS 209. 46）。

CGCTGAACTTAAGCATATCAATAAGCGGAGGAAAAGAAACTAACAAGGATTCCCCTAG
TAACGGCGAGTGAAGCGGGAAGAGCTCAAGCTTAAAATCTCCGTGCAAGTTTTGCGCGGCG
AATTGTAGTCTATAGAGGCGTGGTCAGCGTGGGCGCTTGGGGCAAGTTCCTTGGAAGAGGA
CAGCATGGAGGGTGATACTCCCGTTCATCCCTGAGTGGCTCGTGCGTACGACCCGTGTTCT
TTGAGTCGCGTTGTTTGGGAATGCAGCGCAAAGTAGGTGGTAAATTCCATCTAAAGCTAA
ATATTGGTGCGAGACCGATAGCGAACAAGTACCGTGAGGGAAAGATGAAAGAACTTTGA
AAAGAGAGTTAAAGAGTACCTGAAACTGCTGAAAGGGAACCGAATCGTTTCCAGTGTCTA
TAATCCGTGGCATATTTCATTGGCGAGTGTGCGCGTGCGTGTGCTGTGGCAGCGGCCTTTT
TGGCTGCGCTCGGTGCGTGTGCTGTGTGTGCTTGCTGGTGCCCTGTGCTGCGGTGGGACGT
CAAGGTCAGTTCGTATGCTGCGGGAAATGGCTGCCGAGGAGGTAGGGCTTACGCTCCGCGT
TTGTCTGTTATATCTTGGTGGACGAGTCGTCGCGGTTGGGACTGAGGTGCCTACAACGTGC
TTTTGAGTGGGTCTGTGTCTCCGTGTGCGCCGTGTGCGGATAGCTTGCTATGCGTGTGTGG
TTGTGTGTGGATTGATGCGGGCCTTAACTTGTCGCCGTTCGGGACGTTGACGAAATGGAGC
GATCCGACCCGTCTTGAAACACGGACCAAGGAGTCTAACATGTGTGCAAGTGTTAGGGTGT
GGAAACCCCAGCGCGAAATGAAAGTGAAGGGCAGCGCAAGTTGTCTGAGGTAGGAAACGT
TGCGGGCTTCGGTCTGCGGCGTGGCACTATCGACCGATCATGAACCTTCGTGGTGAAAGAT
TTGAGTTTGAGCACATATGTTGGTACCCGAAAGATGGTGAACTATGCCTGAGTAGGGTGA
AGCCAGGGGAAACTCTGGTGGAAGCTCGTAGCGATTCTGACGTGCAAATCGATCGTCAAAC
TTGGGTATAGGGGCGAAAGACTAATCGAACCATCTAGTAGCTGGTTCCCTCCGAAATTTCC
CTCAGGATAGCAGCAACTTATTTACGATAGTTTTATGAGGTAAAGCGAATGATTAGAGGA
TTCGGGGAAGAAACTTCCTCGACCTATTCTCAAACTTTAAATCTGTAAGACCTGCAGGTTT
CTTAATTGAACTTGTGGATGTGAATATCAAGTTGCTAGTGGGCCATACGGGGTAAGCTCG
TCTGGCG

（2）*YPT1* 序列信息（LC596233，来源于 CBS 209. 46）。

GACTTTGTGAGTGCTAGATAACTAGCCTTGCCATTTCTAGGTCCAAAAAGGCTAAGAT
TTGCTCTCCGATTGCTGACGTTATCGTGCTCGTTGTTGTGCACAGAAAATTCGCACGATCGA
GCTGGACGGCAAGACTATCAAGCTCCAGATTGTACGCGCATCCGCGGAACATTTCGCCGGCT
AAGCGTGCTTCATGGAGCTAACTGGTGTACGCTTTGACTATTCGGAATTGTAGTGGGACA
CGGCCGGTCAGGAGCGTTTCCGCACGATCACAAGCAGCTACTACCGCGGCGCCCACGGTATT
ATCGTGGTGTACGACGTCACGGAACAGGAGTCGTTCAACAACGTCAAGCAGTGGCTGCACG
AGATCGATAGGTGCGTCCGATCTCAGTGTTACTGTGTAGGGAATACCCGGGAAATGTACT
AATTCAGTCCGGCACCCTTTGATTCGCAGATACG

（3）rDNA *ITS* 序列信息（MG865494，来源于 CPHST BL 18）。

CCACACCTAAAAAACTTTCCACGTGAACCGTATCAACCCACTTAGTTGGGGGCCTGTCC
TGGCGGCTGGCTGTCGATGTCAAAGTTGACGGCTGCTGCTGTGTGTCGGGCCCTATCATGGC
GAGCGTTTGGGTCCCTCTCGGGGGAACTGAGCCAGTAGCCCTTTTCTTTTAAACCCATTCTT
GAATACTGAATATACTGTGGGGACGAAAGTCTCTGCTTTTAACTAGATAGCAACTTTCAG
CAGTGGATGTCTAGGCTCGCACATCGATGAAGAACGCTGCGAACTGCGATACGTAATGCGA
ATTGCAGGATTCAGTGAGTCATCGAAATTTTGAACGCATATTGCACTTCCGGGTTAGTCCT
GGGAGTATGCCTGTATCAGTGTCCGTACATCAAACTTGGCTCTCTTCCTTCCGTGTAGTCG
GTGGATGGGGACGCCAGACGTGAGGTGTCTTGCGGGTGGCCTTCGGGCTGCCTGCGAGTCC
CTTGAAATGTACTGAACTGTACTTCTCTTTGCTCGAAAGCGTGACGTTGTTGGTTGTGGA
GGCTGCCTGTGTGGCCAGTCGGCGACCGGTTTGTCTGCTGCGGCGTTTAATGGAGGAGTGT
TCGATTCGCGGTATGGTTGGCTTCGGCTGAACAATGCGCTTATTGGACGTTCTTCCTGCTG
TGGCGGTACGGATCGGTGAACCGTAGCTGTGCGAGGCTTGGCCTTTGAACCGGCGGTGTTG
GTCGCGAAGTAGGGTGGCGGCTTCGGCTGTCGAGGGGTCGATCCATTTGGGAACTTGTGTC
TCTGCGGCGCGCTTCGGTGTGCTGCGGGTGGCATCTCAATTGGACCTGATATCAGCAAGAT
TACCCGCTGACTA

（4）*COI* 序列信息（MH136890，来源于 CPHST BL 18）。

TTTTCAACAAATCATAAAGATATCGGAACTTTATATTTAATTTTTAGTGCTTTTGCGG
GTATTGTTGGTACAACTTTATCACTTTTAATTAGAATGGAATTAGCACAACCGGGTAATCA
GATTTTAATGGGAAATCATCAATTATATAATGTAGTTGTAACTGCACATGCCTTTATAATG
GTTTTCTTTTAGTTATGCCTGCCTTAATTGGTGGTTTTGGTAATTGGTTTGTACCTTTA
ATGATTGGTGCTCCAGATATGGCTTTTCCACGTATGAATAATATTAGTTTTTGGTTATTA
CCTCCAGCTTTATTATTATTAGTTTCATCAGCTATTGTTGAATCTGGTGCGGGTACAGGTT
GGACAGTTTATCCACCATTATCAAGTGTACAAGCACATTCAGGACCTTCAGTAGATTTGGC
AATTTTAGTTTACATTTAACAGGTATTTCTTCATTATTAGGTGCTATAAATTTTATTTC
AACTATTTATAATATGAGAGCTCCAGGTTTAAGTTTTCATAGATTACCTTTATTTATTTG
GTCTGTATTAATTACAGCATTTCTTTTATTACTAACTTTACCGGTATTAGCTGGAGCAAT
TACAATGTTATTAACTGATAGAAATTTAAATACTTCTTTTTATGATCCTTCTGGTGGGGG
AGATCCAGTACTATATCAACATTTATTTTGGTTTTTTGGTCATCCCGAAGTTTATATTTT
AATTTTACCAGCATTTGGTAT

其他参考序列，见 BOLD 网站 https：//www.boldsystems.org/index.php/databases。

23.4　树莓疫霉根腐病菌 *Phytophthora rubi*

23.4.1　基本信息

中文名称：树莓疫霉。

拉丁学名：*Phytophthora rubi*（W. F. Wilcox & J. M. Duncan）Man in 't veld，Mycologia 99 (2)：226（2007）（现用名）。

异名：*Phytophthora fragariae* var. *rubi* W. F. Wilcox & J. M. Duncan 1993。

分类地位：色藻界（Chromista）卵菌门（Oomycota）霜霉纲（Peronosporea）霜霉目 (Peronosporales)霜霉科（Peronosporaceae）疫霉属（*Phytophthora*）。

23.4.2　生物学特性及危害症状

树莓根腐病的暴发通常从中心病株开始，范围不断扩大，尤其是在低坡地。症状通常出现在植株的较上部位，病株缺乏幼嫩的初生茎。春季，植株间的垄上未见大量初生茎是该病害的早期诊断症状。受侵染植株幼茎的茎基部呈现黑紫色斑点，可延伸至土表以上 20～30cm 处，木质部下部通常变成红褐色或褐黑色。叶片在成熟前变成青铜色或红色（早熟色）。受侵染的根系高度腐烂，几乎无侧根，较粗的根内部变色，与白色的未受侵染的区域有明显界限。染病的果枝不能发芽，即使发芽也会萎蔫、干枯。枝条变色，粉棕色或棕黑色。一年树龄的幼树常死亡。

23.4.3　检疫及限定现状

保加利亚、波兰、厄瓜多尔、捷克、克罗地亚、罗马尼亚、马达加斯加、秘鲁、挪威、塞尔维亚、黑山、斯洛文尼亚、中国将其列为检疫性有害生物。

23.4.4　凭证样本信息及材料来源

模式标本：CUP no. 62528，来自英国苏格兰，分离自覆盆子（*Rubus idaeus*）根系土壤，模式菌株 R49＝NY 588＝ATCC 90442＝IMI 355974＝CBS 967.95＝P15597（WPC）＝P16899（WPC）＝CPHST BL 54（Abad）＝PD 10 03989803＝SCRI R49＝FVR 11＝CH21＝46C7（Yang）。

23.4.5　DNA 条形码标准序列

菌株编号 CBS 967.95，序列数据来源于 GenBank。

(1) *YPT1* 序列信息（LC596327）。

GACTTTGTGAGTGCTAGTAAGCTATGCCTTGCCATTCCTAGGTCCAAAAAGGCTAAGAT
TTGCTCTCCGATTGCTGACGTTATCGTGCTCGTTGTTGTGCACAGAAAATTCGCACGATCGA
GCTGGACGGCAAGACTATCAAGCTCCAGATTGTACGCGCATCCGCGGAACATTTCGCCGGCT
AAGCGTGCTTCATGGAGCTAACTGGTGTACGCTTTGATTATTCGGAATTGTAGTGGGACA
CGGCCGGTCAGGAGCGTTTCCGCACGATCACAAGCAGCTACTACCGCGGCGCCCACGGTATT
ATCGTGGTGTCGACGTCACGGACCAGGAGTCGTTCAACAACGTCAAGCAGTGGCTGCACG
AGATCGATAGGTGCGTCCGATCTCAGTGTTACTGTGTAGGGAATACCCGGGAAATGTACT
AATTACTCCGGCCCCTTTGATTCGCAGATACG

0　　　　　　　　　　　　　　　　457

（2）*beta-tubulin*（*Tub2*）序列信息（KU899234）。

CACTACACGGAGGGTGCCGAGCTCATCGACTCGGTGCTGGACGTCGTCCGTAAGGAGGC
GGAGAGCTGTGACTGCCTGCAGGGTTTCCAGATCACGCACTCGCTTGGTGGCGGTACCGGTT
CCGGTATGGGTACGCTTCTTATCTCCAAGATTCGTGAGGAGTACCCGGACCGTATCATGTGC
ACGTACTCGGTCTGCCCGTCGCCCAAGGTGTCGGACACGGTCGTCGAGCCCTACAACGCCAC
GCTGTCCGTGCACCAGCTTGTCGAGAACGCCGATGAGGTCATGTGCCTGGATAACGAGGCC
CTGTACGACATTTGCTTCCGTACGCTCAAGCTCACGACCCCCACGTACGGTGACCTGAACCA
CCTGGTGTGCGCTGCCATGTCCGGTATCACCACGTGCCTCCGTTTCCCCGGCCAGCTGAACT
CGGACCTGCGTAAGCTTGCCGTGAACCTGATCCCGTTCCCGCGTCTCCACTTCTTCATGATC
GGTTTCGCCCCGCTGACGTCGCGTGGCTCGCAGCAGTACCGCGCCCTGACGGTGCCCGAGCT
GACGCAGCAGCAGTTCGATGCCAAGAACATGATGTGCGCCGCCGACCCTCGCCACGGCCGCT
ATTTAACTGCCGCGTGTATGTTCCGCGGACGTATGAGCACGAAGGAGGTTGATGAGCAGA
TGCTCAACGTGCAGAACAAGAACTCGTCGTACTTCGTCGAGTGGATCCCCAACAACATCAA
GGCTAGCGTGTGTGACATCCCGCCCAAGGGACTGAAGATGAGCACCACGTTCATCGGTAAC
TCGACCGCTATCCAGGAGATGTTCAAGCGCGTGTCCGAACAGTTCACGGCTATGTTCCGTC
GTAAGGCTTTCTTGCACTGGTACACGGGTGAAGGTATGGACGAGATGGAGTTCACGGAG

0   917

（3）*TEF* 序列信息（MH359073）。

GTCATCGACGCCCTGGCCACCGTGACTTCATCAAGAACATGATCACGGGCACCTCGCAG
GCCGACTGCGCCATCCTGGTGGTGGCCTCGGGTGTGGGCGAGTTCGAGGCTGGTATCTCCAA
GGAGGGCCAGACGCGCGAGCACGCTCTGCTTGCCTTCACCCTGGGTGTGAAGCAGATGGTCG
TCGCCATCAACAAGATGGACGACTCGTCTGTCATGTACGGCCAGGCCCGTTACGAGGAGAT
CAAGTCCGAGGTGTCGACCTACCTGAAGAAGGTCGGCTACAAGCCCGCCAAGATCCCGTTC
GTGCCCATCTCCGGTTGGGAGGGTGACAACATGATCGAGAAGTCCGGCAACATGCCGTGGT
ACAAGGGACCGTACCTCCTCGAGGCTCTCGACAACCTGAACCCGCCCAAGCGCCCGTCGGAC
AAGCCTCTGCGTCTGCCCCTCCAGGATGTTTACAAGATCGGCGGTATCGGCACGGTACCGG
TCGGCCGTGTGGAGACCGGTGTCATCAAGCCTGGCATGGTCGCCACGTTCGGCCCCGTGGGT
CTGTCGACGGAAGTCAAGTCCGTTGAGATGCACCACGAGTCTCTGCCCGAGGCTGTCCCTGG
TGACAACGTCGGCTTCAACGTCAAGAACGTGTCGGTCAAGGAGCTGCGTCGTGGCTACGTC
GCCTCGGACTCCAAGAACGACCCGGCCAAGGCCACCCAGGACTTCCTGGCCCAGGTCATCGT
GCTGAACCACCCCGGCCAGATCGGCAACGGCTACTCGCCGGTGCTCGACTGCCACACGGCCC
ACGTTGCCTGCAAGTTCAAAGAGATCACGGAGAAGATGGACCGTCGTTCGGGCAAGGTGCT
CGAGACTGCCCCCAA

0   874

（4）rDNA *ITS* 序列信息（MG865584）。

CCACACCTAAAAACTTTCCACGTGAACCGTATCAACCCACTTAGTTGGGGGCCTGTCCT
GGCGGCTGGCTGTCGATGTCAAAGTTGACGGCTGCTGCTGTGTGTCGGGCCCTATCATGGCG
AGCGTTTGGGTCCCTCTCGGGGGGAACTGAGCCAGTAGCCCTTTTCTTTTAAACCCATTCTTG
AATACTGAATATACTGTGGGGACGAAAGTCTCTGCTTTTAACTAGATAGCAACTTTCAGC

AGTGGATGTCTAGGCTCGCACATCGATGAAGAACGCTGCGAACTGCGATACGTAATGCGAA
TTGCAGGATTCAGTGAGTCATCGAAATTTTGAACGCATATTGCACTTCCGGGTTAGTCCTG
GGAGTATGCCTGTATCAGTGTCCGTACATCAAACTTGGCTCTCTTCCTTCCGTGTAGTCGG
TGGATGGGGACGCCAGACGTGAGGTGTCTTGCGGGTGGCCTTCGGGCTGCCTGCGAGTCCC
TTGAAATGTACTGAACTGTACTTCTCTTTGCTCGAAAAGCGTGACGTTGTTGGTTGTGGA
GGCTGCCTGTGTGGCCAGTCGGCGACCGGTTTGTCTGCTGCGGCGTTTAATGGAGGAGTGT
TCGATTCGCGGTATGGTTGGCTTCGGCTGAACAATGCGCTTATTGGACGTTCTTCCTGCTG
TGGCGGTACGGATCGGTGAACCGTAGCTGTGCGAGGCTTGGCCTTTGAACCGGCGGTGTTG
GTCGCGAAGTAGGGTGGCGGCTTCGGCTGTCGAGGGGTCGATCCATTTGGGAACTTGTGTC
TCTGCGGCGCGCTTCGGTGTGCTGCGGGTGGCATCTCAATTGGACCTGATATCAGGCAAGA
TTACCCGCTG

（5）*COI* 序列信息（MH136976）。

TTTTCAACAAATCATAAAGATATCGGAACTTTATATTTAATTTTTAGTGCTTTTGCTG
GTATTGTTGGTACAACTTTATCACTTTTAATTAGAATGGAATTAGCACAACCTGGTAATCA
AATTTTAATGGGAAATCATCAATTATATAATGTAATTGTAACTGCACATGCCTTTATAATG
GTTTTCTTTTTAGTTATGCCTGCCTTAATTGGTGGTTTTGGTAATTGGTTTGTACCTTTAA
TGATTGGTGCTCCAGATATGGCTTTTCCACGTATGAATAATATTAGTTTTTGGTTATTACC
TCCAGCTTTATTATTATTAGTTTCATCAGCTATCGTTGAATCTGGTGCGGGTACAGGTTGG
ACAGTTTATCCACCATTATCAAGTGTACAAGCACATTCAGGACCTTCAGTAGATTTGGCAA
TTTTTAGTTTACATTTAACAGGTATTTCTTCATTATTAGGTGCTATAAATTTTATTTCAA
CTATTTATAATATGAGAGCTCCCGGTTTAAGTTTTCATCGATTACCTTTATTTGTTTGGTC
TGTATTAATTACAGCATTTCTTTTATTATTAACTTTACCCGTATTGGCAGGAGCAATTAC
AATGTTATTAACTGATAGAAATTTAAATACTTCTTTTTATGATCCTTCCGGGGGGGGGGA
TCCTGTACTATATCAACATTTATTTTGGTTTTTTGGTCATCCTGAAGTTTATATTTTAAT
TTTACCAGCATTTGGTA

23.5　柑橘冬生疫霉褐腐病菌 *Phytophthora hibernalis*

23.5.1　基本信息

中文名称：冬生疫霉。

拉丁学名：*Phytophthora hibernalis* Carne，Journal of the Royal Society of Western Australia 12：36（1925）。

分类地位：色藻界（Chromista）卵菌门（Oomycota）霜霉纲（Peronosporea）霜霉目（Peronosporales）霜霉科（Peronosporaceae）疫霉属（*Phytophthora*）。

23.5.2　生物学特性及危害症状

水果受侵染部位出现浅褐色似皮革状，病斑不下陷。在潮湿条件下，果皮外可产生白色的菌丝。

地面或近地面的果实当被溅到带菌水或接触到带菌土壤时可受到侵染。适宜条件下，病菌在果实表面产生孢子囊。大部分的受侵染果实很快脱落，部分果实直到收获储存一段时间后才表现症状。

23.5.3　检疫及限定现状

多米尼加和中国将其列为检疫性有害生物，新西兰将其列为非限定性有害生物。

23.5.4　凭证样本信息及材料来源

凭证样本：来自澳大利亚，寄生于甜橙（*Citrus sinensis*），菌株编号 P3822（WPC）＝CPHST BL 41G（Abad）＝P3822（WPC）＝CBS 114104＝PD 011 050－11181＝ATCC 56353＝CMI13460＝H. H. Ho＝H17.1。

23.5.5　DNA 条形码标准序列

菌株编号 CBS 114104，序列数据来源于 GenBank。

（1）*YPT1* 序列信息（MH443243）。

GGTGAACTCCGGCGTCGGAAAGTCGTGTCTGCTGCTCCGTTTCGCGGACGACACGTACAC
GGAGAGCTACATCTCGACCATCGGCGTGGACTTTGTGCGTGACCCCCTTCCACCCTTCCACCA
GACTGCTGAGGAGGGGTCATTTAATAGCAGGATAGCTGACTTATACTTCTGTGATTTATCC
AGAAAATCCGTACGATCGAGCTGGACGGCAAGACCATCAAGCTCCAGATTGTACGTTTGAG
GGAGATTTTTCCACCTTTCTGGGGTGACCAACGAACACGCAGCTAACATTTAAAGGTTACT
TTTGTAGTGGGACACGGCCGGCCAGGAGCGTTTCCGCACGATCACAAGCAGCTACTACCGCG
GTGCCCACGGTATCATCGTGGTGTACGACGTGACGGACCAGGAGTCGTTCAACAATGTGAA
GCAGTGGCTGCATGAGATTGATAGGTGCGTCCCAGCTCTAGATTTGGAAATCTCGCGGAAG
GAACTGATTAATATGTCGCTGTACTTTCAGATACGCTTGCGAGAACGTCAACAAGCTGCTG
GTCGGTAACAAGAGCGATCTGACGGCCAAGCGTGTGGTGAGCACGGACGCCGCCAAGGAGT
TTGCCGAGAGCTTGGGCATCGAGTTCCTGGAGACCAGTGCCAAGAACGCCGCCAACGTCGA
GAAGGCCTTCATGATGATGGCTGCTCAGATCAAA

0　　　　　　　　　　　　　　　　　　　　　　　　　　　　706

（2）*beta-tubulin* 序列信息（MH493948）。

CGGCGACTCGGACCTGCAGCTGGAGCGCATCAACGTGTACTACAACGAGGCCACGGGCG
GCCGCTACGTGCCCCGCGCCATCCTCATGGACTTGGAGCCCGGCACCATGGACTCGGTCCGTG
CTGGCCCCTACGGTCAGCTCTTCCGCCCGGACAACTTCGTGTTCGGCCAGACGGGCGCCGGTA
ACAACTGGGCCAAGGGACACTACACGGAAGGTGCTGAGCTCATTGACTCGGTGCTCGACGT
CGTCCGCAAGGAGGCTGAGAGCTGTGACTGCCTGCAAGGGTTCCAGATCACGCACTCGCTC
GGTGGCGGTACCGGCTCCGGAATGGGCACGCTCCTGATCTCCAAGATCCGTGAGGAGTACCC
GGACCGTATCATGTGCACATACTCCGTGTGCCCGTCGCCCAAGGTGTCGGACACCGTCGTGG
AGCCCTACAACGCCACTGTCGGTGCACCAGCTTGTCGAGAACGCTGATGAGGTCATGTG
CCTGGATAACGAGGCGCTGTACGACATTTGCTTCCGTACGCTCAAGCTCACCACCCCCACGT
ACGGTGACCTGAACCACCTGGTGTGTGCCGACATCTCCGGCATCACCACGTGCCTGCGGTTC
CCCGGTTCAGCTGAACTCGGACCTGCGGAAACTGGCCGTGAACCTGATCCCGTTCCCGCGTCT

TCACTTCTTCATGATTGGCTTCGCCCCGCTGACCTCGCGTGGCTCGCAGCAGTACCGTGCCC
TGACGGTGCCCGAGCTCACCCAGCAGCAGTTCGACGCTAAGAACATGATGTGCGCCGCCGA
CCCTCGCCACGGCCGCTATTTAACTGCCGCGTGTATGTTCCGCGGACGTATGAGCACGAAGG
AGGTGGATGAGCAGATGCTCAACGTGCAGAACAAGAACTCGTCGTACTTCGTCGAGTGGA
TCCCTAACAACATCAAGGCTAGCGTGTGTGACATCCCGCCCAAGGGACTCAAGATGAGTAC
CACGTTCATCGGTAACTCGACCGCTATCCAGGAAATGTTCAAGCGTGTGTCTGAGCAGTTT
ACGGCAATGTTCCGTCGTAAGGCTTTCTTGCACTGGTACACGGGCGAGGGTATGGACGAGA
TG

（3）*TEF* 序列信息（MH359000）。

TTCACGGTCATTGACGCCCCTGGCCACCGTGACTTCATCAAGAACATGATCACGGGCACC
TCGCAGGCCGACTGCGCCATTCTGGTGGTCGCTTCGGGTGTGGGCGAGTTCGAGGCTGGTAT
CTCCAAGGAGGGCCAGACGCGCGAGCACGCTCTGCTGGCCTTCACGCTCGGCGTGAAGCAGAT
GATCGTGGCCATCAACAAGATGGACGACTCGTCCGTCATGTACGGCCAGGGCCGTTACGAG
GAGATCAAGGCCGAGGTCACCACGTACCTGAAGAAGGTGGGCTACAAACCCGCCAAGATCC
CGTTCGTGCCCATCTCGGGCTGGGAGGGAGACAACATGATTGAGAAGTCTAGCAACATGCC
GTGGTACAAGGGACCGTACCTTCTCGAGGCGCTCGACTCCCTGAACGCCCCCAAGCGTCCGT
CGGACAAGCCTCTGCGTCTGCCCCTCCAGGACGTGTACAAGATCGGCGGTATCGGCACGGTA
CCGGTCGGCCGTGTGGAGACCGGTGTCATCAAGCCTGGCATGGTCGCCACTTTCGGCCCCGT
GGGTCTGTCGACGGAAGTCAAGTCCGTTGAGATGCACCACGAGTCTCTGCCGGAGGCTCTC
CCCGGTGACAACGTTGGCTTCAACGTTAAGAACGTGTCGGTGAAGGAGCTGCGTCGCGGCT
TCGTCGCTTCGGACTCGAAGAACGACCCCGCCAAGGGSACGCAAGACTTCACCGCCCAGGTG
ATTGTGCTGAACCACCCYGGCCAGATCGGCAACGGCTACTCGCCCGTGCTRGACTGCCACAC
GGCCCACGTTGCGTGCAAGTTCAAAGAGATCACGGAGAAGATGGACCGTCGTTCGGGCAAG
GTGCTTGAGACGGCCCC

（4）*ITS* rDNA 序列信息（MG865506）。

CCACACCTAAAAAACTTTCCACGTGAACCGTATCAACCCTTTTAGTTGGGGGCTTCTGT
TCGGCTGGCTTTTGCTGGCTGGGCGGCGGCTCTATCATGGCGAGCGCCTGGGCCTTCGGGTCT
GAGCTAGTAGTCTTCTTTTAAACCCTTTCTTAAATACTGAATATACTGTGGGGACGAAAGT
CTCTGCTTTTAACTAGATAGCAACTTTCAGCAGTGGATGTCTAGGCTCGCACATCGATGAA
GAACGCTGCGAACTGCGATACGTAATGCGAATTGCAGGATTCAGTGAGTCATCGAAATTT
TGAACGCATATTGCACTTCCGGGTTAGTCCTGGGAGTATGCCTGTATCAGTGTCCGTACAT
CAAACTTGCCTCCCTTCCTTCCGTGTAGTCGGTGGATGGGGACGTGCAGACGTGAAGTGTC
TTGCGATTGGTCTTCGGGCCGGCTGCGAGTCCTTTTAAATGTACAGAACGGTACTTCTCTT
TGCTCGAAAAGCATAATGGAATTGGTTGTGGAAGCTTCCCGGTGGCAAGTCGGCGACTGG
TTTGTCTGCTACGGCGTTTAATGGAGGAATGTTCGATTCGCGGTATGGTTAGCTTCGGCTG
AACAATGCGCTTATTGGATGTTTTTCCTGCTGTGGTGGTAATGACTGGTGAACCGTAGCTA

TGCAGGGATTGGCCTTTGAACTGAGGATGTTGTGTGAAGTAGAGTGGCGGTTTGGCGCAA
GCTGGGCTGTCGAGGGTCGATCCTATTTGGGAAATTTGTGTTGGCGGCTTCGGCTGTTGGC
ATCTCAATTGGACCTGATATCAGGCAAGATTACC

0   823

（5）*COI* 序列信息（MH136900）。

TCAACAAATCATAAAGATATTGGAACTTTATATTTAATTTTTAGTGCTTTTGCTGGTA
TTGTTGGTACAACTTTATCTCTTTTAATTCGAATGGAATTAGCACAACCAGGTAATCAAAT
TTTTATGGGTAATCATCAATTATATAATGTTGTTGTTACTGCCCATGCTTTTATTATGGTT
TTTTTTTAGTTATGCCTGCTTTAATTGGTGGGTTTGGTAACTGGTTCGTTCCTTTAATGA
TAGGGGCTCCAGATATGGCTTTTCCACGTATGAATAATATTAGTTTTTGGTTATTACCTCC
CGCTTTATTATTATTAGTATCATCAGCTATTGTGGAATCTGGAGCAGGTACTGGTTGGAC
AGTTTATCCACCTTTATCAAGTGTACAAGCACATTCAGGACCTTCAGTAGATTTAGCTATT
TTTAGTTTACATTTAACAGGTATTTCTTCTTTATTAGGTGCAATTAATTTTATTTCAACT
ATTTATAATATGAGAGCTCCGGGTTTAAGTTTTCATAGATTACCTTTATTTGTTTGGTCT
GTATTAATTACAGCTTTTCTTTTATTATTAACCTTACCTGTTTTAGCAGGTGCAATTACT
ATGTTATTAACAGATAGAAATTTAAATACTTCTTTTTATGACCCCTCTGGAGGTGGTGAT
CCCGTATTATATCAACATTTATTTTGGTTTTTTGGTCACCCAGAAGTTTATATTTTAATT
TTACCAGCATTTGGTA

0   738

23.6　雪松疫霉根腐病菌 *Phytophthora lateralis*

23.6.1　基本信息

中文名称：侧生疫霉。

拉丁学名：*Phytophthora lateralis* Tucker & Milbrath，Mycologia 34（1）：97（1942）。

分类地位：色藻界（Chromista）卵菌门（Oomycota）霜霉纲（Peronosporea）霜霉目（Peronosporales）霜霉科（Peronosporaceae）疫霉属（*Phytophthora*）。

23.6.2　生物学特性及危害症状

病菌侵染初期，寄主植物针叶变色、呈黄至深褐色，后期针叶枯萎、变干、极易脱落；根部受侵染初期呈现水渍状、深褐色病斑，后期根部腐烂；受侵染部位的树皮易剥离，树干形成层变褐色，常见一条黑色的树脂线，这种在新生组织与发病组织之间的黑线是其特有的发病标志。病害在干旱的条件下很少发生，在温暖（15～20℃）且潮湿多雨的条件下发展迅速。植物幼株受侵染后数周内即死亡，成株受侵染后 2～4 年内死亡。病菌的厚垣孢子和卵孢子抗逆性强，可在植物组织中存活很长时间。

23.6.3　检疫及限定现状

EPPO、厄瓜多尔、中国将其列为检疫性有害生物。

23.6.4　凭证样本信息及材料来源

模式标本：CBS-H-7643，来自美国俄勒冈州奥福德港，寄生于雪松（*Chamaecyparis lawsonana*），模式菌株 CBS 168.42＝P3361（WOC/WPC）＝P3917（WPC）＝DSM 62687＝IMI 040503＝VKM F—1835＝IMB 10780＝PD 06 03209088＝CPHST BL 42（Abad）。

其他凭证样本：CBS 117106、CBS 102608、DSM 62687。

23.6.5　DNA 条形码标准序列

菌株编号 CBS 168.42，序列数据来源于 GenBank。

（1）*YPT1* 序列信息（MH443256）。

AACTCCGGCGTCGGCAAGTCGTGTCTGCTTCTCCGTTTTGCCGACGACACGTACACGGAG
AGCTACATCTCGACCATCGGCGTGGACTTTGTCAGTGGCCTCTCTCCCCCCTCCCTCCATCAGA
CTGCTGATGACGGGATCGTGTTCTAGCAGGCTTGCTGACTTATACTTATGCTGATTTATTTA
GAAAATCCGTACGATCGAGCTGGACGGCAAGACCATCAAGCTCCAGATTGTATGTCTGCGG
GAGATTTTTTCCCGCTTTCCTTGGGGTAAGTTTCCTGTAGCAACGACGTGCAGCTAACATT
TATATTTTACTCTTGTAGTGGGACACGGCCGGCCAGGAGCGCTTCCGCACGATCACAAGCA
GCTACTACCGCGGCGCCCACGGTATCATCGTGGTGTACGACGTGACGGACCAGGAGTCGTT
CAACAATGTGAAGCAGTGGCTGCACGAGATCGATAGGTGCGTCTCAGCTCTAGCTTTGGAA
ACCTCGCGGAAGGATATTGACTTTGTGGATCGCTGTGATATCTAGATACGCCTGCGAGAAC
GTCAACAAGCTGCTGGTTGGTAATAAGAGCGATCTGACGGCCAAACGTGTGGTGAGCACGG
ACGCCGCCAAGGAGTTTGCCGAGAGCCTGGGCATTGAGTTCCTGGAGACCAGTGCGAAGAA
CGCCGCCAACGTCGAAAAGGCCTTCATGATGATGGCTGCCCAAATCAAAA

（2）*beta-tubulin* 序列信息（MH493964）。

CGGCGACTCGGACCTGCAGCTGGAGCGCATCAACGTGTACTACAACGAGGCCACTGGTG
GCCGCTATGTGCCCCGCGCCATCCTCATGGACCTGGAGCCTGGCACCATGGACTCGGTCCGCG
CCGGCCCCTACGGCCAGCTCTTCCGCCCGGACAACTTCGTGTTCGGTCAGACCGGCGCCGGTA
ACAACTGGGCCAAGGGACACTACACGGAGGGTGCTGAGCTCATCGACTCGGTGCTTGACGT
CGTCCGCAAGGAGGCCGAGAGCTGTGACTGCCTGCAGGGGTTCCAGATCACGCACTCGCTGG
GTGGCGGTACCGGTTCCGGTATGGGCACGCTTCTGATCTCCAAGATCCGTGAGGAGTACCCG
GACCGTATCATGTGCACGTACTCGGTGTGCCCGTCGCCCAAGGTGTCGGACACTGTCGTGGA
GCCCTACAACGCCACGCTGTCAGTGCACCAGCTTGTCGAGAACGCCGATGAGGTCATGTGCC
TGGATAACGAGGCCCTGTACGACATCTGCTTCCGCACGCTCAAGCTCACCACCCCCACCTAC
GGTGACCTGAACCACCTCGTGTGCGCAGCAATGTCCGGCATCACCACATGCCTGCGTTTCCC
GGGTCAGCTGAACTCGGACCTGCGGAAGCTGGCGGTGAACCTGATTCCGTTCCCGCGTCTTC
ACTTCTTCATGATTGGTTTCGCCCCGCTGACTTCGCGTGGCTCGCAGCAGTACCGTGCCCTG
ACGGTGCCTGAGCTGACCCAGCAGCAGTTCGACGCAAAGAACATGATGTGCGCCGCCGACC
CTCGTCACGGCCGCTATTTAACTGCCGCGTGTATGTTCCGCGGACGTATGAGCACGAAGGA
GGTTGATGAGCAGATGCTGAACGTGCAGAACAAGAACTCGTCGTACTTCGTCGAGTGGAT

CCCTAACAACATCAAGGCTAGCGTGTGTGACATCCCGCCCAAGGGGCTGAAGATGAGCACC
ACGTTCATCGGTAACTCGACCGCTATCCAGGAGATGTTCAAGCGTGTGTCTGAGCAGTTTA
CGGCAATGTTCCGTAGTAAGGCTTTCTTGCACTGGTACACGGGCGAGGGTATGGACGAGAT
GGAGTTCA

0   1 114

（3）*TEF* 序列信息（MH359017）。

TTCTTCACGGTCATTGACGCCCCTGGCCACCGTGACTTCATCAAGAACATGATCACGGGC
ACCTCGCAGGCTGACTGCGCCATTCTGGTCGTCGCCTCGGGTGTGGGCGAGTTCGAGGCTGGT
ATCTCCAAGGAGGGCCAGACGCGCGAGCACGCTCTGCTTGCCTTCACGCTCGGCGTGAAGCAG
ATGATCGTGGCCATCAACAAGATGGACGACTCGTCCGTCATGTACGGCCAGGCTCGTTACG
AGGAGATCAAGAACGAGGTCACCACGTACCTGAAGAAGGTTGGCTACAAACCCGCCAAGA
TCCCGTTCGTGCCCATCTCGGGCTGGGAGGGTGACAACATGATCGAGAAGTCGGGCAACAT
GCCGTGGTACAAGGGACCGTACCTCCTTGAGGCTCTCGACACGCTGAACGCCCCCAAGCGYC
CGTCGGACAAGCCTCTGCGTCTGCCCCTCCAGGATGTGTACAAGATCGGCGGTATCGGCACG
GTACCGGTCGGCCGTGTGGAGACCGGTGTCATCAAGCCTGGCATGGTCGCCACGTTCGGTCC
CGTGGGTCTGTCGACGGAAGTCAAGTCCGTTGAGATGCACCATGAGTCTCTGCCGGAGGCT
GTCCCTGGTGACAACGTTGGCTTCAACGTCAAGAACGTGTCGGTGAAGGAGCTGCGTCGCG
GCTTCGTCGCTTCGGACTCGAAGAACGACCCGGCCAAGGGCACGCAGGACTTCACCGCTCAG
GTGATCGTGCTGAACCACCCCGGCCAGATCGGCAACGGCTACTCGCCGGTGCTGGACTGCCA
CACGGCCCACGTTGCCTGCAAGTTCAAAGAGATCACGGAGAAGATGGACCGTCGTTCGGGC
AAGGTGCTCGAG

0   871

（4）*ITS* rDNA 序列信息（MG865522）。

CCACACCTAAAAAACTTTCCACGTGAACCGTATCAAAACCCTTAGTTGGGGGCTTCTGT
TCGGCTGGCTTCGGCTGGCTGGGCGGCGGCTCTATCATGGCGAGCGCATGGGCCTTCGGGTCT
GAGCTAGTAGCCCTCTTTTTAAACCCATTCCTAAATACTGAATATACTGTGGGGACGAAAGT
CTCTGCTTTTAACTAGATAGCAACTTTCAGCAGTGGATGTCTAGGCTCGCACATCGATGAA
GAACGCTGCGAACTGCGATACGTAATGCGAATTGCAGGATTCAGTGAGTCATCGAAATTT
TGAACGCATATTGCACTTCCGGGTTAGTCCTGGGAGTATGCCTGTATCAGTGTCCGTACAT
CAAACTTGCCTCCCTTCCTTCCGTGTAGTCGGTGGATGGGGACGTGCAGACGTGAAGTGTC
TTGCGATTGGTCTTCGGGCCGGCTGCGAGTCCTTTGAAATGTACAGAACTGTACTTCTCTT
TGCTCGAAAAGCATGACGTTGTTGGTTGTGGAGGCTGTCCGTGTGGCCAGTCGGCGACCGG
TTTGTCTGCTGCGGCGTTTAATGGAGGAGTGTTCGATTCGCGGTATGGTTAGCTTCGGCTG
AACAATGCGCTTATTGGATGTTTTTTCTGCTGTGGCGGTAATGACTGGTGAACCGTAGCT
ATGCAGGGCTTGGCTTTTGAACCGACGGTGTTGTGCGAAGTAGAGTGGCGGTTTGGCGCAA
GCTGGGCTGTCGAGGGTCGATCCATTTGGGAAATTTGTGTTGGCAGCTTCGGCTGTTGGCA
TCTCAATTGGACCTGATATCAGGCAAGATTACCCGCTGA

(5) *COI* 序列信息（MH136917）。

TCAACAAATCATAAAGATATTGGAACTTTATATTTAATTTTTAGTGCTTTTGCTGGTA
TTGTTGGTACAACTTTATCTCTTTTAATTAGAATGGAATTAGCACAACCAGGTAATCAAAT
TTTTATGGGTAATCATCAATTATATAATGTTATTGTTACTGCACATGCTTTTATCATGGTT
TTTTTTTTAGTTATGCCCGCTTTAATTGGGGGTTTTGGTAATTGGTTTGTACCTTTAATG
ATAGGTGCACCTGATATGGCTTTTCCACGTATGAATAATATAAGTTTTTGGTTATTACCT
CCAGCTTTATTATTATTAGTTTCATCGGCTATTGTAGAATCTGGTGCAGGTACAGGTTGG
ACTGTTTATCCACCGTTATCTAGTGTACAAGCCCATTCAGGACCTTCAGTAGATTTAGCTA
TTTTTAGTTTACATTTAACAGGTATTTCTTCATTATTAGGTGCAATTAATTTTATTTCAA
CTATTTATAATATGCGAGCACCCGGTTTAAGTTTTCATAGATTACCTTTATTTGTTTGGT
CTGTATTAATTACGGCTTTTCTTTTATTATTAACGTTACCTGTTTTAGCTGGAGCAATTAC
CATGTTGTTAACCGATAGAAATTTAAATACTTCTTTTTATGACCCATCTGGTGGAGGTGA
TCCTGTATTATATCAACATTTATTTTGGTTCTTTGGTCATCCAGAGGTTTATATTTTAAT
TTT

23.7　苜蓿疫霉根腐病菌 *Phytophthora medicaginis*

23.7.1　基本信息

中文名称：苜蓿疫霉。

拉丁学名：*Phytophthora medicaginis* E. M. Hansen & D. P. Maxwell，Mycologia 83（3）：377（1991）。

分类地位：色藻界（Chromista）卵菌门（Oomycota）霜霉纲（Peronosporea）霜霉目（Peronosporales）霜霉科（Peronosporaceae）疫霉属（*Phytophthora*）。

23.7.2　生物学特性及危害症状

在潮湿的土壤中，当天气较凉爽时，该菌造成苜蓿幼苗腐烂。受感染植株枯萎，特别是较低部位的叶片变成黄色至棕红色。发病植株在收割后再生长的速度非常慢。紫花苜蓿主根的病斑呈现棕色或者褐色，通常出现在产生侧根的位置。地势低洼处的发病植株受害根部出现黑腐。

23.7.3　检疫及限定现状

中国将其列为检疫性有害生物。

23.7.4　凭证样本信息及材料来源

模式标本：来自美国俄勒冈州塞勒姆，寄生于紫花苜蓿（*Medicago sativa*），模式菌株 CBS

119902（＝ AL1 S1 et no. 4）＝P19830（WPC）＝CPHST BL 83（Abad）。

其他凭证样本：CBS 117685、CBS 114412、ICMP 8999、ICMP 7312、ICMP 7313、ICMP 7602、ICMP 9046、ICMP 9057。

23.7.5　DNA 条形码标准序列

菌株编号 CBS 119902，序列数据来源于 GenBank。

（1）*YPT1* 序列信息（MH443266）。

GGTGACTCCGGCGTCGGAAAGTCGTGTCTGCTGCTCCGTTTCGCGGACGACACGTACAC
GGAGAGCTACATCTCGACCATTGGCGTGGACTTTGTAAGTGACCGATCTTCATCCTGGTGGC
CGACGAGGTCCAATAAAGGATTGGCTCTAGCAATCTTTTCTGACTTGTGCGTTTTTGTTAT
CACGTACTAGAAAATCCGTACTATCGAGCTGGACGGCAAGACCATCAAGCTCCAGATTGTA
TGTCTACAGTGGATTTGGATCTCTTGTTGCAAAAGCTCTTGCTATCGACAACTAGCTGACA
TTTTCAATTTGCCGTTGTAGTGGGACACGGCCGGCCAGGAGCGTTTCCGCACGATCACTAG
CAGTTACTACCGTGGCGCCCACGGTATCATCGTGGTTTACGACGTGACGGACCAGGAGTCG
TTCAACAATGTGAAGCAGTGGCTCCACGAGATCGATAGGTAAGGCGCGAACTCAACTTTA
CTGTTATATTTTGTTCATGATTCTGATGTGTCGCTTGTTGTGATTGCCAGATACGCCTGTG
AGAACGTCAACAAGCTGCTGGTCGGTAACAAGAGCGATCTGACAGCCAAGCGTGTGGTGA
GCACGGACGCTGCCAAGGAGTTCGCTGAGAGCCTGGGCATTGAGTTCCTGGAGACCAGTGC
GAAGAACGCCGCCAACGTTGAAAAGGCCTTCATGATGATGGCTGCTCAGATCAAAAG

0   724

（2）*beta-tubulin* 序列信息（MH493972）。

GGCGGTCGCTACGTGCCCCGCGCCATCCTCATGGACTTGGAGCCCGGCACCATGGACTC
GGTCCGCGCCGGCCCGTACGGCCAGCTTTTCCGCCCGGACAACTTCGTCTTCGGCCAGACAG
GCGCCGGTAACAACTGGGCCAAGGGACACTACACGGAGGGCGCCGAGCTCATCGACTCGGT
GCTGGACGTCGTCCGCAAGGAGGCTGAGAGCTGTGACTGCCTGCAGGGTTTCCAGATCACA
CACTCGCTCGGTGGCGGTACCGGCTCCGGTATGGGCACGCTTCTTATCTCCAAGATCCGTGA
AGAGTACCCGGACCGTATCATGTGCACGTACTCCGTGTGCCCGTCCCCCAAGGTGTCGGACA
CGGTTGTGGAGCCCTACAACGCCACGCTGTCCGTGCACCAGCTCGTCGAGAACGCCGATGAG
GTCATGTGCCTGGATAACGAGGCCCTGTACGACATTTGCTTCCGCACGCTCAAGCTCACGA
CCCCTACGTACGGTGACCTGAACCACTTGGTGTGTGCCGCCATGTCCGGTATCACGACGTGC
CTGCGTTTCCCGGGTCAGCTGAACTCGGACCTGCGTAAGCTGGCGGTGAACCTGATTCCGTT
CCCGCGTCTTCACTTCTTCATGATTGGTTTCGCCCCGCTGACCTCGCGTGGCTCGCAGCAGT
ACCGGGCCCTGACGGTGCCCGAGCTGACGCAGCAGCAGTTCGATGCCAAGAACATGATGTG
CGCCGCTGACCCTCGCCATGGTCGCTATTTAACTGCCGCGTGTATGTTCCGCGGACGCATGA
GCACGAAGGAGGTCGATGAGCAGATGCTGAACGTGCAGAACAAGAACTCGTCGTACTTCG
TCGAGTGGATTCCTAACAACATCAAGGCTAGCGTGTGTGACATCCCGCCCAAGGGTCTCAA
GATGAGCACCACGTTCATCGGTAACTCGACCGCTATCCAGGAGATGTTCAAGCGTGTGTCC
GAACAGTTTACGGCAATGTTCCGT

（3）*TEF* 序列信息（MH359026）。

TTCTTCACGGTCATTGACGCCCCTGGCCACCGTGACTTCATCAAGAACATGATCACGGG
CACCTCGCAGGCTGACTGCGCCATTCTGGTGGTCGCCTCGGGTGTGGGTGAGTTCGAGGCTG
GTATCTCCAAGGAGGGCCAGACTCGTGAGCACGCCCTGCTCGCCTTCACGCTTGGTGTCAAG
CAGATGATTGTCGCCATCAACAAGATGGACGACTCGTCTGTCATGTACGGCCAGGCCCGTT
ACGAGGAGATCAAGAACGAGGTCACGACGTACCTGAAGAAGGTCGGCTACAAACCCGCCAA
GATCCCGTTCGTGCCCATCTCTGGCTGGGAGGGAGACAACATGATCGAGAAGTCGGGCAAC
ATGCCGTGGTACAAGGGACCGTACCTCCTTGAGGCGCTTGACAGCCTGAACGCCCCCAAGCG
TCCCAGCGACAAGCCCCTCCGTCTGCCCCTCCAGGATGTGTACAAGATCGGCGGTATCGGCA
CGGTACCGGTCGGCCGTGTGGAGACCGGTGTCATCAAGCCTGGCATGGTCGCCACGTTCGGC
CCTGTGGGTCTGTCTACGGAAGTCAAGTCCGTTGAGATGCACCACGAGTCTCTGCCGGAGG
CTCTCCCTGGTGACAACGTCGGCTTCAACGTGAAGAACGTGTCGGTGAAGGAGCTGCGTCG
TGGTTTCGTCGCTTCGGACTCGAAGAACGACCCCGCCAAGGGCACCCAGGACTTCACCGCCC
AGGTGATTGTGCTGAACCACCCCGGCCAGATCGGCAACGGCTACTCGCCGGTGCTTGACTG
CCACACTGCCCACGTTGCCTGCAAGTTCAAAGAGATCACGGAGAAGATGGACCGTCGTTCG
GGCAAGGTGCTCGAGACGGCCCCCA

（4）*ITS* rDNA 序列信息（MG865532）。

CCACACCTAAAAAACTTTCCACGTGAACCGTATCAACCTTTTAAATTGGGGGCTTCCG
TCTGGCCGGCCGGCTTTCGGCTGACTGGGTGGCGGCTCTATCATGGCGACCGCTTGGGCCTC
GGCTTGGGCTAGTAGCTTCTTTTAAACCCATTCCTAATTACTGAATATACTGTGGGGACGA
AAGTCTCTGCTTTTAACTAGATAGCAACTTTCAGCAGTGGATGTCTAGGCTCGCACATCGA
TGAAGAACGCTGCGAACTGCGATACGTAATGCGAATTGCAGGATTCAGTGAGTCATCGAA
ATTTTGAACGCATATTGCACTTCCGGGTTAGTCCTGGGAGTATGCCTGTATCAGTGTCCGT
ACAATAAACTTGGCTCCCTTCCTTCCGTGTAGTCGGTGGATGGGGACGCGCAGATGTGAAG
TGTCTTGCGGCTGGTCTTCGGTCCGGCTGCGAGTCCTTTGAAATGTACTAAATTGTACTTC
TCTTTGCTCGAAAAGCGTGACGTTGCTGGTTGTGGAGGCTGCCTGTGTGGCATGTCGGCGA
CCGGTTTGTCTGCTGCGGCGTTTAATGGAGGAGTGTTCGATTCGCGGTATGGTTGGCTTCG
GCTGAACAGACGCTTATTGGGTGCTTTTCCTGCTGTGGTGGGACGGACTGGTGAACCGTAG
CTGTACTAGGCTTGGCGTTTGAACTGGCGGTGTGGTGCGAAGTAGGGTGTCTGTTCCGGCG
CAAGCTGGGGTGGGCGAGGGTCGATCCATTTGGGAAAGTTGTGTGCGCTTCGGCGCGCATC
TCAATTGGACCTGATATCAGGCAAGATTACCCGCT

（5）*COI* 序列信息（MH136927）。

TCAACAAATCATAAAGATATTGGGACTTTATATTTAATTTTTAGTGCTTTTGCCGGT
ATTGTAGGTACAACATTATCCCTTTTAATCCGAATGGAATTAGCACAACCTGGTAATCAA
ATTTTTATGGGAAATCATCAATTATATAATGTTGTTGTTACTGCTCACGCTTTTATCATG
GTTTTCTTCTTAGTTATGCCCGCATTAATTGGTGGTTTTGGTAATTGGTTTGTTCCTTTAA
TGATAGGTGCTCCTGATATGGCATTTCCACGTATGAATAATATAAGTTTTTGGTTATTAC
CCCCGGCATTATTATTATTAGTTTCTTCTGCTATTGTTGAATCTGGTGCTGGTACTGGTTG
GACCGTTTATCCACCATTATCTAGTGTACAAGCACACTCAGGACCTTCAGTAGATTTAGCT
ATTTTTAGTTTACATTTAACAGGTATTTCTTCATTATTAGGTGCAATTAATTTTATTTCA
ACTATTTATAATATGAGAGCACCTGGTTTAAGTTTTCACAGATTACCCTTATTCGTTTGG
TCTGTATTAATTACAGCTTTTCTTTTATTATTAACCTTACCGGTATTAGCTGGAGCAATT
ACTATGTTGTTAACTGATAGAAATTTAAATACTTCGTTTTATGATCCATCAGGTGGAGGT
GATCCAGTATTATATCAACATTTATTTTGGTTTTTTGGTCATCCAGAAGTTTATATTTTA
ATTTTACCAGCTTTTGGTAT

0   824

23.8 菜豆疫霉病菌 *Phytophthora phaseoli*

23.8.1 基本信息

中文名称：菜豆疫霉。

拉丁学名：*Phytophthora phaseoli* Thaxt.，Bot. Gaz. 14（11）：274（1889）。

分类地位：色藻界（Chromista）卵菌门（Oomycota）霜霉纲（Peronosporea）霜霉目（Peronosporales）霜霉科（Peronosporaceae）疫霉属（*Phytophthora*）。

23.8.2 生物学特性及危害症状

病菌主要侵染豆荚，偶尔侵染枝条、叶片和叶柄。早期叶部形成略带紫色且不规则的病斑，白色绒毛状的菌丝体和孢子囊逐步覆盖整个豆荚。受侵染部位常被略呈红色的带包围。受侵染的豆荚最后枯萎。

23.8.3 检疫及限定现状

摩洛哥、印度尼西亚、中国将其列为检疫性有害生物，新西兰将其列为限定性有害生物。

23.8.4 凭证样本信息

CPHST BL 28（Abad）SE1＝P10150（WPC）、CPHST BL 112（Abad）SE2＝P6609（WPC）＝CBS 114106、CBS 556.88＝ATCC 60171、CBS 114105、CBS 120373。

23.8.5 DNA 条形码标准序列

菌株编号 CBS 556.88，序列数据来源于 GenBank。

（1）*ITS* rDNA 序列信息（HQ643309）。

CCACACCTAAAAACTTTCCACGTGAACCGTTTCAACCCAATAGTTGGGGGGTCTTACTT

GGCGGCGGCTGCTGGCTTTATTGCTGGCGGCTACTGCTGGGCGAGCCCTATCAAAAGGCGA
GCGTTTGGGCTTCGGTCTGAGCTAGTAGCTTTTTTATTTTAAACCCTTTACTTAATACTGA
TTATACTGTGGGGACGAAAGTCTCTGCTTTTAACTAGATAGCAACTTTCAGCAGTGGATG
TCTAGGCTCGCACATCGATGAAGAACGCTGCGAACTGCGATACGTAATGCGAATTGCAGGA
TTCAGTGAGTCATCGAAATTTTGAACGCATATTGCACTTCCGGGTTAGTCCTGGAAGTATG
CCTGTATCAGTGTCCGTACAACAAACTTGGCTTTCTTCCTTCCGTGTAGTCGGTGGAGGAG
ATGCCAGATGTGAAGTGTCTTGCGGTTGGTTTTCGGACCGACTGCGAGTCCTTTTAAATGT
ACTAAACTGTACTTCTCTTTGCTCCAAAAGTGGTGGCATTGCTGGTTGTGGACGCTGCTAT
TGTAGCGAGTTGGCGACCGGTTTGTCTGCTGCGGCGTTAATGGAGAAATGCTCGATTCGTG
GTATGGTTGGCTTCGGCTGAACAATGCGCTTATTGGGTGATTTTCCTGCTGTGGCGTGATG
GACTGGTGAACCATGGCTCTTTAGCTTGGCATTTGAATCGGCTTTGCTGTTGCGAAGTAGA
GTGGCGGCTTCGGCTGCCGAGGGTCGATCCATTTGGGAAATGTTGTGTACTTCGGTATGCA
TCTCAA

0   794

（2）*COI* 序列信息（HQ708359）。

AATCATAAAGATATTGGAACTTTATATTTAATTTTTAGTGCTTTTGCTGGTGTTGTT
GGTACAACATTTTCTCTTTTAATTAGAATGGAATTAGCACAACCAGGTAATCAAATTTTT
ATGGGAAATCATCAATTATATAATGTTGTTGTTACCGCACATGCTTTTATTATGGTTTTC
TTTTTAGTTATGCCTGCTTTAATCGGTGGTTTTGGTAATTGGTTTGTTCCTTTAATGATA
GGTGCTCCGGATATGGCTTTTCCTCGTATGAATAATATTAGTTTTTGGTTATTGCCTCCTT
CTTTATTATTATTAGTTTCTTCAGCTATCGTTGAATCTGGGGCTGGTACTGGTTGGACAGT
TTATCCACCATTATCTAGTGTTCAAGCACATTCAGGACCTTCTGTAGATTTAGCTATTTTT
AGTTTACATTTATCAGGTATTTCTTCTTTATTAGGTGCTATTAATTTTATTTCAACAATT
TATAATATGAGAGCTCCTGGTTTAAGTTTTCATAGATTACCTTTATTTGTATGGTCTATA
TTAATTACTGCATTTCTTTTATTATTAACTTTACCTGTACTAGCTGGGGCAATTACTATGT
TACTAACTGATAGAAATTTAAATACTTCATTTTATGATCCATCAGGTGGAGGTGATCCAG
TATTATATCAACATTTATT

0   679

（3）*Cox1* 序列信息（AY564159）。

TATTAATTTTATTTCAACAATTTATAATATGAGAGCTCCTGGTTTAAGTTTTCATAG
ATTACCTTTATTTGTATGGTCTATATTAATTACTGCATTTCTTTTATTATTAACTTTACC
TGTACTAGCTGGGGCAATTACTATGTTACTAACTGATAGAAATTTAAATACTTCATTTTA
TGATCCATCAGGTGGAGGTGATCCAGTATTATATCAACATTTATTTTGGTTTTTTGGTCA
TCCAGAGGTTTATGTTTTAATTTTACCGGCATTTGGTATTATTAGTCAAGTTCTGCATCT
TTTGCAAAAAAAAATGTATTTGGTTATTTAGGTATGGTTTATGCTATGTTATCTATAGGT
TTATTAGGTTCAATTGTATGGCGCACCACATGTTTACTGTTGGTTTAGATGTAGATACA

CGCGCTTACTTTTCAGCAGCTACTATGATTATTGCGGTACCAACGGGTATTAAAATATTTA
GTTGGTTAGCAACTTTATGGGGAGGTTCTCTAAAATTTGAAACACCTTTATTATTTGTTT
TAGGTTTTATTTTATTATTTGTTATGGGCGGAGTAACTGGTGTAGTTATGTCTAATTCGG
GTTTAGATATTGCGTTACATGATACTTATTATATTGTGGGGCATTTTCATTATGTATTAT
CTATGGGTGCTGTTTTTGGTATATTTACTGGATTTTATTTTTGGATTGGAAAAATTTCTG
GTCGTAGATATCCTGAAATTTTAGGACAAATCCATTTTTGGTTATTTTTTATTGGGGTAA
ATGTTACTTTTTTTCCAATGCATTTTTTAGGTTTAGCGGGTATGCCTCGAAGAATCCCCGA
TTTTCCTGATGCTATGAGTGGTTGGAATGCTGTAAGTAGTTTTGGTTCTTATATTTCATT
TTTTTCAGCTTTATTCTTTTTTTACATTGTATATGTAACATTAGTTCACGGTAAAAAAAT
TGAAAATTAAAAAATATAAATAATAAAATTCAAATTTTAAATAAAATAGTACAAATTT
AATATACTTATAATTTAATACCACGATCTTAAATTATAATATTAAAAAAAATATATTCT
TTAAGATATTTTAAATAATTAAAAAAATTAATAATATATTT

0   1 117

(4) *EF-1a* 序列信息（AY564101）。

TGGAAGTTCGAGTCCCCCAAGTACTTCTTCACGGTCATTGACGCCCTGGTCACCGTGA
CTTCATCAAGAACATGATYACGGGTACCTCGCAGGCCGATTGCGCCATTCTGGTGGTCGCT
TCGGGTGTGGGTGAGTTCGAGGCTGGTATCTCCAAGGAGGGCCAGACTCGTGAGCACGCTC
TGCTTGCCTTCACTTTGGGTGTGAAGCAGATGATCGTCGCCATCAACAAGATGGACGACTC
GTCTGTCATGTAYGGCCAGGCCCGTTACGAGGAGATCAARTCTGAGGTCACCACGTACCTG
AAGAAGGTTGGCTACAAGCCCGCCAAGATTCCGTTCGTGCCCATCTCCGGCTGGGAGGGTG
ACAACATGATCGACCGCTCCGCCAACATGCCGTGGTACAAGGGACCTTTCCTCCTTGAGGCT
CTTGACAACCTGAACGCCCCCAAGCGCCCGTCTGACAAGCCGCTGCGTCTRCCSCTTCAGGAT
GTGTACAAGATCGGCGGTATTGGCACGGTACCTGTCGGCCGTGTGGAGACCGGTGTCATCA
AGCCTGGCATGGTCGCCACTTTCGGCCCCGTTGGTCTGTCGACTGAAGTCAAGTCYGTCGAG
ATGCACCACGAGTCTCTGCCKGAGGCTGTCCCTGGTGACAACGTCGGCTTCAACGTCAAGA
ACGTGTCGGTCAAGGAGCTGCGTCGTGGTTTCGTCGCTTCGGACTCCAAGAACGACCCTGC
TAAGGGCACCCAGGACTTCACCGCCCAGGTGATTGTGCTGAACCACCCTGGCCAGATTGGC
AACGGTTACTCGCCTGTGCTTGACTGCCACACGGCCCACGTTGCCTGCAAGTTCAAAGAGA
TTACGGAGAAGATGGACCGTCGTTCGGGCAAGGTGCTCGAGACTGCCCCCAAGTTCGTCAA
GTCGGGTGATGCC

0   922

(5) *beta-tubulin* 序列信息（AY564044）。

GCACTACACGGAGGGCGCTGAGCTGATTGACTCGGTGCTTGACGTCGTTCGCAAGGAG
GCAGAGAGCTGTGATTGCCTTCAGGGTTTCCAGATCACGCACTCGCTTGGTGGCGGTACCG
GTTCCGGTATGGGGTACGCTTCTTATCTCGAAGATTCGTGAGGAGTACCCCGATCGCATCAT
GTGCACATACTCGGTCTGCCCGTCGCCCAAGGTGTCGGACACGGTCGTGGAGCCCTATAACG
CTACGCTATCGGTACACCAGCTTGTCGAGAACGCCGATGAGGTCATGTGCCTGGACAATGA

GGCCCTGTACGACATTTGCTTCCGCACATTGAAGCTCACCACCCCCACTTATGGTGACCTGA
ACCACTTGGTTTGTGCCGCCATGTCCGGTATTACCACGTGCCTTCGTTTCCCCGGTCAGCTG
AACTCGGACCTGCGCAAGCTGGCCGTGAACCTGATCCCGTTCCCGCGTCTCCACTTCTTTAT
GATTGGTTTCGCTCCTCTGACATCGCGCGGCTCGCAGCAGTACCGCGCCCTGACGGTGCCCG
AGCTGACCCAGCAGCAGTTCGATGCTAAGAACATGATGTGTGCCGCCGACCCTCGCCACGGC
CGCTATTTAACAGCCGCGTGTATGTTCCGCGGACGCATGAGCACGAAGGAGGTTGATGAGC
AGATGCTGAACGTGCAGAACAAGAACTCGTCATACTTCGTCGAGTGGATCCCCAACAACAT
CAAGGCTAGCGTGTGTGACATCCCGCCCAAGGGTCTGAAGATGAGCACTACGTTCATTGGT
AACTCTACTGCTATCCAAGAGATGTTCAAGCGTGTGTCCGAACAGTTTACGGCTATGTTCC
GTCGTAAGGCTTTCTTGCACTGGTACACCGGTGAGGGTATGGACGAGATGGAGTTCACCGA
GGCTGAGTCCAACATGAACGATCTGG

0   943

23.9　栎树猝死病菌 *Phytophthora ramorum*

23.9.1　基本信息

中文名称：枝干疫霉。

拉丁学名：*Phytophthora ramorum* Werres，De Cock & Man in 't Veld，Mycol. Res. 105（10）：1164（2001）。

分类地位：色藻界（Chromista）卵菌门（Oomycota）霜霉纲（Peronosporea）霜霉目（Peronosporales）霜霉科（Peronosporaceae）疫霉属（*Phytophthora*）。

23.9.2　生物学特性及危害症状

该病菌从乔木的树皮侵染，使侵染部位坏死，引起树势衰弱，进而给昆虫和其他真菌的入侵创造理想环境，灌木主要从叶片（杜鹃花属）或树皮（常绿越橘）侵染。流浆汁及溃疡。乔木受侵染后从树皮表面流出酒红色至黑色树液，在流出树液的组织下面出现下陷或平的溃疡，在病健组织交接处有明显的深色界限。在干燥的夏季，树干上流出浆汁的部位形成一个湿点，在秋、冬、春潮湿季节从树皮流出的液体更明显。溃疡和流浆的部位一般出现在离地面 0.3～4.0m 以上。病菌可造成枝条叶片斑驳、萎蔫、低垂或死亡，严重时木质部褐色。

23.9.3　检疫及限定现状

古巴、韩国、智利、中国将其列为检疫性有害生物，加拿大、新西兰将其列为限定性有害生物。

23.9.4　凭证样本信息及材料来源

模式标本：CBS H-7707，来自德国下萨克森州，寄生于杜鹃（*Rhododendron catawbiense* 'Grandiorum'），模式菌株 CBS 101553＝BBA 9/95＝P10103（WOC/WPC）＝CPHST BL 55G（Abad）＝Pr-164。

其他凭证样本：CBS 111762、CBS 114390、CBS 114391、CBS 101549、CBS 101552、CBS 101554、CBS 110601、CBS 101326、CBS 101327 等。

23.9.5 DNA 条形码标准序列

菌株编号 CBS 101553，序列数据来源于 GenBank。

（1）*COI* 序列信息（MH136973）。

TTTTCAACAAATCATAAAGATATTGGAACTTTATATTTAATTTTTAGTGCTTTTGCT
GGTATTGTTGGTACAACCTTATCTCTTTTAATTAGAATGGAATTAGCACAACCAGGTAAT
CAAATTTTTATGGGTAATCATCAATTATATAATGTTGTTGTTACTGCACATGCTTTTATC
ATGGTTTTTTTTTTTAGTTATGCCTGCTTTAATTGGTGGGTTTGGTAACTGGTTTGTACCT
TTAATGATAGGTGCTCCAGATATGGCATTTCCTCGTATGAATAATATAAGTTTTTGGTTA
TTACCTCCGGCTTTATTATTATTAGTTTCATCAGCTATTGTAGAATCTGGAGCTGGTACTG
GTTGGACAGTTTATCCACCTTTATCAAGTGTACAAGCACATTCAGGACCTTCTGTAGATTT
AGCTATTTTTAGTTTACATTTAACAGGTATTTCTTCATTATTAGGTGCAATTAATTTTAT
TTCAACTATTTATAATATGCGAGCTCCTGGTTTAAGTTTCCATAGATTACCTTTATTTGTT
TGGTCTGTATTAATTACAGCTTTTCTTTTATTATTAACATTACCTGTTTTAGCTGGTGCAA
TTACTATGTTATTAACTGATAGAAATTTAAATACTTCTTTTTATGATCCATCAGGCGGAG
GTGATCCTGTGTTATATCAACATTTATTTTGGTTTTTTGGTCACCCTGAAGTTTATATTTT
AATTTTACCAGCATTTG

0   738

（2）*beta-tubulin* 序列信息（LC595884）。

CAGTGCGGTAACCAGATCGGCGCCAAGTTCTGGGAGGTTATCTCCGACGAGCACGGCG
TGGACCCCACGGGCTCGTACCACGGCGACTCGGACCTGCAGCTGGAGCGCATCAATGTGTAC
TACAACGAGGCCACGGGCGGCCGCTACGTGCCCCGCGCCATCCTCATGGACCTGGAGCCCGG
CACCATGGACTCGGTCCGCGCCGGCCCCTACGGCCAGCTCTTCCGCCCGGACAACTTCGTGTT
CGGTCAGACCGGCGCCGGTAACAACTGGGCTAAGGGACACTACACGGAGGGTGCCGAGCTT
ATCGACTCGGTGCTCGACGTCGTCCGCAAGGAGGCCGAGAGCTGTGACTGCCTGCAGGGGT
TCCAGATCACGCACTCGCTTGGTGGCGGTACCGGTTCTGGTATGGGCACGCTTTTGATCTCC
AAGATCCGTGAGGAGTACCCGGACCGTATCATGTGCACGTACTCGGTGTGCCCGTCGCCCAA
GGTGTCGGACACGGTCGTGGAGCCCTACAACGCCACGCTGTCGGTGCACCAGCTTGTCGAGA
ACGCCGACGAGGTCATGTGCCTGGATAACGAGGCGCTGTACGACATTTGCTTCCGCACGCTC
AAGCTCACCACCCCCACCTACGGTGACCTGAACCACCTGGTGTGCGCCGCTATGTCCGGCAT
CACCACGTGCCTGCGTTTCCCGGGTCAGCTGAACTCGGACCTGCGGAAGCTGGCGGTGAACT
TGATTCCGTTCCCGCGTCTTCACTTCTTCATGATTGGTTTCGCCCCGCTGACCTCGCGTGGC
TCGCAGCAGTACCGTGCCCTGACGGTGCCCGAGCTGACCCAGCAGCAGTTCGACGCAAAGAA
CATGATGTGCGCCGCCGACCCTCGTCACGGCCGCTATTTAACTGCCGCGTGTATGTTCCGCG
GACGTATGAGCACGAAGGAGGTTGATGAGCAGATGCTGAACGTGCAGAACAAGAACTCGT
CGTACTTCGTCGAGTGGATCCCTAACAACATCAAGGCTAGCGTGTGTGACATCCCGCCCAA
GGGGCTGAAGATGAGCACTACGTTCATCGGTAACTCGACCGCTATCCAGGAGATGTTCAAG
CGTGTGTCTGAGCAGTTTACGGCTATGTTCCGTCGTAAGGCTTTCTTGCACTGGTACACGG
GCGAGGGTATGGACGAGATGGAGTTCACGGAGGCCGAGTCCAACATGAACGATCTTGTGT
CTGAGTACCAGCAGTACCAGGACGCCACCGCAGAGGAGGAGGGCGAGTTCGACGAGGAT

0　　　　　　　　　　　　　　　　　　　　　　　　　　　　　　1 199

（3）*ITS* rDNA 序列信息（NR_147877）。

CCACACCTAAAAACTTTCCACGTGAACCGTATCAAAACCCTTAGTTGGGGGCTTCTGT
TCGGCTGGCTTCGGCTGGCTGGGCGGCGGCTCTATCATGGCGAGCGCTTGAGCCTTCGGGTC
TGAGCTAGTAGCCCACTTTTTAAACCCATTCCTAAATACTGAATATACTGTGGGGACGAAA
GTCTCTGCTTTTAACTAGATAGCAACTTTCAGCAGTGGATGTCTAGGCTCGCACATCGATG
AAGAACGCTGCGAACTGCGATACGTAATGCGAATTGCAGGATTCAGTGAGTCATCGAAAT
TTTGAACGCATATTGCACTTCCGGGTTAGTCCTGGGAGTATGCCTGTATCAGTGTCCGTAC
ATCAAACTTGCCTCCCTTCCTTCCGTGTAGTCGGTGGATGGGGACGTGCAGACGTGAAGTG
TCTTGCGATTGGTCTTCGGGCCGGCTGCGAGTCCTTTGAAATGTACAGAACTGTACTTCTC
TTTGCTCGAAAAGCATGACGTTGTTGGTTGTGGAGGCTGCCCGTGTGGCCAGTCGGCGACC
GGTTTGTCTGCTGCGGCGTTTAATGGAGGAGTGTTCGATTCGCGGTATGGTTAGCTTCGGC
TGAACAAYGCGCTTATTGGATGCTTTTTCTGCTGTGGCGGTAATGACTGGTGAACCGTAGC
TGTGCAGGGCTTGGCTTTTGAATCGACGGTGTTGTGCGAAGTAGAGTGGCGGTTCGGCGCA
AGCTGGGCTGTCGAGGGTCGATCCATTTGGGAAACTTGTGTTGGCGGCTTCGGCTGCTGGC
ATCTCAA

0　　　　　　　　　　　　　　　　　　　　　　　　　　　　　　795

（4）*TEF* 序列信息（MH359071）。

TTCTTCACGGTCATTGACGCCCCTGGCCACCGTGACTTCATCAAGAACATGATTACGGG
CACCTCGCAGGCTGACTGCGCCATTCTGGTCGTCGCCTCGGGTGTGGGCGAGTTCGAGGCTG
GTATCTCCAAGGAGGGCCAGACGCGCGAGCACGCTCTGCTTGCCTTCACGCTCGGCGTGAAG
CAGATGATCGTGGCCATCAACAAGATGGACGACTCGTCCGTCATGTACGGCCAGGCTCGTT
ACGAGGAGATCAAGAACGAGGTCACCACGTACCTGAAGAAGGTGGGCTACAAACCCGCCAA
GATCCCGTTCGTGCCCATTTCGGGCTGGGAGGGTGACAACATGATCGAGAAGTCGGGCAAC
ATGCCGTGGTACAAGGGACCGTACCTCCTTGAGGCTCTCGACACGCTGAACGCCCCCAAGCG
TCCGTCGGACAAGCCTCTGCGYCTGCCCCTCCAGGACGTGTACAAGATCGGCGGTATCGGCA
CGGTACCGGTCGGCCGTGTGGAGACCGGTGTCATCAAGCCTGGCATGGTCGCCACGTTCGGC
CCCGTGGGTCTGTCGACGGAAGTCAAGTCCGTTGAGATGCACCACGAGTCTCTGCCGGAGG
CTGTCCCTGGTGACAACGTCGGCTTCAACGTCAAGAACGTGTCGGTGAAGGAGCTGCGTCG
CGGCTTCGTCGCTTCGGACTCGAAGAACGACCCGGCCAAGGGCACGCAGGACTTCACCGCCC
AGGTGATCGTGCTGAACCACCCCGGCCAGATCGGCAACGGCTACTCGCCGGTGCTGGACTGC
CACACGGCCCACGTTGCCTGCAAGTTCAAAGAGATCACGGAGAAGATGGACCGTCGTTCGG
GCAAGGTGCTCGAGACGGCCCCC

0　　　　　　　　　　　　　　　　　　　　　　　　　　　　　　880

23.10 大豆疫霉病菌 *Phytophthora sojae*

23.10.1 基本信息

中文名称：大豆疫霉。

拉丁学名：*Phytophthora sojae* Kaufm. & Gerd.，Phytopathology 48：207（1958）。

分类地位：色藻界（Chromista）卵菌门（Oomycota）霜霉纲（Peronosporea）霜霉目（Peronosporales）霜霉科（Peronosporaceae）疫霉属（*Phytophthora*）。

23.10.2 生物学特性及危害症状

该菌可对任何生长阶段的大豆造成危害，水淹条件下引起种子腐烂和出苗后死亡。苗期症状表现为近地表植株茎部出现水渍状病斑、根系腐烂、叶片变黄萎蔫，严重时猝倒死亡。成株期植株受侵染后首先表现为下部叶片变黄，随后上部叶片逐渐变黄并很快萎蔫，植株死亡后叶片仍不脱落；未死亡病株荚数明显减少，空荚、瘪荚较多，籽粒皱缩。成株期感病植株的病茎节位也有病荚产生，其症状为绿色豆荚基部最初出现水渍状斑，病斑逐渐变褐色并从荚柄向上蔓延至荚尖，最后整个豆荚变枯呈黄褐色，籽粒失水干瘪，种皮、胚和子叶均可带菌。高度耐病品种的成株一般表现为主根变色、次生根腐烂，植株不死亡，但矮化和叶片轻微褪绿。

23.10.3 检疫及限定现状

厄瓜多尔、北马其顿、摩洛哥、中国将其列为检疫性有害生物。

23.10.4 凭证样本信息

CPHST BL 180＝P3248（WPC）＝CBS 382.61、CPHST BL 56G＝P3114（WPC）。

23.10.5 DNA 条形码标准序列

菌株编号 CBS 382.61，序列数据来源于 GenBank。

（1）*beta-tubulin* 序列信息（MN207279）。

ATCCTACCACGGCGACTCGGACCTGCAGCTGGAGCGCATCAACGTGTACTACAACGAGG
CCACGGGCGGCCGCTACGTGCCGCGCGCCATCCTCATGGACCTGGAGCCCGGCACCATGGACT
CGGTGCGCGCCGGCCCCTACGGCCAGCTCTTCCGCCCGGACAACTTCGTGTTCGGCCAGACGG
GCGCCGGTAACAACTGGGCCAAGGGACACTACACGGAGGGTGCCGAGCTTATCGACTCGGT
TCTCGACGTCGTCCGCAAGGAGGCTGAGAGCTGTGACTGCCTTCAGGGTTTCCAGATCACG
CACTCGCTGGGTGGCGGTACCGGTTCCGGTATGGGTACGCTTCTTATCTCCAAGATTCGTG
AGGAGTACCCGGACCGTATCATGTGCACGTACTCGGTCTGCCCGTCGCCTAAGGTGTCGGA
CACGGTCGTCGAGCCCTACAACGCTACGCTGTCCGTCCACCAGCTCGTTGAGAACGCCGATG
AGGTCATGTGCCTGGATAACGAGGCCCTGTACGACATTTGCTTCCGTACCCTGAAGCTCAC
GACCCCCACCTACGGTGACCTGAACCACCTGGTGTGCGCCGCCATGTCCGGCATTACCACGT
GCCTGCGTTTCCCCGGTCAGCTGAACTCGGACCTGCGTAAGCTTGCCGTGAACCTGATCCCG
TTCCCGCGTCTCCACTTCTTCATGATCGGTTTCGCCCCGCTGACGTCGCGCGGCTCGCAGCAG
TACCGTGCCCTGACGGTGCCCGAGCTGACCCAGCAGCAGTTCGATGCTAAGAACATGATGT
GTGCCGCCGACCCTCGCCACGGCCGCTATTTAACTGCCGCGTGTATGTTCCGCGGACGTATG
AGCACGAAGGAGGTTGACGAGCAGATGCTCAACGTGCAGAACAAGAACTCGTCGTACTTCG
TCGAGTGGATCCCCAACAACATCAAGGCTAGCGTGTGTGACATCCCGCCCAAGGGTCTCAA

GATGAGCACCACGTTCATCGGTAACTCGACCGCTATCCAGGAGATGTTCAAGCGCGTGTCC
GAACAGTTCACGGCTATGTTCCGTC

0   1 069

（2）*EF-1a* 序列信息（MK864058）。

TTGACGCCCCTGGCCACCGTGACTTCATCAAGAACATGATCACGGGCACCTCGCAGGCC
GACTGCGCCATCCTGGTGGTCGCCTCGGGTGTGGGCGAGTTCGAGGCTGGTATCTCCAAGG
AGGGCCAGACGCGCGAGCACGCTCTGCTTGCCTTCACCCTGGGTGTGAAGCAGATGATCGT
CGCCATCAACAAGATGGACGACTCGTCGGTCATGTACGGCCAGGCCCGTTACGAGGAGATC
AAGAACGAGGTGTCCACGTACCTGAAGAAGGTCGGCTACAAGCCCGCCAAGATCCCGTTTG
TGCCCATCTCCGGCTGGGAGGGTGACAACATGATCGAGAAGTCGGGCAACATGCCGTGGTA
CAAGGGACCCTACCTCCTTGAGGCTCTCGACAACCTGAACCCGCCCAAGCGCCCGCTTGACA
AGCCCCTCCGTCTGCCCCTCCAGGACGTGTACAAGATCGGCGGTATTGGCACGGTACCGGTC
GGCCGTGTTGAGACCGGTGTCATCAAGCCTGGCATGGTCGCCACGTTCGGCCCCGTTGGCCT
GTCGACGGAAGTCAAGTCCGTTGAGATGCACCACGAGTCCCTGCCGGAGGCCGTCCCCGGTG
ACAACGTTGGCTTCAACGTCAAGAACGTGTCGGTGAAGGAGCTGCGTCGTGGCTACGTCGC
CTCGGACTCTAAGAACGACCCGGCCAAGGGCACCCAGGACTTCACCGCCCAGGTTATCGTGC
TGAACCACCCCGGCCAGATCGGCAACGGCTACTCGCCCGTGCTCGACTGCCACACGGCCCACG
TTGCCTGCAAGTTCAAAGAGATCACGGAGAAGATGGACCGTCGTTC

0   843

（3）*ITS* rDNA 序列信息（MG865587）。

CCACACCTAAAAAACTTTCCACGTGAACCGTATCAACAAGTAGTTGGGGGCCTGCTCT
GTGTGGCTGTCTGTCGATGTCAAAGTCGGCGGCTGGCTGCTGTGTGGCGGGCTCTATCATG
GCGATTGGTTTGGGTCCTCCTCGTGGGGAACTGGATCATGAGCCCACTTTTTAAACCCATT
CTTAAATACTGAATATACTGTGGGGACGAAAGTCTCTGCTTTTAACTAGATAGCAACTTT
CAGCAGTGGATGTCTAGGCTCGCACATCGATGAAGAACGCTGCGAACTGCGATACGTAATG
CGAATTGCAGGATTCAGTGAGTCATCGAAATTTTGAACGCATATTGCACTTCCGGGTTAG
TCCTGGGAGTATGCCTGTATCAGTGTCCGTACATCAAACTTGGCTCTCTTCCTTCCGTGTA
GTCGGTGGATGGAGACGCCAGACGTGAGGTGTCTTGCGGCGTGGCCTTCGGGCTGCCTGCG
AGTCCCTTGAAATGTACTGAACTGTACTTCTCTTTGCTCGAAAAGCGTGACGTTGTTGGTT
GTGGAGGCTGCCTGTATGGCCAGTCGGCGACCGGTTTGTCTGCTGCGGCGTTTAATGGAGG
AGTGTTCGATTCGCGGTATGGTTGGCTTCGGCTGAACAATGCGCTTATTGGATGCTTTTCC
TGCTGTGGCGGTATGGGCTGGTGAACCGTAGCTGTGTGAGGCTTGGCTTTTGAACCGGCGG
TGTTGTTGCGAAGTAGGGTGGCGGCTTCGGCTGTCGAGGGTCGATCCATTTGGGAACTCTG
TGTTGTCTCTGCGGCTTGCTGCGGAGGTGGCATCTCAATTGGACCTGAT

0   836

（4）*COI* 序列信息（MH136979）。

CTTTTTTCAACAAATCATAAAGATATTGGAACTTTATATTTAATTTTTAGTGCTTTT
GCTGGTATTGTTGGTACAACTTTATCACTTTTAATTAGAATGGAATTAGCACAACCAGGA
AATCAAATTTTAATGGGAAATCATCAATTATATAATGTAGTTGTAACTGCACACGCTTTT
ATCATGGTTTTCTTTTTAGTTATGCCTGCTTTAATCGGTGGTTTTGGTAATTGGTTTGTTC
CTTTAATGATTGGTGCTCCAGATATGGCTTTTCCTCGTATGAATAATATTAGTTTTTGGT
TATTACCTCCAGCTTTATTATTATTAGTTTCATCTGCTATTGTTGAATCTGGTGCTGGTAC
TGGTTGGACTGTTTATCCACCATTATCAAGTGTACAAGCGCATTCAGGACCTTCAGTAGAT
TTAGCAATTTTTAGTTTACATTTAACAGGTATTTCATCATTATTAGGTGCTATTAATTTT
ATTTCAACTATTTATAATATGAGAGCCCCTGGTTTAAGTTTTCATAGATTACCTTTATTT
GTTTGGTCTGTATTAATTACAGCATTTCTTTTATTATTAACTTTACCTGTATTAGCTGGT
GCAATTACTATGTTATTAACTGATAGAAATTTAAATACTTCTTTCTATGATCCATCTGGT
GGGGGTGATCCAGTATTATATCAACATTTATTTTGGTTTTTTGGTCACCCTGAAGTTTAT
ATTTTAATTTTACCAGCATTTGGTATCAT

（5）*YPT1* 序列信息（OP104669）。

GTCGGCAAGTCGTGTCTGCTGCTGCGTTTCGCCGACGACACGTACACGGAGAGCTACAT
CTCGACCATTGGCGTGGACTTTGTGAGTGGCGAAAATAGGCCTTGTCTGCCCTCTCGAGCG
GACGCTTTAGAGTCCAGGATGGCTAAGGTTTCCGATCCAGTTGCTGACAATATTGTGCCCG
TTGTCCCGCCCAGAAAATTCGCACGATCGAGCTGGACGGCAAGACCATCAAGCTCCAGATT
GTACGTTCACCCCGGTACATTCGCCGGTTAAGCGCACTTATGGTTCTAACTGGTGGGTGTA
CGCTTCTGATTATTGGTATTCTAGTGGGACACGGCCGGCCAGGAGCGTTTCCGCACCATCA
CTAGCAGCTACTACCGCGGTGCCCACGGTATTATCGTGGTGTACGACGTCACGGACCAGGA
GTCGTTCAACAACGTCAAGCAGTGGCTGCACGAGATCGATAGGTGCGTTCGATCTCAGAGT
TGTTGGGTAGAAAAATCCCGCGGAATGGTGCTAACTGTTGCACCGCTTCGATTTGCAGGTA
CGCCTGCGAGAACGTGAACAAGCTGCTGGTCGGTAACAAGAGCGATCTGACGGCTAAGCGT
GTCGTGAGCACGGACGCCGCCAAGGAGTTCGCCGAGAGCCTGGGCATTGAGTTCCTGGAGA
CCAGTGCGAAGAACGCCGCCAACGTCGAAAAGGCCTTCATGATGATGGCCGCCC

23.11　丁香疫霉病菌 *Phytophthora syringae*

23.11.1　基本信息

中文名称：丁香疫霉。

拉丁学名：*Phytophthora syringae*（Kleb.）Kleb.，Krankh. Flieders（Berlin）：18（1909）。

异名：*Phloeophthora syringae* Kleb.，Centbl. Bakt. ParasitKde，Abt. II 15：336（1905）；
Nozemia syringae（Kleb.）Pethybr.，Scientific Proceedings of the Royal Dublin Society 13（1913）。

分类地位：色藻界（Chromista）卵菌门（Oomycota）霜霉纲（Peronosporea）霜霉目（Peronosporales）霜霉科（Peronosporaceae）疫霉属（*Phytophthora*）。

23.11.2　生物学特性及危害症状

可引起寄主植物根、茎、叶、果实的多种病害，导致植株长势衰弱，甚至死亡。可造成丁香小枝和嫩枝枯萎；苹果、梨及其他蔷薇科果树果腐病和茎腐病；西洋栗和山毛榉根部腐烂；柑橘属果实褐腐，嫩枝和花瓣枯萎；茴香叶片枯萎；仙人掌茎部腐烂；豆科灌木树皮呈现伤流溃疡。

23.11.3　检疫及限定现状

多米尼加、匈牙利、中国将其列为检疫性有害生物，新西兰将其列为非限定性有害生物。

23.11.4　凭证样本信息

CPHST BL 57G（Abad）＝P10330（WPC）＝CBS 110161＝BBA 70008、CBS 132.23、CBS 275.74、CBS 114110、CBS 114107 等。

23.11.5　DNA 条形码标准序列

菌株编号 CBS 110161，序列数据来源于 GenBank。

（1）*beta-tubulin* 序列信息（MH494016）。

GCCACGGGCGGCCGCTACGTGCCTCGCGCCATCCTCATGGACCTGGAGCCCGGCACCATG
GACTCGGTCCGAGCCGGCCCGTACGGCCAGCTCTTCCGCCCGGACAACTTCGTGTTCGGCCAG
ACGGGCGCCGGTAACAACTGGGCCAAGGGCCACTACACGGAGGGAGCCGAGCTCATCGACT
CGGTGCTGGACGTCGTCCGCAAGGAAGCCGAGAGCTGTGACTGCCTGCAGGGATTCCAGAT
CACCCACTCGCTTGGAGGCGGTACCGGGTCCGGTATGGGAACGCTTCTGATCTCCAAGATCC
GTGAGGAGTACCCGGACCGTATCATGTGCACGTACTCGGTGTGCCCGTCGCCCAAGGTGTCG
GACACGGTCGTGGAGCCCTACAACGCCACGCTCTCGGTGCACCAGCTTGTCGAGAACGCCGA
CGAGGTCATGTGCCTGGACAATGAGGCCCTGTACGACATTTGCTTCCGTACGCTCAAGCTC
ACCACCCCCACGTACGGTGACCTGAACCACCTGGTGTGCGCCGCCATGTCCGGCATCACCAC
GTGCCTGCGCTTCCCCGGTCAGCTGAACTCGGACCTGCGTAAGCTGGCCGTGAACCTGATTC
CGTTCCCGCGTCTTCACTTCTTCATGATTGGGTTCGCCCCGCTGACGTCGCGTGGCTCGCAG
CAGTACCGTGCCCTGACGGTGCCCGAGCTCACCCAGCAGCAGTTCGACGCTAAGAACATGAT
GTGCGCTGCCGACCCTCGCCACGGCCGCTATTTAACTGCCGCGTGTATGTTCCGCGGACGTA
TGAGCACGAAGGAGGTGGATGAGCAGATGCTCAACGTGCAGAACAAGAACTCGTCGTACT
TCGTCGAGTGGATCCCTAACAACATCAAGGCTAGCGTGTGTGACATTCCGCCCAAGGGCCT
GAAGATGAGCACGACGTTCATCGGTAACTCGACCGCTATCCAGGAGATGTTCAAGCGTGTG
TCTGAGCAGTTTACGGCTATGTTCCGTCGTAAGGCTTTCTTGCACTGGTACACGGGTGAAG
GTATGGACGAGAT

0   1 057

（2）*TEF* 序列信息（MH359077）。

ACGGGCACCTCGCAGGCCGACTGCGCCATTCTGGTGGTCGCCTCGGGTGTGGGCGAGTT
CGAGGCTGGTATCTCCAAGGAGGGCCAGACGCGCGAGCACGCTCTGCTCGCCTTCACGCTGG
GAGTGAAGCAGATGATCGTGGCCATCAACAAGATGGACGACTCGTCTGTCATGTACGGCCA
GGCCCGTTACGAGGAGATCAAGGCTGAGGTCACCACCTACCTGAAGAAGGTGGGCTACAAA
CCCGCCAAGATCCCGTTCGTGCCCATCTCCGGATGGGAGGGCGACAACATGATCGAGAAGT
CCGGCAACATGCCGTGGTACAAGGGACCGTACCTCCTTGAGGCTCTCGACAGCCTGAACGCC
CCCAAGCGCCCGTCGGACAAGCCTCTGCGTCTGCCCCTCCAGGACGTGTACAAGATCGGCGG
TATCGGCACGGTACCGGTCGGCCGTGTCGAGACCGGTGTCATCAAGCCTGGCATGATGGCC
ACCTTCGGCCCCGTGGGACTGACCACGGAAGTCAAGTCCGTTGAGATGCACCACGAGTCCCT
GGCCGAGGCCACCCCCGGTGACAACGTCGGATTCAACGTCAAGAACGTTTCCGTCAAGGAG
CTGCGTCGTGGCTTCGTCGCTTCGGACTCCAAGAACGACCCCGCCAAGGGCACGCAGGACTT
CACCGCCCAGGTGATTGTGCTGAACCACCCCGGCCAGATCGGCAACGGCTACTCGCCGGTGC
TGACTGCCACACGGCCCACGTTGCCTGTAAGTTCAAAGAGATCACGGAGAAGATGGACCGT
CGTTCCGGCAAGGTTCTTGAGGTCGCCCCCA

0   827

（3）*ITS* rDNA 序列信息（MG865590）。

CCACACCTAAAAAACTTTCCACGTGAACCGTATCAAAACCCTTTTATTGGGGGCTTCT
GTCTGGTCTGGCTTCGGCTGGATTGGGTGGCGGCTCTATCATGGCGACCGCTCTGAGCTTCG
GCCTGGAGCTAGTAGCCCACTTTTTAAACCCATTCTTAATTACTGAACAAACTGTGGGGAC
GAAAGTCTCTGCTTTTAACTAGATAGCAACTTTCAGCAGTGGATGTCTAGGCTCGCACATC
GATGAAGAACGCTGCGAACTGCGATACGTAATGCGAATTGCAGGATTCAGTGAGTCATCG
AAATTTTGAACGCATATTGCACTTCCGGGTTAGTCCTGGGAGTATGCCTGTATCAGTGTCC
GTACATCAAACTTGGCTCCCTTCCTTCCGTGTAGTCGGTGGATGGGGATGCACAGACGTGA
AGTGTCTTGCGACTGGGCTTCGGCTCGGCTGCGAGTCCTTTTAAATGTACAGAACTGTACT
TCTCTTTGCTCGAAAAGCGTTATATTACTGGTTGTGGAGGCTGCCTGTGCGGCAAGTCGGC
GACCGGTTTGTTAACTGCGGCGTTTAATGGAGGAGTGTTCGATTCGCGGTATGGATGGCT
TCGGCTGAACTGACGCTTATTGAGTACTTTCCTGCTGTGGTGGTACGAACTGGTGAACCG
TAGCTGTGTTTGGCTTGGCTTTTGAACTGGCGATGTGGTGCGAAGTAGAGTGACGGTTGT
TCCGGCGCAAGCTGGAGTGACTGTCGAGGGTCGATCCATTTGGGAAATTTTGTGTCTGTGC
GACTTCGGTTGCGTGGGCATCTCAATTGGACCTGATATCAGCAAGATTACCCGCTGACTT

0   689

（4）*YPT1* 序列信息（MK032153）。

TCGGCAAGTCGTGTCTGCTGCTCCGTTTCGCGGACGACACGTACACGGAGAGCTACATC
TCGACCATCGGCGTGGACTTTGTGAGTGACCCACACATAACTCCCCACCAGACTCTGCTAG
CAGACTGCTGACTGTTCTATCTCTATTCAGAAAATCCGTACGATCGAGCTGGACGGCAAGA
CCATCAAGCTCCAGATTGTACGTACCAGGAGCTTATTTTTTCACCCTCGTAAGGGTGGGTT

GGTTCATCTGTAGAGCATGCTGCTGATATTCATATTTTTTGTGTTGTAGTGGGACACGGCT
GGCCAGGAGCGTTTCCGCACGATCACTAGCAGCTACTACCGCGGCGCCCACGGTATCATCGT
GGTGTACGACGTGACGGACCAGGAGTCGTTCAATAATGTGAAGCAGTGGCTGCACGAGAT
TGATAGGTGCGTCGCCATAGGTTTCTCTGCGGGGACCTCCTGCATATCATCGTCTGACTTG
CTGTGCTTTCCCAGATATGCCTGCGAGAACGTGAACAAGCTGCTGGTGGGTAACAAGAGCG
ATCTGACGGCTAAACGGGTTGTGAGCACGGATGCCGCCAAGGAGTTCGCCGAGAGCCTGGG
TATTGAGTTCCTGGAGACCAGTGCCAAGAACGCTGCCAACGTCGAAAAGGCCTTCATGATG
ATGGCTGCTCAGATCAAAAG

　　(5) *COI* 序列信息（MH136982）。

TCAACAAATCATAAAGATATTGGGACTTTATATTTAATTTTTAGTGCTTTTGCAGGT
ATTGTTGGTACAACATTATCTCTTTTAATTCGAATGGAATTAGCACAACCAGGTAATCAA
ATTTTTATGGGAAATCATCAATTATATAATGTTGTTGTTACAGCACACGCATTTATAATG
GTTTTCTTCTTAGTTATGCCTGCTTTAATCGGTGGTTTTGGTAATTGGTTCGTTCCTTTAA
TGATTGGTGCTCCAGATATGGCCTTCCCACGTATGAATAATATAAGTTTTTGGTTATTACC
TCCAGCATTATTATTATTAGTTTCATCTGCAATTGTAGAATCTGGTGCAGGTACTGGTTGG
ACAGTTTATCCACCATTATCAAGTGTACAAGCCCACTCAGGACCTTCAGTAGATTTAGCAA
TTTTTAGTTTACATTTAACAGGTATTTCTTCATTATTAGGTGCAATTAATTTTATTTCAA
CTATATATAATATGAGAGCTCCCGGTTTAAGTTTTCATAGATTACCTTTATTTGTATGGT
CTGTATTAATTACAGCTTTTCTTTTATTATTAACATTACCTGTTTTAGCTGGTGCAATTA
CAATGTTATTAACAGATAGAAATTTAAATACTTCTTTTTATGATCCATCTGGTGGGGGTG
ATCCTGTATTATATCAACATCTATTCTGGTTTTTTGGTCATCCAGAAGTTTATATTTTAA
TTTTACCAGCATTTGGTAT

23.11.6　种内序列差异

　　对 BOLD SYSTEMS 中该物种的 *ITS* 序列进行分析，差异位点 3 个。如下：

| JRPAA3883-15 | TTT | AAT | TTT | TAG | TGC | TTT | TGC | AGG | TAT | TGT | TGG | TAC | AAC | ATT | ATC | TCT |
| OOMYA2020-10 | ... | ... | ... | ... | ... | ... | ... | ... | ... | ... | ... | ... | ... | ... | ... | ... |

| JRPAA3883-15 | TTT | AAT | TCG | AAT | GGA | ATT | AGC | ACA | ACC | AGG | TAA | TCA | AAT | TTT | TAT | GGG |
| OOMYA2020-10 | ... | ... | ... | ... | ... | ... | ... | ... | ... | ... | ... | ... | ... | ... | ... | ... |

| JRPAA3883-15 | AAA | TCA | TCA | ATT | ATA | TAA | TGT | TGT | TGT | TAC | GGC | ACA | CGC | ATT | TAT | AAT |
| OOMYA2020-10 | ... | ... | ... | ... | ... | ... | ... | ... | ... | A.. | ... | ... | ... | ... | ... | ... |

| JRPAA3883-15 | GGT | TTT | CTT | CTT | AGT | TAT | GCC | TGC | TTT | AAT | CGG | TGG | TTT | TGG | TAA | TTG |
| OOMYA2020-10 | ... | ... | ... | ... | ... | ... | ... | ... | ... | ... | ... | ... | ... | ... | ... | ... |

| JRPAA3883-15 | GTT | TGT | TCC | TTT | AAT | GAT | TGG | TGC | TCC | AGA | TAT | GGC | CTT | CCC | ACG | TAT |
| OOMYA2020-10 | ... | C.. | ... | ... | ... | ... | ... | ... | ... | ... | ... | ... | ... | ... | ... | ... |

JRPAA3883-15　　GAA TAA TAT AAG TTT TTG GTT ATT ACC TCC AGC ATT ATT ATT ATT AGT
OOMYA2020-10　　… … … … … … … … … … … … … … … …

JRPAA3883-15　　TTC ATC TGC AAT TGT AGA ATC TGG TGC AGG TAC TGG TTG GAC AGT TTA
OOMYA2020-10　　… … … … … … … … … … … … … … … …

JRPAA3883-15　　TCC ACC ATT ATC AAG TGT ACA AGC CCA CTC AGG ACC TTC AGT AGA TTT
OOMYA2020-10　　… … … … … … … … … … … … … … … …

JRPAA3883-15　　AGC AAT TTT TAG TTT ACA TTT AAC AGG TAT TTC TTC ATT ATT AGG TGC
OOMYA2020-10　　… … … … … … … … … … … … … … … …

JRPAA3883-15　　AAT TAA TTT TAT TTC AAC TAT ATA TAA TAT GAG AGC TCC AGG TTT AAG
OOMYA2020-10　　… … … … … … … … … … … … C.. … …

JRPAA3883-15　　TTT TCA TAG ATT ACC TTT ATT TGT ATG GTC TGT ATT AAT TAC AGC TTT
OOMYA2020-10　　… … … … … … … … … … … … … … … …

JRPAA3883-15　　TCT TTT ATT ATT AAC ATT ACC TGT TTT AGC TGG TGC AAT TAC AAT GTT
OOMYA2020-10　　… … … … … … … … … … … … … … … …

JRPAA3883-15　　ATT AAC AGA TAG AAA TTT AAA TAC TTC TTT TTA TGA TCC ATC TGG TGG
OOMYA2020-10　　… … … … … … … … … … … … … … … …

JRPAA3883-15　　GGG TGA TCC TGT ATT ATA TCA A
OOMYA2020-10　　… … … … … … … .

24 蛇孢霉属 DNA 条形码

24.1 马铃薯皮斑病菌 *Polyscytalum pustulans*

24.1.1 基本信息

中文名称：链孢蛇孢霉。

拉丁学名：*Polyscytalum pustulans*（M. N. Owen & Wakef.）M. B. Ellis，More Dematiaceous Hyphomycetes（Kew）：159（1976）。

异名：*Oospora pustulans* M. N. Owen & Wakef.，in Owen，Bull. Misc. Inf.，Kew（4）：297（1919）。

英文名：Skin spot。

分类地位：真菌界（Fungi）子囊菌门（Ascomycota）有丝分裂孢子真菌（Mftosporic fungi）蛇孢霉属（*Polyscytalum*）。

24.1.2 生物学特性及危害症状

病原菌可引致块茎发生皮斑和幼芽的死亡，在块茎的表面上形成黑色皮斑，斑点圆形、下陷，中心凸起；有时也感染茎基部、匍匐茎和根。在收获时这种症状不易看到，在储藏期，在块茎上形成单个或成群的、紫黑色、稍有隆起的斑点，直径达 2mm，病斑在表面散生或集生在芽眼、匍匐茎疤痕或受伤表面的周围。有时，在块茎表面形成较大面积的坏死。在储藏窖中湿度很高的情况下，在染病块茎上，真菌孢子形成灰白色的絮状层，芽眼中的幼芽可能会被杀死，块茎会失去繁殖能力。在块茎表面如果先前有表皮损坏，有时会形成较大的坏死区域。如果种植了带有受损幼芽的马铃薯块茎，植株的发育会延迟，分布也不均匀（王仲符等，1993；严进等，2013）。

24.1.3 检疫及限定现状

厄瓜多尔、菲律宾、哥斯达黎加、秘鲁、乌拉圭、中国将其列为检疫性有害生物，古巴、新西兰将其列为非限定性有害生物。

24.1.4 凭证样本信息

分析所用基因片段信息来自菌株：CBS 125.83、CBS 224.83、CBS 246.29、CBS 336.52，CBS 336.54 及 PP14。

24.1.5 DNA 条形码标准序列

（1）rDNA *ITS* 序列信息及图像化条形码（illustrative barcode）。

AATTCCCTCGGGGGGTTTAGTTTTTTTGAGCTCCATGCTCAGGGACTTTGATTCTTCCAC
TGGTGACACTTATAGAAGCCTTTGCTGTCCTCCCAAGGATTGCTACTACCGACTATAAATA
ATATGTAGCTTAGCGCAAGTCAGATACTCTGGCAACATGACCGAATTGCGGGGAACCCCTA
AAACCTGTGCCACTAACTTACTCAAGAAATTGTGTAAGGGCCTATGCGAAAATCATAGGG
TATAGTAAAAGTGCACCGCGATGATCTAGTTAAAATCTAGTGAAATGGGCAATCCGCAGC
GAAGCCTCTAACGCCATATGGTTATGAGGACCGTTCACAGACTAAGTGGTTATGGGTGGG

ATTCAAATTCCATCTAAGATATAGTCGGGCCTCTCAAGAAACTGAGAGGGTAAGTCACGT
AAAGTACAAAATACGATCCTATTGGTTCAGTCCTATTGTACTTTGAACAAATATACCGTT
CCGTAGGTGAACCTGCGGAAGGATCATTACTAGAGCAAAGGACAGGCAGCGCCCCACAGAA
GCCTGCTTCGTGGCGGGCTACCCTACTTCGGTAGGGTTTAGAGCCGTCGAACCTCTCGGAGA
AGTTCGGTCCTGAACTCCACCCTTGAATAAATTACCTTTGTTGCTTTGGCAGGCCGCCTCGT
GCCAGCGGCTTCGGCTGTTGAGTGCCTGCCGGAGGACCACAACTCTTGTTTCTAGTGATGT
CTGAGTACTATATAATAGTTAAAACTTTCAACAACGGATCTCTTGGTTCTGGCATCGATG
AAGAACGCAGCGAAATGCGATAAGTAATGTGAATTGCAGAATTCAGTGAATCATCGAATC
TTTGAACGCACATTGCGCCCTCTGGTATTCCGGGGGGCATGCCTGTTCGAGCGTCATTATA
ACCACTCAAGCTCTCGCTTGGTATTGGGGTTCGCGATCTCGCGGCCCCTAAAATCAGTGGCG
GTGCCTGTCGGCTCTACGCGTAGTAATACTCCTCGCGATTGAGTCCGGCGGGTTTACTTGCC
AGCAACCCCCAATTTACAGGTGACCTCGGATCAG

经过 BOLD SYTEM 数据库查询，共有 2 条参考序列：EU196536、EU196535。

24.1.6 种内序列差异

从 BOLD SYTEM 里获得 2 条序列，使用 Mega 软件分析，无差异位点。

24.1.7 条形码蛋白质序列

NSLGGLVF * APCSGTLILPLVTLIEAFAVLPRIATTDYK * YVA * RKSDTLAT * PNCGE
PLKPVPLTYSRNCVRAYAKIIGYSKSAPR * SS * NLVKWAIRSEASNAIWL * GPFTD * VVMGG
IQIPSKI * SGLSRN * EGKSRKVQNTILLVQSYCTLNKYTVP * VNLRKDHY * SKGQAAPHRSL
LRGGLPYFGRV * SRRTSRRSSVLNSTLE * ITFVALAGRLVPAASAVECLPEDHNSCF * * CLST
I * * LKLSTTDLLVLASMKNAAKCDK * CELQNSVNHRIFERTLRPLVFRGACLFERHYNHSSS
RLVLGFAISRPLKSVAVPVGSTRSNTPRD * VRRVYLPATPNLQVTSDQ

25 红皮孔菌属 DNA 条形码

25.1 木层孔褐根腐病菌 *Pyrrhoderma noxium*

25.1.1 基本信息

中文名称：致毒红皮孔菌。

拉丁学名：*Pyrrhoderma noxium*（Corner）L. W. Zhou & Y. C. Dai, in Zhou, Ji, Vlasák & Dai, Mycologia 110（5）：882（2018）。

异名：*Fomes noxius* Corner, Gardens′ Bulletin, Strait Settlements 5（12）：324（1932）；

Phellinus noxius（Corner）G. Cunn. , Bull. N. Z. Dept. Sci. Industr. Res. 164：221（1965）；

Phellinidium noxium（Corner）Bondartseva & S. Herrera, Mikol. Fitopatol. 26（1）：13（1992）。

英文名：Brown root rot。

分类地位：真菌界（Fungi）担子菌门（Basidiomycota）伞菌亚门（Agaricomycotina）伞菌纲（Agaricomycetes）伞菌亚纲（Agaricomycetidae）革刺菌目（Hymenochaetales）刺革菌科（Hymenochaetaceae）红皮孔菌属（*Pyrrhoderma*）。

25.1.2 生物学特性及危害症状

褐根病可以在所有树龄的植株上发生。受病菌感染的根系起初树皮下变褐色，而后木质变白、疏松软化，具蜂窝状褐色纹线。树皮下皮层与木质部间布满白色至褐色的菌丝体。因粘有土壤和褐色菌丝体，所以树皮显得粗糙。偶尔可以在树干的基部或死树裸露根部发现薄、硬且平的担子果。

25.1.3 检疫及限定现状

厄瓜多尔、中国将其列为检疫性有害生物，新西兰将其列为限定性有害生物。

25.1.4 凭证样本信息

PNP1-2、KS-K6、PNP4.2、PN37.2、PN12.1、PNl5.1、pn10.3、pn74-1、pn98007、PN40.2、PNW1.1、PN05.2、pn70.2 、PN64.1、PNZ2.1、PN49.2、PNP10.1、PN17.1、PN33.2、PNLn10.1、PN33.2、PN140.1、PN104.1。

25.1.5 DNA 条形码标准序列

（1）rDNA *ITS* 序列信息及图像化条形码（illustrative barcode）。

TCGAGTTTTGAAGTGGGCTTGATGCTGGCGCTTGCGCGCATGTGCTCGGCCCCGCTCAT
CCACTCAACCCCTGTGCACTTTCGGAGTTTGACGTCGATCCCCCTCTATTGGGAGCCGCCG
GAAAAGACTATTAGGCTTTTAAGGCTGGGATCGACGGCGCTTCGTTTTGATTACAAACAC
TTTAAAATGTCTTGTAGAATGTGTTGCCTCTTCGTGGGCTAAATGAAATACAACTTTCAA
CAACGGATCTCTTGGCTCTCGCATCGATGAAGAACGCAGCGAAATGCGATAAGTAATGTGA
ATTGCAGAATTCAGTGAATCATCGAATCTTTGAACGCACCTTGCGCTCCTTGGTATTCCGA

GGAGCATGCCTGTTTGAGTGTCATGTAACTCTCAACCCCTTCGGTTTTTGTTAATCGTTGA
GGTTGGATTTGGAGGTTTGTGCTGGCCCCTTTGCGGGTCGGCTCCTCTTGAATGCATTAGC
TGGGCTTTCGCTCGTCGCGCGGTGTGATAGTTTTATTCATCATGTGGCTTGCGGGAATGGT
CCGCTTCAAATCGTCCCTTTGGGACATGCATATATGCACTTTTTATGACTNNNNNNNNNNN
NNNNNNNNNNNNNNNNNNNNNNNNNNNNNNNNNNNNNNNNNNNNNNNNNNNNNNNNNNNNNN
NNNNNNNNNNNNNNNNNNNNNNNNNNNNNNNNNNNCCCTAGTAACTGCGAGTGAAGCGGGA
AAAGCTCAAATTTAAAATCTGGCGGCTTTGCCGTCCGAGTTGTAATCTGGAGAAGCGTTTT
CCGCGTCGGACCGTGTACAAGTCTCTTGGAACAGAGCGTCATAGAGGGTGAGAATCCCGTC
CATGACACGGACCGCCGATGCTTTGTGATACGCTCTCGAAGAGTCGAGTTGTTTGGGAATG
CAGCTCAAAATGGGTGGTAAATTCCATCTAAAGCTAAATATTGGCGAGAGACCGATAGCG
AACAAGTACCGTGAGGGAAAGATGAAAAGCACTTTGGAAAGAGAGTTAAACAGTACGTGA
AATTGTTGAAAGGGAAACGCTTGGAGTCAGTCGCGTCTTACGGGACTCAGCCTTGCTTCGG
CTTGGTGTACTTCCTGTAGGACGGGTCAACATCGATTTTGGTCGGCGGACAAAGGGGATGG
GAATGTGGCATCGGCTCGTTCGGTGTGTTATAGCCCTCTTCCGCATACGCTGGCTGGGATCG
AGGACCGCAGCGCGCCCTTGTGGCCGGGGGTTTGCCCCACGTAACGCGCTTAGGATGTTGGC
ATAATGGCTTTAAGCGACCCGTCTT

0   1 099

经过 BOLD SYTEM 数据库查询, 共有 22 条参考序列: JN836341、KF23359、JQ029276、JQ02927、JQ02927、JQ02927、JQ02927、JQ029271、JQ029270、JQ003235、JQ003234、J0003233、JQ003232、JQ003230、JQ003229、JQ003227、JQ00322、J000322、JQ003223、JQ003222、JQ003221、JQ003220。

25.1.6 种内序列差异

从 BOLD SYTEM 里获得序列分析, 变异位点 11 个。如下:

KF233592	ATG	AGT	TTT	TTA	AAG	TAA	GCT	TGA	TGC	TGG	TGG	GTC	TCT	GGA	CTT	GCA
JN836341	...	...	...	...	...	...	...	...	...	...	...	...	...	...	...	...
JQ029276	...	...	...	...	...	...	A..	...	...	...	.C.	...	...	...	...	...
JQ029275	...	...	...	...	...	...	...	...	...	...	...	...	...	...	...	...
JQ029274	...	...	...	...	...	...	...	...	...	...	...	...	...	...	...	...
JQ029273	...	...	...	...	...	...	...	...	...	...	...	...	...	...	...	...
JQ029272	...	...	...	...	...	...	A..	...	...	...	.S.	...	...	...	...	...
JQ029271	...	...	...	...	...	...	...	...	...	...	...	...	...	...	...	...
JQ029270	...	...	...	...	...	...	...	...	...	...	.C.	...	...	...	...	...
JQ003235	...	...	...	...	...	...	A..	...	...	...	CC.	...	...	...	...	...
JQ003234	...	...	...	...	...	...	A..	...	...	...	.C.	...	...	...	...	...
JQ003233	...	...	...	...	...	...	...	...	...	...	...	...	...	...	...	...
JQ003232	...	...	...	...	...	...	A..	...	...	...	CC.	...	...	...	...	...
JQ003230	...	...	...	...	...	...	A..	...	...	...	CC.	...	...	...	...	...
JQ003229	...	...	...	...	...	...	A..	...	...	...	.C.	...	...	...	...	...
JQ003227	...	...	...	...	...	...	A..	...	...	...	.C.	...	...	...	...	...
JQ003225	...	...	...	...	...	...	A..	...	...	...	.C.	...	...	...	...	...
JQ003224	...	...	...	...	...	...	A..	...	...	...	.C.	...	...	...	...	...
JQ003223	...	...	...	...	...	...	R..	...	...	...	.S.	...	...	...	...	...
JQ003222	...	...	...	...	...	...	...	...	...	...	...	...	...	...	...	...
JQ003221	...	...	...	...	...	...	A..	...	...	...	...	...	...	...	...	...

JQ003220	...	...	...	...	...	...	...	...	...	...	...	...	...	...

	1	2	3	4	5	6	7	8	9	10	11	12	13	14	15	16
KF233592	TGT	GCT	CAG	TTT	GCG	CTC	ATC	CAT	CTC	ACA	CCT	GTG	CAC	TTA	CTG	AAG
JN836341	...	...	...	...	...	...	...	...	...	...	...	...	...	...	...	...
JQ029276	...	...	...	...	...	...	...	...	...	...	...	...	...	...	...	...
JQ029275	...	...	...	...	...	...	...	...	...	...	...	...	...	...	...	...
JQ029274	...	...	...	...	...	...	...	...	...	...	...	...	...	...	...	...
JQ029273	...	...	...	...	...	...	...	...	...	...	...	...	...	...	...	...
JQ029272	...	...	...	...	...	...	...	...	...	...	...	...	...	...	...	...
JQ029271	...	...	...	...	...	...	...	...	...	...	...	...	...	...	...	...
JQ029270	...	...	...	...	...	...	...	...	...	...	...	...	...	...	...	...
JQ003235	...	...	...	...	...	...	...	...	...	...	...	...	...	...	...	...
JQ003234	...	...	...	...	...	...	...	...	...	...	...	...	...	...	...	...
JQ003233	...	...	...	...	...	...	...	...	...	...	...	...	...	...	...	...
JQ003232	...	...	...	...	...	...	...	...	...	...	...	...	...	...	...	...
JQ003230	...	...	...	...	...	...	...	...	...	...	...	...	...	...	...	...
JQ003229	...	...	...	...	...	...	...	...	...	...	...	...	...	...	...	...
JQ003227	...	...	...	...	...	...	...	...	...	...	...	...	...	...	...	...
JQ003225	...	...	...	...	...	...	...	...	...	...	...	...	...	...	...	...
JQ003224	...	...	...	...	...	...	...	...	...	...	...	...	...	...	...	...
JQ003223	...	...	...	...	...	...	...	...	...	...	...	...	...	...	...	...
JQ003222	...	...	...	...	...	...	...	...	...	...	...	...	...	...	...	...
JQ003221	...	...	...	...	...	...	...	...	...	...	...	...	...	...	...	...
JQ003220	...	...	...	...	...	...	...	...	...	...	...	...	...	...	...	...

	1	2	3	4	5	6	7	8	9	10	11	12	13	14	15	16
KF233592	AGA	GAG	AGG	GAG	AGG	GAG	AGT	GGT	TTA	TTC	GTT	TAT	TCA	TTT	ATT	CGT
JN836341	...	...	...	...	...	...	...	...	...	...	...	...	...	...	...	...
JQ029276	...	...	...	...	...	...	...	...	...	...	...	...	...	...	...	...
JQ029275	...	...	...	...	...	...	...	...	...	...	...	...	...	...	...	...
JQ029274	...	...	...	...	...	...	...	...	...	...	...	...	...	...	...	...
JQ029273	...	...	...	...	...	...	...	...	...	...	...	...	...	...	...	...
JQ029272	...	...	...	...	...	...	...	...	...	...	...	...	...	...	...	...
JQ029271	...	...	...	...	...	...	...	...	...	...	...	...	...	...	...	...
JQ029270	...	...	...	...	...	...	...	...	...	...	...	...	...	...	...	...
JQ003235	...	...	...	...	...	...	..A	T..	...	.AT	...	...	...	...	...	...
JQ003234	...	...	...	...	...	...	...	...	...	...	...	...	...	...	...	...
JQ003233	...	...	...	...	...	...	...	...	...	...	...	...	...	...	...	...
JQ003232	...	...	...	...	...	...	..A	T..	...	.AT	...	...	...	...	...	...
JQ003230	...	...	...	...	...	...	...	...	...	...	...	...	...	...	...	...
JQ003229	...	...	...	...	...	...	..A	T..	...	...	...	...	...	...	...	...
JQ003227	...	...	...	...	...	...	..A	T..	...	...	...	...	...	...	...	...
JQ003225	...	...	...	...	...	...	...	...	...	...	...	...	...	...	...	...
JQ003224	...	...	...	...	...	...	...	...	...	...	...	...	...	...	...	...
JQ003223	...	...	...	...	...	...	...	...	...	...	...	...	...	...	...	...
JQ003222	...	...	...	...	...	...	...	...	...	...	...	...	...	...	...	...
JQ003221	...	...	...	...	...	...	...	...	...	...	...	...	...	...	...	...
JQ003220	...	...	...	...	...	...	...	...	...	...	...	...	...	...	...	...

	1	2	3	4	5	6	7	8	9	10	11	12	13	14	15	16
KF233592	GTA	TTC	AAC	TCA	AAG	TCT	TCA	ATC	TCT	CTT	TTG	ACT	TTA	TAA	TAA	ACA
JN836341	...	...	...	...	...	...	...	...	...	...	...	...	...	...	...	...
JQ029276	...	...	...	...	...	...	...	...	...	...	...	...	...	...	...	...
JQ029275	...	...	...	...	...	...	...	...	...	...	...	...	...	...	...	...
JQ029274	...	...	...	...	...	...	...	...	...	...	...	...	...	...	...	...
JQ029273	...	...	...	...	...	...	...	...	...	...	...	...	...	...	...	...
JQ029272	...	...	...	...	...	...	...	...	...	...	...	...	...	...	...	...
JQ029271	...	...	...	...	...	...	...	...	...	...	...	...	...	...	...	...

JQ029270	...	...	...	...	...	...	...	...	...	...	...	...	...	...	...	...
JQ003235	...	...	...	...	...	...	...	..T	...	...	...	...	...	...	...	...
JQ003234	...	...	...	...	...	...	...	...	...	...	...	...	...	...	...	...
JQ003233	...	...	...	...	...	...	...	...	...	...	...	...	...	...	...	...
JQ003232	...	...	...	...	...	...	...	..T	...	...	...	...	...	...	...	...
JQ003230	...	...	...	...	...	...	...	..T	...	...	...	...	...	...	...	...
JQ003229	...	...	...	...	...	...	...	..T	...	...	...	...	...	...	...	...
JQ003227	...	...	...	...	...	...	...	..T	...	...	...	...	...	...	...	...
JQ003225	...	...	...	...	...	...	...	...	...	...	...	...	...	...	...	...
JQ003224	...	...	...	...	...	...	...	...	...	...	...	...	...	...	...	...
JQ003223	...	...	...	...	...	...	...	...	...	...	...	...	...	...	...	...
JQ003222	...	...	...	...	...	...	...	...	...	...	...	...	...	...	...	...
JQ003221	...	...	...	...	...	...	...	...	...	...	...	...	...	...	...	...
JQ003220	...	...	...	...	...	...	...	...	...	...	...	...	...	...	...	...

KF233592	ACT	ATA	TTG	TTT	GTG	TAG	AAT	GCA	TTA	GCC	TCA	TTG	TAG	GTG	AAA	TAA
JN836341	...	...	...	...	...	...	...	...	...	...	...	...	...	...	...	...
JQ029276	...	...	...	...	...	...	...	...	...	...	...	...	...	...	...	...
JQ029275	...	...	...	...	...	...	...	...	...	...	...	...	...	...	...	...
JQ029274	...	...	...	...	...	...	...	...	...	...	...	...	...	...	...	...
JQ029273	...	...	...	...	...	...	...	...	...	...	...	...	...	...	...	...
JQ029272	...	...	...	...	...	...	...	...	...	...	...	...	...	...	...	...
JQ029271	...	...	...	...	...	...	...	...	...	...	...	...	...	...	...	...
JQ029270	—..	...	...	...	...	...	...	...	...	...	...	...	...	...	...	...
JQ003235	—..	...	...	...	...	...	...	...	...	...	...	...	...	...	...	...
JQ003234	...	...	...	...	...	...	...	...	...	...	...	...	...	...	...	...
JQ003233	...	...	...	...	...	...	...	...	...	...	...	...	...	...	...	...
JQ003232	—..	...	...	...	...	...	...	...	...	...	...	...	...	...	...	...
JQ003230	—..	...	...	...	...	...	...	...	...	...	...	...	...	...	...	...
JQ003229	—..	...	...	...	...	...	...	...	...	...	...	...	...	...	...	...
JQ003227	—..	...	...	...	...	...	...	...	...	...	...	...	...	...	...	...
JQ003225	—..	...	...	...	...	...	...	...	...	...	...	...	...	...	...	...
JQ003224	—..	...	...	...	...	...	...	...	...	...	...	...	...	...	...	...
JQ003223	...	...	...	...	...	...	...	...	...	...	...	...	...	...	...	...
JQ003222	...	...	...	...	...	...	...	...	...	...	...	...	...	...	...	...
JQ003221	...	...	...	...	...	...	...	...	...	...	...	...	...	...	...	...
JQ003220	...	...	...	...	...	...	...	...	...	...	...	...	...	...	...	...

KF233592	CTA	TAC	AAC	TTT	CAA	CAA	CGG	ATC	TCT	TGG	CTC	TCG	CAT	CGA	TGA	AGA
JN836341	...	...	...	...	...	...	...	...	...	...	...	...	...	...	...
JQ029276	...	...	...	...	...	...	...	...	...	...	...	...	...	...	...
JQ029275	...	...	...	...	...	...	...	...	...	...	...	...	...	...	...
JQ029274	...	...	...	...	...	...	...	...	...	...	...	...	...	...	...
JQ029273	...	...	...	...	...	...	...	...	...	...	...	...	...	...	...
JQ029272	...	...	...	...	...	...	...	...	...	...	...	...	...	...	...
JQ029271	...	...	...	...	...	...	...	...	...	...	...	...	...	...	...
JQ029270	...	...	...	...	...	...	...	...	...	...	...	...	...	...	...
JQ003235	...	...	...	...	...	...	...	...	...	...	...	...	...	...	...
JQ003234	...	...	...	...	...	...	...	...	...	...	...	...	...	...	...
JQ003233	...	...	...	...	...	...	...	...	...	...	...	...	...	...	...
JQ003232	...	...	...	...	...	...	...	...	...	...	...	...	...	...	...
JQ003230	...	...	...	...	...	...	...	...	...	...	...	...	...	...	...
JQ003229	...	...	...	...	...	...	...	...	...	...	...	...	...	...	...
JQ003227	...	...	...	...	...	...	...	...	...	...	...	...	...	...	...
JQ003225	...	...	...	...	...	...	...	...	...	...	...	...	...	...	...
JQ003224	...	...	...	...	...	...	...	...	...	...	...	...	...	...	...

JQ003223	…	…	…	…	…	…	…	…	…	…	…	…	…	…	…
JQ003222	…	…	…	…	…	…	…	…	…	…	…	…	…	…	…
JQ003221	…	…	…	…	…	…	…	…	…	…	…	…	…	…	…
JQ003220	…	…	…	…	…	…	…	…	…	…	…	…	…	…	…

KF233592	ACG	CAG	CGA	AAT	GCG	ATA	AGT	AAT	GTG	AAT	TGC	AGA	ATT	CAG	TGA	ATC
JN836341	…	…	…	…	…	…	…	…	…	…	…	…	…	…	…
JQ029276	…	…	…	…	…	…	…	…	…	…	…	…	…	…	…
JQ029275	…	…	…	…	…	…	…	…	…	…	…	…	…	…	…
JQ029274	…	…	…	…	…	…	…	…	…	…	…	…	…	…	…
JQ029273	…	…	…	…	…	…	…	…	…	…	…	…	…	…	…
JQ029272	…	…	…	…	…	…	…	…	…	…	…	…	…	…	…
JQ029271	…	…	…	…	…	…	…	…	…	…	…	…	…	…	…
JQ029270	…	…	…	…	…	…	…	…	…	…	…	…	…	…	…
JQ003235	…	…	…	…	…	…	…	…	…	…	…	…	…	…	…
JQ003234	…	…	…	…	…	…	…	…	…	…	…	…	…	…	…
JQ003233	…	…	…	…	…	…	…	…	…	…	…	…	…	…	…
JQ003232	…	…	…	…	…	…	…	…	…	…	…	…	…	…	…
JQ003230	…	…	…	…	…	…	…	…	…	…	…	…	…	…	…
JQ003229	…	…	…	…	…	…	…	…	…	…	…	…	…	…	…
JQ003227	…	…	…	…	…	…	…	…	…	…	…	…	…	…	…
JQ003225	…	…	…	…	…	…	…	…	…	…	…	…	…	…	…
JQ003224	…	…	…	…	…	…	…	…	…	…	…	…	…	…	…
JQ003223	…	…	…	…	…	…	…	…	…	…	…	…	…	…	…
JQ003222	…	…	…	…	…	…	…	…	…	…	…	…	…	…	…
JQ003221	…	…	…	…	…	…	…	…	…	…	…	…	…	…	…
JQ003220	…	…	…	…	…	…	…	…	…	…	…	…	…	…	…

KF233592	ATC	GAA	TCT	TTG	AAC	GCA	CCT	TGC	ACT	CCT	TGG	TAT	TCC	GAG	GAG	TAT
JN836341	…	…	…	…	…	…	…	…	…	…	…	…	…	…	…
JQ029276	…	…	…	…	…	…	…	…	…	…	…	…	…	…	…
JQ029275	…	…	…	…	…	…	…	…	…	…	…	…	…	…	…
JQ029274	…	…	…	…	…	…	…	…	…	…	…	…	…	…	…
JQ029273	…	…	…	…	…	…	…	…	…	…	…	…	…	…	…
JQ029272	…	…	…	…	…	…	…	…	…	…	…	…	…	…	…
JQ029271	…	…	…	…	…	…	…	…	…	…	…	…	…	…	…
JQ029270	…	…	…	…	…	…	…	…	…	…	…	…	…	…	…
JQ003235	…	…	…	…	…	…	…	…	…	…	…	…	…	…	…
JQ003234	…	…	…	…	…	…	…	…	…	…	…	…	…	…	…
JQ003233	…	…	…	…	…	…	…	…	…	…	…	…	…	…	…
JQ003232	…	…	…	…	…	…	…	…	…	…	…	…	…	…	…
JQ003230	…	…	…	…	…	…	…	…	…	…	…	…	…	…	…
JQ003229	…	…	…	…	…	…	…	…	…	…	…	…	…	…	…
JQ003227	…	…	…	…	…	…	…	…	…	…	…	…	…	…	…
JQ003225	…	…	…	…	…	…	…	…	…	…	…	…	…	…	…
JQ003224	…	…	…	…	…	…	…	…	…	…	…	…	…	…	…
JQ003223	…	…	…	…	…	…	…	…	…	…	…	…	…	…	…
JQ003222	…	…	…	…	…	…	…	…	…	…	…	…	…	…	…
JQ003221	…	…	…	…	…	…	…	…	…	…	…	…	…	…	…
JQ003220	…	…	…	…	…	…	…	…	…	…	…	…	…	…	…

KF233592	GCC	TGT	TTG	AGT	GTC	ATG	TTA	ATC	TCA	ATA	CAA	CAT	TTT	TTG	TAA	CTA
JN836341	…	…	…	…	…	…	…	…	…	…	…	…	…	…	…
JQ029276	…	…	…	…	…	…	…	…	…	…	…	…	…	…	…
JQ029275	…	…	…	…	…	…	…	…	…	…	…	…	…	…	…
JQ029274	…	…	…	…	…	…	…	…	…	…	…	…	…	…	…

JQ029273	...	...	...	...	...	...	...	...	...	...	...	...	...	...	...	...
JQ029272	...	...	...	...	...	...	...	...	...	...	...	...	...	...	...	...
JQ029271	...	...	...	...	...	...	...	...	...	...	...	...	...	...	...	...
JQ029270	...	...	...	...	...	...	...	...	...	...	...	...	...	...	...	...
JQ003235	...	...	...	...	...	...	...	...	...	...	...	...	...	...	...	...
JQ003234	...	...	...	...	...	...	...	...	...	...	...	...	...	...	...	...
JQ003233	...	...	...	...	...	...	...	...	...	...	...	...	...	...	...	...
JQ003232	...	...	...	...	...	...	...	...	...	...	...	...	...	...	...	...
JQ003230	...	...	...	...	...	...	...	...	...	...	...	...	...	...	...	...
JQ003229	...	...	...	...	...	...	...	...	...	...	...	...	...	...	...	...
JQ003227	...	...	...	...	...	...	...	...	...	...	...	...	...	...	...	...
JQ003225	...	...	...	...	...	...	...	...	...	...	...	...	...	...	...	...
JQ003224	...	...	...	...	...	...	...	...	...	...	...	...	...	...	...	...
JQ003223	...	...	...	...	...	...	...	...	...	...	...	...	...	...	...	...
JQ003222	...	...	...	...	...	...	...	...	...	...	...	..Y	...	...	...	...
JQ003221	...	...	...	...	...	...	...	...	...	...	...	...	...	...	...	...
JQ003220	...	...	...	...	...	...	...	...	...	...	...	...	...	...	...	...

KF233592	AAA	AGT	GTT	GAT	ATT	GGA	CTT	GGG	GAC	TGC	TGG	CGT	AAG	TCG	GCT	TCT
JN836341	...	...	...	...	...	...	...	...	...	...	...	...	...	...	...	...
JQ029276	...	...	...	A..	...	...	...	...	...	...	...	...	G..	...	...	...
JQ029275	...	...	...	A..	...	...	...	...	...	...	...	...	G..	...	...	...
JQ029274	...	...	...	...	...	...	...	...	...	...	...	...	G..	...	...	...
JQ029273	...	...	...	...	...	...	...	...	...	...	...	...	...	...	...	...
JQ029272	...	...	...	A..	...	...	...	...	...	...	...	...	...	...	...	...
JQ029271	...	...	...	A..	...	...	...	...	...	...	...	...	R..	...	...	...
JQ029270	...	...	...	R..	...	...	...	...	...	...	...	...	R..	...	...	...
JQ003235	...	...	...	A..	...	...	...	...	...	...	...	...	G..	...	...	...
JQ003234	...	...	...	A..	...	...	...	...	...	...	...	...	G..	...	...	...
JQ003233	...	...	...	A..	...	...	...	...	...	...	...	...	G..	...	...	...
JQ003232	...	...	...	A..	...	...	...	...	...	...	...	...	G..	...	...	...
JQ003230	...	...	...	A..	...	...	...	...	...	...	...	...	G..	...	...	...
JQ003229	...	...	...	A..	...	...	...	...	...	...	...	...	...	...	...	...
JQ003227	...	...	...	...	...	...	...	...	...	...	...	...	...	...	...	...
JQ003225	...	...	...	...	...	...	...	...	...	...	...	...	...	...	...	...
JQ003224	...	...	...	...	...	...	...	...	...	...	...	...	...	...	...	...
JQ003223	...	...	...	R..	...	...	...	...	...	...	...	...	R..	...	...	...
JQ003222	...	...	...	A..	...	...	...	...	...	...	...	...	...	...	...	...
JQ003221	...	...	...	R..	...	...	...	...	...	...	...	...	G..	...	...	...
JQ003220	...	...	...	R..	...	...	...	...	...	...	...	...	...	...	...	...

KF233592	CTT	GAA	TGC	ATT	AGC	TGG	GCT	TTT	GCT	CGA	GTA	ATT	GGT	GTA	ATA	GTT
JN836341	...	...	...	...	...	...	...	...	...	...	...	...	...	...	...	...
JQ029276	...	...	...	...	...	...	...	...	...	...	...	...	...	...	...	...
JQ029275	...	...	...	...	...	...	...	...	...	...	...	...	...	...	...	...
JQ029274	...	...	...	...	...	...	...	...	...	...	...	...	...	...	...	...
JQ029273	...	...	...	...	...	...	...	...	...	...	...	...	...	...	...	...
JQ029272	...	...	...	...	...	...	...	...	...	...	...	...	...	...	...	...
JQ029271	...	...	...	...	...	...	...	...	...	...	...	...	...	...	...	...
JQ029270	...	...	...	...	...	...	...	...	...	...	...	...	...	...	...	...
JQ003235	...	...	...	...	...	...	...	...	...	...	...	...	...	...	...	...
JQ003234	...	...	...	...	...	...	...	...	...	...	...	...	...	...	...	...
JQ003233	...	...	...	...	...	...	...	...	...	...	...	...	...	...	...	...
JQ003232	...	...	...	...	...	...	...	...	...	...	...	...	...	...	...	...
JQ003230	...	...	...	...	...	...	...	...	...	...	...	...	...	...	...	...
JQ003229	...	...	...	...	...	...	...	...	...	...	...	...	...	...	...	...

JQ003227	...	...	...	...	...	...	...	...	...	...	...	...	...	...	...
JQ003225	...	...	...	...	...	...	...	...	...	...	...	...	...	...	...
JQ003224	...	...	...	...	...	...	...	...	...	...	...	...	...	...	...
JQ003223	...	...	...	...	...	...	...	...	...	...	...	...	...	...	...
JQ003222	...	...	...	...	...	...	...	...	...	...	...	...	...	...	...
JQ003221	...	...	...	...	...	...	...	...	...	...	...	...	...	...	...
JQ003220	...	...	...	...	...	...	...	...	...	...	...	...	...	...	...

KF233592	TCT	AAC	ATT	CAC	CGT	TTA	CAC	TTG	CTA	ATA	GAG	TCT	GCT	TCT	AAT	CGT
JN836341	...	...	...	...	...	...	...	...	...	...	...	...	...	...	...
JQ029276	...	...	...	...	...	...	...	...	...	...	...	...	...	...	...
JQ029275	...	...	...	...	...	...	...	...	...	...	...	...	...	...	...
JQ029274	...	...	...	...	...	...	...	...	...	...	...	...	...	...	...
JQ029273	...	...	...	...	...	...	...	...	...	...	...	...	...	...	...
JQ029272	...	...	...	...	...	...	...	...	...	...	...	...	...	...	...
JQ029271	...	...	...	...	...	...	...	...	...	...	...	...	...	...	...
JQ029270	...	...	...	...	...	...	...	...	...	...	...	...	...	...	...
JQ003235	...	...	...	...	...	...	...	...	...	...	...	...	...	...	...
JQ003234	...	...	...	...	...	...	...	...	...	...	...	...	...	...	...
JQ003233	...	...	...	...	...	...	...	...	...	...	...	...	...	...	...
JQ003232	...	...	...	...	...	...	...	...	...	...	...	...	...	...	...
JQ003230	...	...	...	...	...	...	...	...	...	...	...	...	...	...	...
JQ003229	...	...	...	...	...	..G	...	...	...	...	...	...	...	...	...
JQ003227	...	...	...	...	...	...	...	...	...	...	...	...	...	...	...
JQ003225	...	...	...	...	...	..G	...	...	...	...	...	...	...	...	...
JQ003224	...	...	...	...	...	...	...	...	...	...	...	...	...	...	...
JQ003223	...	...	...	...	...	...	...	...	...	...	...	...	...	...	...
JQ003222	...	...	...	...	...	..R	...	...	...	...	...	...	...	...	...
JQ003221	...	...	...	...	...	...	...	...	...	...	...	...	...	...	...
JQ003220	...	...	...	...	...	...	...	...	...	...	...	...	...	...	...

KF233592	CTT	GTA	ATG	AGA	CAA	A——	CTT	AAC	—TT	TGA	CCT	TTG	GCC
JN836341	...	...	...	...	...	.CA	...	...	—..	...	...	...	...
JQ029276	...	...	...	...	...	.——	...	...	—..	...	...	...	...
JQ029275	...	...	...	...	...	.——	...	...	—..	...	...	...	...
JQ029274	...	...	...	...	...	.——	...	...	—..	...	...	...	...
JQ029273	...	...	...	...	...	.——	...	...	—..	...	...	...	...
JQ029272	...	...	...	...	...	.——	...	...	C..	...	...	...	...
JQ029271	...	...	...	...	...	.——	...	...	C..	...	...	...	...
JQ029270	...	...	...	...	...	.CA	...	...	—..	...	...	...	...
JQ003235	...	...	...	...	...	.C—	—..	...	—..	...	...	...	...
JQ003234	...	...	...	...	...	.——	...	...	C..	...	...	...	...
JQ003233	...	...	...	...	...	.——	...	...	C..	...	...	...	...
JQ003232	...	...	...	...	...	.CA	...	...	—..	...	...	...	...
JQ003230	...	...	...	...	...	.CA	...	...	—..	...	...	...	...
JQ003229	...	...	...	...	...	.CA	...	...	—..	...	...	...	...
JQ003227	...	...	...	...	...	.CA	...	...	—..	...	...	...	...
JQ003225	...	...	...	...	...	.CA	...	...	—..	...	...	...	...
JQ003224	...	...	...	...	...	.CA	...	...	—..	...	...	...	...
JQ003223	...	...	...	...	...	.CA	...	...	—..	...	...	...	...
JQ003222	...	...	...	...	...	.CA	...	...	—..	...	...	...	...
JQ003221	...	...	...	...	...	.CA	...	...	—..	...	...	...	...
JQ003220	...	...	...	...	...	.SA	...	...	—..	...	...	...	...

25.1.7　条形码蛋白质序列

MSFLK * A * CWWVSGLACAQFALIHLTPVHLLKREREERESGLFVYSFIRVFNSKSSISLLTL
* * TTILFV * NALASL * VK * LYNFQQRISWLSHR * RTQRNAISNVNCRIQ * IIESLNAPCTPW
YSEEYACLSVMLISIQHFL * LKSVDIGLGDCWRKSASLECISWAFARVIGVIVSNIHRLHLLIESA
SNRLVMRQ? LN? * PLA

26 球壳孢属 DNA 条形码

26.1 落叶松枯梢病菌 *Sphaeropsis sapinea*

26.1.1 基本信息

中文名称：松球壳孢菌。

拉丁学名：*Sphaeropsis sapinea*（Fr.）Dyko & B. Sutton，in Sutton，The Coelomycetes（Kew）：120（1980）。

异名：*Sphaeria sapinea* Fr.，Syst. mycol.（Lundae）2（2）：491（1823）；

Sordaria sapinea（Fr.）Niessl，Verh. nat. Ver. Brünn 3：175（1865）；

Diplodia sapinea（Fr.）Fuckel，Jb. nassau. Ver. Naturk. 23-24：393（1870）；

Granulodiplodia sapinea（Fr.）Zambett.，Bull. trimest. Soc. mycol. Fr. 70（3）：331（1955）；

Macrophoma sapinea（Fr.）Petr.，Sydowia 15（1-6）：311（1962）；

Sphaeria pinea Desm.，Annls Sci. Nat.，Bot.，sér. 2 17：104（1842）；

Sphaeropsis pinea（Desm.）Berk. & Broome，Ann. Mag. nat. Hist.，Ser. 3 15：401（1865）；

Diplodia pinea（Desm.）J. Kickx f.，Fl. Crypt. Flandres（Paris）1：397（1867）；

Botryodiplodia pinea（Desm.）Petr.，Annls mycol. 20（5/6）：308（1922）；

Macrophoma pinea（Desm.）Petr. & Syd.，Feddes Repert.，Beih. 42：116（1926）；

Granulodiplodia pinea（Desm.）Zambett.，Bull. trimest. Soc. mycol. Fr. 70（3）：331（1955）；

Diplodia conigena Desm.，Annls Sci. Nat.，Bot.，sér. 3 6：69（1846）；

Phoma pinastri Lév.，Annls Sci. Nat.，Bot.，sér. 3 5：282（1846）；

Diplodia pinastri（Lév.）Desm.，Annls Sci. Nat.，Bot.，sér. 3 11（2）：281（1849）；

Sphaeropsis pinastri（Lév.）Sacc.，Syll. fung.（Abellini）3：300（1884）；

Macroplodia pinastri（Lév.）Kuntze，Revis. gen. pl.（Leipzig）3（3）：492（1898）；

Coniothyrium pinastri（Lév.）Tassi，Bulletin Labor. Orto Bot. de R. Univ. Siena 5：25（1902）；

Sphaeropsis pinastri Cooke & Ellis，Grevillea 7（no. 41）：5（1878）；

Sphaeropsis ellisii Sacc.，Syll. fung.（Abellini）3：300（1884）；

Diplodia sapinea var. *lignicola* Sacc.，Syll. fung.（Abellini）3：356（1884）；

Macroplodia ellisii（Sacc.）Kuntze，Revis. gen. pl.（Leipzig）3（3）：492（1898）；

Diplodia sapinea var. *pinsapo* Brunaud，J. Bot.，Paris 1：154（1887）；

Sphaeropsis ellisii var. *laricis* Peck，Ann. Rep. Reg. N. Y. St. Mus. 44：135（1891）；

Sphaeropsis ellisii var. *abietis* Fautrey，Revue mycol.，Toulouse 19（no. 74）：55（1897）；

Sphaeropsis ellisii var. *chromogena* Goid.，Boll. R. Staz. Patalog. Veget. Roma，N. S. 15（3）：458（1935）。

英文名：Sphaeropsis blight。

分类地位：真菌界（Fungi）子囊菌门（Ascomycota）座囊菌目（Dothideales）葡萄座腔菌科（Botryosphaeriaceae）球壳孢属（*Sphaeropsis*）。

26.1.2　生物学特性及危害症状

病害开始于抽梢初期，发病处开始可见油脂泌出，形成蓝紫色病斑或水浸状坏死斑。病斑迅速扩展，嫩梢逐渐枯死，继而失水干枯，不久后枯梢上针叶基部产生小黑点状分生孢子器。除造成枯梢外，也可使针叶枯死，发病叶长度明显短于健叶，不形成明显的溃疡斑。针叶枯死 3 周左右，其上可产生分生孢子器。也可使枝端顶芽坏死，称芽腐。以秋末时形成的过冬芽受害最严重，影响次年发新梢。受害芽一般外表色深，呈干枯状；有很大一部分芽，外表虽然与健芽无异，但剖开可见内部有变褐色或变黑色部分，有时外部可见到白色干松脂。同时也可造成 2 年生针叶基部坏死，坏死初期针叶外观正常，只是在叶鞘内的针叶基部出现水浸状，病针叶经 1 月左右干枯扭曲，不产生子实体，也不引起枯梢或溃疡斑。芽坏死后，下季抽梢时在众多的针叶基部形成大量短枝，使枝条丛生，反复受害使整个树冠呈丛簇状，生长停止（沈伯葵，1992）。

26.1.3　检疫及限定现状

波兰、古巴将其列为检疫性有害生物，新西兰将其列为非限定性有害生物。

26.1.4　凭证样本信息

分析所用基因片段信息来自：125-1、12S、113-1、103-1、11B、457 WI、113 WI、28 A、25 B、21 S、70 D、61 SB、159 N、159 S、158 N、158 S、157 D-2、157 D-1、150-2、15 SB、CMW4879、CMW4876、 CMW4898、 EP0238993、 CMW1184、 CMW1185、 CMW1187、 CMW4240、CMW29483、CMW29144、PD80、PD23、CAP339、CMW11252、CMW11250、CMW10711、CJK2、536bRJP、347bRJP、CBS109943、CBS109727、CBS109725、CBS393.84、DIP-15、Dp-EST1、STE-U 5812、STE-U 5901、STE-U 5808、CAP169、CAP168、CAP166。

26.1.5　DNA 条形码标准序列

（1）rDNA *ITS* 序列信息及图像化条形码（illustrative barcode）。

GTAACAAGGTTTCCGTAGGTGAACCTGCGGAAGGATCATTACCGAGTTCTCGGGCTTC
GGCTCGAATCTCCCACCCTTTGTGAACATACCTCTGTTGCTTTGGCGGCTCTTTGCCGCGAG
GAGGCCCTCGCGGGCCCCCCCGCGCGCTTTCCGCCAGAGGACCTTCAAACTCCAGTCAGTAA
ACGTCGACGTCTGATAAACAAGTTAATAAACTAAAACTTTCAACAACGGATCTCTTGGTT
CTGGCATCGATGAAGAACGCAGCGAAATGCGATAAGTAATGTGAATTGCAGAATTCAGTG
AATCATCGAATCTTTGAACGCACATTGCGCCCCTTGGCATTCCGAGGGGCATGCCTGTTCG
AGCGTCATTACAACCCTCAAGCTCTGCTTGGTATTGGGCGCCGTCCTCTCTGCGGACGCGCC
TTAAAGACCTCGGCGGTGGCTGTTCAGCCCTCAAGCGTAGTAGAATACACCTCGCTTTGGA
GCGGTTGGCGTCGCCCGCCGGACGAACCTTCTGAACTTTTCTCAAGGTTGACCTCGGATCAG
GTAGGGATACCCGCTGAACTTAAGCATATCAAT

0　　　　　　　　　　　　　　　　　　　　　　　　　　　　　　　580

经过 BOLD 数据库查询，参考序列共有 54 条：AY156722、AY156721、AY156720、AY156719、AY156718、AY160200、AY160199、AY160198、AY160197、AY160196、AY159255、AY159254、AY159252、AY159251、AY159250、AY159249、AY159248、AY159247、AY159246、AY159245、

AY253295、　AY253294、　AY253293、　AY253291、　AY253292、　AY260545、　AY260544、　AY260543、
AY260542、　HM100284、　HM100283、　GU251114、　GU251110、　GQ923875、　AY244425、　AY244424、
AY244423、　JX431883、　JX444675、　JX444674、　DQ458898、　DQ458897、　DQ458896、　DQ458895、
EF506938、　DQ674377、　EU330229、　EF445342、　EF445341、　EF445340、　EF445339、　EU392286、
EU392285、EU392284。

26.1.6　种内 rDNA *ITS* 序列差异

从 BOLD SYTEM 获得 54 条序列，使用 Mega 软件分析，其中 44 条序列无差异，10 条序列有变异位点，变异位点为 13 个，*ITS* 条形码 Consensus 序列长度为 487 bp。如下：

AY156722	TCT	CGG	GCT	TCG	GCT	CGA	ATC	TCC	CAC	CCT	TTG	TGA	ACA	TAC	CTC	TGT
AY156719	...	...	...	...	...	...	...	...	...	...	...	...	...	...	...	...
AY160198	...	...	...	...	...	...	...	...	...	...	...	...	...	...	...	...
AY253295	...	...	...	...	...	...	...	...	...	...	...	...	...	...	...	...
AY253291	...	...	...	...	...	...	...	...	...	...	...	...	...	...	...	...
AY253290	...	...	...	...	...	...	...	...	...	...	...	...	...	...	...	...
GU251114	...	...	...	...	...	...	...	...	...	...	...	...	...	...	...	...
GU251110	...	...	...	...	...	...	...	...	...	...	...	...	...	...	...	...
AY244424	...	...	...	...	...	...	...	...	...	...	...	...	...	...	...	...
AY244423	...	...	...	...	...	...	...	...	...	...	...	...	...	...	...	...
JX444675	...	...	...	...	...	...	...	...	...	...	...	...	...	...	...	...
JX444674	...	...	...	...	...	...	...	...	...	...	...	...	...	...	...	...

AY156722	TGC	TTT	GGC	GGC	TCT	TTG	CCG	CGA	GGA	GGC	CCT	CGC	GGG	CCC	CCC	—CG
AY156719	...	...	...	...	...	...	...	...	...	...	...	...	...	...	...	—..
AY160198	...	...	...	...	...	...	...	...	...	...	...	...	...	...	...	—..
AY253295	...	...	...	...	...	...	...	...	...	...	...	...	...	...	...	—..
AY253291	...	...	...	...	...	...	...	...	...	...	...	...	...	...	...	—..
AY253290	...	...	...	...	...	...	...	...	...	...	...	...	...	...	...	—..
GU251114	...	...	...	...	...	...	...	...	...	...	...	...	...	...	...	—..
GU251110	...	...	...	...	...	...	...	...	...	...	...	...	...	...	...	—..
AY244424	..T	.C.	...	...	...	...	...	...	...	...	...	...	...	...	...	—..
AY244423	..T	.C.	...	...	...	...	...	...	...	...	...	...	...	...	...	—..
JX444675	...	...	...	...	...	...	...	...	...	...	...	...	...	...	...	—..
JX444674	...	...	...	...	...	...	...	...	...	...	...	...	...	...	...	—..

AY156722	TGC	TTT	GGC	GGC	TCT	TTG	CCG	CGA	GGA	GGC	CCT	CGC	GGG	CCC	CCC	—CG
AY156719	...	..—	...	...	...	...	...	...	...	...	...	...	...	...	...	...
AY160198	...	..—	...	...	...	...	...	...	...	...	...	...	...	...	...	...
AY253295	...	...	...	...	...	...	...	...	...	...	...	...	...	...	...	...
AY253291	...	...	...	...	...	...	...	...	...	...	...	...	...	...	...	...
AY253290	...	...	...	...	...	...	...	...	...	...	...	...	...	...	...	...
GU251114	...	...	...	.T.	...	...	...	...	...	...	...	...	...	...	...	...
GU251110	...	...	...	.T.	...	...	...	...	...	...	...	...	...	...	...	...
AY244424	...	...	...	...	...	...	...	...	...	...	...	...	...	...	...	...
AY244423	...	...	...	...	...	...	...	...	...	...	...	...	...	...	...	...
JX444675	...	...	...	...	...	...	...	...	...	...	...	...	...	...	...	...
JX444674	...	..—	...	...	...	...	...	...	...	...	...	...	...	...	...	...

AY156722	CGT	CTG	ATA	AAC	—AA	GTT	AAT	AAA	CTA	AAA	CTT	TCA	ACA	ACG	GAT	CTC
AY156719	...	...	...	...	—..	...	...	...	...	...	...	...	...	...	...	...
AY160198	...	...	...	...	—..	...	...	...	...	...	...	...	...	...	...	...
AY253295	...	...	...	...	—..	...	...	...	...	...	...	...	...	...	...	...
AY253291	...	...	...	...	—..	...	...	...	...	...	...	...	...	...	...	...
AY253290	...	...	...	...	—..	...	...	...	...	...	...	...	...	...	...	...
GU251114	...	...	...	...	—..	...	...	...	...	...	...	...	...	...	...	...

```
GU251110   ...  ...  ...  ...  —..  ...  ...  ...  ...  ...  ...  ...  ...  ...  ...  ...
AY244424   ...  ...  ...  ...  —..  ...  ...  ...  ...  ...  ...  ...  ...  ...  ...  ...
AY244423   ...  ...  ...  ...  —..  ...  ...  ...  ...  ...  ...  ...  ...  ...  ...  ...
JX444675   ...  ...  ...  ...  —..  ...  ...  ...  ...  ...  ...  ...  ...  ...  ...  ...
JX444674   ...  ...  ...  ...  —..  ...  ...  ...  ...  ...  ...  ...  ...  ...  ...  ...


AY156722   TTG  GTT  CTG  GCA  TCG  ATG  AAG  AAC  GCA  GCG  AAA  TGC  GAT  AAG  TAA  TGT
AY156719   ...  ...  ...  ...  ...  ...  ...  ...  ...  ...  ...  ...  ...  ...  ...  ...
AY160198   ...  ...  ...  ...  ...  ...  ...  ...  ...  ...  ...  ...  ...  ...  ...  ...
AY253295   ...  ...  ...  ...  ...  ...  ...  ...  ...  ...  ...  ...  ...  ...  ...  ...
AY253291   ...  ...  ...  ...  ...  ...  ...  ...  ...  ...  ...  ...  ...  ...  ...  ...
AY253290   ...  ...  ...  ...  ...  ...  ...  ...  ...  ...  ...  ...  ...  ...  ...  ...
GU251114   ...  ...  ...  ...  ...  ...  ...  ...  ...  ...  ...  ...  ...  ...  ...  ...
GU251110   ...  ...  ...  ...  ...  ...  ...  ...  ...  ...  ...  ...  ...  ...  ...  ...
AY244424   ...  ...  ...  ...  ...  ...  ...  ...  ...  ...  ...  ...  ...  ...  ...  ...
AY244423   ...  ...  ...  ...  ...  ...  ...  ...  ...  ...  ...  ...  ...  ...  ...  ...
JX444675   ...  ...  ...  ...  ...  ...  ...  ...  ...  ...  ...  ...  ...  ...  ...  ...
JX444674   ...  ...  ...  ...  ...  ...  ...  ...  ...  ...  ...  ...  ...  ...  ...  ...


AY156722   GAA  TTG  CAG  AAT  TCA  GTG  AAT  CAT  CGA  ATC  TTT  GAA  CGC  ACA  TTG  CGC
AY156719   ...  ...  ...  ...  ...  ...  ...  ...  ...  ...  ...  ...  ...  ...  ...  ...
AY160198   ...  ...  ...  ...  ...  ...  ...  ...  ...  ...  ...  ...  ...  ...  ...  ...
AY253295   ...  ...  ...  ...  ...  ...  ...  ...  ...  ...  ...  ...  ...  ...  ...  ...
AY253291   ...  ...  ...  ...  ...  ...  ...  ...  ...  ...  ...  ...  .C.  ...  ...  ...
AY253290   ...  ...  ...  ...  ...  ...  ...  ...  ...  ...  ...  ...  ...  ...  ...  ...
GU251114   ...  ...  ...  ...  ...  ...  ...  ...  ...  ...  ...  ...  ...  ...  ...  ...
GU251110   ...  ...  ...  ...  ...  ...  ...  ...  ...  ...  ...  ...  ...  ...  ...  ...
AY244424   ...  ...  ...  ...  ...  ...  ...  ...  ...  ...  ...  ...  ...  ...  ...  ...
AY244423   ...  ...  ...  ...  ...  ...  ...  ...  ...  ...  ...  ...  ...  ...  ...  ...
JX444675   ...  ...  ...  ...  ...  ...  ...  ...  ...  ...  ...  ...  ...  ...  ...  ...
JX444674   ...  ...  ...  ...  ...  ...  ...  ...  ...  ...  ...  ...  ...  ...  ...  ...


AY156722   CCC  TTG  GCA  TTC  CGA  GGG  GCA  TGC  CTG  TTC  GAG  CGT  CAT  TAC  AAC  CCT
AY156719   ...  ...  ...  ...  ...  ...  ...  ...  ...  ...  ...  ...  .T.  ...  ...  ...
AY160198   ...  ...  ...  ...  ...  ...  ...  ...  ...  ...  ...  ...  ...  ...  ...  ...
AY253295   ...  ...  ...  ...  ...  ...  ...  ...  ...  ...  ...  ...  ...  ...  ...  ...
AY253291   ...  ...  ...  ...  ...  ...  ...  ...  ...  ...  ...  ...  ...  ...  ...  ...
AY253290   ...  ...  ...  ...  ...  ...  ...  ...  ...  ...  ...  ...  ...  ...  ...  ...
GU251114   ...  C..  ...  ...  ..G  ...  ...  ...  ...  ...  ...  ...  ...  ...  ...  ...
GU251110   ...  C..  ...  ...  ..G  ...  ...  ...  ...  ...  ...  ...  ...  ...  ...  ...
AY244424   ...  ...  ...  ...  ...  ...  ...  ...  ...  ...  ...  ...  ...  ...  ...  ...
AY244423   ...  ...  ...  ...  ...  ...  ...  ...  ...  ...  ...  ...  ...  ...  ...  ...
JX444675   ...  ...  ...  ...  ...  ...  ...  ...  ...  ...  ...  ...  ...  ...  ...  ...
JX444674   ...  ...  ...  ...  ...  ...  ...  ...  ...  ...  ...  ...  ...  ...  ...  ...


AY156722   CAA  GCT  CTG  CTT  GGT  ATT  GGG  CGC  CGT  CCT  —CT  CTG  CGG  ACG  CGC  CTT
AY156719   ...  ...  ...  ...  ...  ...  ...  ...  ...  ...  —..  ...  ...  ...  ...  ...
AY160198   ...  ...  ...  ...  ...  ...  ...  ...  ...  ...  —..  ...  ...  ...  T..  ...
AY253295   ...  ...  ...  ...  ...  ...  ...  ...  ...  ...  —..  ...  ...  ...  ...  ...
AY253291   ...  ...  ...  ...  ...  ...  ...  ...  ...  ...  —..  ...  ...  ...  ...  ...
AY253290   ...  ...  ...  ...  ...  ...  ...  ...  ...  ...  —CT  ...  ...  ...  ...  ...
GU251114   ...  ...  ...  ...  ...  ...  ...  ...  ...  ...  —..  ...  ...  ...  ...  ...
GU251110   ...  ...  ...  ...  ...  ...  ...  ...  ...  ...  —..  ...  ...  ...  ...  ...
AY244424   ...  ...  ...  ...  ...  ...  ...  ...  ...  ...  —..  ...  ...  ...  ...  ...
AY244423   ...  ...  ...  ...  ...  ...  ...  ...  ...  ...  —..  ...  ...  ...  ...  ...
JX444675   ...  ...  ...  ...  ...  ...  ...  ...  ...  ...  —..  ...  ...  ...  ...  ...
JX444674   ...  ...  ...  ...  ...  ...  ...  ...  ...  ...  —..  ...  ...  ...  ...  ...
```

AY156722	AAA	GAC	CTC	GGC	GGT	GGC	TGT	TCA	—GC	CCT	CAA	GCG	TAG	TAG	AAT	ACA
AY156719	...	...	...	...	...	...	...	...	⁻..	...	...	...	...	...	...	...
AY160198	...	...	...	...	...	...	...	...	⁻..	...	...	...	...	...	...	...
AY253295	...	...	...	...	...	...	...	...	—.G	...	...	...	...	...	...	...
AY253291	...	...	...	...	...	...	...	...	⁻..	...	...	...	...	...	...	...
AY253290	...	...	...	...	...	...	...	...	⁻..	...	...	...	..A	...	...	...
GU251114	...	...	...	...	...	...	...	...	⁻..	...	...	...	...	...	...	...
GU251110	...	...	...	...	...	...	...	...	⁻..	...	...	...	...	...	...	...
AY244424	...	...	...	...	...	...	...	...	⁻..	...	...	...	...	...	...	...
AY244423	...	...	...	...	...	...	...	...	⁻..	...	...	...	...	...	...	...
JX444675	...	...	...	...	...	...	...	...	⁻..	...	...	...	...	...	...	...
JX444674	...	...	...	...	...	...	...	...	⁻..	...	...	...	...	...	...	...

AY156722	CCT	CGC	TTT	GGA	GCG	GTT	GGC	GTC	GCC	CGC	CGG	ACG	AAC	CTT	CTG	AAC
AY156719	...	...	...	...	...	...	...	...	...	...	...	...	...	...	...	...
AY160198	...	...	...	...	...	...	...	...	...	...	...	...	...	...	...	...
AY253295	...	...	...	...	...	...	...	...	...	...	...	...	...	...	...	...
AY253291	...	...	...	...	...	...	...	...	...	...	...	...	...	...	...	...
AY253290	...	...	...	...	...	...	...	...	...	...	...	...	...	...	...	...
GU251114	...	...	...	...	...	...	...	...	...	...	...	...	...	...	...	...
GU251110	...	...	...	...	...	...	...	...	...	...	...	...	...	...	...	...
AY244424	...	...	...	...	...	...	...	...	...	...	...	...	...	...	...	...
AY244423	...	...	...	...	...	...	...	...	...	...	...	...	...	...	...	...
JX444675	...	...	...	...	...	...	...	...	...	...	...	...	...	...	...	...
JX444674	...	...	...	...	...	...	...	...	...	...	...	...	...	...	...	...

AY156722	TTT	TCT	C
AY156719	...	...	·
AY160198	...	...	·
AY253295	...	...	·
AY253291	...	...	·
AY253290	...	...	·
GU251114	...	...	·
GU251110	...	...	·
AY244424	...	...	·
AY244423	...	...	·
JX444675	...	CTC	—
JX444674	...	CTC	—

26.1.7　条形码蛋白质序列

SRASARISHPL * TYLCCFGGSLPRGGPRGPPRALSARGPSNSSQ * TSTSDKQVNKLKLSTT
DLLVLASMKNAAKCDK * CELQNSVNHRIFERTLRPLAFRGACLFERHYNPQALLGIGRRPLCG
RALKTSAVAVQPSSVVEYTSLWSGWRRPPDEPSELF

27 亚隔孢壳属 DNA 条形码

27.1 菊花花枯病菌 *Stagonosporopsis chrysanthemi*

27.1.1 基本信息

中文名称：菊花壳多孢。

拉丁学名：*Stagonosporopsis chrysanthemi*（F. Stevens）Crous, Vaghefi & P. W. J. Taylor, in Vaghefi, Pethybridge, Ford, Nicolas, Crous & Taylor, Australas. Pl. Path. 41（6）：681（2012）。

异名：*Ascochyta chrysanthemi* F. Stevens, Bot. Gaz. 44（4）：246（1907）；

Phoma ligulicola Boerema, in Aa, Noordeloos & Gruyter, Stud. Mycol. 32：9（1990）。

英文名：Ray（flower）blight of chrysanthemum。

分类地位：真菌界（Fungi）子囊菌门（Ascomycota）座囊菌纲（Dothideomycetes）格孢腔菌目（Pleosporales）亚隔孢壳科（Didymellaceae）壳多孢属（*Stagonosporopsis*）。

27.1.2 生物学特性及危害症状

植株的所有部分，包括根均受侵染，但花和切条最敏感。切条受害是从顶生芽开始，往下至整株，未开的芽、苞片、茎均变黑，叶片上生褐色斑点至整个叶片腐烂，与其相连的茎部或切条基部也受害，症状发展可至根部，使其成为侵染源；成株受害在茎上产生坏死斑，且可连成环状，病菌产生的毒素抑制顶部生长，叶片变小褪绿，易碎且略有矮化现象；花受害产生红色或褐色斑点，随后整个花头腐烂，小花粘在一起至整个花头枯萎。

27.1.3 检疫及限定现状

欧盟、EPPO、爱沙尼亚、保加利亚、比利时、波兰、俄罗斯、厄瓜多尔、荷兰、吉尔吉斯斯坦、捷克、克罗地亚、拉脱维亚、罗马尼亚、北马其顿、秘鲁、摩尔多瓦、塞尔维亚、黑山、斯洛伐克、斯洛文尼亚、突尼斯、土耳其、乌克兰、中国将其列为检疫性有害生物。

27.1.4 凭证样本信息

凭证样本菌株为 CBS 124241, PD 89/1016-4, CBS H-11952, CBS 500.63, MUCL 8090, CBS 137.96, CBS 109178, PD 84/75, GBPLE3942-13。

27.1.5 DNA 条形码标准序列：CBS 172.54

rDNA *ITS* 序列信息及图像化条形码（illustrative barcode）。

ATCATTACCTAGAGTTGCGGGCTTTGCCTGCCATCTCTTACCCATGTCTTTTGAGTACC
TTCGTTTCCTCGGTGGGTTCGCCCGCCGGCTGGACAACACTTAAACCCTTTGTAATTGAAA
TCAGCGTCTGAAAAAACTTAATAGTTACAACTTTCAACAACGGATCTCTTGGTTCTGGCA
TCGATGAAGAACGCAGCGAAATGCGATAAGTAGTGTGAATTGCAGAATTCAGTGAATCAT
CGAATCTTTGAACGCACATTGCGCCCCTTGGTATTCCATGGGGCATGCCTGTTCGAGCGTCA
TTTGTACCTTCAAGCTCTGCTTGGTGTTGGGTGTTTGTCTCGCCTCTGCGCGCAGACTCGCC

TCAAAACGATTGGCAGCCGGCGTATTGATTTCGGAGCGCAGTACATCTCGCGCTTTGACAA
CAAAACGACGACGTCCAAAAAGTACATTTTTTACACTCTTGACCTCGGATCAGGTAGGGAT
ACC

27.1.6　种内 rDNA *ITS* 序列差异

参考序列 consensus 序列长度为 456 bp，种内变异位点 4 个。如下：

```
AY157889    CCTAGAGTTG CGGGCTTTGC CTGCCATCTC TTACCCATGT CTTTTGAGTA CCTTCGTTTC CTCGGTGGGT
AY157888    .......... .......... .......... .......... .......... .......... ..........
AY157887    .......... .......... .......... .......... .......... .......... ..........
AY157886    .......... .......... .......... .......... .......... .......... ..........
AY157885    .......... ..T....... .......... .......... .......... .......... ..T.......
AY157884    .......... ..T....... .......... .......... .......... .......... ..T.......
AY157883    .......... .......... .......... .......... .......... .......... ..........
AY157882    .......... .......... .......... .......... .......... .......... ..........
AY157881    .......... .......... .......... .......... .......... .......... ..........
AY157880    .......... .......... .......... .......... .......... .......... ..........
AY157879    .......... .......... .......... .......... .......... .......... ..........
AY157878    .......... .......... .......... .......... .......... .......... ..........
AY157877    .......... .......... .......... .......... .......... .......... ..........
AY157876    .......... .......... .......... .......... .......... .......... ..........
AY157875    .......... .......... .......... .......... .......... .......... ..........

AY157889    TCGCCCGCCG GCTGGACAAC ACTTAAACCC TTTGTAATTG AAATCAGCGT CTGAAAAAAC TTAATAGTTA
AY157888    .......... .......... .......... .......... .......... .......... ..........
AY157887    .......... .T........ .......... .......... .......... .......... ..........
AY157886    .......... .......... .......... .......... .......... .......... ..........
AY157885    .......... .T........ .......... .......... .......... .......... ..........
AY157884    .......... .T........ .......... .......... .......... .......... ..........
AY157883    .......... .T........ .......... .......... .......... .......... ..........
AY157882    .......... .T........ .......... .......... .......... .......... ..........
AY157881    .......... .T........ .......... .......... .......... .......... ..........
AY157880    .......... .T........ .......... .......... .......... .......... ..........
AY157879    .......... .T........ .......... .......... .......... .......... ..........
AY157878    .......... .T........ .......... .......... .......... .......... ..........
AY157877    .......... .T........ .......... .......... .......... .......... ..........
AY157876    .......... .T........ .......... .......... .......... .......... ..........
AY157875    .......... .T........ .......... .......... .......... .......... ..........

AY157889    CAACTTTCAA CAACGGATCT CTTGGTTCTG GCATCGATGA AGAACGCAGC GAAATGCGAT AAGTAGTGTG
AY157888    .......... .......... .......... .......... .......... .......... ..........
AY157887    .......... .......... .......... .......... .......... .......... ..........
AY157886    .......... .......... .......... .......... .......... .......... ..........
AY157885    .......... .......... .......... .......... .......... .......... ..........
AY157884    .......... .......... .......... .......... .......... .......... ..........
AY157883    .......... .......... .......... .......... .......... .......... ..........
AY157882    .......... .......... .......... .......... .......... .......... ..........
AY157881    .......... .......... .......... .......... .......... .......... ..........
AY157880    .......... .......... .......... .......... .......... .......... ..........
```

AY157879	…………	…………	…………	…………	…………	…………	…………
AY157878	…………	…………	…………	…………	…………	…………	…………
AY157877	…………	…………	…………	…………	…………	…………	…………
AY157876	…………	…………	…………	…………	…………	…………	…………
AY157875	…………	…………	…………	…………	…………	…………	…………

AY157889	AATTGCAGAA	TTCAGTGAAT	CATCGAATCT	TTGAACGCAC	ATTGCGCCCC	TTGGTATTCC	ATGGGGCATG
AY157888	…………	…………	…………	…………	…………	…………	…………
AY157887	…………	…………	…………	…………	…………	…………	…………
AY157886	…………	…………	…………	…………	…………	…………	…………
AY157885	…………	…………	…………	…………	…………	…………	…………
AY157884	…………	…………	…………	…………	…………	…………	…………
AY157883	…………	…………	…………	…………	…………	…………	…………
AY157882	…………	…………	…………	…………	…………	…………	…………
AY157881	…………	…………	…………	…………	…………	…………	…………
AY157880	…………	…………	…………	…………	…………	…………	…………
AY157879	…………	…………	…………	…………	…………	…………	…………
AY157878	…………	…………	…………	…………	…………	…………	…………
AY157877	…………	…………	…………	…………	…………	…………	…………
AY157876	…………	…………	…………	…………	…………	…………	…………
AY157875	…………	…………	…………	…………	…………	…………	…………

AY157889	CCTGTTCGAG	CGTCATTTGT	ACCTTCAAGC	TCTGCTTGGT	GTTGGGTGTT	TGTCTCGCCT	CTGCGCGCAG
AY157888	…………	…………	…………	…………	…………	…………	…………
AY157887	…………	…………	…………	…………	…………	…………	…………
AY157886	…………	…………	…………	…………	…………	…………	…………
AY157885	…………	…………	…………	…………	…………	…………	…………
AY157884	…………	…………	…………	…………	…………	…………	…………
AY157883	…………	…………	…………	…………	…………	…………	…………
AY157882	…………	…………	…………	…………	…………	…………	…………
AY157881	…………	…………	…………	…………	…………	…………	…………
AY157880	…………	…………	…………	…………	…………	…………	…………
AY157879	…………	…………	…………	…………	…………	…………	…………
AY157878	…………	…………	…………	…………	…………	…………	…………
AY157877	…………	…………	…………	…………	…………	…………	…………
AY157876	…………	…………	…………	…………	…………	…………	…………
AY157875	…………	…………	…………	…………	…………	…………	…………

AY157889	ACTCGCCTCA	AAACGATTGG	CAGCCGGCGT	ATTGATTTCG	GAGCGCAGTA	CATCTCGCGC	TTTGACAACA
AY157888	…………	…………	…………	…………	…………	…………	…………
AY157887	…………	…………	…………	…………	…………	………C.	…………
AY157886	…………	…………	…………	…………	…………	…………	…………
AY157885	…………	…………	…………	…………	…………	…………	…………
AY157884	…………	…………	…………	…………	…………	…………	…………
AY157883	…………	…………	…………	…………	…………	…………	…………
AY157882	…………	…………	…………	…………	…………	…………	…………
AY157881	…………	…………	…………	…………	…………	…………	…………
AY157880	…………	…………	…………	…………	…………	…………	…………
AY157879	…………	…………	…………	…………	…………	…………	…………
AY157878	…………	…………	…………	…………	…………	…………	…………
AY157877	…………	…………	…………	…………	…………	…………	…………
AY157876	…………	…………	…………	…………	…………	…………	…………
AY157875	…………	…………	…………	…………	…………	…………	…………

| AY157889 | AAACGACGAC | GTCCAAAAAG | TACATTTTTT | ACACTC | | | |
| AY157888 | ………… | ………… | ……… | …… | | | |

AY157887	....	....	....	......
AY157886	....	....	....	......
AY157885	....	....	....	......
AY157884	....	....	....	......
AY157883	....	....	....	......
AY157882	....	....	....	......
AY157881	....	....	....	......
AY157880	....	....	....	......
AY157879	....	....	....	......
AY157878	....	....	....	......
AY157877	....	....	....	......
AY157876	....	....	....	......
AY157875	....	....	....	......

27.1.7　近缘种

近似种为苔藓双孢腔菌 *D. bryoniae*。

27.1.8　种间序列差异

菊花花枯病菌与近缘种种间变异位点为 13 个，如下：

Didymella ligulicola	CCTAGAGTTG	CGGGCTTTGC	CTGCCATCTC	TTACCCATGT	CTTTTGAGTA
Didymella bryoniae	T....G..—.	....	....	....	....
Didymella ligulicola	CCTTCGTTTC	CTCGGTGGGT	TCGCCCGCCG	GCTGGACAAC	ACTTAAACCC
Didymella bryoniae	....	.....C....	....	AT.......A	....
Didymella ligulicola	TTTGTAATTG	AAATCAGCGT	CTGAAAAAA—	CTTAATAGTT	ACAACTTTCA
Didymella bryoniae	....	....	........A	.A........	....
Didymella ligulicola	ACAACGGATC	TCTTGGTTCT	GGCATCGATG	AAGAACGCAG	CGAAATGCGA
Didymella bryoniae	....	....	....	....	....
Didymella ligulicola	TAAGTAGTGT	GAATTGCAGA	ATTCAGTGAA	TCATCGAATC	TTTGAACGCA
Didymella bryoniae	....	....	....	....	....
Didymella ligulicola	CATTGCGCCC	CTTGGTATTC	CATGGGGCAT	GCCTGTTCGA	GCGTCATTTG
Didymella bryoniae	....	....	....	....	....
Didymella ligulicola	TACCTTCAAG	CTCTGCTTGG	TGTTGGGTGT	TTGTCTCGCC	TCTGCGCGCA
Didymella bryoniae	....	..T.......	....	....	....
Didymella ligulicola	GACTCGCCTC	AAAACGATTG	GCAGCCGGCG	TATTGATTTC	GGAGCGCAGT
Didymella bryoniae	....	....	....	....	....
Didymella ligulicola	ACATCTCGCG	CTTTGACAAC	AAAACGACGA	CGTCCAAAAA	GTACATTTTT
Didymella bryoniae	....	.....CACT.	.C........	....	....
Didymella ligulicola	TACACTC				
Didymella bryoniae	....				

27.1.9　条形码蛋白质序列

ELALVGHVLADFQYSSTCEPFVADSGIGRRLRFSYGVYYVCFLTHLMYVNVFYWDLIDPL

KLYNFQQRISWLSHRRTQRNAISNVNCRIQIIESLNAPCASWYSERHACLSVIKLSTLNDLSFQD
WMGLPALNKSRLSNALVETAIVDHIGVIIIYAIGFIYAFECWWLFNVSTLRFGGLQVVMTCSLW
GICFG

28 集壶菌属 DNA 条形码

28.1 马铃薯癌肿病 *Synchytrium endobioticum*

28.1.1 基本信息

中文名称：内生集壶菌。

拉丁学名：*Synchytrium endobioticum*（Schilb.）Percival，Centbl. Bakt. ParasitKde，Abt. II 25：131（1909）。

异名：*Chrysophlyctis endobiotica* Schilb.，Ber. dt. bot. Ges. 14：36（1896）；

Synchytrium solani Massee，Diseases of Cultivated Plants and Trees：98（1910）。

英文名：Potato wart。

分类地位：真菌界（Fungi）壶菌门（Chytridiomycota）壶菌纲（Chytridiomycetes）壶菌目（Chytridiales）集壶菌科（Synchytriaceae）集壶菌属（*Synchytrium*）。

28.1.2 生物学特性及危害症状

主要危害马铃薯薯块，可引起癌肿、泡突、莲花座、疮痂等典型症状。病菌主要危害马铃薯植株的地下部分，侵染茎基部、匍匐茎和块茎，病菌侵入寄主之后，刺激细胞组织增生，长出畸形、粗糙、疏松的肿瘤，瘤块大小不一，小的只出现一块隆起，大的覆盖整个薯块，有的圆形，有的形成交织的分枝状，极似花椰菜。地下癌瘤初呈乳白色，渐变为粉红色或褐色，最后变黑色、腐烂。凡地上部出现症状的植株，地下部不结实，几乎全为癌瘤。受害根的端部或中部结成大小不一的肿瘤，小的如油菜籽，最大可超过薯块百倍以上，一条根上可产生几个肿瘤，连在一起成串。根瘤在土中初期为白色，半透明，似水泡，后期与薯块肿瘤症状相似，呈乳白色至浅褐色。并已从根瘤里镜检到病菌休眠孢子（严进等，2013）。

28.1.3 检疫及限定现状

英国、德国、奥地利、比利时、匈牙利、荷兰、丹麦、波兰、卢森堡、挪威、葡萄牙、罗马尼亚、苏联、芬兰、法国、瑞士、瑞典、意大利、希腊、保加利亚、西班牙、冰岛、巴西、秘鲁、阿根廷、智利、哥斯达黎加、乌拉圭、厄瓜多尔、玻利维亚、墨西哥、加拿大、美国、日本、印度、巴基斯坦、缅甸、巴勒斯坦、黎巴嫩、以色列、中国、阿尔及利亚、津巴布韦、南非、肯尼亚、坦桑尼亚、新西兰将其被列为检疫性病害。

28.1.4 凭证样本信息

分析所用基因片段信息来自菌株：DAOM-1398、DAOM-185328、DAOM-3250。

28.1.5 DNA 条形码标准序列

rDNA *ITS* 序列信息及图像化条形码（illustrative barcode）。

GCCGCGGTAATTCCAGCTCCAATAGCGTATATTAAAGTTGTTGCAGTTAAAAAGCTCG
TAGTCGAATTTTGGGCTTGGCTGGGTGGTCGATCGCAAGGTCAGTACTGCTCTGGTTGAGC
TCCATTTACTTGGGGAATCCAGGTGCTCTTAACTGAGTGCCTGTGGGGAACCAGGATATTT

ACTGTGAAGAAATTAGAGTGTTTAAAGCAGGCATACGCTTGAATACTACAGCATGGAATA
ATAGAATAGGACTTTAGTCTTATTTTGTTGGTTTCTAGGACTGAAGTAATGATTAATAGG
GATAGTTGGGGGCATTAGTATTTAATTGTCAGAGGTGAAATTCTTGGATTTATGAAAGAC
TAACTTCTGCGAAAGCATTTGCCAAGGATGTTTTCATTGATCAAGAACGAAAGTTAGGGG
ATCGAAGACGATCAGATACCGTCGTAGTCTTAACCATAAACTATGCCAACTACGGATCGGA
CGAGTATATTTTCAATGTCTCGTTCGGCACGTTATGAGAAATCAAAGTTTTTGGGTTCCGG
GGGGAGTATGGTCGCAAGGCTGAAACTTAAAGGGATTGACGGAAGGGCACCACCAGGAGT
GGAGCCTGCGGCTTAATTTGACTCAACACGGGGAAACTCACCAGGTTCAGACATGGGAAGG
ATTGACAGATTGAGAGCTCTTTCTTGATTCTATGGGTGGTGGTGCATGGCCGTTCTTAGTT
GGTGGAGTGATTTGTCTGGTTAATTCCGTTAACGAACGAGACCTTAACCTGCTAAATAGTG
ACGGGAACAATTTGTTCCTTGTAGCACTTCTTAGAGGGACTATGGATGCAAATTCATGGA
AGTTTGAGGCAATAACAGGTCTGTGATGCCCTTAGATATCCTGGGCCGCACGCGCGCTACA
CTGACAAAGACAGCGAGTATTCACCTTGGCCGTAAGGTCTGGGTAATCTTTAAAACTTTGT
CGTGATGGGGATTGTCCATTGCAATTATTGGACATGAACGAGGAATTCCTAGTAAGTGCA
AGTCATCAGCTTGCGTTGATTACGTCCCTGCCCTTTGTACACACCGCCCGTCGCTACTACCG
ATTGAACGGCTTAGTGAGACCTCCGGATTGAGCTGTTGGAGCTTTGCGGCTCTGACGTTTT
GAAAGTTGGTCAAACTTGGTCGTTTAGAGGAAGTAAAAGTCGTAACAAGGTAACCGTAG
GTGAACCTGCGGTTGGATCATTAACACAAGGCCTAGTTGGACGTCCTGTGGGGCGTTCAAT
TGTTCCAACACCATGTGAACTGTTTGAAACTGTTCTTGGGCAAGTGGATGTGGGGATGTT
TTCCCATTGAATTTTTCATATCCAAGCTCTGTGGAGCTTTGGTGTATGTGAACGGCTTGCC
CACAGTCTATAAACTTTTTGGCTTTTAAACTCTTGGCTGATAAAATAATACAACAATTAT
TAAACAACTTTTGGCAACGGATTTCTTGGCTCTCGCAACGATGACGAACGCAGCGAAATGC
GATACGTATCACGAATTGCAGAACTGTGAATGATAAATGTTTGAACGCACCTTGCGCCGGC
TTTCTAGTCGGCATGTCTGTCTGAGAATCTTTTTGAACCCCCCCTCCTCCATGTTTGGAAGG
TATTGGCGATACTACCCCAGAGTAGATTGCTCAAATTTGAAGCTTTTTACGCTCACTTTTT
TTAGAATGTTTCCACAACAAACACCTTTTGACAAACTCGAATTGTGTATGTGGTGTGTGA
GGCAGACTATTCTCAAAGAACTTGGTCTCAGATCAGACAGGAGGACCCGCTGAACTTAAGC
ATATCAATAGGCCGGAGG

0   1 199

经过 BOLD SYTEM 数据库查询，共有 3 条参考序列：KF160869、KF160870、KF160872。

28.1.6　种内序列差异

从 BOLD SYTEM 里获得 3 条序列，使用 Mega 软件分析，无差异位点。

28.1.7　条形码蛋白质序列

AAVIPAPIAYIKVVAVKKLVVEFWAWLGGRSQGGQYCSG ∗ APFTWGIQVLLTECLWGTRI
FTVKKLECLKQAYA ∗ ILQHGIIE ∗ DFSLILLVSRTEVMINRDSWGH ∗ YLIVRGEILGFMKD ∗
LLRKHLPRMFSLIKNES ∗ GIEDDQIPS ∗ S ∗ P ∗ TMPTTDRTSIFSMSRSARYEKSKFLGSGGSMV
ARLKLKGIDGRAPPGVEPAA ∗ FDSTRGNSPGSDMGRIDRLRALS ∗ FYGWWCMAVLSWWSDLS
G ∗ FR ∗ RTRP ∗ PAK ∗ ∗ REQFVPCSTS ∗ RDYGCKFMEV ∗ GNNRSVMPLDILGRTRATLTKTA
SIHLGRKVWVIFKTLS ∗ WGLSIAIIGHERGIPSKCKSSACVDYVPALCTHRPSLLPIERLSETSGL

SCWSFAALTF * KVGQTWSFRGSKSRNKVTVGEPAVGSLTQGLVGRPVGRSIVPTPCELFETVL
GQVDVGMFSH * IFHIQALWSFGVCERLAHSL * TFWLLNSWLIK * YNNY * TTFGNGFLGSRN
DDERSEMRYVSRIAEL * MINV * THLAPAF * SACLSENLFEPPLLHVWKVLAILPQSRLLKFEA
FYAHFF * NVSTTNTF * QTRIVYVVCEADYSQRTWSQIRQ

29 腥黑粉菌属 DNA 条形码

29.1 小麦印度腥黑穗病菌 *Tilletia indica*

29.1.1 基本信息

中文名称：印度腥黑粉菌。

拉丁学名：*Tilletia indica* Mitra，Ann. appl. Biol. 18：178（1931）。

异名：*Neovossia indica*（Mitra）Mundk.，Transactions of the British Mycological Society 24：313（1941）。

分类地位：真菌界（Fungi）担子菌门（Basidiomycota）外担菌纲（Exobasidiomycetes）腥黑粉菌目（Tilletiales）腥黑粉菌科（Tilletiaceae）腥黑粉菌属（*Tilletia*）。

29.1.2 生物学特性及危害症状

当感病植株进入糊熟期时，开始显现症状，在有的品种上，病穗一般比健穗短，小穗减少。此病不同于小麦普通腥黑穗病和小麦矮化腥黑穗病，其症状特点是对寄主的局部侵染，即感病麦株通常并非全株各穗发病，而是在一个麦穗之中，常是部分籽粒受病，除非受到严重感染，病穗籽粒通常局部黑粉化，感病轻微，在籽粒接近胚部处呈现黑点，其外观类似小麦根腐病所形成的黑斑，病菌一般不侵染种胚，而多沿着腹沟在果皮下形成黑粉。有时轻微感染后，腹沟症状不明显，但在籽粒表面形成疱斑，此时感染仅在表层，种子仍可发芽，感染严重时，病粒大部或全部形成黑粉腔，外表由菌体化果皮包被，种子不发芽或虽发芽而形成畸形、扭曲的弱苗。病粒中的黑粉含有大量三甲基胺，因而具有强烈的鱼腥臭味。

29.1.3 检疫及限定现状

南锥体区域植保委员会、欧盟、EPPO、阿尔巴尼亚、爱沙尼亚、巴拉圭、巴西、白俄罗斯、保加利亚、比利时、波兰、丹麦、俄罗斯、厄瓜多尔、吉尔吉斯斯坦、捷克、克罗地亚、拉脱维亚、立陶宛、罗马尼亚、马达加斯加、北马其顿、毛里塔尼亚、秘鲁、摩尔多瓦、摩洛哥、墨西哥、挪威、瑞士、塞尔维亚、黑山、斯洛伐克、斯洛文尼亚、突尼斯、土耳其、危地马拉、乌拉圭、匈牙利、约旦、越南、智利和中国将其列为检疫性有害生物，加拿大、美国、乌克兰、新西兰将其列为限定性有害生物。

29.1.4 凭证样本信息

DAOMC 236408、DAOMC 236409、DAOMC 236414、DAOMC 236416、DAOMC 238047、DAOMC 238027、CBS 112623 等。

29.1.5 DNA 条形码标准序列

菌株编号 DAOMC 236408，序列数据来源于 GenBank。

（1）*ITS* rDNA 序列信息（OL653676）。

CATTAGTGAATTACGGAGCTCTTCTTCGGAAGAGTCTCCTTCTCTTTTATCCCAACACCAAACTACGGAAGGAACGAGGCCTTGCGCTGAGTACCTGTCCGGATGAACAGAGTTGCTGGTACTTCGGTATTGGCAGCGCTGCTCCAACCCTTTAAACACTTAAGAATTAAAGAATGTTA

AAACTATTGTCTTCGGACATAAACTAATATACAACTTTTGACAACGGATCTCTTGGTTCTC
CCATCGATGAAGAACGCAGCGAAATGCGATAAGTAATGTGAATTGCAGAATTCAGTGAAT
CATCGAATCTTTGAACGCACCTTGCGCCCTTGGGTATTCTCAAGGGCATGCCTGTTTGAGT
GTCATAATACTCTCAACTCTCAATCTTTTTGTAAGAGAAGCTTGCTTGGAGTTGGTGATG
GGCGCTTGCCAGATGTAACAGTCTTGCTCGCCTTAAATTAATCAGTGGATCTCTTCGAGTC
CGGTCTGACTATGTGTGATAATTTGATCACATAGAATGTGCTTGTCACAACCGGATTCTGT
ATAGAGGCTCTGCTTCCAACACGGAATGATTCTTCGGAATCATCGATAGCTTTGTAGCTTG
ACCTCAAATCAGGTAGGACTACCCGCTGAACTTAAGCATATCAATAAGCGGAGGAGAAAA
AACTAACAAGGATTCCCCTAGTAACGGCGAGTGAAGCGGGATGAGCTCAAATTTGAAAGC
TGGCACCTTTGGTGTCCGCATTGTAATCTCGAGAAGTAGTTTCTGTGCTGGACCATGTACA
AGTTCCTTGGAATAGGACATCAGAGAGGGTGAGAATCCCGTACTTGACATGGATCCCAGTG
CTTTGTGATCTGCTCTCTATGAGTCGAGTTGTTTGGGAATGCAGCTCAAAATGGGTGGTA
AATTCCATCTAAAGCTAAATATTGGGGAGAGACCGATAGCGAACAAGTACCGTGAGGGAA
AGATGAAAAGCACTTTGGAAAGAGAGTTAAACAGTACGTGAAATTGTCAAAAGGGAAGC
GCTTGAGGTTAGACATGCATGCAGTATTCAACCTTTCTTTTGGAGGGTGTATTTGCTGTTT
TGCAGGCCAGCATCGGTTTTGTCTGCTGGATAATAGTAGGAGAAATGTGGCATCCTCGGA
TGTGTTATAGTCTCTTATTGGATACAGTGGATGGGACCGAGGACCGCAGTGTGCCGTATGG
CGGCTCTTCGGAGACCTTCGCACTTAGGATGCTGGCGTAATGGCCTTAAGCG

0   1 199

（2）其他菌株 *ITS* 参考序列编号（GenBank）：HQ317520、OL653680、OL653682、
HQ317581、HQ317519。

30 轮枝菌属 DNA 条形码

30.1 苜蓿黄萎病菌 *Verticillium albo-atrum*

30.1.1 基本信息

中文名称：黑白轮枝孢。

拉丁学名：*Verticillium alboatrum* Reinke & Berthold [as′albo-atrum′], Zerselg. d. Kartoff. 1: 75 (1879)。

异名：*Verticillium alboatrum* var. *caespitosum* Wollenw., Arb. biol. BundAnst. Land-u. Forstw. 17: 291 (1929)。

分类地位：真菌界（Fungi）子囊菌门（Ascomycota）粪壳菌纲（Sordariomycetes）小丛壳目（Glomerellales）不整小球囊菌科（Plectosphaerellaceae）轮枝孢属（*Verticillium*）。

30.1.2 生物学特性及危害症状

初期，病株上部叶片在温度较高时表现暂时性萎蔫，继而中下部叶片失绿变黄，严重时变枯白色，表现整株萎蔫症状，横切病株茎部，可见维管束变褐色。发病后期，植株因生长停滞而严重矮化。苜蓿黄萎病的主要鉴别特征：①小叶顶端出现 V 型黄色坏死斑块，严重时病叶卷缩扭曲；②病株叶片枯萎，但茎部在较长时间内仍保持绿色；③在潮湿条件下，枯死茎表现为病原菌轮枝状分生孢子梗覆盖，呈灰色。

30.1.3 检疫及限定现状

欧盟、EPPO、保加利亚、比利时、菲律宾、古巴、荷兰、捷克、克罗地亚、斯洛伐克、斯洛文尼亚、土耳其、叙利亚、越南、中国将其列为检疫性有害生物，新西兰将其列为限定性有害生物。

30.1.4 凭证样本信息及材料来源

模式标本：来自加拿大爱德华王子岛，分离自马铃薯种植区土壤，附加模式标本 UC 1953892，附加模式菌株 CBS 130340＝NRRL 54797。

其他凭证菌株：PD670、PD693、PD746、PD747、D748（Inderbitzin et al.，2011）、CBS 130.51、CBS 745.83。

30.1.5 DNA 条形码标准序列

菌株编号 CBS 130340，序列数据来源于 GenBank。

（1）*TEF* 序列信息（LR026543）。

TGAGCACGCCCTGCTCGCCTACACCCTTGGTGTCAAGCAGCTCATCGTCGCCATCAACA
AGATGGACACCACCAAGTGGTCCGAGGAGCGTTTCACCGAGATCATCAAGGAGACCACCAA
CTTCATCAAGAAGGTCGGCTACAACCCCAAGACTGTTGCCTTCGTCCCCATCTCCGGCTTCA
ACGGCGACAACATGTCCAGCCCTCCACCAACTGCCCCTGGTACAAGGGATGGGAGAAGGA
CGGCCAAGGGTGCCAAGATCACCGGCAAGACCCTCGAGGATCGACGCCATTGACA
CCCCCAAGCGTCCCACCGACAAGCCCCTCCGTCTTCCCCTCCAGGATGTCTACAAGATCGGCG

GTATTGGAACTGTTCCCGTCGGCCGTATCGAGACTGGTGTCATCAAGCCCGGTATGGTCGT
CACCTTCGCTCCCTCCAACGTCACCACGGAAGTCAAGTCCGTTGAGATGCACCACGAGCAGC
TTACCGAGGGTCTCCCCGGTGACAACGTTGGCTTCAACGTGAAGAACGTCTCCGTCAAGGA
CATCCGTCGTGGCAACGTCGCCGGTGACTCCAAGAACGACCCTCCCCAGGGTGCCGCTTCTT
TCACCGCCCAGGTCATCGTCCTGAACCACCCCGGTCAGGTTGGTGCCGGTTACGCTCCCGTC
CTCGACTGCCACACCGCCCACATTGCCTGCAAGTTCGCCGAGCTCCTTGAGAAGATCGACCG
CCGTACCGGCAAGTCTGTCGAGAACGCCCCCAAGTTCATCAAGTCCGGT

0　　　　　　　　　　　　　　　　　　　　　　　　　　　　786

（2）*RPB2* 序列信息（LR026233）。

CAACTTCACAACACTCACTGGGGTTTGGTTTGCCCCGCCGAGACGCCCGAAGGACAGGC
TTGTGGTCTTGTCAAGAATCTGTCCTTGATGTGCTATGTCAGCGTCGGCACGCCGGCAGAG
CCAATCATTGACTACATGATCCAGCGAGGCATGGAGGTTCTAGAAGAGTATGAGCCGCTGA
GGTATCCTAACGCGACCAAGGTGTTCCTCAATGGTGTCTGGGTTGGTGTCCACCAAGACCC
ACGTGTGCTTGTGCCCGACGTTCAAGGTACCCGTCGCCGCAATGTCATCTCACACGAAGTTT
CTCTGGTCCGCGACATTCGCGACCGCGAGTTCAAGATCTTCTCTGATGCAGGCCGCGTCATG
AGACCAGTCTTTGTGGTTGAGCAAAGTCACCACGGCACCGTGCCTCAGGGCTCTCTTGTCCT
GCAGAAGGATCTCGTCAATGAAATGCGAGATCAACAAGAAAACCCCCCGGACAACCCAGAG
GACAAGATTACTTGGCAAACACTGGCTCACAGTGGTATCATCGAGTATCTTGATGCCGAGG
AGGAGGAGACGTCCATGATTTGCATGACGCCAGAAGATCTCGAGCTTTACCGCCTGCGGAA
AGCTGGGCACGAAATCGAGGAGGATATCTCTGAAGGTCCTAATCGTCGGCTGAGGACGAA
AATCGCCAAGACAACGCACATGTACACCCACTGCGAGATTCATCCGAGCATGATCTCGGTA
TCTGCGCGAG

0　　　　　　　　　　　　　　　　　　　　　　　　　　741

（3）*ITS* rDNA 序列信息（NR_126134）。

GTAACAAGGTCTCCGTTGGTGAACCAGCGGAGGGATCATTACCGAGTATCTACTCATA
ACCCTTTGTGAACCAAATTGTTGCTTCGGCGGCTCGTCCGCGAGCCCGCCGGTACATCAGTC
TCTATATTTTTACCAACGATACTTCTGAGTGTTCTTACGAACTATTAAAACTTTTAACAA
CGGATCTCTTGGCTCTAGCATCGATGAAGAACGCAGCGAAACGCGATATGTAGTGTGAAT
TGCAGAATTCAGTGAATCATCGAATCTTTGAACGCACATGGCGCCTTCCAGTATCCTGGGA
GGCATGCCTGTCCGAGCGTCGTTTCAACCCTCGAGCCCTAGTGGCCCGGTGTTGGGGATCTA
CTTCTGTAGGCCCTTAAAATCAGTGGCGGACCCGCGTGGCCCTTCCTTGCGTAGTAATTTTC
GCTCGCATCGGAGTCCCGTAGGCACCAGCCTCTAAACCCCCTACAAGCCCGTCTCGTACGGC
AAC

0　　　　　　　　　　　　489

30.1.6 种内 rDNA *ITS* 序列差异

对 BOLD SYSTEMS 中该物种的 *ITS* 序列进行分析，差异位点 16 个。如下：

```
GBUN1014-13    CCC TTT GTG AAC CAA ATT GTT TGC TTC GGC GGC TCG T-C CGC GAG CCC
GBUN1015-13    ... ... ... ... ... ... ... ... ... ... ... ... .-. ... ... ...
GBUN1914-13    ... ... ... ... ... ... -.. ... ... ... ... ... .-. ... ... ...
GBUN1016-13    ... ... ... ... ..T ... -.. ... ... ... ... ... .T. T.. ... ...
GBUN1249-13    ... ... ... ... ..T ... -.. ... ... ... ... ... .T. T.. ... ...
GBUN2494-13    ... ... ... ... ... ... -.. ... ... ... ... ... .-. ... ... ...

GBUN1014-13    GCC GGT ACA TCA GTC TCT ATA TTT TTA CCA ACG ATA CTT CTG AGT GTT
GBUN1015-13    ... ... ... ... ... ... ... ... ... ... ... ... ... ... ... ...
GBUN1914-13    ... ... ... ... ... ... ... ... ... ... ... ... ... ... ... ...
GBUN1016-13    ... ... ... ... ... ... T.. ..C A.. ... ... ... ... ... ... ...
GBUN1249-13    ... ... ... ... ... ... T.. ... A.. ... ... ... ... ... ... ...
GBUN2494-13    ... ... ... ... ... ... ... ... ... ... ... ... ... ... ... ...

GBUN1014-13    CTT A-C GAA CTA TTA AAA CTT TTA ACA ACG GAT CTC TTG GCT CTA GCA
GBUN1015-13    ... .-. ... ... ... ... ... ... ... ... ... ... ... ... ... ...
GBUN1914-13    ... .-. ... ... ... ... ... ... ... ... ... ... ... ... ... ...
GBUN1016-13    ... .G. ... ... ... ... ... ... ... ... ... ... ... ... ... ...
GBUN1249-13    ... .G. ... ... ... ... ... ... ... ... ... ... ... ... ... ...
GBUN2494-13    ... .-. ... ... ... ... ... ... ... ... ... ... ... ... ... ...

GBUN1014-13    TCG ATG AAG AAC GCA GCG AAA CGC GAT ATG TAG TGT GAA TTG CAG AAT
GBUN1015-13    ... ... ... ... ... ... ... ... ... ... ... ... ... ... ... ...
GBUN1914-13    ... ... ... ... ... ... ... ... ... ... ... ... ... ... ... ...
GBUN1016-13    ... ... ... ... ... ... ... ... ... ... ... ... ... ... ... ...
GBUN1249-13    ... ... ... ... ... ... ... ... ... ... ... ... ... ... ... ...
GBUN2494-13    ... ... ... ... ... ... ... ... ... ... ... ... ... ... ... ...

GBUN1014-13    TCA GTG AAT CAT CGA ATC TTT GAA CGC ACA TGG CGC CTT CCA GTA TCC
GBUN1015-13    ... ... ... ... ... ... ... ... ... ... ... ... ... ... ... ...
GBUN1914-13    ... ... ... ... ... ... ... ... ... ... ... ... ... ... ... ...
GBUN1016-13    ... ... ... ... ... ... ... ... ... ... ... ... ... ... ... ...
GBUN1249-13    ... ... ... ... ... ... ... ... ... ... ... ... ... ... ... ...
GBUN2494-13    ... ... ... ... ... ... ... ... ... ... ... ... ... ... ... ...

GBUN1014-13    TGG GAG GCA TGC CTG TCC GAG CGT CGT TTC AAC CCT CGA GCC CCA GTG
GBUN1015-13    ... ... ... ... ... ... ... ... ... ... ... ... ... ... .T. ...
GBUN1914-13    ... ... ... ... ... ... ... ... ... ... ... ... ... ... .T. ...
GBUN1016-13    ... ... ... ... ... ... ... ... ... ... ... ... ... ... ... ...
GBUN1249-13    ... ... ... ... ... ... ... ... ... ... ... ... ... ... ... ...
GBUN2494-13    ... ... ... ... ... ... ... ... ... ... ... ... ... ... .T. ...

GBUN1014-13    GCC CGG TGT TGG GGA TCT ACT TCT GTA GGC CCT TAA AAT CAG TGG CGG
GBUN1015-13    ... ... ... ... ... ... ... ... ... ... ... ... ... ... ... ...
GBUN1914-13    ... ... ... ... ... ... ... ... ... ... ... ... ... ... ... ...
GBUN1016-13    ... ... ... ... ... ... ..G ... ... ... ... ..G ... ... ... ...
GBUN1249-13    ... ... ... ... ... ... ..G ... ... ... ... ..G ... ... ... ...
GBUN2494-13    ... ... ... ... ... ... ... ... ... ... ... ... ... ... ... ...

GBUN1014-13    ACC CGC GTG GCC CTT CCT TGC GTA GTA ATT TTC GCT CGC ATC GGA GTC
GBUN1015-13    ... ... ... ... ... ... ... ... ... ... ... ... ... ... ... ...
GBUN1914-13    ... ... ... ... ... ... ... ... ... ... ... ... ... ... ... ...
```

GBUN1016-13	...	...	...	...	...	...	...	...	...	ACA	...	...	...	...	...
GBUN1249-13	...	...	...	...	...	...	...	...	...	ACA	...	...	...	...	...
GBUN2494-13	...	...	...	...	...	...	...	...	...	...	...	...	...	...	...

GBUN1014-13	CCG	TAG	GCA	CCA	GCC	TCT	AAA	CCC	CCT	ACA	AGC	CCG	TCT	CGT	ACG	GCA
GBUN1015-13	...	...	...	...	...	...	...	...	...	...	...	...	...	...	...	...
GBUN1914-13	...	...	...	...	...	...	...	...	...	...	...	...	...	...	...	...
GBUN1016-13	...	C..	...	.TT	...	...	...	...	...	...	...	...	C..	...	G..	...
GBUN1249-13	...	C..	...	.TT	...	...	...	...	...	...	...	...	C..	...	G..	...
GBUN2494-13	...	...	...	...	...	...	...	...	...	...	...	...	...	...	...	...

GBUN1014-13	AC
GBUN1015-13	..
GBUN1914-13	..
GBUN1016-13	..
GBUN1249-13	..
GBUN2494-13	..

30.1.7　种间序列差异

检疫性轮枝菌与该属其他物种的序列差异较大，差异位点有 258 个。如下：

V. tricorpus	ATG	TAG	TGT	GAA	TTG	CAG	AAT	TCA	GTG	AAT	CAT	CGA	ATC	TTT	GAA	CGC
V. longisporum	...	...	...	...	...	...	...	...	...	...	...	...	...	...	...	...
V. tenerum	...	...	...	...	...	...	...	...	...	...	...	...	...	...	...	...
V. nonalfalfae	...	...	...	...	...	...	...	...	...	...	...	...	...	...	...	...
V. isaacii	...	...	...	...	...	...	...	...	...	...	...	...	...	...	...	...
V. nubilum	...	...	...	...	...	...	...	...	...	...	...	...	...	...	...	...
V. zaregamsianum	...	...	...	...	...	...	...	...	...	...	...	...	...	...	...	...
V. isaacii	...	...	...	...	...	...	...	...	...	...	...	...	...	...	...	...
V. klebahnii	...	...	...	...	...	...	...	...	...	...	...	...	...	...	...	...
V. catenulatum	.A.	..A	...	...	...	...	...	...	...	...	...	...	...	...	...	...
V. leptobactrum	.A.	..A	...	...	...	...	...	...	...	...	...	...	...	...	...	...
V. biguttatum	.A.	..A	...	...	...	...	...	...	...	...	...	...	...	...	...	...
V. griseum	.C.	..A	...	...	...	...	...	...	...	...	...	...	...	...	...	...
V. dahliae	...	...	...	...	...	...	...	...	...	...	...	...	...	...	...	...
V. albo-atrum	...	...	...	...	...	...	...	...	...	...	...	...	...	...	...	...

V. tricorpus	ACA	TGG	CGC	CTT	CCA	GTA	TCC	TGG	GAG	GCA	TGC	CTG	TCC	GAG	CGT	CGT
V. longisporum	...	...	...	...	...	...	...	...	...	...	...	...	...	...	...	...
V. tenerum	...	.T.	...	...	...	...	...	...	...	...	...	...	...	...	...	...
V. nonalfalfae	...	...	...	...	...	...	...	...	...	...	...	...	...	...	...	...
V. isaacii	...	...	...	...	...	...	...	...	...	...	...	...	...	...	...	...
V. nubilum	...	...	...	...	...	...	...	...	...	...	...	...	...	...	...	...
V. zaregamsianum	...	...	...	...	...	...	...	...	...	...	...	...	...	...	...	...
V. isaacii	...	...	...	...	...	...	...	...	...	...	...	...	...	...	...	...
V. klebahnii	...	...	...	...	...	...	...	...	...	...	...	...	...	...	...	...
V. catenulatum	...	.T.	...	.CG	...	...	.T.	...	CG.	...	...	...	.T.	...	...	.A.
V. leptobactrum	...	.T.	...	.CG	...	.C.	.T.	...	CG.	...	...	...	.T.	...	...	.A.
V. biguttatum	...	.T.	...	.CG	...	...	.T.	...	CG.	...	...	...	...	...	...	.A.
V. griseum	...	.T.	...	.CG	...	.C.	.T.	...	CG.	...	...	...	.T.	...	...	.A.
V. dahliae	...	...	...	...	...	...	...	...	...	...	...	...	...	...	...	...
V. albo-atrum	...	...	...	...	...	...	...	...	...	...	...	...	...	...	...	...

V. tricorpus	TTC	AAC	CCT	CGA	GCC	CTA	GTG	GCC	CGG	TGT	TGG	-GG	AT-	---	---	---
V. longisporum	...	...	...	...	.C.	...	...	...	...	-..	..-	---	---	---		
V. tenerum	...	...	...	...	.CC	...	...	...	...	-..	.CG	CTG	CCC	---		

种类															
V. nonalfalfae	...	...	...	...	...	.C.	...	...	...	...	—..	.. —	———	——	
V. isaacii	...	...	...	...	...	...	...	...	...	...	—..	.. —	———	——	
V. nubilum	...	...	...	...	...	.C.	...	...	...	...	—..	.. —	———	——	
V. zaregamsianum	...	...	...	...	...	.CT	...	...	...	...	—..	.. —	———	——	
V. isaacii	...	...	...	...	...	...	...	...	...	...	—..	.. —	———	——	
V. klebahnii	...	...	...	...	...	...	...	...	...	...	—..	.. —	———	——	
V. catenulatum	...	...	...	.A.	...	.C.	.C.	.TT	T..	...	...	—..	.CC	GGC	GAG	TAC
V. leptobactrum	...	...	...	...	.G.	C.T	C.T	T.C	G.A	G.A	C..	C.C	GGC	GTT	GG—
V. biguttatum	...	...	..G	..G	AC—	—.C	CTT	T.C	C.C	G..	—A.	CCC	GGC	GTT	———
V. griseum	...	...	...	.A.	...	.CG	.C.	..T	T..	..C	—..	GAC	GGC	CCG	———
V. dahliae	...	...	...	...	...	.C.	...	...	...	...	—..	.. —	———	——	
V. albo-atrum	...	...	...	...	...	.C.	...	...	...	...	—..	.. —	———	——	

种类															
V. tricorpus	——	———	——	———	———	—C	TAC	TTC	TGT	AGG	C——	CCT	—TA	AAA	
V. longisporum	——	———	——	———	——	...	G..	...	——	...	—..	...			
V. tenerum	——	———	——	———	A—	—G.	...	C.G	G.C	..C	.——	..C	C..	..T	
V. nonalfalfae	——	———	——	———	——	...	G..	...	...	...	—..	...			
V. isaacii	——	———	——	———	—.	...	...	...	...	—.					
V. nubilum	——	———	——	———	—.	...	C..	...	...	—.					
V. zaregamsianum	——	———	——	———	—.	...	C..	...	...	—.					
V. isaacii	——	———	——	———	—.	...	...	...	...	—.					
V. klebahnii	——	———	——	———	—.	...	...	...	...	—.					
V. catenulatum	AGA	GGC	TTT	GGG	GAC	TTG	TCC	CC.	.T.	CCT	C.G	C.C	.GC	..C	CG.	..T
V. leptobactrum	—GG	GAC	GGC	ACA	CTC	CCC	CCG	GCT	CG.	CGG	G.A	C.C	.GC	..C	CG.	..T
V. biguttatum	——	———	—GG	GGA	TCG	GCC	GT.	GTT	AGT	G.C	G.C	.GG	..C	CG.	..T	
V. griseum	——	———	———	—CC	GAT	CG.	GCG	C.G	—.C	.AC	..C	CG.	..T			
V. dahliae	——	———	——	———	—.	...	G..	...	...	—..					
V. albo-atrum	——	———	——	———	—.	...	...	...	...	—..					

种类															
V. tricorpus	GCA	GTG	GCG	GAC	CCG	—CG	TGG	CCC	——T	TCC	TTG	CGT	AGT	AAT	TTT	CG—
V. longisporum	...	...	...	...	...	—..	...	...	——	...	...	...	...	...	.AC	A.—
V. tenerum	...	...	...	.T.	...	—.A	A.T	...	AGC	C.T	...	.A.	...	...	..C	ATT
V. nonalfalfae	...	...	...	...	...	—..	...	...	——	...	...	...	...	...	.AC	A.—
V. isaacii	...	...	...	...	...	—..	...	...	——	...	...	...	...	..	...	—
V. nubilum	...	...	...	...	...	—..	...	...	——	...	...	...	...	...	.AC	A.—
V. zaregamsianum	...	...	...	...	...	—..	...	...	——	...	...	...	...	...	...	—
V. isaacii	...	...	...	...	...	—..	...	...	——	...	...	...	...	...	...	—
V. klebahnii	...	...	...	...	...	—..	...	...	——	...	...	...	...	...	...	—
V. catenulatum	.A.	T..	...	...	.T.	T..	T..	C..	..T	——C	CT.	—..	...	...	.GC	—AC	AAC
V. leptobactrum	T..	...	...	...	.C.	.T—	CG.	A..	.GA	——C	CT.	—..	...	...	..C	—.C	AAC
V. biguttatum	CT.	...	...	...	.T.	T..	CT.	.A.	.TT	——C	CT.	—..	...	...	..C	———	ATT
V. griseum	.A.	T..	...	...	.C.	T..	G..	CC.	..T	——C	C..	C..	...	...	.GC	GAC	A.C
V. dahliae	...	...	...	...	...	—..	...	...	——	...	...	...	.G.	.AC	A.—	
V. albo-atrum	T..	...	...	...	...	—..	...	...	——	...	...	...	...	...	..—	

种类															
V. tricorpus	———	—CT	CGC	A—T	CGG	A—G	TCC	CGC	AGG	C——	ACC	AGC	CTC	TAA	ACC	CCC
V. longisporum	———	—..	...	.—.	...	—..	...	...	——	..T	T..	...	...	...		
V. tenerum	———	—..	T—C	T..	..C	G.T	...	G..	.TT	...	C..	...	...	...		
V. nonalfalfae	———	—..	...	.—.	...	—..	...	...	——	..T	T..	...	...	...		
V. isaacii	———	—..	...	.—.	...	—..	...	...	——	...	...	...	...	...		
V. nubilum	———	—..	...	.—.	...	—..	...	.T	...	..T	T..	...	...	...		
V. zaregamsianum	———	—..	...	.—.	...	—..	...	...	——	...	...	...	...	...		
V. isaacii	———	—..	...	.—.	...	—..	...	...	——	...	...	...	...	...		
V. klebahnii	———	—..	...	.—.	...	—..	...	...	——	...	...	...	...	...		
V. catenulatum	———	—..	...	.—.	.A.	GA.	CG.	G..	GC.	GCC	..—	T..	.GT	A..	..G	...
V. leptobactrum	———	—..	...	.AA	G..	.A.	CT.	..A	GC.	GCC	.——	C..	.GT	G..	..—	...

V. biguttatum	TCG	T..	...	.G.	.T.	GA.	AG.	G..	GC.	GCC	.—	T..	.GT	A..	...	...
V. griseum	AAG	T..	...	.—C	...	GA.	CG.	GC.	GC.	GCC	.—	T..	.GT	A..	..G	...
V. dahliae	——	...	..	...	...	—.	...	...	——	G.T	T..	...	...			
V. albo-atrum	——	...	..	...	...	—.	...	...	..T	——						

V. tricorpus	TAC	AAG	C—C	CGC	CTC	GTG	CGG	CAA	C
V. longisporum	...	...	.—.	...	...	...	...	...	.
V. tenerum	..T	..A	TA.	...	.C.	...	.—.	T..	.
V. nonalfalfae	...	...	.—.	...	...	...	...	...	.
V. isaacii	...	...	.—.	...	...	...	...	...	.
V. nubilum	...	...	.—.	...	...	...	...	...	.
V. zaregamsianum	...	...	.—.	...	...	...	...	...	.
V. isaacii	...	...	.—.	...	...	...	...	...	.
V. klebahnii	...	...	.—.	...	...	...	...	...	.
V. catenulatum	A..	TTT	TTT	TAA	GA—	——	——	——	—
V. leptobactrum	A..	T.T	AT.	AAG	G.T	.AC	.TC	G..	T
V. biguttatum	G..	TTT	AT.	AAG	——	——	——	——	—
V. griseum	A..	TTT	TT.	A.A	G.T	.AC	.TC	GG.	T
V. dahliae	...	...	.—.	...	...	..	...	...	.
V. albo-atrum	...	...	.—.	..T	...	A	...	...	.

30.2　棉花黄萎病菌 *Verticillium dahliae*

30.2.1　基本信息

中文名称：大丽轮枝孢。

拉丁学名：*Verticillium dahliae* Kleb.，Mykol. Zentbl. 3：66（1913）。

分类地位：真菌界（Fungi）子囊菌门（Ascomycota）粪壳菌纲（Sordariomycetes）小丛壳目（Glomerellales）不整小球囊菌科（Plectosphaerellaceae）轮枝孢属（*Verticillium*）。

30.2.2　生物学特性及危害症状

在自然条件下，幼苗很少呈现症状。棉花黄萎病盛发于 7—8 月的开花结铃阶段。病变常于下部叶片逐步向上发展，果枝上的病叶也由内侧向外扩展。在茎秆内部由于病菌进入导管后由基部向上扩展，表现为茎基部由下往上的维管束变褐，纵剖时呈淡褐色条纹，横切则为淡褐圆形小点。叶部症状，初始为叶缘或叶脉之间呈灰白或淡黄色不规则斑驳，后逐渐扩大，叶片边缘稍向上卷曲，叶肉增厚变硬，有时破裂，病斑由浅黄色变焦枯，破碎脱落，严重时只留叶脉，呈"鸡爪状"叶痕。在盛夏久旱情况下，出现暴雨或大水浸灌，则往往尚未出现叶部症状，植株就突然萎蔫下垂，叶片迅速脱落而成光秆，剖秆可见维管束呈淡褐条纹，属于急性萎蔫型。根据病菌致病力强弱及病株症状的表现，可划为 3 类型。①落叶型：典型症状为叶片萎蔫下垂，迅速脱落成为光秆，为致病力强的 I 型菌系所致。②叶枯型：叶片表现局部枯斑或掌状枯斑，枯死后脱落，为中等致病力菌系所致。③黄斑型：叶片出现黄色斑驳，继而发展为掌状黄色条斑病叶，但不脱落，为弱致病力菌系所致。

30.2.3　检疫及限定现状

欧盟、EPPO、保加利亚、比利时、菲律宾、荷兰、捷克、克罗地亚、斯洛伐克、斯洛文尼亚、土耳其、新加坡、印度尼西亚、中国将其列为检疫性有害生物，古巴和新西兰将其列为非限定性有害生物。

30.2.4　凭证样本信息及材料来源

模式标本：来自德国，寄生于大丽花属（*Dahlia* sp.），主模式标本 HBG（Figures 3a，6j），附加模式标本 UC 1953893，附加模式菌株 CBS 130341＝NRRL 54785。

其他凭证样本：PD322、PD327、PD502（Inderbitzin et al.，2011）、CBS 204.26、CBS205.26、CBS 387.49、CBS 391.49 等。

30.2.5 DNA 条形码标准序列

菌株编号 CBS 130341 和 PD322，序列数据来源于 GenBank。

（1）*ITS* rDNA 序列信息（NR_126124，来源于 CBS 130341）。

GTAACAAGGTCTCCGTTGGTGAACCAGCGGAGGGATCATTACCGAGTATCTACTCATA
ACCCTTTGTGAACCATATTGTTGCTTCGGCGGCTCGTTCTGCGAGCCCGCCGGTCCATCAGT
CTCTCTGTTTATACCAACGATACTTCTGAGTGTTCTTAGCGAACTATTAAAACTTTTAACA
ACGGATCTCTTGGCTCTAGCATCGATGAAGAACGCAGCGAAACGCGATATGTAGTGTGAA
TTGCAGAATTCAGTGAATCATCGAATCTTTGAACGCACATGGCGCCTTCCAGTATCCTGGG
AGGCATGCCTGTCCGAGCGTCGTTTCAACCCTCGAGCCCCAGTGGCCCGGTGTTGGGGATCT
ACGTCTGTAGGCCCTTAAAAGCAGTGGCGGACCCGCGTGGCCCTTCCTTGCGTAGTAGTTA
CAGCTCGCATCGGAGTCCCGCAGGCGCTTGCCTCTAAACCCCCTACAAGCCCGCCTCGTGCGG
CAAC

（2）*GAPDH* 序列信息（HQ414719，来源于 PD322）。

GAGCACTCCGATGTCGAGATCGTTGCCGTCAACGACCCCTTCATTGAGACCAAGTACGC
TGTAAGTAACCCCCCCCCAAACCAAAGTCTCATGCCCCCTTCTTTTGTCTATCATGTGCTGG
GGTTCTCCCCGGCCATGGTCTGACCATGTCTCAACCCCGCCGCCCTCGGCAGTCAAGATGAC
CCCTTCACGACAACTGGACGGCGTTCCTTGAGCCCCAAGCACACACACACACGAGACATATG
GCTAACCTTTCCTCAGGCCTACATGCTCAAGTACGACTCCACCCACGGCGTCTTCAAGGGTG
AGATCACCGAGGACGGTTCCTCCCTGACCGTCAACGGCAAGAAGGTCAAGTTCTACCAGGA
GCGTGACCCCGCTGCCATCCCCTGGAGCGAGACCGGCGCCGAGTACGTCGTCGAGTCCACTG
GTGTCTTCACCACCACCGACAAGGCCGCCGCCCATCTCAAGGGTGGCGCCAAGAAGGTCATC
ATCTCCGCCCCCTCGGCCGATGCCCCCATGTACGTGATGGGTGTTAACGAGAAGACCTACGA
CGGCAAGGCCGACGTCATCTCCAACGCGTCGTGCACCACCAACTGCCTGGCTCCCCTCGCCAA
GGTCATCAACGACAAGTTCACCATCGTTGAGG

（3）*TEF* 序列信息（HQ414624，来源于 PD322）。

GGTCACTTGATCTACCAGTGCGGCGGTATCGACAAGCGTACGATTGAGAAGTTTGAGA
TAAGTGGAACCCCTGCTTGAATCTACACATAATTCCCTTTGATTCCAAGAAAATACCATGT
TTTCATGGTTTCCGACGGGTTGGCGGTGATTTTGCGCAGTTTTCGGTCATGGCGGGGTGAT
TTTGCCCCACCTGGGGCCGAACTACCAACATTCACCGTCCGGCCCCACTTTCTCCACAACACC
ACAACTCCGTCCTCTCCATCACCACAATCTTGTTCAGTTTGCTCCATCTCACTTGTATGAAC

GCTCAGCTAACTCCCTCTTACAAGGAGGTACGTTTTACAGATTGTTCAAACCCTGCTGCCA
GTTGTTTCGGCTCTGCATGCCCCGGTCACGCGCCACACGCTATCCCCGGCTGATCTTATGGA
TCATCACCACCAACCTCATTGAGGACGGTTTGATTGTCCATGACGATCAGCCATTGTCTCCC
CCTTGTTCCCCTTTGATTCCATTCTTTTATGCTCTCTCCGTTGTCCCGGGACCCCACTAACA
CCCACAAGGCCGCCGAACTTGGCAAGG

0   578

（4）*beta-tubulin* 序列信息（JF343454，来源于 PD322）。
AAGTCACTCCCATTCCAGCCCAACACTCGACGCGTCTCTTTCCCACCCATTCGGCCGCCC
CTGAACTCTACCCCGCTGAGTCCTGAACCACGTTGTCCCGACCTCGCCCGCGATCACGACGG
CACTCGAAGACGACGTCAAACCTGACCGTGCTACACTCCTCCTGAAGTCCATGAGCTGACCT
TGGTTTCCCTCTCTCTTAGGTTCACCTCCAGACCGGCCAGTGCGTAAGTTATTCTCAGTACT
ACTGCCTATTTTCGATTTGCGGGGCTAATCACTGGATGAACAGGGTAACCAGATCGGTGCT
GCTTTCTGGCAGAACATCTCTGGCGAGCACGGCCTCGACAGCAATGGCGTGTATGCTTTCCC
TCCCAGTCACGAAACCCTACGGGGCCATTTCGTTGCTGTAGACCGGTTACTGACGCGATGA
CAGCTACAACGGCACTTCCGAGCTCCAGCTCGAGCGCATGAACGTCTACTTCAACGAGGTA
TGTCAAAACAACAGTCCGATGGATAATTCTCAGCAGCATTTGCTCATGGTTTTCTTTCTTT
GCAGGCCTCTGGCAACAAGTACGTTCCCCGTGCCGTCCTCGTCGATCTCGAGCCCGGTACCA
TGGACGCCGTCCGCGCT

0   630

（5）*actin* 序列信息（HQ206921，来源于 PD322）。
AGGGTAGGTTATCCGTCATGATGCCCCAAAGCTTGTCCCATCGAGATGCTGTCCATAT
CATCTCTGAAGGACTCGATGCTCAAGCAGTACATATTGCTAACAACATCTTCCCGTTACAG
AAGAAGTTGCTGCCCTCGTCATTGACAATGGGTTCGTCTAATCCCCCCCTTTTTTTCGCCCG
CTGCTGTCGCCGGCTTCTCCGCCTTTGATGAGGGACCCGCCGCGATCCTTCATCACTCGACA
ACCACATACTGGCACAATGTCTCAACACATGGAGGGCCATGATAAGCAGAGGCAAGAAAA
GAAACACGGAGCTGACTTGACTGTAGTTCGGGTATGTGCAAGGCCGGTTTCGCCGGTGACG
ATGCGCCCCGTGCTGTCTTCCGTAAGTTCCCCTACCCAATTTCCCTAGACCGCAACTTTGGG
TGCTGCGGGCAAAGCTCATCATGATCTTTGATGCTGACCATTTCAAGCTTCCATTGTCGGT
CGCCCCCGTCACCATGGTATCATGATTGGTATGGGCCAGAA

0   527

30.2.6 种内序列差异

对 BOLD SYSTEMS 中该物种的 *ITS* 序列进行分析，差异位点 1 个。如下：

GBUN1011-13	CTC	ATA	ACC	CTT	TGT	GAA	CCA	TAT	TGT	TGC	TTC	GGC	GGC	TCG	TTC	TGC
GBUN1094-13	…	…	…	…	…	…	…	…	…	…	…	…	…	…	…	…

GBUN1011-13	GAG	CCC	GCC	GGT	CCA	TCA	GTC	TCT	CTG	TTT	ATA	CCA	ACG	ATA	CTT	CTG
GBUN1094-13	…	…	…	…	…	…	…	…	…	…	…	…	…	…	…	…

GBUN1011-13	AGT	GTT	CTT	AGC	GAA	CTA	TTA	AAA	CTT	TTA	ACA	ACG	GAT	CTC	TTG	GCT
GBUN1094-13	…	…	…	…	…	…	…	…	…	…	…	…	…	…	…	…

GBUN1011-13	CTA	GCA	TCG	ATG	AAG	AAC	GCA	GCG	AAA	CGC	GAT	ATG	TAG	TGT	GAA	TTG
GBUN1094-13	…	…	…	…	…	…	…	…	…	…	…	…	…	…	…	…

GBUN1011-13	CAG	AAT	TCA	GTG	AAT	CAT	CGA	ATC	TTT	GAA	CGC	ACA	TGG	CGC	CTT	CCA
GBUN1094-13	…	…	…	…	…	…	…	…	…	…	…	…	…	…	…	…

GBUN1011-13	GTA	TCC	TGG	GAG	GCA	TGC	CTG	TCC	GAG	CGT	CGT	TTC	AAC	CCT	CGA	GCC
GBUN1094-13	…	…	…	…	…	…	…	…	…	…	…	…	…	…	…	…

GBUN1011-13	CCA	GTG	GCC	CGG	TGT	TGG	GGA	TCT	ACG	TCT	GTA	GGC	CCT	TAA	AAG	CAG
GBUN1094-13	…	…	…	…	…	…	…	…	…	…	…	…	…	…	…	…

GBUN1011-13	TGG	CGG	ACC	CGC	GTG	GCC	CTT	CCT	TGC	GTA	GTA	GTT	ACA	GCT	CGC	ATC
GBUN1094-13	…	…	…	…	…	…	…	.A.	…	…	…	…	…	…	…	…

GBUN1011-13	GGA	GTC	CCG	CAG	GCG	CTT	GCC	TCT	AAA	CCC	CCT	ACA	AGC	CCG	CCT	CGT
GBUN1094-13	…	…	…	…	…	…	…	…	…	…	…	…	…	…	…	…

GBUN1011-13	GCG	GCA
GBUN1094-13	…	…

31　叶点霉属 DNA 条形码

31.1　葡萄苦腐病菌 *Greeneria uvicola*

31.1.1　名称及分类地位

中文名称：葡萄苦腐病菌、叶点霉。

拉丁学名：*Greeneria uvicola*（Berk. & M. A. Curtis）Punith.，Mycol. Pap. 136：6（1974）。

异名：*Phyllostictina uvicola*（Berk. & M. A. Curtis）Höhn.，Annales Mycologici 18（1-3）：94（1920）。

英文名：Grape bitter rot。

分类地位：真菌界（Fungi）子囊菌门（Ascomycota）座囊菌纲（Dothideomycetes）葡萄座腔菌目（Botryosphaeriales）球壳包科（Phyllostictaceae）叶点霉属（*Phyllosticta*）。

31.1.2　生物学特性及危害症状

枝蔓发病，在新梢基部表皮颜色变浅，严重时顶梢枯死。叶片症状为叶柄出现浅褐色、边缘不清晰的病斑，病斑可环绕叶柄至整个叶片。新梢和嫩叶上产生黑褐色小点，后期着生分生孢子盘。果实发病，病菌通常从果梗侵入，在近果蒂处产生一小块白色的斑痕，逐渐向果粒蔓延、扩大、软腐。在果实上常出现环纹状排列的分生孢子盘，在整个果粒发病时更为明显。浆果在感病几天后变软，易脱落，此时浆果的味道最苦。

31.1.3　检疫及限定现状

中国将其列为检疫性有害生物。

31.1.4　凭证样本信息

凭证菌株信息：DAKF-2、HJAVv02、FI2134。

31.1.5　DNA 条形码标准序列

rDNA *ITS* 序列信息及图像化条形码（illustrative barcode）。

AAGGGATCATTGCTGGAACGCGCCTCGCGGCGCACCCAGAAACCCTTTGTGAACTTATA
CCTTTTATCGTTGCCTCGGCAGGGCCCGGGGGGCGCTTATGCCCCTCCCAGCTCCGGCTGGA
GAAGGCCTGCCGGTGGCCCCGTAAACTCTTGTTTTCTGAACGTACCTCTTCTGAGTAACAA
AACAAAAAATGAATCAAAACTTTCAACAACGGATCTCTTGGTTCTGGCATCGATGAAGAA
CGCAGCGAAATGCGATAAGTAATGTGAATTGCAGAATTCAGTGAATCATCGAATCTTTGA
ACGCACATTGCGCCCGCTGGTATTCCGGCGGGCATGCCTGTTCGAGCGTCATTTCAACCCTC
AAGCCCCTGTGCTTGGTGCTGGGGCACAGCCTGTAGAAAGGCTGGCCCTCAAATTTAGTGG
CGAGCTCGCTAAGACTCCGAGCGTAGTAATTACTTCTCGCTTAGGTTGACTTAGCGGCCCT
CTGCCGTAAAACCCCTAATTTTTTCTGAAAGTTGACCTCGGATCAGGTAGGAATACCCGC
TGAACTTAA

经过 Genebank 数据库查询，参考序列共有 3 条：KR232681、MN611375、HQ610176。

0   554

31.1.6 种内序列差异

从 BOLD SYTEM 里获得序列分析，无差异位点，*ITS* 条形码 consensus 序列长度为 555bp。

31.1.7 *ITS* 条形码蛋白质序列

RDHCWNAPRGAPRNPL * TYTFYRASAGPGGRLCPSQLRLEKACRWPVNSCFLNVPLLSN
KTKNESKLSTRISWFWHR * RTQRNAISNVNCRISESSNL * THIAPAGIPAGMPVRAHFNPQAP
VLGAGAQPVERLALKFVASSLRLRA * * LLLA * VDLAALCVKPPKFF * KLTSDQVGIPAEL

附录 1　DNA 条形码在海关检疫标准化中的应用

一、DNA 条形码筛查方法　检疫性疫霉

1　范围

本文件规定了栗疫霉黑水病菌、马铃薯疫霉绯腐病菌、草莓疫霉红心病菌、树莓疫霉根腐病菌、柑橘冬生疫霉、雪松疫霉根腐病菌、苜蓿疫霉根腐病菌、菜豆疫霉病菌、栎树猝死病菌、大豆疫霉病菌和丁香疫霉病菌的 DNA 条形码筛查。

本部分适用于栗疫霉黑水病菌、马铃薯疫霉绯腐病菌、草莓疫霉红心病菌、树莓疫霉根腐病菌、柑橘冬生疫霉、雪松疫霉根腐病菌、苜蓿疫霉根腐病菌、菜豆疫霉病菌、栎树猝死病菌、大豆疫霉病菌和丁香疫霉病菌的 DNA 条形码筛查过程中序列的扩增、分析及结果判定等。

2　规范性引用文件

下列文件中的内容通过文中的规范性引用而构成本文件必不可少的条款。其中，注日期的引用文件，仅该日期对应的版本适用于本文件；不注日期的引用文件，其最新版本（包括所有的修改单）适用于本文件。

SN/T 1131　大豆疫霉病菌检疫鉴定方法

SN/T 1135.6　马铃薯绯腐病菌检疫鉴定方法

SN/T 2080　栎树猝死病菌检疫鉴定方法

SN/T 2474　大豆疫霉病菌实时荧光 PCR 检测方法

SN/T 2617　冬生疫霉病菌检疫鉴定方法

SN/T 2756　丁香疫霉检疫鉴定方法

SN/T 2759　栗黑水疫霉病菌检疫鉴定方法

SN/T 3403　菜豆疫霉检疫鉴定方法

3　术语和定义

下列术语和定义适用于本文件。

3.1

DNA 条形码　DNA barcode

生物体内能够代表该物种的，标准的、有足够变异的、易扩增且相对较短的 DNA 片段。

3.2

线粒体细胞色素 C 氧化酶亚基 I 基因　Mitochondrial cytochrome c oxidase subunit I，*CO I*

线粒体基因变化速率快，在其 13 个蛋白质编码基因中，*CO I* 基因很少存在插入缺失，序列长度 500 bp～700 bp，宜作为真菌 DNA 条形码，也是最早提出的 DNA 条形码片段。

3.3

内部转录间隔区序列　Internal transcribed spacer，*ITS*

在真核生物中，核糖体 DNA 是由核糖体基因及与之相邻的间隔区组成，其基因组序列从 5′到 3′依次为：外部转录间隔区、*18S* 基因、内部转录间隔区 1（*ITS1*）、*5.8S* 基因、内部转录间隔区 2（*ITS2*）、*28S* 基因和基因间隔序列。*ITS1* 和 *ITS2* 作为非编码区，承受的选择压力较小，相对变

化较大，能够提供详尽的系统学分析所需的可遗传性状。

4 检疫性疫霉基本信息

学名：*Phytophthora cambivora*（Petri）Buisman。
中文名：栗疫霉黑水病菌。
学名：*Phytophthora erythroseptica* Pethybridge。
中文名：马铃薯疫霉绯腐病菌。
学名：*Phytophthora fragariae* Hickman。
中文名：草莓疫霉红心病菌。
学名：*Phytophthora fragariae* Hickman var. rubi W. F. Wilcox et J. M. Duncan。
中文名：树莓疫霉根腐病菌。
学名：*Phytophthora hibernalis* Carne。
中文名：柑橘冬生疫霉。
学名：*Phytophthora lateralis* Tucker et Milbrath。
中文名：雪松疫霉根腐病菌。
学名：*Phytophthora medicaginis* E. M. Hans. et D. P. Maxwell。
中文名：苜蓿疫霉根腐病菌。
学名：*Phytophthora phaseoli* Thaxter。
中文名：菜豆疫霉病菌。
学名：*Phytophthora ramorum* Werres，De Cock et Man in't Veld。
中文名：栎树猝死病菌。
学名：*Phytophthora sojae* Kaufmann et Gerdemann。
中文名：大豆疫霉病菌。
学名：*Phytophthora syringae*（Klebahn）Klebahn。
中文名：丁香疫霉病菌。
分类地位：藻菌界（Chromista）卵菌门（Oomycota）腐霉目（Pythiales）腐霉科（Pythiaceae）。
各检疫性疫霉寄主范围参见附录 A。

5 方法原理

使用*CO I* 基因和 *ITS* 片段作为 11 种疫霉的 DNA 条形码基因，通过对检测对象的 DNA 进行 PCR 扩增及产物测序后，利用生命条形码数据系统（BOLD）、中国检疫性有害生物 DNA 条形码数据库或 NCBI 数据库比对，根据序列相似度筛查物种。

6 主要仪器设备与试剂

6.1 仪器设备
超净工作台、高压灭菌锅、4℃低温冰箱、PCR 扩增仪、冷冻离心机、NanoDrop 核酸测定仪、琼脂糖电泳仪、凝胶成像系统。

6.2 试剂
乙醇、CTAB 提取液、三氯甲烷、PCR *Taq* DNA 聚合酶、PCR *Taq* 缓冲液、dNTP、DNA 标记物、无菌超纯水。

7 检测与鉴定

7.1 DNA 提取与纯化

对真菌进行液体培养或平板培养，CTAB 法对基因组 DNA 的提取方法见附录 B，测定 DNA 浓度及纯度后，保存于－20℃冰箱备用。

7.2　DNA 条形码片段 PCR 扩增

利用通用引物进行 COI 基因和 ITS 片段序列扩增（具体步骤见附录 C），测序。

7.3　序列分析

测序结果利用生物信息学软件进行剪接编辑，比对峰图和正反向测序结果是否有误，去掉两端引物部分序列。利用 BOLD 数据库、中国检疫性有害生物 DNA 条形码数据库或美国国家生物技术信息中心（NCBI）数据库比对 COI 基因和 ITS 片段序列。

8　结果判定

ITS 和 COI 序列长度大于 500 bp。若 2 个基因与 DNA 条形码数据库、NCBI 数据库和中国检疫性有害生物 DNA 条形码数据库中检疫性疫霉序列相似度均大于 99%，即可以筛查判定是该物种。11 种检疫性疫霉 ITS 和 COI 基因参考序列见附录 D。

若判定为目标检疫性疫霉，应结合 SN/T 2759、SN/T 2474、SN/T 2617、SN/T 2756、SN/T 1131、SN/T 3403、SN/T 1135.6、SN/T 2080，无相应标准的按照常规真菌鉴定方法进行最终鉴定。

9　样品资料保存

9.1　样品保存

可将菌丝移到 V8 培养基上，放入 15℃冰箱中保存；也可将分离到的菌丝移入 V8 液体培养基中，在 25℃下生长一周左右，然后倾去培养液，把菌丝放入冻存管在－80℃保存。

9.2　结果记录与资料保存

完整的实验记录包括：样品的来源、种类、时间，实验的时间、地点、方法和结果等，并要有实验人员和审核人员签字。PCR 凝胶电泳检测需有电泳结果照片，序列需要保存电子文件。

附 录 A
（资料性）
检疫性疫霉寄主范围

A.1　冬生疫霉病菌

柑橘属（*Citrus* spp.）植物，如甜橙［*Citrus sinensis*（L.）Osbeck］、脐橙［*Citrus sinensis*（L.）Osbeck］、橘子（*Citrus reticulata*）、柠檬［*Citrus limon*（L.）Burm. f.］等，还可侵染甜椒（*Capsicum annuum* L.）、番茄（*Lycopersicon esculentum* L.）、茄子（*Solanum melongena* L.）、苹果（*Malus pumila* Mill.）、玫瑰（*Rosa*）、杜鹃（*Rhododendron*）、芝麻（*Sesamum indicum* L.）、红花（*Carthamus tinctorius* L.）、贝壳杉（*Agathis australis* Salisb.）、白雪松（*Chamaecyparis lawsoniana*）等。

A.2　大豆疫霉病菌

大豆［*Glycine max*（L.）Merr］。

A.3　栗黑水疫霉病菌

挪威槭（*Acer platanoides*）、花束月季（*Andromeda floribunda*）、欧洲栗（*Castanea sativa*）、木麻黄（*Casuarina equisetifolia*）、菊花（*Chrysanthemum cinerariifolium*）、欧石楠属（*Erica* spp.）、山毛榉（*Fagus sylvatica*）、覆盆子（*Rubus idaeus*）、瓜叶菊（*Senecio cruentus*）等。

A.4　马铃薯疫霉绯腐病菌

马铃薯（*Solanum tuberosum*）。

A.5　丁香疫霉病菌

柑橘属的柠檬［*Citrus limon*（L.）Burm. f.］、脐橙［*Citrus sinensis*（L.）Osbeck］等，还可危害苹果（*Malus pumila*）、梨属（*Pyrus*）、李属（*Prunus* L.）、杜鹃（*Rhododendron simsii* Planch.）、紫丁香（*Syringa oblata* Lindl.）、甜樱桃［*Cerasus avium*（L.）Moench.］、扁桃仁（*Amygdalus Communis* Vas）、覆盆子（*Rubus idaeus*）、西洋梨（*Pyrus communis* L.）以及一些木樨科（Oleaceae）的植物等，人工接种还能侵染英国山楂（*Crataegus* L.）、普通赤杨（*Alnus japonica*）、欧洲女贞（*Ligustrum lucidum*）和橡木（*Quercus alba* L.）等。

A.6　草莓疫霉红心病菌

栽培的草莓（*Fragaria ananassa* Duch.）、罗甘莓（*Rubus loganobaccus* Bailey.）。人工接种可以侵染蔷薇科委陵菜亚科 potentilleae 中几个属植物，如树莓（*Rubus corchorifolius*）等。

A.7　树莓疫霉根腐病菌

栽培的树莓（*Rubus corchorifolius*）、杂交的浆果如罗甘莓（*Rubus loganobaccus* Bailey.）等。

A.8　雪松疫霉根腐病菌

中华猕猴桃（*Actinidia chinensis*）、智利猕猴桃（*Actinidia deliciosa*）、长春花（*Catharanthus* roseus）、红桧（*Chamaecyparis formosensis*）、美国扁柏（*Chamaecyparis lawsoniana*）、日本扁柏（*Chamaecyparis obtusa*）、密生刺柏（*Juniperus horizontalis*）、山月桂（*Kalmia latifolia*）、红叶石楠（*Photinia* × *fraseri*）、杜鹃（*Rhododendron* sp.）、短叶红豆杉（*Taxus brevifolia*）、侧柏（*Platycladus orientalis*）等。

A. 9　苜蓿疫霉根腐病菌

智利猕猴桃（*Actinidia deliciosa*）、鹰嘴豆（*Cicer arietinum*）、野胡萝卜（*Daucus carota*）、苜蓿（*Medicago*）、紫苜蓿（*Medicago sativa*）、红豆草（*Onobrychis viciifolia*）等。

A. 10　菜豆疫霉病菌

利马豆（*Phaseolus lunatus*）、黑芥（*Brassica juncea*）、橡胶（*Hevea brasiliensis*）、番茄（*Lycopersicon esculentum*）、萝卜（*Raphanus sativus*）、山陀儿（*Sandoricum indicum*）、茄子（*Solanum melongena*）、豇豆（*Viguna unguiculata* subsp. *sesquipedalis*）等。

A. 11　栎树猝死病菌

壳斗科的加州栎（*Quercus agrifolia*）、黄鳞栎（*Quercus chrysolepis*）、密花石栎（*Lithocarpus densiflorus*），杜鹃花科的优材草莓树（*Arbutus menziesii*）、北加州熊果树（*Arctostaphylos manzanita*）、马醉木（*Pieris floribunda* and *Pieris*）、槭树科的槭树（*Acer macrophyllum*），忍冬科的加州忍冬（*Lonicera hispidula*）等，七叶树科的加州七叶树（*Aesculus californica*），樟科的山月桂（*Umbellularia californica*），松科的花旗松（*Pseudotsuga menziesii* var. *menziesii*），杉科的北美红杉（*Sequoia sempervirens*），山茶科的山茶属（*Camellia* spp.）等。

附　录　B
（规范性）
基因组 DNA 制备

B. 1　DNA 制备

实验器皿于 121℃、30 min 湿热灭菌或 180℃干热灭菌 1 h。

从培养基上，刮取 100 mg 左右的菌丝体至研钵内，加入液氮充分研磨，加入 4 mL 预热的 CTAB 抽提液。

将离心管放入水浴锅前先振荡 1 min，然后放入 65℃水浴锅水浴 15 min，每隔 3 min～5 min 振荡 1 次。

加三氯甲烷 4 mL，用移液器混匀 1 min，水浴 10 min；4℃，12 000 g 离心 15 min，取上清液加等体积异丙醇，轻轻摇匀，然后－20℃静置 15 min。

4℃，12 000 g 离心 15 min，小心去除上清液，留沉淀；加 70％预冷酒精，洗涤 3 次，放于通风处干燥；加入 50 μL～100 μL 灭菌的去离子水溶解 DNA。

B. 2　DNA 浓度及纯度测定

用核酸蛋白质分析仪测定 DNA 的纯度与浓度，分别取得 260 nm 和 280 nm 处的吸收值，计算核酸的纯度和浓度，计算公式如下：

DNA 纯度＝OD_{260}/OD_{280}

DNA 浓度＝$50 \times OD_{260}$（μg/mL）

PCR 级 DNA 溶液的 OD_{260}/OD_{280} 为 1. 7～1. 9。

附　录　C

（规范性）

ITS 片段和*CO* I 基因扩增流程

C. 1　PCR

C. 1. 1　引物序列

ITS 片段：*ITS1* 为 CTTGGTCATTTAGACGAAGTAA

　　　　　　ITS4 为 TCCTCCGCTTATTGATATGC

CO I 基因：OomCox1-Levup 为 TCAWCWMGATGGCTTTTTTCAAC

　　　　　　OomCox1-Levlo 为 CYTCHGGRTGWCCRAAAAACCAAA

C. 1. 2　扩增体系及条件

扩增反应的组成成分：

10×PCR 缓冲液	5 μL
2. 5 mmol/L dNTPs	5 μL
前向引物（10 μmol/L）	1 μL
后向引物（10 μmol/L）	1 μL
5 U/μL *Taq* 酶	0. 3 μL
模板 DNA	10 ng
补双蒸水至	50 μL

反应用双蒸水作空白对照，阳性对照采用含有疫霉病菌的 DNA 作为模板，每个样品重复 2 次。

ITS 扩增反应程序为：95℃预热 5 min，进入循环反应；95℃变性 1 min，55℃退火 40 s，72℃延伸 90 s，共循环 35 次，循环后 72℃延伸 10 min。

CO I 扩增反应程序为：95℃预热 5 min，进入循环反应；95℃变性 1 min，55℃退火 1 min，72℃延伸 1 min，共循环 35 次，循环后 72℃延伸 10 min。

C. 2　测序与序列处理

扩增产物经 1%琼脂糖凝胶电泳分离，目的片段经 DNA 琼脂糖凝胶回收试剂盒回收纯化，采用 NanoDrop 对 DNA 进行定量检测。测序引物与 PCR 扩增引物相同，进行测序。

附　录　D

（规范性）

检疫性疫霉参考序列

D.1　栗疫霉黑水病菌

ITS 序列（OOMYA2023-10. *COI-5P*｜HQ643179）：

CCACACCTAAAAAACTTTCCACGTGAACCGTATCAACCCACTTAGTTGGGGGCTAGTCC
CGGCGGCTGGCTGTCGATGTCAAAGTTGACGGCTGCTGCTGTGTGTCGGGCCCTATCATGG
CGAGCGTTTGGGTCCCTCTCGGGGGAACTGAGCCAGTAGCCCTTATYTTTTAAACCCATTC
TTGAATACTGAATATACTGTGGGGACGAAAGTCTCTGCTTTTAACTAGATAGCAACTTTC
AGCAGTGGATGTCTAGGCTCGCACATCGATGAAGAACGCTGCGAACTGCGATACGTAATGC
GAATTGCAGGATTCAGTGAGTCATCGAAATTTTGAACGCATATTGCACTTCCGGGTTAGTC
CTGGGAGTATGCCTGTATCAGTGTCCGTACATCAAACTTGGCTCTCTTCCTTCCGTGTAGTC
GGTGGATGGGGACGCCAGACGTGAGGTGTCTTGCGGGTGGTCTTCGGGCTGCCTGCGAGTC
CCTTGAAATGTACTGAACTGTACTTCTCTTTGCTCGAAAAGCGTGACGTTGTTGGTTGTGG
AGGCTGCCTGTGTGGCCAGTCGGCGACCGGTTTGTCTGCTGCGGCGTTTAATGGAGGAGTG
TTCGATTCGCGGTATGGTTGGCTTCGGCTGAACAATGCGCTTATTGGACGTTCTTCCTGCT
GTGGCGGTACGGATCGGTGAACCGTAGCTGTGCGAGGCTTGGCCTTTGAACCGGCGGTGTT
GGTCGCGAAGTAGGGTGGCGGCTTCGGCTGTCGAGGGGTCGATCCATTTGGGAACTTGTGT
CTCTGCGGCGCGCTTCGGTGTGCTGCGGGTGGCAT

CO I 序列（OOMYA2023-10. *ITS*｜HQ708248）：

TTTAATTTTTAGTGCTTTTGCTGGTATTGTTGGTACAACTTTATCACTTTTAATTAGA
ATGGAATTAGCACAACCTGGTAATCAAATTTTAATGGGAAATCATCAATTATATAATGTA
GTTGTAACTGCACATGCTTTTATAATGGTTTTTCTTTTTAGTTATGCCTGCCTTAATTGGTG
GTTTTGGTAATTGGTTTGTGCCTTTAATGATTGGTGCTCCAGATATGGCTTTTCCACGTAT
GAATAATATTAGTTTTTGGTTATTACCTCCAGCTTTATTATTATTAGTTTCATCAGCTAT
TGTTGAATCTGGTGCGGGTACAGGTTGGACAGTTTATCCACCATTATCAAGTGTACAAGCA
CATTCAGGACCTTCAGTAGATTTGGCAATTTTTAGTTTACATTTAACAGGTATTTCTTCAT
TATTAGGTGCTATAAATTTTATTTCAACTATTTATAATATGAGAGCTCCAGGTTTAAGTT
TTCATAGATTACCTTTATTTGTTTGGTCTGTATTAATTACAGCATTTCTTTTATTATTAA
CTTTACCTGTATTAGCGGGAGCAATTACAATGTTATTGACTGATAGAAATTTAAATACTT
CTTTTTATGATCCTTCTGGGGGGGGGAGATCCTGTACTATATCAACATTTATT/

D.2　马铃薯疫霉绯腐病菌

ITS 序列（OOMYA2031-10. *ITS*｜HQ643228）：

CCACACCTAAAAAACTTTCCACGTGAACCGTATCAACCTTTTTAAATTGGGGGCTTCCG
TCTGGCCGGCCGGTTTTCGGCTGGCTGGGTGGCGGCTCTATCATGGCGACCGCTTGGGCCTC
GGCCTGGGCTAGTAGCGTATTTTTAAACCATTCCTAATTACTGAATATACTGTGGGGACGA
AAGTCTCTGCTTTTAACTAGATAGCAACTTTCAGCAGTGGATGTCTAGGCTCGCACATCGA

TGAAGAACGCTGCGAACTGCGATACGTAATGCGAATTGCAGGATTCAGTGAGTCATCGAA
ATTTTGAACGCATATTGCACTTCCGGGTTAGTCCTGGGAGTATGCCTGTATCAGTGTCCGT
ACACTAAACTTGGCTCCCTTCCTTCCGTGTAGTCGGTGGATGGGGACGCGCAGATGTGAAG
TGTCTTGCGGCTGGTCTTCGGTCCGGCTGCGAGTCCTTTGAAATGTACTACACTGTACTTCT
CTTTGCTCGAAAAGCGTGACGTTGCTGGTTGTGGAGGCTGCCTGTGTGGCATGTCGGCGAC
CGGTTTGTCTGCTGCGGCGTTTAATGGAGGAGTGTTCGATTCGCGGTATGGTTGGCTTCGG
CTGAACAGACGCTTATTGGGTGCTTTTCCTGCTGTGGCTGGATGGACTGGTGAACCGTAGC
TGTGCTAGGCTTGGCGTTTGAACCGGCGGTGTGGTGCGAAGTAGGGTGTCTGTTCCGGCGT
AAGCTGGGGTGGACGAGGGTCGATCCATTTGGGAAACGTTGTGTGCGCTTCGGCGCGCATC
TCAT

　　COI 序列 （OOMYA2031-10. *COI-5P* │ HQ708292. 1 │ ）：

　　AATCATAAAGATATTGGGACTTTATATTTAATTTTTAGTGCTTTTGCGGGTGTTGTT
GGTACAACATTATCTCTTTTAATCCGAATGGAATTAGCACAGCCAGGTAATCAAATTTTT
ATGGGAAATCATCAATTATATAATGTTGTTGTTACCGCCCATGCTTTTATTATGGTTTTC
TTTTAGTTATGCCTGCATTAATTGGTGGTTTTGGTAATTGGTTTGTTCCTTTAATGATA
GGTGCTCCTGATATGGCGTTTCCACGTATGAATAATATAAGTTTTTGGTTATTACCACCAG
CATTATTATTATTAGTTTCTTCAGCTATCGTTGAATCAGGAGCAGGTACAGGTTGGACTGT
TTATCCACCATTATCTAGTGTACAAGCACACTCAGGGCCATCAGTAGATTTAGCTATTTTT
AGTTTACATTTAACAGGTATTTCTTCGTTATTAGGTGCAATTAACTTTATTTCAACTATT
TATAACATGAGAGCTCCTGGTTTAAGTTTTCATCGATTACCTTTATTTGTTTGGTCTGTAT
TAATTACAGCTTTTCTTTTATTATTAACGTTACCCGTATTAGCCGGAGCAATTACCATGTT
GTTAACTGATAGAAATTTAAATACTTCTTTTTATGATCCATCTGGTGGTGGTGATCCTGT
ATTATATCAACATTTATT

D. 3　草莓疫霉红心病菌

　　ITS 序列 （OOMYA044-07. *ITS* │ HQ643230）：

CCACACCTAAAAAACTTTCCACGTGAACCGTATCAACCCACTTAGTTGGGGGCCTGTCC
TGGCGGCTGGCTGTCGATGTCAAAGTTGACGGCTGCTGCTGTGTGTCGGGCCCTATCATGG
CGAGCGTTTGGGTCCCTCTCGGGGGAACTGAGCCAGTAGCCCTTTTCTTTTAAACCCATTCT
TGAATACTGAATATACTGTGGGGACGAAAGTCTCTGCTTTTAACTAGATAGCAACTTTCA
GCAGTGGATGTCTAGGCTCGCACATCGATGAAGAACGCTGCGAACTGCGATACGTAATGCG
AATTGCAGGATTCAGTGAGTCATCGAAATTTTGAACGCATATTGCACTTCCGGGTTAGTCC
TGGGAGTATGCCTGTATCAGTGTCCGTACATCAAACTTGGCTCTCTTCCTTCCGTGTAGTCG
GTGGATGGGGACGCCAGACGTGAGGTGTCTTGCGGGTGGCCTTCGGGCTGCCTGCGAGTCCC
TTGAAATGTACTGAACTGTACTTCTCTTTGCTCGAAAAGCGTGACGTTGTTGGTTGTGGAG
GCTGCCTGTGTGGCCAGTCGGCGACCGGTTTGTCTGCTGCGGCGTTTAATGGAGGAGTGTT
CGATTCGCGGTATGGTTGGCTTCGGCTGAACAATGCGCTTATTGGACGTTCTTCCTGCTGT
GGCGGTACGGATCGGTGAACCGTAGCTGTGCGAGGCTTGGCCTTTGAACCGGCGGTGTTGG
TCGCGAAGTAGGGTGGCGGCTTCGGCTGTCGAGGGGTCGATCCATTTGGGAACTTGTGTCT
CTGCGGCGCGCTTCGGTGTGCTGCGGGTGGCATCTCAA

　　COI 序列 （OOMYA044-07. *COI-5P* │ HQ708294）：

　　AATCATAAAGATATCGGAACTTTATATTTAATTTTTAGTGCTTTTGCGGGTATTGTT
GGTACAACTTTATCACTTTTAATTAGAATGGAATTAGCACAACCGGGTAATCAGATTTTA

ATGGGAAATCATCAATTATATAATGTAGTTGTAACTGCACATGCCTTTATAATGGTTTTC
TTTTTAGTTATGCCTGCCTTAATGGTGGTTTTGGTAATTGGTTTGTACCTTTAATGATTG
GTGCTCCAGATATGGCTTTTCCACGTATGAATAATATTAGTTTTTGGTTATTACCTCCAGC
TTTATTATTATTAGTTTCATCAGCTATTGTTGAATCTGGTGCGGGTACAGGTTGGACAGT
TTATCCACCATTATCAAGTGTACAAGCACATTCAGGACCTTCAGTAGATTTGGCAATTTTT
AGTTTACATTTAACAGGTATTTCTTCATTATTAGGTGCTATAAATTTTATTTCAACTATT
TATAATATGAGAGCTCCAGGTTTAAGTTTTCATAGATTACCTTTATTTATTTGGTCTGTA
TTAATTACAGCATTTCTTTTATTACTAACTTTACCGGTATTAGCTGGAGCAATTACAATG
TTATTAACTGATAGAAATTTAAATACTTCTTTTTATGATCCTTCTGGTGGGGGAGATCCA
GTACTATATCAACATTTATT

D. 4 树莓疫霉根腐病菌

ITS 序列（OOMYA2018-10. *ITS*｜HQ643341）：

CCACACCTAAAAACTTTCCACGTGAACCGTATCAACCCACTTAGTTGGGGGCCTGTCCT
GGCGGCTGGCTGTCGATGTCAAAGTTGACGGCTGCTGCTGTGTGTCGGGCCCTATCATGGCG
AGCGTTTGGGTCCCTCTCGGGGGAACTGAGCCAGTAGCCCTTTTCTTTTAAACCCATTCTTG
AATACTGAATATACTGTGGGGACGAAAGTCTCTGCTTTTAACTAGATAGCAACTTTCAGC
AGTGGATGTCTAGGCTCGCACATCGATGAAGAACGCTGCGAACTGCGATACGTAATGCGAA
TTGCAGGATTCAGTGAGTCATCGAAATTTTGAACGCATATTGCACTTCCGGGTTAGTCCTG
GGAGTATGCCTGTATCAGTGTCCGTACATCAAACTTGGCTCTCTTCCTTCCGTGTAGTCGG
TGGATGGGGACGCCAGACGTGAGGTGTCTTGCGGGTGGCCTTCGGGCTGCCTGCGAGTCCCT
TGAAATGTACTGAACTGTACTTCTCTTTGCTCGAAAAGCGTGACGTTGTTGGTTGTGGAGG
CTGCCTGTGTGGCCAGTCGGCGACCGGTTTGTCTGCTGCGGCGTTTAATGGAGGAGTGTTC
GATTCGCGGTATGGTTGGCTTCGGCTGAACAATGCGCTTATTGGACGTTCTTCCTGCTGTG
GCGGTACGGATCGGTGAACCGTAGCTGTGCGAGGCTTGGCCTTTGAACCGGCGGTGTTGGT
CGCGAAGTAGGGTGGCGGCTTCGGCTGTCGAGGGGTCGATCCATTTGGGAACTTGTGTCTC
TGCGGCGCGCTTCGGTGTGCTGCGGGTGGCAT

CO I 序列（OOMYA2018-10. *COI-5P*｜HQ708389）：

GAACTTTATATTTAATTTTTAGTGCTTTTGCTGGTATTGTTGGTACAACTTTATCACT
TTTAATTAGAATGGAATTAGCACAACCTGGTAATCAAATTTTAATGGGAAATCATCAATT
ATATAATGTAATTGTAACTGCACATGCCTTTATAATGGTTTTCTTTTTAGTTATGCCTGCC
TTAATTGGTGGTTTTGGTAATTGGTTTGTACCTTTAATGATTGGTGCTCCAGATATGGCT
TTTCCACGTATGAATAATATTAGTTTTTGGTTATTACCTCCAGCTTTATTATTATTAGTT
TCATCAGCTATCGTTGAATCTGGTGCGGGTACAGGTTGGACAGTTTATCCACCATTATCAA
GTGTACAAGCACATTCAGGACCTTCAGTAGATTTGGCAATTTTTAGTTTACATTTAACAG
GTATTTNTTCATTATTAGGTGCTATAAATTTTATTTCAACTATTTATAATATGAGAGCTC
CCGGTTTAAGTTTTCATCGATTACCTTTATTTGTTTGGTCTGTATTAATTACAGCATTTCT
TTTATTATTAACTTTACCCGTATTGGCAGGAGCAATTACAATGTTATTAACTGATAGAAA
TTTAAATACTTCTTTTTATGATCCTTCCGGGGGGGGGGGATCCTGTACTATATCAACATTTA
TT

D. 5 柑橘冬生疫霉

ITS 序列（OOMYA176-07. *ITS*/HQ643241）：

CCACACCTAAAAAACTTTCCACGTGAACCGTATCAACCCTTTTAGTTGGGGGCTTCTGT
TCGGCTGGCTTTTGCTGGCTGGGCGCGGCTCTATCATGGCGAGCGCCTGGGCCTTCGGGTC
TGAGCTAGTAGTCTTCTTTTAAACCCTTTCTTAAATACTGAATATACTGTGGGGACGAAA
GTCTCTGCTTTTAACTAGATAGCAACTTTCAGCAGTGGATGTCTAGGCTCGCACATCGATG
AAGAACGCTGCGAACTGCGATACGTAATGCGAATTGCAGGATTCAGTGAGTCATCGAAAT
TTTGAACGCATATTGCACTTCCGGGTTAGTCCTGGGAGTATGCCTGTATCAGTGTCCGTAC
ATCAAACTTGCCTCCCTTCCTTCCGTGTAGTCGGTGGATGGGGACGTGCAGACGTGAAGTG
TCTTGCGATTGGTCTTCGGGCCGGCTGCGAGTCCTTTTAAATGTACAGAACGGTACTTCTC
TTTGCTCGAAAAGCATAATGGAATTGGTTGTGGAAGCTTCCCGGTGGCAAGTCGGCGACTG
GTTTGTCTGCTACGGCGTTTAATGGAGGAATGTTCGATTCGCGGTATGGTTAGCTTCGGCT
GAACAATGCGCTTATTGGATGTTTTTCCTGCTGTGGTGGTAATGACTGGTGAACCGTAGCT
ATGCAGGGATTGGCCTTTGAACTGAGGATGTTGTGTGAAGTAGAGTGGCGGTTTGGCGCA
AGCTGGGCTGTCGAGGGTCGATCCTATTTGGGAAATTTGTGTTGGCGGCTTCGGCTGTTGGC

COI 序列（OOMYA176-07.*COI-5P*/HQ708303）：

TTGTTGGTACAACTTTATCTCTTTTAATTCGAATGGAATTAGCACAACCAGGTAATCA
AATTTTTATGGGTAATCATCAATTATATAATGTTGTTGTTACTGCCCATGCTTTTATTAT
GGTTTTTTTTTNAGTTATGCCTGCTTTAATTGGTGGGTTTGGTAACTGGTTCGTNCCTTTA
ATGATAGGGGCTCCANATATGGCTTTTCCACGTATGAATAATATTAGTTTTNGGTTATTA
CCTCCCGCTTTATTATTATTAGTATCATCAGCTATTGTGGAATCTGGAGCAGGTACTGGTT
GGACAGTTTATCCACCTTTATCAAGTGTACAAGCACATTCAGGACCTTCAGTAGATTTAGC
TATTTTTAGTTTACATTTAACAGGTATTTCTTCTTTATTAGGTGCAATTAATTTTATTTC
AACTATTTATAATATGAGAGCTCCGGGTTTAAGTTTTCATAGATTACCTTTATTTGTTTG
GTCTGTATTAATTACAGCTTTTCTTTTATTATTAACCTTACCTGTTTTAGCAGGTGCAATT
ACTATGTTATTAACAGATAGAAATTTAAATACTTCTTTTTATGACCCCTCTGGAGGTGGT
GATCCCGTATTATATCAACATTTATT

D. 6　雪松疫霉根腐病菌

ITS 序列（OOMYA2141-10.*ITS*/HQ643262）：

CCACACCTAAAAAACTTTCCACGTGAACCGTATCAAAACCCTTAGTTGGGGGCTTCTG
TTCGGCTGGCTTCGGCTGGCTGGGCGGCGGCTCTATCATGGCGAGCGCATGGGCCTTCGGGT
CTGAGCTAGTAGCCCTCTTTTTAAACCCATTCCTAAATACTGAATATACTGTGGGGACGAA
AGTCTCTGCTTTTAACTAGATAGCAACTTTCAGCAGTGGATGTCTAGGCTCGCACATCGAT
GAAGAACGCTGCGAACTGCGATACGTAATGCGAATTGCAGGATTCAGTGAGTCATCGAAA
TTTTGAACGCATATTGCACTTCCGGGTTAGTCCTGGGAGTATGCCTGTATCAGTGTCCGTA
CATCAAACTTGCCTCCCTTCCTTCCGTGTAGTCGGTGGATGGGGACGTGCAGACGTGAAGT
GTCTTGCGATTGGTCTTCGGGCCGGCTGCGAGTCCTTTGAAATGTACAGAACTGTACTTCT
CTTTGCTCGAAAAGCATGACGTTGTTGGTTGTGGAGGCTGTCCGTGTGGCCAGTCGGCGAC
CGGTTTGTCTGCTGCGGCGTTTAATGGAGGAGTGTTCGATTCGCGGTATGGTTAGCTTCGG
CTGAACAATGCGCTTATTGGATGTTTTTTCTGCTGTGGCGGTAATGACTGGTGAACCGTAG
CTATGCAGGGCTTGGCTTTTGAACCGACGGTGTTGTGCGAAGTAGAGTGGCGGTTTGGCGC
AAGCTGGGCTGTCGAGGGTCGATCCATTTGGGAAATTTGTGTTGGCAGCTTCGGCTGTTGG
CATCTCAA

COI 序列（OOMYA2141-10.*COI-5P*/GU993901）：

TATTTAATTTTTAGTGCTTTTGCTGGTATTGTTGGTACAACTTTATCTCTTTTAATTA
GAATGGAATTAGCACAACCAGGTAATCAAATTTTTATGGGTAATCATCAATTATATAATG
TTATTGTTACTGCACATGCTTTTATCATGGTTTTTTTTTAGTTATGCCCGCTTTAATTGG
GGGTTTTGGTAATTGGTTTGTACCTTTAATGATAGGTGCACCTGATATGGCTTTTCCACGT
ATGAATAATATAAGTTTTTGGTTATTACCTCCAGCTTTATTATTATTAGTTTCATCGGCT
ATTGTAGAATCTGGTGCAGGTACAGGTTGGACTGTTTATCCACCGTTATCTAGTGTACAAG
CCCATTCAGGACCTTCAGTAGATTTAGCTATTTTTAGTTTACATTTAACAGGTATTTCTTC
ATTATTAGGTGCAATTAATTTTATTTCAACTATTTATAATATGCGAGCACCCGGTTTAAG
TTTTCATAGATTACCTTTATTTGTTTGGTCTGTATTAATTACGGCTTTTCTTTTATTATTA
ACGTTACCTGTTTTAGCTGGAGCAATTACCATGTTGTTAACCGATAGAAATTTAAATACT
TCTTTTTATGACCCATCTGGTGGAGGTGATCCTGTATTATATCAACATTTA

D.7 苜蓿疫霉根腐病菌

ITS 序列（OOMYA1265-08. *ITS*/HQ643271）：

CCACACCTAAAAACTTCCACGTGAACCGTATCACCCTTTAAATTGGGGCTTCCGTCTGG
CCGGCCGGCTTTCGGCTGACTGGGTGGCGGCTCTATCATGGCGACCGCTTGGGCCTCGGCTT
GGGCTAGTAGCTTCTTTTAAACCCATTCCTAATTACTGAATATACTGTGGGGACGAAAGTC
TCTGCTTTTAACTAGATAGCAACTTTCAGCAGTGGATGTCTAGGCTCGCACATCGATGAAG
AACGCTGCGAACTGCGATACGTAATGCGAATTGCAGGATTCAGTGAGTCATCGAAATTTTG
AACGCATATTGCACTTCCGGGTTAGTCCTGGGAGTATGCCTGTATCAGTGTCCGTACAATA
AACTTGGCTCCCTTCCTTCCGTGTAGTCGGTGGATGGGGACGCGCAGATGTGAAGTGTCTT
GCGGCTGGTCTTCGGTCCGGCTGCGAGTCCTTTGAAATGTACTAAACTGTACTTCTCTTTG
CTCGAAAAGCGTGACGTTGCTGGTTGTGGAGGCTGCCTGTGTGGCATGTCGGCGACCGGTT
TGTCTGCTGCGGCGTTTAATGGAGGAGTGTTCGATTCGCGGTATGGTTGGCTTCGGCTGAA
CAGACGCTTATTGGGTGCTTTTCCTGCTGTGGTGGGACGGACTGGTGAACCGTAGCTGTAC
TAGGCTTGGCGTTTGAACTGGCGGTGTGGTGCGAAGTAGGGTGTCTGTTCCGGCGCAAGCT
GGGGTGGGCGAGGGTCGATCCATTTGGGAAAGTTGTGTGCGCTTCGGCGCGCATCTCAA

COI 序列（OOMYA1265-08. *COI-5P*/HQ708326）：

AATCATAAAGATATTGGGACTTTATATTTAATTTTTAGTGCTTTTGCCGGTATTGTA
GGTACAACATTATCCCTTTTAATCCGAATGGAATTAGCACAACCTGGTAATCAAATTTTTA
TGGGAAATCATCAATTATATAATGTTGTTGTTACTGCTCACGCTTTTATCATGGTTTTTCTT
CTTAGTTATGCCCGCATTAATTGGTGGTTTTGGTAATTGGTTTGTTCCTTTAATGATAGGT
GCTCCTGATATGGCATTTCCACGTATGAATAATATAAGTTTTTGGTTATTACCCCCGGCAT
TATTATTATTAGTTTCTTCTGCTATTGTTGAATCTGGTGCTGGTACTGGTTGGACCGTTTA
TCCACCATTATCTAGTGTACAAGCACACTCAGGACCTTCAGTAGATTTAGCTATTTTTAGT
TTACATTTAACAGGTATTTCTTCATTATTAGGTGCAATTAATTTTATTTCAACTATTTAT
AATATGAGAGCACCTGGTTTAAGTTTTCACAGATTACCCTTATTCGTTTGGTCTGTATTAA
TTACAGCTTTTCTTTTATTATTAACCTTACCGGTATTAGCTGGAGCAATTACTATGTTGTT
AACTGATAGAAATTTAAATACTTCGTTTTATGATCCATCAGGTGGAGGTGATCCAGTATT
ATATCAACATTTATT

D.8 菜豆疫霉病菌

ITS 序列（OOMYA189-07. *ITS*/HQ643309）：

CCACACCTAAAAACTTTCCACGTGAACCGTTTCAACCCAATAGTTGGGGGTCTTACTTG
GCGGCGGCTGCTGGCTTTATTGCTGGCGGCTACTGCTGGGCGAGCCCTATCAAAAGGCGAGC
GTTTGGGCTTCGGTCTGAGCTAGTAGCTTTTTTATTTTAAACCCTTTACTTAATACTGATT
ATACTGTGGGGACGAAAGTCTCTGCTTTTAACTAGATAGCAACTTTCAGCAGTGGATGTCT
AGGCTCGCACATCGATGAAGAACGCTGCGAACTGCGATACGTAATGCGAATTGCAGGATTC
AGTGAGTCATCGAAATTTTGAACGCATATTGCACTTCCGGGTTAGTCCTGGAAGTATGCCT
GTATCAGTGTCCGTACAACAAACTTGGCTTTCTTCCTTCCGTGTAGTCGGTGGAGGAGATG
CCAGATGTGAAGTGTCTTGCGGTTGGTTTTCGGACCGACTGCGAGTCCTTTTAAATGTACT
AAACTGTACTTCTCTTTGCTCCAAAAGTGGTGGCATTGCTGGTTGTGGACGCTGCTATTGT
AGCGAGTTGGCGACCGGTTTGTCTGCTGCGGCGTTAATGGAGAAATGCTCGATTCGTGGTA
TGGTTGGCTTCGGCTGAACAATGCGCTTATTGGGTGATTTTCCTGCTGTGGCGTGATGGAC
TGGTGAACCATGGCTCTTTAGCTTGGCATTTGAATCGGCTTTGCTGTTGCGAAGTAGAGTG
GCGGCTTCGGCTGCCGAGGGTCGATCCATTTGGGAAATGTTGTGTACTTCGGTATGCATCT
CAA

COI 序列 (OOMYA189-07. *COI-5P*/HQ708359):

AATCATAAAGATATTGGAACTTTATATTTAATTTTTAGTGCTTTTGCTGGTGTTGTT
GGTACAACATTTTCTCTTTTAATTAGAATGGAATTAGCACAACCAGGTAATCAAATTTTT
ATGGGAAATCATCAATTATATAATGTTGTTGTTACCGCACATGCTTTTATTATGGTTTTC
TTTTTAGTTATGCCTGCTTTAATCGGTGGTTTTGGTAATTGGTTTGTTCCTTTAATGATAG
GTGCTCCGGATATGGCTTTTCCTCGTATGAATAATATTAGTTTTTGGTTATTGCCTCCTTC
TTTATTATTATTAGTTTCTTCAGCTATCGTTGAATCTGGGGCTGGTACTGGTTGGACAGTT
TATCCACCATTATCTAGTGTTCAAGCACATTCAGGACCTTCTGTAGATTTAGCTATTTTTA
GTTTACATTTATCAGGTATTTCTTCTTTATTAGGTGCTATTAATTTTATTTCAACAATTT
ATAATATGAGAGCTCCTGGTTTAAGTTTTCATAGATTACCTTTATTTGTATGGTCTATAT
TAATTACTGCATTTCTTTTATTATTAACTTTACCTGTACTAGCTGGGGCAATTACTATGTT
ACTAACTGATAGAAATTTAAATACTTCATTTTATGATCCATCAGGTGGAGGTGATCCAGT
ATTATATCAACATTATT

D. 9　栎树猝死病菌

ITS 序列 (OOMYA246-07. *ITS*/HQ643339):

CCACACCTAAAAACTTTCCACGTGAACCGTATCAAAACCCTTAGTTGGGGGCTTCTGTT
CGGCTGGCTTCGGCTGGCTGGGCGGCGGCTCTATCATGGCGAGCGCTTGAGCCTTCGGGTCT
GAGCTAGTAGCCCACTTTTTAAACCCATTCCTAAATACTGAATATACTGTGGGGACGAAAG
TCTCTGCTTTTAACTAGATAGCAACTTTCAGCAGTGGATGTCTAGGCTCGCACATCGATGA
AGAACGCTGCGAACTGCGATACGTAATGCGAATTGCAGGATTCAGTGAGTCATCGAAATT
TTGAACGCATATTGCACTTCCGGGTTAGTCCTGGGAGTATGCCTGTATCAGTGTCCGTACA
TCAAACTTGCCTCCCTTCCTTCCGTGTAGTCGGTGGATGGGGACGTGCAGACGTGAAGTGT
CTTGCGATTGGTCTTCGGGCCGGCTGCGAGTCCTTTGAAATGTACAGAACTGTACTTCTCT
TTGCTCGAAAAGCATGACGTTGTTGGTTGTGGAGGCTGCCCGTGTGGCCAGTCGGCGACCG
GTTTGTCTGCTGCGGCGTTAATGGAGGAGTGTTCGATTCGCGGTATGGTTAGCTTCGGCT
GAACAAYGCGCTTATTGGATGCTTTTTCTGCTGTGGCGGTAATGACTGGTGAACCGTAGCT
GTGCAGGGCTTGGCTTTTGAATCGACGGTGTTGTGCGAAGTAGAGTGGCGGTTCGGCGCAA
GCTGGGCTGTCGAGGGTCGATCCATTTGGGAAACTTGTGTTGGCGGCTTCGGCTGCTGGCA

TCTCAA

CO I 序列 (OOMYA246-07. *COI-5P*/HQ708387)：

AATCATAAAGATATTGGAACTTTATATTTAATTTTTAGTGCTTTTGCTGGTATTGTT
GGTACAACCTTATCTCTTTTAATTAGAATGGAATTAGCACAACCAGGTAATCAAATTTTT
ATGGGTAATCATCAATTATATAATGTTGTTGTTACTGCACATGCTTTTATCATGGTTTTT
TTTTAGTTATGCCTGCTTTAATTGGTGGGTTTGGTAACTGGTTTGTACCTTTAATGATA
GGTGCTCCAGATATGGCATTTCCTCGTATGAATAATATAAGTTTTTGGTTATTACCTCCGG
CTTTATTATTATTAGTTTCATCAGCTATTGTAGAATCTGGAGCTGGTACTGGTTGGACAG
TTTATCCACCTTTATCAAGTGTACAAGCACATTCAGGACCTTCTGTAGATTTAGCTATTTT
TAGTTTACATTTAACAGGTATTTCTTCATTATTAGGTGCAATTAATTTTATTTCAACTAT
TTATAATATGCGAGCTCCTGGTTTAAGTTTCCATAGATTACCTTTATTTGTTTGGTCTGTA
TTAATTACAGCTTTTCTTTTATTATTAACATTACCTGTTTTAGCTGGTGCAATTACTATGT
TATTAACTGATAGAAATTTAAATACTTCTTTTTATGATCCATCAGGCGGAGGTGATCCTG
TGTTATATCAACATTTATT

D. 10 大豆疫霉病菌

ITS 序列 (OOMYA1311-08. *ITS*/HQ643349)：

CCACACCTAAAAAACTTTCCACGTGAACCGTATCAACAAGTAGTTGGGGGCCTGCTCTG
TGTGGCTGTCTGTCGAGTCAAAGTCGGCGGCTGGCTGCTGTGTGGCGGGCTCTATCATGGCG
ATTGGTTTGGGTCCTCCTCGTGGGGAACTGGATCATGAGCCCACTTTTTAAACCCATTCTT
AAATACTGAATATACTGTGGGGACGAAAGTCTCTGCTTTTAACTAGATAGCAACTTTCAG
CAGTGGATGTCTAGGCTCGCACATCGATGAAGAACGCTGCGAACTGCGATACGTAATGCGA
ATTGCAGGATTCAGTGAGTCATCGAAATTTTGAACGCATATTGCACTTCCGGGTTAGTCCT
GGGAGTATGCCTGTATCAGTGTCCGTACATCAAACTTGGCTCTCTTCCTTCCGTGTAGTCGG
TGGATGGAGACGCCAGACGTGAGGTGTCTTGCGGCGTGGCCTTCGGGCTGCCTGCGAGTCCC
TTGAAATGTACTGAACTGTACTTCTCTTTGCTCGAAAAGCGTGACGTTGTTGGTTGTGGAG
GCTGCCTGTATGGCCAGTCGGCGACCGGTTTGTCTGCTGCGGCGTTTAATGGAGGAGTGTT
CGATTCGCGGTATGGTTGGCTTCGGCTGAACAATGCGCTTATTGGATGCTTTTCCTGCTGT
GGCGGTATGGCTGGTGAACCGTAGCTGTGTGAGGCTTGGCTTTTGAACCGGCGGTGTTGTT
GCGAAGTAGGGTGGCGGCTTCGGCTGTCGAGGGTCGATCCATTTGGGAACTCTGTGTTGTC
TCTGCGGCTTGCTGCGGAGGTGGCATCTCAA

CO I 序列 (OOMYA1311-08. *COI-5P*/HQ708397)：

AATCATAAAGATATTGGAACTTTATATTTAATTTTTAGTGCTTTTGCTGGTATTGTT
GGTACAACTTTATCACTTTTAATTAGAATGGAATTAGCACAACCAGGAAATCAAATTTTA
ATGGGAAATCATCAATTATATAATGTAGTTGTAACTGCACACGCTTTTATCATGGTTTTC
TTTTAGTTATGCCTGCTTTAATCGGTGGTTTTGGTAATTGGTTTGTTCCTTTAATGATTG
GTGCTCCAGATATGGCTTTTCCTCGTATGAATAATATTAGTTTTTGGTTATTACCTCCAGC
TTTATTATTATTAGTTTCATCTGCTATTGTTGAATCTGGTGCTGGTACTGGTTGGACTGTT
TATCCACCATTATCAAGTGTACAAGCGCATTCAGGACCTTCAGTAGATTTAGCAATTTTA
GTTTACATTTAACAGGTATTTCATCATTATTAGGTGCTATTAATTTTATTTCAACTATTT
ATAATATGAGAGCCCCTGGTTTAAGTTTTCATAGATTACCTTTATTTGTTTGGTCTGTATT
AATTACAGCATTTCTTTTATTATTAACTTTACCTGTATTAGCTGGTGCAATTACTATGTTA
TTAACTGATAGAAATTTAAATACTTCTTTTCTATGATCCATCTGGTGGGGGTGATCCAGTA

TTATATCAACATTTATT

D. 11　丁香疫霉病菌

ITS 序列（OOMYA2020-10. *ITS*/HQ643362）：

CCACACCTAAAAAACTTTCCACGTGAACCGTATCAAAACCCTTTTATTGGGGGCTTCTG
TCTGGTCTGGCTTCGGCTGGATTGGGTGGCGGCTCTATCATGGCGACCGCTCTGAGCTTCGG
CCTGGAGCTAGTAGCCCACTTTTTAAACCCATTCTTAATTACTGAACAAACTGTGGGGACG
AAAGTCTCTGCTTTTAACTAGATAGCAACTTTCAGCAGTGGATGTCTAGGCTCGCACATCG
ATGAAGAACGCTGCGAACTGCGATACGTAATGCGAATTGCAGGATTCAGTGAGTCATCGA
AATTTTGAACGCATATTGCACTTCCGGGTTAGTCCTGGGAGTATGCCTGTATCAGTGTCCG
TACATCAAACTTGGCTCCCTTCCTTCCGTGTAGTCGGTGGATGGGGATGCACAGACGTGAA
GTGTCTTGCGACTGGGCTTCGGCTCGGCTGCGAGTCCTTTTAAATGTACAGAACTGTACTT
CTCTTTGCTCGAAAAGCGTTATATTACTGGTTGTGGAGGCTGCCTGTGCGGCAAGTCGGCG
ACCGGTTTGTTAACTGCGGCGTTTAATGGAGGAGTGTTCGATTCGCGGTATGGATGGCTTC
GGCTGAACTGACGCTTATTGAGTACTTTTCCTGCTGTGGTGGTACGAACTGGTGAACCGTA
GCTGTGTTTGGCTTGGCTTTTGAACTGGCGATGTGGTGCGAAGTAGAGTGACGGTTGTTCC
GGCGCAAGCTGGAGTGACTGTCGAGGGTCGATCCATTTGGGAAATTTTGTGTCTGTGCGAC
TTCGGTTGCGTGGGCATCTCAA

*CO*Ⅰ 序列（OOMYA2020-10. *COI-5P*/HQ708410）：

AATCATAAAGATATTGGGACTTTATATTTAATTTTTAGTGCTTTTGCAGGTATTGTT
GGTACAACATTATCTCTTTTAATTCGAATGGAATTAGCACAACCAGGTAATCAAATTTTT
ATGGGAAATCATCAATTATATAATGTTGTTGTTACGGCACACGCATTTATAATGGTTTTC
TTCTTAGTTATGCCTGCTTTAATCGGTGGTTTTGGTAATTGGTTCGTTCCTTTAATGATTG
GTGCTCCAGATATGGCCTTCCCACGTATGAATAATATAAGTTTTTGGTTATTACCTCCAGC
ATTATTATTATTAGTTTCATCTGCAATTGTAGAATCTGGTGCAGGTACTGGTTGGACAGT
TTATCCACCATTATCAAGTGTACAAGCCCACTCAGGACCTTCAGTAGATTTAGCAATTTTT
AGTTTACATTTAACAGGTATTTCTTCATTATTAGGTGCAATTAATTTTATTTCAACTATA
TATAATATGAGAGCTCCAGGTTTAAGTTTTCATAGATTACCTTTATTTGTATGGTCTGTA
TTAATTACAGCTTTTCTTTTATTATTAACATTACCTGTTTTAGCTGGTGCAATTACAATGT
TATTAACAGATAGAAATTTAAATACTTCTTTTTATGATCCATCTGGTGGGGGTGATCCTG
TATTATATCAACATCTATT

二、DNA 条形码筛查方法　检疫性腥黑粉菌

1　范围

本文件规定了小麦印度腥黑穗病菌 *Tilletia indica* 的 DNA 条形码筛查中序列的扩增、分析及结果判定等。

本文件适用于小麦印度腥黑穗病菌的筛查。

2　规范性引用文件

下列文件中的内容通过文中的规范性引用而构成本文件必不可少的条款。其中，注日期的引用文件，仅该日期对应的版本适用于本文件；不注日期的引用文件，其最新版本（包括所有的修改单）适用于本文件。

GB/T 6682　分析实验室用水规格和试验方法

GB/T 28080　小麦印度腥黑穗病菌检疫鉴定方法

3　术语和定义

下列术语和定义适用于本文件。

3.1

DNA 条形码　DNA barcode

DNA 条形码是指生物体内能够代表该物种的，标准的、有足够变异的、易扩增且相对较短的 DNA 片段。

3.2

内部间隔转录区序列　Internal transcribed spacer，*ITS*

在真核生物中，核糖体 DNA 是由核糖体基因及与之相邻的间隔区组成，其基因组序列从 5' 到 3' 依次为外部转录间隔区、*18S* 基因、内部转录间隔区 1（*ITS1*）、*5.8S* 基因、内部转录间隔区 2（*ITS2*）、*28S* 基因和基因间隔序列。*ITS1* 和 *ITS2* 作为非编码区，承受的选择压力较小，相对变化较大，能够提供详尽的系统学分析所需的可遗传性状。

4　检疫性腥黑粉菌的基本信息

英文名：Quarantine Bunt。

学名：*Tilletia indica*。

中文名：小麦印度腥黑穗病菌。

分类学地位：真菌界（Fungi）担子菌门（Basidiomycota）黑粉菌纲（Ustomycetes）黑粉菌目（Ustilaginales）腥黑粉菌科（Tilletiaceae）腥黑粉菌属（*Tilletia*）。

5　方法原理

利用 *ITS* 片段作为检疫性病菌的条形码基因，通过对检测对象的 DNA 进行 PCR 扩增及产物测序后，利用生命条形码数据系统（BOLD）或中国检疫性有害生物 DNA 条形码数据库比对，根据序列相似度筛查物种。

6　仪器设备和试剂

6.1　仪器设备

超净工作台、摇床、烘箱、高压灭菌锅、−20℃低温冰箱、PCR 扩增仪、冷冻离心机、核酸蛋

白质分析仪、琼脂糖电泳仪、凝胶成像系统、纯水器。

6.2　试剂

氯仿、异戊醇、异丙醇、醋酸钠、甲酰胺、70％乙醇、无水乙醇、Tris 饱和酚、*Taq* DNA 聚合酶、明胶、溴化乙锭、DNA 标记物、DNA 裂解液、PCR 缓冲液、电泳缓冲液、上样缓冲液、dNTPs（dATP、dGTP、dCTP、dTTP）、全基因组扩增试剂盒。

7　筛查鉴定方法

7.1　DNA 制备

方法见附录 A。

7.2　DNA 条形码基因片段扩增

利用通用引物进行 *ITS* 片段序列扩增，具体步骤见附录 B。

7.3　序列分析

测序结果利用序列拼接软件进行拼接编辑，比对峰图，判断序列方向，去除测序引物序列，去除测序结果两端测序质量 Q 值＜20 的序列，然后在生命条形码数据系统（BOLD）或中国检疫性有害生物 DNA 条形码数据库中比对分析。

8　结果判定

ITS 序列长度约为 600 bp。如果测定的序列与数据库中比对（AF399890.1，序列参见附录 C）相似度大于 99％时，可初步判定为小麦印度腥黑穗病菌，进一步鉴定按照标准 GB/T 28080 进行。

9　菌种或标本保存

9.1　样品保存

分离到的检疫性腥黑粉菌菌种，转入马铃薯葡萄糖琼脂（PDA）试管斜面培养基上，置于 4℃黑暗条件下保存至少 12 个月，以备复验、谈判和仲裁。获取的菌瘿或菌瘿碎片等标本，密封保存至少 12 个月，以备复验、谈判和仲裁。

9.2　结果记录与资料保存

完整的实验记录包括样品的来源、种类、时间，实验的时间、地点、方法和结果等，并要有实验人员和审核人员签字。PCR 凝胶电泳检测需有电泳结果照片，序列需要保存电子文件。

附 录 A
（规范性）
DNA 制备

A.1 单个孢子 DNA 获取

菌瘿中冬孢子获取方法：用针刺破菌瘿，挑取不带植物组织的少许孢子，将这些孢子轻轻展布于载玻片上，在低倍镜下观察孢子是否分散开，再将单个孢子挑起，直接转移到 PCR 管的管盖中，在低倍镜下确认孢子是否已被成功放置。

孢子悬浮液中冬孢子获取方法：用显微操作系统（或在倒置显微镜下人工操作）从孢子悬浮液中吸取孢子，所用毛细管孔径为 100 μm，整个操作过程在检测器上进行监控，也可在显微镜下直接进行观察，确认孢子已被吸入毛细管内并被转移到 PCR 管的管盖内。

用破壁针对放置在 PCR 管盖中的孢子实施破壁：在 10×低倍镜下用破壁针头轻轻挤压孢子，促使孢子壁破裂，使孢子中的核酸释放出来，在显微镜下检测孢子壁是否已经被压破。快速将 PCR 反应混合液加到 PCR 管盖中，振荡混匀，然后离心，置于冰上，振荡后离心。

用全基因组扩增试剂盒对单个孢子 DNA 进行扩增，扩增产物作为原始 DNA。

A.2 孢子培养物 DNA 提取

A.2.1 孢子萌发

挑取冬孢子，置于 2%水琼脂培养基上，18 ℃～20 ℃、每日连续光照 12 h 条件下培养 10 d，解剖镜下检查萌发情况。对萌发的孢子用接种针挑取置于 PDA 培养基上，20 ℃～22 ℃培养 20 d。

A.2.2 孢子培养物的核酸制备

称取 0.1 g 培养物，放在无菌的多层滤纸上，吸去水分，置于无菌的研钵中，用液氮冷冻，用研磨棒将它们研成粉末。

立即转移到 2 mL 的离心管中，加入 65 ℃预热的十二烷基磺酸钠（SDS）提取液 700 μL，置于水浴锅中 65 ℃水浴 30 min。其间不断混匀。

加入 5 μL 10 mg/mL RNA 酶，充分混匀，在 37 ℃放置 30 min。

加入等体积的 Tris 饱和酚，充分摇匀，在 12 000 r/min 下离心 15 min。

取上清液，加入 1∶1 氯仿-异戊醇（24∶1），在 12 000 r/min 下离心 15 min。

再取上清液，加入 1∶1 氯仿-异戊醇（24∶1），在 12 000 r/min 下离心 15 min。

加入等体积预冷的异丙醇，轻轻摇晃，置于－20 ℃冰箱静置 30 min，在 12 000 r/min 下离心 15 min。

弃上清，加入 70%乙醇 500 μL，12 000 r/min 下离心 3 min，去上清，重复 2 次。

得到 DNA 沉淀，用冷冻干燥仪进行干燥，加入 30 μL～50 μL TE 或无菌去离子水，充分溶解后，测量 DNA 的纯度和浓度后置于－20 ℃冰箱中保存。

注：该核酸制备也可采用 DNA 提取试剂盒法。

A.3 DNA 纯度与浓度的测定

用核酸蛋白质分析仪测定 DNA 的纯度与浓度，分别取得 260 nm 和 280 nm 处的吸收值，计算核酸的纯度和浓度，计算公式如下：

DNA 纯度＝OD_{260}/OD_{280}

DNA 浓度＝$50×OD_{260}$ $\mu g/mL$

PCR 级 DNA 溶液的 OD_{260}/OD_{280} 为 $1.7\sim1.9$。

附 录 B
（规范性）
扩增程序

B.1 *ITS* 片段引物序列

ITS1：TCCGTAGGTGAACCTGCGG
ITS4：TCCTCCGCTTATTGATATGC

B.2 扩增体系及条件

扩增反应的组成成分：10×PCR 缓冲液 5 μL，25 mmol/L 氯化镁 5 μL，10 mmol/L dNTPs 0.25 μL，10 μmol/L 前后向引物各 2.5 μL，5 U/μL *Taq* 酶 0.25 μL，模板 DNA 5μL，补充去离子水至 50 μL。将反应体系混匀后置于 PCR 仪中进行反应。

反应用双蒸水作空白对照，阳性对照采用含有小麦印度腥黑穗病菌的 DNA 作为模板，阴性对照以不含有小麦印度腥黑穗病菌的 DNA 作为模板，每个样品重复 2 次。

ITS 扩增反应程序：95℃预热 5 min，进入循环反应；95℃变性 30 s，58℃退火 30 s，72℃延伸 60 s，共循环 35 次，循环后 72℃延伸 10 min。

B.3 琼脂糖凝胶电泳

每个样品取 3 μL 的 PCR 产物与 1 μL 的 6×上样缓冲液混合均匀，并加到含有溴化乙锭（0.5 μg/mL）的 1.2 %琼脂糖凝胶的点样孔中，在 120 V 下进行电泳。电泳结束后在凝胶成像系统中观察、拍照，并保存照片。

附　录　C
（资料性）
参考序列片段

小麦印度腥黑穗病菌 *ITS* 片段参考序列

AF399890.1*Tilletia indica* strain S001：

CGTAACAAGGTTTCTGTAGGTGAACCTGCAGAAGGATCATTAGTGAATTACGGAGCTC
TTCTTCGGAAGAGTCTCCTTCTCTTTTATCCCAACACCAAACTACGGAAGGAACGAGGCCT
TGCGCTGAGTACCTGTCCGGATGGAACAGAGTTGCTAGTACTTCGGTATTGGCAGCGCTGC
TCCAACCCTTTTAAACACTTAAGAATTAAAGAATGTTAAAACTATTGTCTTCGGACATAA
ACTAATATACAACTTTTGACAACGGATCTCTTGGTTCTCCCATCGATGAAGAACGCAGCGA
AATGCGATAAGTAATGTGAATTGCAGAATTCAGTGAATCATCGAATCTTTGAACGCACCT
TGCGCCCTTGGGTATTCTCAAGGGCATGCCTGTTTGAGTGTCATAATACTCTCAACTCTCAA
TCTTTTTGTAAGAGAAGATTGCTTGGAGTTGGTGATGGGCGCTTGCCAGATGTAACAGTC
TTGCTCGCCTTAAATTAATCAGTGGATCTCTTCGAGTCCGGTCTGACTATGTGTGATAATT
TGATCACATAGAATGTGCTTGTCACAACCGGATTCTGTATAGAGGCTCTGCTTCCAACACG
GAATGATTCTTCGGAATCATCGATAGCTTTGTAGCTTGACCTCA

三、DNA 条形码筛查方法　检疫性轮枝菌

1　范围

本文件规定了棉花黄萎病菌和苜蓿黄萎病菌 DNA 条形码筛查中序列的扩增、分析及结果判定等。本部分适用于检疫性轮枝菌的 DNA 条形码筛查。

2　规范性引用文件

下列文件中的内容通过文中的规范性引用而构成本文件必不可少的条款。其中，注日期的引用文件，仅该日期对应的版本适用于本文件；不注日期的引用文件，其最新版本（包括所有的修改单）适用于本文件。

GB/T 28084　棉花黄萎病菌检疫检测与鉴定
SN/T 1145　苜蓿黄萎病检疫鉴定方法

3　术语和定义

下列术语和定义适用于本文件。

3.1

DNA 条形码　DNA barcode

生物体内能够代表该物种的，标准的、有足够变异的、易扩增且相对较短的 DNA 片段。

3.2

内部转录间隔区序列　Internal transcribed spacer，ITS

在真核生物中，核糖体 DNA 是由核糖体基因及与之相邻的间隔区组成，其基因组序列从 5′ 到 3′ 依次为外部转录间隔区、*18S* 基因、内部转录间隔区 1（*ITS1*）、*5.8S* 基因、内部转录间隔区 2（*ITS2*）、*28S* 基因和基因间隔序列。*ITS1* 和 *ITS2* 作为非编码区，承受的选择压力较小，相对变化较大，能够提供详尽的系统学分析所需的可遗传性状。

4　检疫性轮枝菌基本信息

学名：*Verticillium dahliae* Kleb。
中文名：棉花黄萎病菌。
学名：*Verticillium albo-atrum* Reinke et Berthold。
中文名：苜蓿黄萎病菌。
分类地位：真菌界（Fungi）丝孢纲（Hyphomycetes）丝孢目（Hyphomycetales）淡色孢科（Moniliaceae）轮枝孢属（*Verticillium*）。
寄主范围参见附录 A。

5　方法原理

使用 *ITS* 片段作为棉花黄萎病菌和苜蓿黄萎病菌的 DNA 条形码基因，通过对检测对象的 DNA 进行 PCR 扩增及产物测序后，利用生命条形码数据系统（BOLD）或中国检疫性有害生物 DNA 条形码数据库比对，根据序列相似度筛查物种。

6　仪器设备和试剂

6.1　仪器设备

超净工作台、高压灭菌锅、4℃冰箱、PCR 扩增仪、冷冻离心机、NanoDrop 核酸测定仪、琼脂

糖电泳仪、凝胶成像系统。

6.2　试剂

CTAB 提取液、三氯甲烷、乙醇、PCR *Taq* DNA 聚合酶、PCR *Taq* 缓冲液、dNTP、候选基因、无菌超纯水。

7　筛查鉴定方法

7.1　DNA 提取与纯化

对真菌进行液体培养或平板培养，CTAB 法对基因组 DNA 的提取方法详见附录 B，测定 DNA 浓度及纯度后，保存于−20℃冰箱备用。

7.2　DNA 条形码片段 PCR 扩增

利用通用引物进行 *ITS* 片段序列扩增（具体步骤参见附录 C），测序。

7.3　序列分析

测序结果利用生物信息学软件进行剪接编辑，比对峰图和正反向测序结果是否有误，去掉两端引物部分序列，然后在 BOLD 数据库或中国检疫性有害生物 DNA 条形码数据库中比对分析。

8　结果判定

ITS 序列长度 500 bp 左右，在 BOLD 数据库和中国检疫性有害生物 DNA 条形码数据库中进行比对，若与 DNA 条形码数据库中检疫性轮枝菌序列相似度大于 99％时，即可以筛查判定是该物种。棉花黄萎病菌和苜蓿黄萎病菌 DNA 条形码参考序列参见附录 D。

若判定为目标检疫性轮枝菌，应结合 GB/T 28084 和 SN/T 1145 进行最终鉴定。

9　样品保存

9.1　样品保存

分离得到的菌种转移到马铃薯葡萄糖斜面培养基上，置于 4℃黑暗条件下保存至少 12 个月，以备复验、谈判和仲裁。

9.2　结果记录与资料保存

完整的实验记录包括样品的来源、种类、时间，实验的时间、地点、方法和结果等，并要有实验人员和审核人员签字。PCR 凝胶电泳检测需有电泳结果照片，序列需要保存电子文件。

附 录 A
（资料性）
苜蓿黄萎病菌和棉花黄萎病菌寄主范围

苜蓿黄萎病菌（*Verticillium albo-atrum* Reinke et Berthold）的主要寄主有苜蓿、蚕豆、马铃薯、草莓、冠状岩黄芪、红花菜豆等。

棉花黄萎病菌（*Verticillium dahliae* Kleb）的主要寄主有棉花、向日葵、茄子、辣椒、番茄、烟草、马铃薯、甜瓜、西瓜、黄瓜、花生、菜豆、绿豆、大豆、芝麻、甜菜等。

附　录　B
（规范性）
基因组 DNA 制备

B.1　DNA 制备

实验器皿于 121℃、30 min 湿热灭菌或 180℃干热灭菌 1 h。

从培养基上，刮取 100 mg 左右的菌丝体至研钵内，加入液氮充分研磨，加入 4 mL 预热的 CTAB 抽提液。

将离心管放入水浴锅前先振荡 1 min，然后放入 65℃水浴锅水浴 15 min，每隔 3 min～5 min 振荡 1 次。

加三氯甲烷 4 mL，用移液器混匀 1 min，水浴 10 min；4℃，12 000 g 离心 15 min，取上清液加等体积异丙醇，轻轻摇匀，然后−20℃静置 15 min。

4℃，12 000 g 离心 15 min，小心去除上清液，留沉淀；加 70％预冷酒精，洗涤 3 次，放于通风处干燥；加入 50 μL～100 μL 灭菌的去离子水溶解 DNA。

B.2　DNA 浓度及纯度测定

用核酸蛋白质分析仪测定 DNA 的纯度与浓度，分别取得 260 nm 和 280 nm 处的吸收值，计算核酸的纯度和浓度，计算公式如下：

DNA 纯度＝OD_{260}/OD_{280}

DNA 浓度＝$50×OD_{260}$ μg/mL

PCR 级 DNA 溶液的 OD_{260}/OD_{280} 为 1.7～1.9。

附 录 C
（资料性）
ITS 片段扩增流程

C.1 PCR

C.1.1 引物序列

ITS4：TCCTCCGCTTATTGATATGC

ITS5：GGAAGTAAAAGTCGTAACAAGG

C.1.2 扩增体系及条件

扩增反应的组成成分为：

10×PCR 缓冲液	5 μL
2.5 mmol/L dNTPs	5 μL
前向引物（10 μmol/L）	1 μL
后向引物（10 μmol/L）	1 μL
5 U/μL *Taq* 酶	0.3 μL
模板 DNA	10 ng
补双蒸水至	50 μL

反应用双蒸水作空白对照，阳性对照采用含有轮枝菌的 DNA 作为模板，每个样品重复 2 次。

ITS 扩增反应程序：95℃预热 5 min，进入循环反应；95℃变性 1 min，55℃退火 40 s，72℃延伸 90 s，共循环 35 次，循环后 72℃延伸 10 min。

C.2 测序与序列处理

扩增产物经 1%琼脂糖凝胶电泳分离，目的片段长度为 480bp～500bp，经 DNA 琼脂糖凝胶回收试剂盒回收纯化，采用核酸蛋白质分析仪对 DNA 进行定量检测。测序引物与 PCR 扩增引物相同，进行 Sanger 测序。

附　录　D

（资料性）

苜蓿黄萎病菌和棉花黄萎病菌 *ITS* 片段参考序列

D. 1　苜蓿黄萎病菌（*Verticillium albo-atrum* Reinke et Berthold）482 bp

CCTGATCCGAGGTCaACCGTTGCCGCACGAGGCGGGCTTGTAGGGGGTTTAGAGGCAAG
TGCCTGCGGGACTCCGATGCGAGCTGTAATTACTACGCAAGGAAGGGCCACGCGGGTCCGCC
ACTGCTTTTAAGGGCCTACAGACGTAGATCCCCAACACCGGGCCACTGGGGCTCGAGGGTTG
AAACGACGCTCGGACAGGCATGCCTCCCAGGATACTGGAAGGCGCCATGTGCGTTCAAAGA
TTCGATGATTCACTGAATTCTGCAATTCACACTACATATCGCGTTTCGCTGCGTTCTTCAT
CGATGCTAGAGCCAAGAGATCCGTTGTTAAAAGTTTTAATAGTTCGCTAAGAACACTCAG
AAGTATCGTTGGTATGAATAAAGAGACTGATGTACCGGCGGGCTCGCAGAACGAGCCGCCG
AAGCAACAATATGGTTCACAAAGGGTTATGAGTAGATACTCGGTAATGaTCCCTCC

D. 2　棉花黄萎病菌（*Verticillium dahliae* Kleb）500 bp

CGGGTATTCCTACCTGATCCGAGGTCAACCGTTGCCGCACGAGGCGGGCTTGTAGGGGG
TTTAGAGGCAAGCGCCTGCGGGACTCCGATGCGAGCTGTAACTACTACGCAAGGAAGGGCC
ACGCGGGTCCGCCACTGCTTTTAAGGGCCTACAGACGTAGATCCCCAACACCGGGCCACTGG
GGCTCGAGGGTTGAAACGACGCTCGGACAGGCATGCCTCCCAGGATACTGGAAGGCGCCAT
GTGCGTTCAAAGATTCGATGATTCACTGAATTCTGCAATTCACACTACATATCGCGTTTCG
CTGCGTTCTTCATCGATGCTAGAGCCAAGAGATCCGTTGTTAAAAGTTTTAATAGTTCGCT
AAGAACACTCAGAAGTATCGTTGGTATAAACAGAGAGACTGATGGACCGGCGGGCTCGCAG
AACGAGCCGCCGAAGCAACAATATGGTTCACAAAGGGTTATGAGTAGATACTCGGTAATG
ATCCCTCCGCtGGT

四、DNA 条形码筛查方法　检疫性炭疽菌

1　范围

本文件规定了咖啡浆果炭疽病菌 *Colletotrichum kahawae* DNA 条形码筛查中序列的扩增、分析及结果判定等。

本部分适用于进境植物及植物产品中咖啡浆果炭疽病菌的 DNA 条形码的筛查。

2　规范性引用文件

下列文件中的内容通过文中的规范性引用而构成本文件必不可少的条款。其中，注日期的引用文件，仅该日期对应的版本适用于本文件；不注日期的引用文件，其最新版本（包括所有的修改单）适用于本文件。

7GB/T 6682　分析实验室用水规格和试验方法

8SN/T 3679　咖啡浆果炭疽病菌检疫鉴定方法

3　术语和定义

下列术语和定义适用于本文件。

3.1

DNA 条形码　DNA barcode

生物体内能够代表该物种的，标准的、有足够变异的、易扩增且相对较短的 DNA 片段。

3.2

甘油醛-3-磷酸脱氢酶　glyceraldehyde-3-phosphate dehydrogenase，GAPDH

糖酵解反应中的一个酶，分子量 146kDa，为管家基因，几乎在所有组织中都高水平表达。在同种细胞或者组织中的蛋白质表达量一般是恒定的，且不受所含部分识别位点、佛波脂等的诱导物质的影响而保持恒定。

4　咖啡浆果炭疽病菌的基本信息

英文名：pathogen of coffee berry disease。

学名：*Colletotrichum kahawae* J. M. Waller et Bridge。

异名：*Colletotrichum coffeanum* var. *virulans*（Rayner，1952）。

分类学地位：真菌界（Fungi）无性型真菌（Anamorphic fungi）刺盘孢属（*Colletotrichum*）。

5　方法原理

使用 GAPDH 基因作为咖啡浆果炭疽病菌的 DNA 条形码基因，通过对检测对象的 DNA 进行 PCR 扩增及产物测序后，利用美国国家生物技术信息中心（NCBI）数据库比对，根据序列相似度筛查物种。

6　仪器设备和试剂

6.1　仪器设备

超净工作台、摇床、烘箱、高压灭菌锅、−20℃低温冰箱、PCR 扩增仪、冷冻离心机、核酸蛋白质分析仪、琼脂糖电泳仪、凝胶成像系统、纯水器。

6.2　试剂

氯仿、异戊醇、异丙醇、醋酸钠、甲酰胺、70％乙醇、无水乙醇、Tris 饱和酚、*Taq* DNA 聚合

酶、明胶、溴化乙锭、DNA 标记物、DNA 裂解液、PCR 缓冲液、电泳缓冲液、上样缓冲液、dNTPs（dATP、dGTP、dCTP、dTTP）。

7　筛查鉴定方法

7.1　DNA 制备
方法见附录 A。

7.2　DNA 条形码片段 PCR 扩增
利用 *GAPDH* 基因的通用引物进行 *GAPDH* 基因序列扩增，具体步骤见附录 B，测序。

7.3　序列分析
测序结果利用序列拼接软件进行拼接编辑，比对峰图，判断序列方向，去除测序引物序列，去除测序结果两端测序质量 Q 值＜20 的序列。利用 NCBI 数据库比对 GAPDH 基因序列（http：//blast. ncbi. nlm. nih. gov/Blast. cgi）。

8　结果判定

序列长度约为 280 bp，序列与 NCBI 数据库中（FJ972584.1）比对相似度大于 99％时，即可筛查初步判定为咖啡浆果炭疽病菌，咖啡浆果炭疽病菌的 *GAPDH* 基因参考序列参见附录 C。进一步鉴定按照 SN/T 3679 进行。

9　菌种保存

9.1　样品保存
分离到的咖啡浆果炭疽病菌菌种，转入麦芽提取物琼脂（MEA）试管斜面培养基上，置于 4℃黑暗条件下保存至少 12 个月，以备复验、谈判和仲裁。

9.2　结果记录与资料保存
完整的实验记录包括样品的来源、种类、时间，实验的时间、地点、方法和结果等，并要有实验人员和审核人员签字。PCR 凝胶电泳检测需有电泳结果照片，序列需要保存电子文件。

附 录 A
（规范性）
DNA 制备

A.1 核酸制备

称取 0.1 g 培养物，放在无菌的多层滤纸上，吸去水分，置于无菌的研钵中，用液氮冷冻，用研磨棒将它们研成粉末；立即转移到 2 mL 的离心管中，加入 65 ℃预热的十二烷基硫酸钠（SDS）提取液 700 μL，置于水浴锅中 65 ℃水浴 30 min，其间不断混匀；加入 5 μL 10 mg/mL RNA 酶，充分混匀，在 37 ℃放置 30 min；加入等体积的 Tris 饱和酚，充分摇匀，在 12 000 r/min 下离心 15 min；取上清液，加入 1∶1 氯仿-异戊醇（24∶1），在 12 000 r/min 下离心 15 min；再取上清液，加入 1∶1 氯仿-异戊醇（24∶1），在 12 000 r/min 下离心 15 min；加入等体积预冷的异丙醇，轻轻摇晃，置于 −20 ℃冰箱静置 30 min，在 12 000 r/min 下离心 15 min；弃上清，加入 70％乙醇 500 μL，12 000 r/min下离心 3 min，去上清，重复 2 次；得到 DNA 沉淀，用冷冻干燥仪进行干燥，加入 30 μL～50 μL TE 或无菌去离子水，充分溶解后，测量 DNA 的纯度和浓度后置于 −20 ℃冰箱中保存。

注：该核酸制备也可采用 DNA 提取试剂盒法或 CTAB 法等。

A.2 DNA 浓度及纯度测定

用核酸蛋白质分析仪测定 DNA 的纯度与浓度，分别取得 260 nm 和 280 nm 处的吸收值，计算核酸的纯度和浓度，计算公式如下：

DNA 纯度 $= OD_{260}/OD_{280}$

DNA 浓度 $= 50 \times OD_{260}$ μg/mL

PCR 级 DNA 溶液的 OD_{260}/OD_{280} 为 1.7～1.9。

附　录　B
（规范性）
扩增程序

B. 1　引物序列

GDF：5′-GCCGTCAACGACCCCTTCATTGA-3′
GDR：5′-GGGTGGAGTCGTACTTGAGCATGT-3′

B. 2　扩增体系及条件

扩增反应的组成成分：10×PCR 缓冲液 5 μL，10 mmol/L dNTPs 0.25 μL，10 μmol/L 前后向引物各 2.5 μL，5 U/μL *Taq* 酶 0.25 μL，模板 DNA 5μL，补充双蒸水至 50 μL。将反应体系混匀后置于 PCR 仪中进行反应。

反应用双蒸水作空白对照，阳性对照采用含有咖啡浆果炭疽菌的 DNA 作为模板，阴性对照以不含有咖啡浆果炭疽菌的 DNA 作为模板，每个样品重复 2 次。

扩增反应程序：95 ℃预热 5 min，进入循环反应；95 ℃变性 30 s，60 ℃退火 30 s，72 ℃延伸 45 s，共循环 35 次，循环后 72 ℃延伸 7 min。

B. 3　琼脂糖凝胶电泳

每个样品取 3 μL 的 PCR 产物与 1 μL 的 6×上样缓冲液混合均匀，并加到含有溴化乙锭（0.5 μg/mL）的 1.2 %琼脂糖凝胶的点样孔中，在 120 V 下进行电泳。电泳结束后在凝胶成像系统中观察、拍照，并保存照片。

附　录　C
（资料性）
GAPDH 片段参考序列

序列号（FJ972584.1）

GCCGTCAACGCCCCTTCATTGAGACCAAGTACGCTGTGAGTATCACCCCACCTACCCCT
CCAAACTCGTCATGACTCTCATCCACCACCAACACCACCGCTGTCATCCACACCTCGCCGCCT
GCATCTGGTAGACAAGAAGGTTATCTTGACTTGATGTGAATTGAAATCATGGGCCGGGAC
GGCGGGACACATGCTATCACTCACAGCAGACCCATCTGTCACATTTACTGACTCGCTCTTCA
CAGGCCTACATGCTCAAGAG

附录 2　中华人民共和国进境植物检疫性有害生物名录中真菌物种清单

拉丁名	中文名
Albugotragopogi (Persoon) Schröter var. *helianthi* Novotelnova	向日葵白锈病菌
Alternariatriticina Prasada et Prabhu	小麦叶疫病菌
Anisogramma anomala (Peck) E. Muller	榛子东部枯萎病菌
Apiosporina morbosa (Schweinitz) von Arx	李黑节病菌
Atropellis pinicola Zaller et Goodding	松生枝干溃疡病菌
Atropellis piniphila (Weir) Lohman et Cash	嗜松枝干溃疡病菌
Botryosphaeria laricina (K. Sawada) Y. Zhong	落叶松枯梢病菌
Botryosphaeria stevensii Shoemaker	苹果壳色单隔孢溃疡病菌
Cephalosporium gramineum Nisikado et Ikata	麦类条斑病菌
Cephalosporium maydis Samra，Sabet et Hingorani	玉米晚枯病菌
Cephalosporium sacchari E. J. Butler et Hafiz Khan	甘蔗凋萎病菌
Ceratocystis fagacearum (Bretz) Hunt	栎枯萎病菌
Chalara fraxinea T. Kowalski	白蜡鞘孢菌
Chrysomyxa arctostaphyli Dietel	云杉帚锈病菌
Ciborinia camelliae Kohn	山茶花腐病菌
Cladosporium cucumerinum Ellis et Arthur	黄瓜黑星病菌
Colletotrichum kahawae J. M. Waller et Bridge	咖啡浆果炭疽病菌
Crinipellis perniciosa (Stahel) Singer	可可丛枝病菌
Cronartium coleosporioides J. C. Arthur	油松疱锈病菌
Cronartium comandrae Peck	北美松疱锈病菌
Cronartium conigenum Hedgcock et Hunt	松球果锈病菌
Cronartium fusiforme Hedgcock et Hunt ex Cummins	松纺锤瘤锈病菌
Cronartium ribicola J. C. Fisch.	松疱锈病菌
Cryphonectria cubensis (Bruner) Hodges	桉树溃疡病菌
Cylindrocladium parasiticum Crous，Wingfield et Alfenas	花生黑腐病菌
Diaporthe helianthi Muntanola-Cvetkovic Mihaljcevic et Petrov	向日葵茎溃疡病菌
Diaporthe perniciosa É. J. Marchal	苹果果腐病菌
Diaporthe phaseolorum (Cooke et Ell.) Sacc. var. *caulivora* Athow et Caldwell	大豆北方茎溃疡病菌
Diaporthe phaseolorum (Cooke et Ell.) Sacc. var. *meridionalis* F. A. Fernandez	大豆南方茎溃疡病菌
Diaporthe vaccinii Shear	蓝莓果腐病菌
Didymella ligulicola (K. F. Baker，Dimock et L. H. Davis) von Arx	菊花花枯病菌
Didymella lycopersici Klebahn	番茄亚隔孢壳茎腐病菌
Endocronartium harknessii (J. P. Moore) Y. Hiratsuka	松瘤锈病菌

（续）

拉丁名	中文名
Eutypa lata（Pers.）Tul. et C. Tul.	葡萄藤猝倒病菌
Fusarium circinatum Nirenberg et O'Donnell	松树脂溃疡病菌
Fusarium oxysporum Schlecht. f. sp. *apii* Snyd. et Hans	芹菜枯萎病菌
Fusarium oxysporum Schlecht. f. sp. *asparagi* Cohen et Heald	芦笋枯萎病菌
Fusarium oxysporum Schlecht. f. sp. *cubense*（E. F. Sm.）Snyd. et Hans（Race 4 non-Chinese races）	香蕉枯萎病菌 （4 号小种和非中国小种）
Fusarium oxysporum Schlecht. f. sp. *elaeidis* Toovey	油棕枯萎病菌
Fusarium oxysporum Schlecht. f. sp. *fragariae* Winks et Williams	草莓枯萎病菌
Fusarium tucumaniae T. Aoki，O'Donnell，Yos. Homma et Lattanzi	南美大豆猝死综合症病菌
Fusarium virguliforme O'Donnell et T. Aoki	北美大豆猝死综合症病菌
Gaeumannomyces graminis（Sacc.）Arx et D. Olivier var. *avenae*（E. M. Turner）Dennis	燕麦全蚀病菌
Greeneria uvicola（Berk. et M. A. Curtis）Punithalingam	葡萄苦腐病菌
Gremmeniella abietina（Lagerberg）Morelet	冷杉枯梢病菌
Gymnosporangium clavipes（Cooke et Peck）Cooke et Peck	榲桲锈病菌
Gymnosporangium fuscum R. Hedw.	欧洲梨锈病菌
Gymnosporangium globosum（Farlow）Farlow	美洲山楂锈病菌
Gymnosporangium juniperi-virginianae Schwein	美洲苹果锈病菌
Helminthosporium solani Durieu et Mont.	马铃薯银屑病菌
Hypoxylon mammatum（Wahlenberg）J. Miller	杨树炭团溃疡病菌
Inonotus weirii（Murrill）Kotlaba et Pouzar	松干基褐腐病菌
Leptosphaeria libanotis（Fuckel）Sacc.	胡萝卜褐腐病菌
Leptosphaeria maculans（Desm.）Ces. et De Not.	十字花科蔬菜黑胫病菌
Leptosphaeria lindquistii Frezzi	向日葵黑茎病菌
Leucostoma cincta（Fr. : Fr.）Hohn.	苹果溃疡病菌
Melampsora farlowii（J. C. Arthur）J. J. Davis	铁杉叶锈病菌
Melampsora medusae Thumen	杨树叶锈病菌
Microcyclus ulei（P. Henn.）von Arx	橡胶南美叶疫病菌
Monilinia fructicola（Winter）Honey	美澳型核果褐腐病菌
Moniliophthora roreri（Ciferri et Parodi）Evans	可可链疫孢荚腐病菌
Monosporascus cannonballus Pollack et Uecker	甜瓜黑点根腐病菌
Mycena citricolor（Berk. et Curt.）Sacc.	咖啡美洲叶斑病菌
Mycocentrospora acerina（Hartig）Deighton	香菜腐烂病菌
Mycosphaerella dearnessii M. E. Barr	松针褐斑病菌
Mycosphaerella fijiensis Morelet	香蕉黑条叶斑病菌
Mycosphaerella gibsonii H. C. Evans	松针褐枯病菌
Mycosphaerella linicola Naumov	亚麻褐斑病菌
Mycosphaerella musicola J. L. Mulder	香蕉黄条叶斑病菌
Mycosphaerella pini E. Rostrup	松针红斑病菌
Nectria rigidiuscula Berk. et Broome	可可花瘿病菌
Ophiostoma novo-ulmi Brasier	新榆枯萎病菌

（续）

拉丁名	中文名
Ophiostoma ulmi (Buisman) Nannf.	榆枯萎病菌
Ophiostoma wageneri (Goheen et Cobb) Harrington	针叶松黑根病菌
Ovulinia azaleae Weiss	杜鹃花枯萎病菌
Periconia circinata (M. Mangin) Sacc.	高粱根腐病菌
Peronosclerospora spp. (non-Chinese)	玉米霜霉病菌（非中国种）
Peronospora farinosa (Fries：Fries) Fries f. sp. *betae* Byford	甜菜霜霉病菌
*Peronospora hyoscyami*de Bary f. sp. *tabacina* (Adam) Skalicky	烟草霜霉病菌
Pezicula malicorticis (Jacks.) Nannfeld	苹果树炭疽病菌
Phaeoramularia angolensis (T. Carvalho et O. Mendes) P. M. Kirk	柑橘斑点病菌
Phellinus noxius (Corner) G. H. Cunn.	木层孔褐根腐病菌
Phialophora gregata (Allington et Chamberlain) W. Gams	大豆茎褐腐病菌
Phialophora malorum (Kidd et Beaum.) McColloch	苹果边腐病菌
Phoma exigua Desmazières f. sp. *foveata* (Foister) Boerema	马铃薯坏疽病菌
Phoma glomerata (Corda) Wollenweber et Hochapfel	葡萄茎枯病菌
Phoma pinodella (L. K. Jones) Morgan-Jones et K. B. Burch	豌豆脚腐病菌
Phoma tracheiphila (Petri) L. A. Kantsch. et Gikaschvili	柠檬干枯病菌
Phomopsis sclerotioides van Kesteren	黄瓜黑色根腐病菌
Phymatotrichopsis omnivora (Duggar) Hennebert	棉根腐病菌
Phytophthora cambivora (Petri) Buisman	栗疫霉黑水病菌
Phytophthora erythroseptica Pethybridge	马铃薯疫霉绯腐病菌
Phytophthora fragariae Hickman	草莓疫霉红心病菌
Phytophthora fragariae Hickman var. *rubi* W. F. Wilcox et J. M. Duncan	树莓疫霉根腐病菌
Phytophthora hibernalis Carne	柑橘冬生疫霉褐腐病菌
Phytophthora lateralis Tucker et Milbrath	雪松疫霉根腐病菌
Phytophthora medicaginis E. M. Hans. et D. P. Maxwell	苜蓿疫霉根腐病菌
Phytophthora phaseoli Thaxter	菜豆疫霉病菌
Phytophthora ramorum Werres，De Cock et Man in't Veld	栎树猝死病菌
Phytophthora sojae Kaufmann et Gerdemann	大豆疫霉病菌
Phytophthora syringae (Klebahn) Klebahn	丁香疫霉病菌
Polyscytalum pustulans (M. N. Owen et Wakef.) M. B. Ellis	马铃薯皮斑病菌
Protomyces macrosporus Unger	香菜茎瘿病菌
Pseudocercosporella herpotrichoides (Fron) Deighton	小麦基腐病菌
Pseudopezicula tracheiphila (Müller-Thurgau) Korf et Zhuang	葡萄角斑叶焦病菌
Puccinia pelargonii-zonalis Doidge	天竺葵锈病菌
Pycnostysanus azaleae (Peck) Mason	杜鹃芽枯病菌
Pyrenochaeta terrestris (Hansen) Gorenz，Walker et Larson	洋葱粉色根腐病菌
Pythium splendens Braun	油棕猝倒病菌
Ramularia beticola Fautr. et Lambotte	甜菜叶斑病菌
Rhizoctonia fragariae Husain et W. E. McKeen	草莓花枯病菌

（续）

拉丁名	中文名
Rigidoporus lignosus（Klotzsch）Imaz.	橡胶白根病菌
Sclerophthora rayssiae Kenneth，Kaltin et Wahl var. *zeae* Payak et Renfro	玉米褐条霜霉病菌
Septoria petroselini（Lib.）Desm.	欧芹壳针孢叶斑病菌
Sphaeropsis pyriputrescens Xiao et J. D. Rogers	苹果球壳孢腐烂病菌
Sphaeropsis tumefaciens Hedges	柑橘枝瘤病菌
Stagonospora avenae Bissett f. sp. *triticea* T. Johnson	麦类壳多胞斑点病菌
Stagonospora sacchari Lo et Ling	甘蔗壳多胞叶枯病菌
Synchytrium endobioticum（Schilberszky）Percival	马铃薯癌肿病菌
Thecaphora solani（Thirumalachar et M. J. O' Brien）Mordue	马铃薯黑粉病菌
Tilletia controversa Kühn	小麦矮腥黑穗病菌
Tilletia indica Mitra	小麦印度腥黑穗病菌
Urocystis cepulae Frost	葱类黑粉病菌
Uromyces transversalis（Thümen）Winter	唐菖蒲横点锈病菌
Venturia inaequalis（Cooke）Winter	苹果黑星病菌
Verticillium albo-atrum Reinke et Berthold	苜蓿黄萎病菌
Verticillium dahliae Kleb.	棉花黄萎病菌

蔡箐，唐丽萍，杨祝良，2012. 大型经济真菌的 DNA 条形码研究：以我国剧毒鹅膏为例［J］. 植物分类与资源学报，6：614-622.

戴芳澜，1979. 中国真菌总汇［M］. 北京：科学出版社.

高瑞芳，汪莹，程颖慧，等，2016. 检疫性疫霉 DNA 条形码标准分子构建［J］. 菌物学报，35（3）：85-93.

郭良栋，2001. 内生真菌研究进展［J］. 菌物系统，20（1）：148-152.

纪睿，张正光，廖太林，等，2016. 雪松疫霉根腐病菌［J］. 植物检疫，30（2）：77-79.

李济宸，张志铭，1992. 马铃薯病害及其防治［M］. 石家庄：河北科学技术出版社.

李艳春，吴刚，杨祝良，2013. 我国云南食用牛肝菌的 DNA 条形码研究［J］. 植物分类与资源学报，35（6）：725-732.

沈伯葵，1992. 松梢枯病综述［J］. 江苏林业科技（1）：39-41.

王春江，商鸿生，1999. 小麦叶疫病的诊断和病原菌鉴定［J］. 植物保护，6：21-22.

王科，蔡磊，姚一建. 2020. 世界及中国菌物新命名发表概况（2020 年）［J］. 生物多样性，29（8）：1064-1072.

王仲符，曾庆财，1993. 马铃薯皮斑病［J］. 植物检疫（1）：35-35.

魏景超，1979. 真菌鉴定手册［M］. 上海：上海科学技术出版社.

徐成楠，周宗山，吴玉星，等，2011. 欧李褐腐病病原菌鉴定［J］. 植物病理学报（6）：68-72.

严进，吴品珊，2013. 中国进境植物检疫性有害生物——菌物卷［M］. 北京：中国农业出版社.

苑健羽，1990. 落叶松真菌病害［M］. 北京：科学出版社.

曾昭清，赵鹏，罗晶，等，2012. 从真菌全基因组中筛选丛赤壳科的 DNA 条形码［J］. 中国科学：生命科学，42（1）：5563.

张天宇，2003. 中国真菌志第十六卷（链格孢属）［M］. 北京：科学出版社.

中国农作物病虫害委员会，1979. 中国农作物病虫害［M］. 北京：中国农业出版社.

AGRIOS GN，2005. Plant Pathology［M］. Academic Press，USA.

ANDERSEN M R，SALAZAAR M P，SCHAAP P J，et al.，2011. Comparative genomics of citric-acid-producing *Aspergillus niger* ATCC 1015 versus enzyme producing CBS 513. 88［J］. Genome Research，21：885-897.

ANON J，2004. EPPO Standards：diagnostic protocols for regulated pests-PM7/39 *Aphelenchoides besseyi*［EB/OL］. Bulletin OEPP，34：303-308.

ARNOLD A E，HENK D A，EELLS R L，et al.，2007. Diversity and phylogenetic afnities of foliar fungal endophytes in loblolly pine inferred by culturing and environmental PCR［J］. Mycologia，99：185-206.

ARVER B A，WARD T J，GALE L R，et al.，2011. Novel Fusarium head blight pathogens from Nepal and Louisiana revealed by multi locus genealogical concordance［J］. Fungal Genetics and Biology，48：1077-1152.

BADALI H，BONIFAZ A，BARRÓN-TAPIA T，et al.，2010. *Rhinocladiella aquaspersa* proven agent of verrucous skin infection and a novel type of chromoblastomycosis［J］. Medical Mycology，48：696-703.

BADALI H，CARVALHO V O，VICENTE V，et al.，2009. *Cladophialophora saturnica* sp. nov. a new opportunistic species of chaetothyriales revealed using molecular data［J］. Medical Mycology，47：51-62.

BADALI H，GUEIDAN C，NAJAFZADEH MJ，et al.，2008. Biodiversity of the genus *Cladophialophora*［J］. Studies in Mycology，61：175-191.

BADALI H，PRENAFETA-BOLDU F X，GUARRO J，et al.，2011. *Cladophialophora psammophila*，a novel species of *Chaetothyriales* with a potential use in the bioremediation of volatile aromatic hydrocarbons［J］. Fungal Biology，115：1019-29.

BADOTTI F，DEOLIVEIRA F S，GARCIA C F，et al.，2017. Effectiveness of *ITS* and sub-regions as DNA barcode markers for the identification of *Basidiomycota*（Fungi）［J］. BMC Microbiology，17：42-53.

BALMAS V，SCHERM B，GHIGNONE S，et al.，2005. Characterisation of *Phoma tracheiphila* by RAPD-PCR， microsatellite-primed PCR and *ITS* rDNA sequencing and development of specific primers for in planta PCR detection [J]. European Journal of Plant Pathology, 111: 235-247.

BEAL E, DENTON J O, DENTON G J, et al.. 2016. First report of *Verticillium dahliae* causing wilt in impatiens New Guinea group hybrids [J]. New Disease Reports, 33 (1): 18.

BEGEROW D, NILSSON H, UNTERSEHER M, et al., 2010. Current state and perspectives of fungal DNA barcoding and rapid identification procedures [J]. Applied Microbiology and Biotechnology, 87: 99-108.

BETTUCCI L, SIMETO S, ALONSO R, et al., 2004. Endophytic fungi of twigs and leaves of three native species of Myrtaceae in Uruguay [J]. Sydowia, 56 (1): 8-23.

BOLLAND L, GRIFFIN D M, HEATHER W A, 1984. Induction of sporulation in basidiomes of *Phellinus noxius* and preparation of single spore isolates [J]. Bulletin of the British Mycological Society, 18 (2): 131-133.

BRASIER C M, 1996. New horizons in dutch elm disease control report on forest research 1996 [M]. London, U. K.: HMSO, Forestry Commission, 20-28.

CAB international, 2006. Crop Protection Compendium 2006 Edition [M]. Wallingford, UK: CAB International.

CABI, 2022. Invasive Species Compendium. Wallingford, UK: CAB International. www. cabi. org/isc.

CABI/EPPO, 1992. Quarantine Pests for Europe, C. A. B International.

CAI L, HYDE K D, TAYLOR PWJ, et al., 2009. A polyphasic approach for studying *Colletotrichum* [J]. Fungal Diversity, 39: 183-204.

CBOL PLANT WORKING GROUP, 2009. A DNA barcode for land plants [J]. Proceedings of the National Academy of Sciences, USA, 106: 2794-12797.

CHASE M W, SALAMIN N, WILKINSON M, et al., 2005. Land plants and DNA barcodes: short-term and long-term goals [J]. Proceedings of the Royal Society of London, Series B, 360: 1889-1895.

CHAUDHARY D K, DAHAL R H, 2017. DNA barcode for identification of microbial communities: a mini review [J]. EC Microbiology, 7: 219-224.

CHEN S L, YAO H, HAN JP, et al., 2010. Validation of the *ITS2* region as a novel DNA barcode for identifying medicinal plant species [J]. PLoS ONE, 5: e8613.

CHEN W, SEIFERT K A, LEVESQUE C A, 2009. A high density COX1 barcode oligonucleotide array for identification and detection of species of *Penicllium* subgenus *Penicillium* [J]. Molecular Ecology Resources, 9: 114-129.

COSTA F O, CARVALHO G R, 2010. New insights into molecular evolution: prospects from the Barcode of Life Initiative (BOLI) [J]. Theory on Biosciences, 129: 149-157.

CÔTÉ M, TARDIF M, MELDRUM AJ, 2004. Identification of *Monilinia fructigena*, *M. fructicola*, *M. laxa*, and *Monilia polystroma* on inoculated and naturally infected fruit using multiplex PCR [J]. Plant Disease, 88: 1219-1225.

CROUS P W, VERKLEY GJM, GROENEWALD J Z, et al., 2009. Fungal Biodiversity. CBS Laboratory Manual Series 1 [J]. Centraal bureau voor Schimmel cultures: Utrecht. p. 269.

CROZIER J, THOMAS S E, AIME M C, et al., 2006. Molecular characterization of fungal endophytic morphospecies isolated from stems and pods of *Theobroma cacao* [J]. Plant Pathology, 55: 783-791.

DASILVA G A, LUMINI E, MAIA LC, et al., 2006. Phylogenetic analysis of *Glomeromycota* by partial LSU rDNA sequences [J]. Mycorrhiza, 16: 183-189 .

DAS S, DEB B, 2015. DNA barcoding of fungi using ribosomal *ITS* marker for genetic diversity analysis: A review [J]. International Journal of Pure and Applied Bioscience, 3 (3): 160-167.

DESJARDINS C, CHAMPION M, HOLDER J, et al., 2011. Comparative genomic analysis of human fungal pathogens causing paracoccidioidomycosis [J]. Plos Genetics, 7: e1002345.

DEWEY W G, HOFFMANN J A. 1975. Susceptibility of barley to *Tilletia controversa*. Phytopathology, 65 (6): 654-657.

DRUZHININA I S, KOPCHINSKIY A G, KOMON M, et al., 2005. An oligonucleotide barcode for species identification in *Trichoderma* and *Hypocrea* [J]. Fungal Genetics and Biology, 42: 813-828.

DUMBRELL A J, ASHTON P D, AZIZ N, et al., 2011. Distinct seasonal assemblages of arbuscular mycorrhizal fungi revealed by massively. parallel pyrosequencing [J]. New Phytologist, 190: 794-804.

ELAHI E, RONAGHI M, 2004. Pyrosequencing: a tool for DNA sequencing analysis [J]. Methods in Molecular

Biology, 255: 211-219.

EPPO, 2019. EPPO Global Database. Paris, France: EPPO. https: //gd. eppo. int.

EPPO, 2020. EPPO Global database. In: EPPO Global database, Paris, France: EPPO. https: //gd. eppo. int/.

EVANS K M., WORTLEY A H, MANN, et al., 2007. An assessment of potential diatom "barcode" genes (cox1, rbcL, *18S* and *ITS* rDNA) and their effectiveness in determining relationships in *Sellaphora* (Bacillariophyta) [J]. Protist, 158: 349-364.

FITCH W M, MARKOWITZ E, 1970. An improved method for determining codon variability in a gene and its application to the rate of fixation of mutations in evolution [J]. Biochemical Genetics, 14 (5): 579-593.

FRÉZAL L, LEBLOIS R, 2008. Four years of DNA barcoding: Current advances and prospects [J]. Infection Genetics and Evolution, 8: 727 -736.

FRØSLEV T G, JEPPESEN T S, LAESSOE T, et al., 2007. Molecular phylogenetics and delimitation of species in *Cortinarius* section *Calochroi* (*Basidiomycota*, *Agaricales*) in Europe [J]. Molecular Phylogenetics and Evolution, 44: 217-227.

FUKUSHIMA T, 2003. Molecular ordering of organic molten salts triggered by single-walled carbon nanotubes [J]. Science, 300 (5628): 2072-2074.

GADD G M, 2008. Geomycology: biogeochemical transformations of rocks, minerals, metals and radionuclides by fungi, bio-weathering and bio-remediation [J]. Mycological Research, 111: 3-49.

GEISER D M, JIMENEZ-GASCO M D, KANG S, et al., 2004. FUSARIUM-ID v. 1. 0: a DNA sequence database for identifying Fusarium [J]. European Journal of Plant Pathology, 110: 473-479.

GEISER D M, KLICH M A, FRISVAD J C, et al., 2007. The current status of species recognition and identification in *Aspergillus* [J]. Studies in Mycology, 59: 1-10.

GILMORE S R, GRAFENHAN T, LOUIS-SEIZE G, et al., 2009. Multiple copies of cytochrome oxidase 1 in species of the fungal genus *Fusarium* [J]. Molecular Ecology Resources, 9: 90-98.

GUO L D, 2001. Advances of researches on endophytic fungi [J]. Mycosystema, 20 (1): 148-152.

GUO L D, HYDE K D, LIEW ECY, 2000. Identification of endophytic fungi from *Livistona chinensis* (Palmae) using morphological and molecular techniques [J]. New Phytologist, 147: 617-630.

HAJIBABAEI M, JANZEN D H, BURNS J M, et al., 2006. DNA barcodes distinguish species of tropical *Lepidoptera* [J]. Proceedings of the National Academy of Sciences, USA, 103: 968-971.

HARDISON J R, MEINERS J P, HOFFMANN J A, et al., 1959. Susceptibility of Graminae to *Tilletia contraversa* [J]. Mycologica, 51: 656-664.

HARMAN G L, SINCLAIR J B, RUPE J C, 2000. Compendium of Soybean [M]. Diseases, fourth edition APS PRESS, the American Phytopatho logical Society.

HAWKSWORTH D L, 2004. Fungal diversity and its implications for genetic resource collections [J]. Studies in Mycology, 50: 9-18.

HAWKSWORTH D L, 2011. A new dawn for the naming of fungi: impacts of decisions made in Melbourne in July 2011 on the future publication and regulation of fungal names [J]. MycoKeys, 1: 7-20.

HEBERT P D, PENTON E H, BURNS J M, et al., 2004, Ten species in one: DNA barcoding reveals cryptic species in the neotropical skipper butterfly Astraptes fulgerator [J]. Proceedings of the National Academy of Sciences of the United States of America, 101: 14812-14817.

HEBERT P D, STOECKLE M Y, ZEMLAK T S, et al., 2004 [J]. Identification of birds through DNA barcodes: PLoS Biology, 2: e312.

HEBERT PDN, CYWINSKA A, BALL S L, et al., 2003. Biological identification through DNA barcodes [J]. Proceedings of the Royal Society B: Biological Sciences, 270 (1512): 313-321.

HIGGINS K L, ARNOLD A E, MIADLIKOWSKA J, et al., 2007. Phylogenetic relationships, host affinity, and geographic structure of boreal and arctic endophytes from three major plant lineages [J]. Molecular Phylogenetics and Evolution, 42: 543-555.

HILTON S, 2000. Canadian Plant Disease Survey. Ottawa, Canada: Agriculture and Agri-Food Canada, 80: 151.

HORTON T R, BRUNS T D, 2001. The molecular revolution inectomycorthizal ecology: peeking into the black-box [J]. Molecular Ecology, 10: 1855-1871.

INDERBITZIN P, BOSTOCK R M, DAVIS R M, et al., 2011. Phylogenetics and taxonomy of the fungal vascular wilt pathogen *Verticillium*, with the descriptions of five new species [J] . PloS one, 6 (12): e28341.

IPPC, 2005. Disease of Crops. IPPC Official Pest Report. Rome, Italy: FAO. https://www.ippc.int/IPP/En/default.jsp.

IPPC, 2006. IPP Report No. NL-3/2. Rome, Italy: FAO.

IPPC, 2006. IPP Report No. NL-5/1. Rome, Italy: FAO.

JAKLITSCH W M, KOMON M, KUBICEK C P, et al., 2006. *Hypocrea crystalligena* sp. nov., a common European species with a white-spored *Trichoderma* anamorph [J] . Mycologia, 98: 499-513.

JUNG T, JUNG M H, SCANU B, et al., 2017. Six new *Phytophthora* species from *ITS* clade 7a including two sexually functional heterothallic hybrid species detected in natural ecosystems in Taiwan [J] . Persoonia, 38: 100-135.

JUNG T, 2009. Beech decline in Central Europe driven by the interaction between *Phytophthora* infections and climatic extremes [J] . Forest Pathology, 39: 73-94.

KANG S, MANSFIELD M A, PARK B, et al., 2010. The promise and pitfalls of sequence-based identification of plant-pathogenic fungi and oomycetes [J] . Phytopathology, 100: 732-737.

KELLY L J, HOLLINGSWORTH P M, COPPINS B J, et al., 2011. DNA barcoding of lichenized fungi demonstrates high identification success in a floristic context [J] . New Phytologist, 191: 288-300.

KIRK P M, CANNON P F, MINTER D W, et al., 2008. Dictionary of the fungi [M] . 10th edition. CAB International, Oxon, 1-771.

KÕLJALG U, LARSSON K H, ABARENKOV K, et al., 2005. UNITE: a database providing webbased methods for the molecular identification of ectomycorthizal fungi [J] . New Phytologist, 166: 1063-1068.

KONG P, HONG C X, TOOLEY P W, et al., 2004. Rapid identification of *Phytophthora ramorum* using PCR-SSCP analysis of ribosomal DNA *ITS* [J] . Letters in Applied Microbiology, 38: 433-439.

KRESS W J, ERICKSON D L, 2012. DNA Barcodes: Methods and Protocols [M] . Humana Press, Berlin Germany.

KRESS W J, WURDACK K J, ZIMMER E A, et al., 2005. Use of DNA barcodes to identify flowering plants [J]. Proceedings of the National Academy of Sciences of the United States of America, 102: 8369-8374.

KRÜGER M, STOCKINGER H, KRIGER C, et al., 2009. DNA-based species level detection of *Glomeromycota*: one PCR primer set for all arbuscular mycorrhizal fungi [J] . New Phytologist, 183: 212-223.

LEKBERG Y, SCHNOOR T, KJOLER R, et al., 2011. 454-sequencing reveals stochastic local reassembly and high disturbance tolerance within arbuscular mycorrhizal fungal communities [J] . Journal of Ecology, 100: 151-160.

LEWIS C T, BILKHU S, ROBERT V, et al., 2011. Identification of fungal DNA barcode targets and PCR primers based on pfam protein families and taxonomic hierarchy [J] . The Open Applied Informatics Journal, 5 (Suppl 1-M5): 3044.

LI P P, CAO Z Y, LIU N, et al., 2017. First report of *Diaporthe phaseolorum* causing stem canker of *Euphorbia neriifolia var. cristata* in China [J] . The American Phytopathological Society, Plant Disease, 101 (6): 1047.

LIAO T, YE J, CHEN J, 2009. AFLP analysis of *Fusarium circinatum* and relative species [J] . Frontiers of Forestry in China, 4: 478-483.

LOGRIECO A, BOTTALICO A, SOLFRIZZO M, et al., 1990. Incidence of *Alternaria* species in grains from Mediterranean countries and their ability to produce mycotoxins [J] . Mycologia, 82 (4): 501-505.

LONG Y Y, WEI J G, SUN X, et al., 2011. Two new *Pythium* species from China based on the morphology and DNA sequence data [J] . Mycological Progress, 11: 689-698.

LÓPEZ CASTILLA R A, DUARTE CASANOVA A, GUERRA RIVERO C, et al., 2002. Forest nursery pest management in Cuba. In: Proceedings-Rocky Mountain Research Station, USDA Forest Service [J] . Fort Collins, USA: Rocky Mountain Research Station (1) 213-218.

LUCERO M E, UNC A, COOKE P, et al., 2011. Endophyte microbiome diversity in micropropagated *Atriplex canescens* and *Atriplex torreyi* var. *griffithsi* [J] . PLoS One, 6: e17693.

LUMINI E, ORGIAZZI A, BORRIELLO R, et al., 2010. Disclosing arbuscular mycorrhizal fungal biodiversity in soil through a land-use gradient using a pyrosequencing approach [J] . Environmental Microbiology, 12 (8): 2165-2179.

MAHMOUD AGY, ZAHER EHF, 2015. Why nuclear ribosomal internal transcribed spacer (*ITS*) has been selected as the DNA barcode for fungi? [J] . Advancement in Genetic Engineering, 4: 119-120.

MARTIN F N, TOOLEY P W, 2003. Phylogenetic relationships among *Phytophthora* species inferred from sequence analysis of mitochondrially encoded cytochrome oxidase Ⅰ and Ⅱ genes [J] . Mycologia, 95: 269-284.

MARTIN F N, 2000. Phylogenetic relationships among some *Pythium* species inferred from sequence analysis of the mitochondrially encoded cytochrome oxidase Ⅱ gene [J] . Mycologia, 92: 711-727.

MCKAY R, LOUGHNANE J B, BARRY PJ, 1951. Observations on plant diseases in 1951 [J] . Journal of the Department of Agriculture, Eire, 48: 184-192.

MEHIAR F F, WASFY E H, EL-SAMRA I A, 1976. New leaf diseases of barley in Egypt [J] . Zentralblatt fur Bakteriologie, Parasitenkunde, Infektions-krankheiten und Hygiene, 2, 131 (8): 757-759.

MICHEL V V, DESSIMOZ M, SIMONNET X, 2015. First report of *Verticillium dahliae* causing wilt on annual wormwood in Switzerland [J] . The American Phytopathological Society, 100: 1235.

MIN X J, HICKEY D A, 2007. Assessing the effect of varying sequence length on DNAbarcoding of fungi [J]. Molecular Ecology Notes, 7: 365-373.

MOHALI S, ENCINAS O, MORA N, 2002. Blue stain in *Pinus oocarpa* and *Azadirachta indica* woods in Venezuela. (Manchado azul en madera de *Pinus oocarpa* y Azadirachta indica en Venezuela) [J] . Fitopatología Venezolana, 15 (2): 30-32.

NANCY L W, BINNICKER M J, 2009. Fungal molecular diagnostics [J] . Clinics in Chest Medicine, 30: 391-408.

NILSSON R H, KRISTIANSSON E, RYBERG M, et al. , 2008. Intraspecific *ITS* variability in the kingdom fungi as expressed in the international sequence databases and its implications for molecular species identification [J]. Evolution and Bioinformatics, 4: 193-201.

O'BRIEN H E, MIADLIKOWSKA J, LUTZONI F, 2005. Assessing host specialization in symbiotic cyanobacteria associated with four closely related species of the lichen fungus Peltigera [J] . European Journal of Phycology, 40: 363-378.

PALENCIA E R, KLICH M A, GLENN A E, et al. , 2009. Use of a rep-PCR system to predict species in the *Aspergillus* section Nigri [J] . Journal of Microbiological Methods, 79: 1-7.

PARKER M, 2003. Sustaining the elm. Quarterly Journal of Forestry, 97 (2): 116-120.

PRASADA R, PRABHU A S, 1962. Leaf blight of wheat caused by a new species of *Alternaria* [J] . Indian Phytopathology, 15: 292-293.

PRIKRYL Z, CÍZKOVÁ D, 2007. An analysis of fungi species in the arboretum Kostelec nad Cernými lesy [J] . (Analýza druhového spektra hub v arboretu Kostelec nad Cernymi lesy.) Zprávy Lesnického Vyzkumu, 52: 1-7.

RAJA, HA, MILLER, et al.. 2017. Fungal identification using molecular tools: a primer for the natural products research community [J] . Journal of Natural Products, 80: 756-770.

RASHID AQMB, MEAH MB, JALALUDDIN M, et al. , 1985. Effects of nitrogen, phosphorus and sulphur fertilizer combinations on the severity of *Alternaria*, *Drechslera* and bacterial leaf blights of wheat [J] . Bangladesh Journal of Plant Pathology, 1 (1): 33-39.

ROBERT LV, SZöKE S, EBERHARDT U, et al. , 2011. The quest for a general and reliable fungal DNA barcode [J]. The Open Applied Informatics Joumal, 5 (Suppl 1-M6): 45-61.

ROBIDEAU GP, DE COCK AWAM, COFFEY MD, et al. , 2011. DNA barcoding of oomycetes with cytochrome c oxidase subunit I and internal transcribed spacer [J] . Molecular Ecology Resources, 11: 1002-1011.

ROONEY A P, WARD T J, 2005. Evolution of a large ribosomal RNA multigene family in filamentous fungi: Birth and death of a concerted evolution paradigm. Proceedings of the National Academy of Sciences USA, 102 (14): 5084-5089.

SAMSON R A, SEIFERT K A, KUJPERS AFA, et al. , 2004. Phylogenetic analysis of *Penicilium* subgenus *Penicillium* using partial β-tubulin sequences [J] . Studies in Mycology, 49: 175-200.

SANCHEZ D, 1967. Diseases in nurseries of *Pinus elliottii* and *Araucaria angustifolia* in Paraguay [J] . Fitopatologia, Chile, 2 (3): 27-28.

SCHOCH C L, SEIFERT, K A, et al. , 2012. Nuclear ribosomal internal transcribed spacer (*ITS*) region as a universal DNA barcode marker for Fungi [J] . Proceedings of the National Academy of Sciences USA, 109: 6241-6246.

SCHÜBLER A, SCHWARZOTT D, WALKER C, 2001. A new fungal phylum, the *Glomeromycota*: phylogeny and evolution [J] . Mycological Research, 105 (12): 1413-1421.

SCHWARZ P, BRETAGNE S, GANTIER JC, et al. , 2006. Molecular identification of zygomycetes from culture and experimentally infected tissues [J]. Journal of Clinical Microbiology, 44: 340-349.

SEENA S, PASCOAL C, MARVANOVA L, et al., 2010. DNA barcoding of fungi: a case study using ITS sequences for identifying aquatic hyphomycete species [J]. Fungal Diversity, 44: 77-87.

SEIFERT K A, 2009, Progress towards DNAbarcoding of fungi [J]. Molecular Ecology Resources, 9: 83-89.

SEIFERT K A, SAMSON R A, DEWAARD J R, et al., 2007. Prospects for fungus identification using *CO I* DNA barcodes, with *Penicillium* as a test case [J]. Proceedings of the National Academy of Sciences of the United States of America, 104: 3901-3906.

SENDA M, KAGEYAMA K, SUGA H, et al., 2009. Two new species of *Pythium*, *P. senticosum* and *P. takayamamum*, isolated from cool temperate forest soil in Japan [J]. Mycologia, 101 (4): 439-448.

SHARMA R L, KAUL J L, 1989. Incidence of brown rot (*Monilinia* spp.) of apple in Himachal Pradesh [J]. Indian Journal of Mycology and Plant Pathology, 19 (2): 208-211.

SHENOY B D, JEEWON R, HYDE K D, 2007. Impact of DNA sequence-data on the taxonomy of anamorphic fungi [J]. Fungal Diversity, 26: 1-54.

SILVA DN, TALHINHAS P, VARZEA V, et al., 2011. Application of the Apn2/MAT locus to improve the systematics of the *Colletotrichum gloeosporioides* complex: an example from coffee (*Coffea* spp.) hosts [J]. Mycologia, 104 (2): 396-409.

SIMMONS E G, 2007. *Alternaria* - an identification manual [M]. Washington D. C., USA: American Society of Microbiology, 775 pp.

SMITH M A, FISHER B L, HEBERT PDN, 2005. DNA barcoding for effective biodiversity assessment of a hyper diverse arthropod group: the ants of Madagascar [J]. Proceedings of the Royal Society of London, Series B, 360: 1825-1834.

STOCKINGER H, KRIGER M, SCHUBLER A, 2010. DNA barcoding of arbuscular mycorrhizal fungi [J]. New Phytologist, 187: 461-474.

TABERLET P, COISSAC E, POMPANON F, et al., 2007. Power and limitations of the chloroplast trnL (UAA) intron for plant DNA barcoding [J]. Nucleic Acids Research, 35: e14.

TAN M, GHALAYINI A, SHARMA I, et al., 2009. A one-tube fluorescent assay for the quarantine detection and identification of *Tilletia indica* and other grass bunts in wheat [J]. Australasian Plant Pathology, 38: 101-109.

TANG AMC, Jeewon R, Hyde KD, 2007. Phylogenetic utility of protein (RPB2, beta-tubulin) and ribosomal (LSU, SSU) gene sequences in the systematics of *Sordariomycetes* (*Ascomycota*, Fungi) [J]. Antonie van Leeuwenhoek, 91: 327-349.

TAYLOR J W, 2006. Evolution of human-pathogenic fungi: phylogenies and species [M]. In J. Heitman, S. G. Filler, J. E. Edwards, & A. P. Mitchell (Eds.), Molecular Principles of Fungal Pathogenesis (pp. 113-132). Washington DC, ASM Press.

TAYLOR J W, 2011. One fungus one name: DNA and fungal nomenclature twenty years after PCR [J]. IMA Fungus, 2: 113-120.

TAYLOR J W, JACOBSON DJ, KROKEN S, et al., 2000. Phylogenetic species recognition and species concepts in fungi [J]. Fungal Genetics and Biology, 31: 21-32.

TEDERSOO L, JAIRUS T, HORTON BM, et al., 2008. Strong host preference of ectomycorrhizal fungi in a Tasmanian wet sclerophyll forest as revealed by DNA barcoding and taxon-specific primers [J]. New Phytologist, 180: 479-490.

TEDERSOO L, NILSSON RH, ABARENKOV K, et al., 2010. 454 Pyrosequencing and Sanger sequencing of tropical mycorrhizal fungi provide similar results but reveal substantial methodological biases [J]. New Phytologist, 188: 291-301.

TERMORSHUIZEN AJ, ARNOLDS EJM. 1997. On the nomenclature of the European species of the *Armillaria mellea* group [J]. Mycotaxon, 30: 101-106.

THELL A, FEUERER T, KIRNEFELT I, et al., 2004. Monophyletic groups within the *Parmelaceae* identified by ITS rDNA, β-tubulin and GAPDH sequences [J]. Mycological Progress, 3: 297-314.

VARGA J, FRISVAD JC, KOCSUBE S, et al., 2011. New and revisited species in *Aspergillus* section *Nigri* [J]. Studies in Mycology, 69: 1-17.

VIALLE A, FEAU N, ALLAIRE M, et al., 2009. Evaluation of mitochondrial genes as DNA barcode for

Basidiomycota [J]. Molecular Ecology Resources, 9: 99-113.

VIALLE A, FEAU N, FREY P, et al., 2013. Phylogenetic species recognition reveals host-specific lineages among poplar rust fungi [J]. Molecular Phylogenetics and Evolution, 66: 628-644.

WANG Q, GAO C, GUO L D, 2011a. Ectomycorrhizae associated with *Castanopsis fargesii* (Fagaceae) in a subtropical forest, China [J]. Mycological Progress, 10: 323-332.

WANG Q, GUO L D, 2010. Ectomycorrhizal community composition of *Pinus tabulaeformis* assessed by ITS-RFLP and *ITS* sequences [J]. Botany, 88: 590-595.

WANG Q, HE X H, GUO L D, 2011b. Ectomycorrhizal fungus communities of *Quercus liaotungensis* Koidz of different ages in a northern China temperate forest [J]. Mycorrhiza, 22: 461-470.

WANG Y, GUO L D, HYDE K D, 2005. Taxonomic placement of sterilemorphotypes of endophytic fungi from *Pimus tabulaeformis* (Pinaceae) in northeast China based on rDNA sequences [J]. Fungal Diversity, 20: 235-260.

WARD R D, ZEMLAK T S, INNES B H, et al., 2005. DNA barcoding Australia's fish species [J]. Philosophical Transactions of the Royal Society B: Biological Sciences, 360: 1847-1857.

WARTHOUSE R M, ZDBNOV E M, TEGENFELD T F, et al., 2011. OrthoDB: the hierarchical catalog of eukaryotic orthologs in 2011 [J]. Nucleic Acids Research, 39 (suppl 1): 283-288.

WIRSEL S G, LIEBINGER W, EMNST M, et al., 2001. Genetic diversity of fungi closely associated with common reed [J]. New Phytologist, 149: 589-598.

XU J, 2016. Fungal DNA barcoding [J]. Genome, 59: 913-932.

XU J R, PENG Y L, DICKMAN M B, et al., 2006. The dawn of fungal pathogen genomics [J]. Annual Review of Phytopathology, 44: 337-366.

YAHR R, SCHOCH C L, DENTINGER BTM, 2016. Scaling up discovery of hidden diversity in fungi: impacts of barcoding approaches [J]. Philosophical Transactions Royal Society B, 371 (1702): 20150336.

ZAMPIERI E, MELLO A, BONFANTE P, et al., 2009. PCR primers specific for the genus *Tuber* reveal the presence of several truffle species in a tufflc-ground [J]. FEMS Microbiology Letters, 297: 67-72.

ZHANG L F, YANG J B, YANG Z L, 2004. Molecular phylogeny of eastern Asianspecies of *Amanita* (Agaricales, *Basidiomycota*): taxonomic and biogeographic implications [J]. Fungal Diversity, 17: 219-238.

ZHANG P, CHEN Z H, XIAO B, et al., 2010. *Lethal amanitas* of East Asia characterized by morphological and molecular data [J]. Fungal Diversity, 42: 119-133.

ZHAO P, CROUS P W, HOU L W, et al., 2021. Fungi of quarantine concern for China I: *Dothideomycetes* [J]. Persoonia, 47: 45-105.

ZHAO P, LUO J, ZHUANG W Y, 2011a. Practice towards DNAbarcoding of the nectriaceous fiungi [J]. Fungal Diversity, 46: 183-191.

ZHAO P, LUO J, ZHUANG W Y, et al., 2011b. DNAbarcoding of the fiungal genus *Neonectria* and the discovery of two new species [J]. Science China Life Sciences, 54: 664-774.

图书在版编目（CIP）数据

检疫性真菌DNA条形码鉴定技术 / 章桂明主编 . —
北京：中国农业出版社，2023.11
ISBN 978-7-109-31471-9

Ⅰ.①检…　Ⅱ.①章…　Ⅲ.①脱氧核糖核酸－条形码
－鉴定－应用－植物真菌病－国境检疫－中国　Ⅳ.
①S432.4

中国国家版本馆CIP数据核字（2023）第233075号

JIANYIXING ZHENJUN DNA TIAOXINGMA JIANDING JISHU

中国农业出版社出版
地址：北京市朝阳区麦子店街18号楼
邮编：100125
责任编辑：张丽四　李　辉
版式设计：王　晨　　责任校对：周丽芳
印刷：北京通州皇家印刷厂
版次：2023年11月第1版
印次：2023年11月北京第1次印刷
发行：新华书店北京发行所
开本：889mm×1194mm　1/16
印张：19
字数：575千字
定价：120.00元